最新改版

餐飲加盟連鎖經營【第三版】
—概念、法規與實務

Restaurant Franchising
-Concepts, Regulations, and Practices

本書包含餐飲科系學生必備的第一手資料，
對於加盟總部以及考慮進入加盟連鎖產業的企業家同樣極具實用價值。

Mahmood A. Khan, PhD◎著　　　張明玲、李順進◎譯

推薦序

　　最新改版的《餐飲連鎖經營》（*Restaurant Franchising*）是一本經典之作，內容談的是美國經濟最朝氣蓬勃的部分。將近 190,000 間加盟連鎖餐廳提供了超過 410 萬個工作機會以及超過 2,664 億美元的經濟產出 —— 相當於加盟連鎖產業四分之一的企業、二分之一的工作機會，以及三分之一的總經濟產出。餐飲業的加盟連鎖領域幾乎占了餐飲業總銷售額 6,600 億的 40%、超過 1,300 萬個餐飲業工作機會的 30%，以及將近所有餐飲企業的 20%。有成千上百個知名品牌以及新登場的品牌日復一日，不分國內外，以各種想像得到的形式 —— 售貨亭、得來速、外帶、內用、自助、全套餐、餐車，以及外送等等 —— 服務數千萬的顧客，同時也維持顧客所期望的品質、一致性和便利性。

　　本書第一版於 1991 年出版，Khan 博士開創新局，提供給教育者和企業家一本內容包羅萬象、見解深刻的指南，探討餐飲加盟連鎖產業的許多面向。這本書對於潛在加盟者（考慮進入現有加盟連鎖事業的人）和潛在加盟總部（考慮以加盟連鎖的方式拓展其事業的人）是一部很棒的入門書。本書涵蓋了許多主題，包括贊成和反對加盟連鎖的意見、品牌發展、選擇正確的加盟連鎖事業、尋求財務資助、瞭解加盟連鎖的法律協議、聯邦與州立加盟連鎖法規、挑選適合的加盟者、發展健全的加盟總部／加盟者關係、國際加盟連鎖，以及非傳統的加盟連鎖事業。本書亦收錄了絕佳的案例和個案研究，使得這本書不只是以一般的學術方式處理這個主題。

　　我們謹代表國際加盟連鎖協會感謝 Khan 博士修訂這本餐飲加盟連鎖的經典之作，並推出了最新版。這是一本多功能的書，可作為課堂的教科書、參考

書,以及商業指南。我們很榮幸推薦本書給想要對這個具有極大吸引力、步調快速,以及不斷變化的產業瞭解更多的讀者。

——Steve Caldeira,舞弊查核師
國際加盟連鎖協會總裁兼執行長
Washington DC, USA

作者序

由於科技日新月異，我們的世界也變得愈來愈小。這也提供了一個適合加盟連鎖事業發展的環境，在餐飲事業尤其如此。1991 年，我首開先例，出版了第一版的《餐飲連鎖經營》（*Restaurant Franchising*），後來在 1999 年發行了第二版。從那以後，加盟連鎖產業發生了極大的改變，因此這一版變成完全更新的版本。本版次是為了滿足產業界與學術界的需求所設計，除了新增加 5 章，亦特別著重對加盟連鎖領域現有的新研究與新資訊的強調。書中並增加幾張表格、插圖和照片作為補充材料。

新版涵蓋餐飲連鎖經營的各個面向，譬如定義、正反兩方意見，以及加盟連鎖事業所需要的法律文件等等。書中探討了關於加盟連鎖的品牌概念、實務、管理及法律面向。本書也詳細討論如何選擇一個加盟連鎖事業、加盟者和加盟總部，因此使得這本書對於潛在加盟者、目前的加盟者及加盟總部，還有顧客而言都很有用。在加盟連鎖事業中，加盟總部與加盟者之間形成共生關係，因此書中也說明了發展這種互惠互利關係的步驟，利用一些表格描述加盟連鎖餐廳在不同的管理階段所必須採取的步驟，並在必要時提供範例說明。

書中介紹美國幾家國內及國際餐飲加盟連鎖事業，並提供篩選過的資料。請注意，為了說明一些重點，有些資料是從現有的網站選用。因為大部分的資料可能都受到各餐飲連鎖事業網站的保護，由於網址經常變更，因此在採參時並未將這些參考資料納入。不過，我強烈建議讀者，若有需要，可自行搜尋關於各加盟連鎖事業更多的資料。

我撰寫本書的目的是希望新版的《餐飲加盟連鎖經營》盡可能對於加盟總部、加盟者、潛在加盟者、企業，以及對該產業感興趣的人們都具有實用價值。我盡力蒐集、更新和增加資料，使本書成為一本對讀者有益的讀物。這份手稿若沒有一些人士和企業的協助，不可能付梓成書。要感謝的人太多，無法在此

—— 列出，但是我由衷感激對本書出版有所貢獻的每個人。

在此，我要感謝所有幫忙審閱、編修以及出版本書的人。特別要感謝 Apple Academic 出版社的總裁 Ashish Kumar 以及副總裁 Sandra Jones Sickels 不斷給我支持與建議。

最後，我衷心希望本書可以成為加盟連鎖事業成功並發展成為專業經營者的工具。若能收到成功企業家的回饋，那就是讓我再高興不過的事了！

Mahmood A. Khan, PhD

鳴謝

　　我要在此感謝所有給予我支持以及對本次改版有貢獻的人，若沒有這些人，就不可能在這個跨學科的主題上呈現出如此豐富的資料。特別要感謝下述人士和企業提供知識方面的協助與資源，來強化本書中所討論的主題。

Ihsan AbuGhazalah, Chairman, ALBAIK & AQUAT Food Industries

Rami AbuGhazalah, CEO, ALBAIK Food Services

Mark Beck, Account Executive, Coltrin & Associates, New York, representing Popeyes Louisiana Kitchen

Chris Brandon, Public Relations, Domino's Pizza

Michael Bullington, Archivist, McDonald's Corporation

Mandy Burns, Marketing and Public Relations, Panera, LLC

Todd Burns, Vice President, Franchise Operations, Panera, LLC

Steve Caldeira, President and CEO, International Franchise Association

Alexxis Cardenas, Taco Bell Public Affairs & Engagement Team

Scott Carman, Director, Public Relations, Choice Hotels International

Patrick Doyle, President and CEO, Domino's Pizza

Don Fertman, Chief Development Officer, Subway Restaurants

Eric Gallender, Senior Intellectual Property Counsel, McDonald's Corporation

Alison Goldberg, Public Relations Specialist, Subway Franchise World Headquarters, LLC

Craig Hoffman, Senior Manager, External Communications, IHOP

Steve Joyce, President and CEO, Choice Hotels International

Kris Kaffenbarger, Senior Vice President, Business Development, Wendy's International, Inc.

Al Litchenburg, Chief Development Officer, Pizza Hut

Sarah Lockyer, Editor-in-Chief, Nation's Restaurant News, A Penton Restaurant Group publication

Kitty Munger, Director, Communications, Wendy's International, Inc.

John Reynolds, President, International Franchise Association Educational Foundation

Megan Saint-John, Communications Coordinator, Chili's Grill & Bar

Julia Stewart, CEO, IHOP

Doug Terfehr, Director, Public Relationsm, Pizza Hut

Phai Yingprasert, Media Center Coordinator, McDonald's Corporation

目錄

餐飲 加盟連鎖經營 Restaurant Franchising 10

加盟連鎖概述

「若沒有加盟連鎖制度，溫蒂漢堡絕不會擴張的這麼快。從一開始，我們就把旗下的加盟者看成是重要的『夥伴』。在溫蒂漢堡，沒有『我』，只有『我們』才是溫蒂漢堡。我們的加盟者以及他們的支持對我而言意義非凡。他們的勤奮努力與奉獻為其他人創造了無數實現成功夢想的機會。」

—— 溫蒂漢堡創始人 Dave Thomas

　　加盟連鎖——目前最活躍的商業模式——已成為美國與許多國家經銷商品及服務的主力。美國國內外的專家皆認為，加盟連鎖制度已成為全世界做生意的主要方式。然而矛盾的是，雖然加盟連鎖大行其道，而且對於經濟也有顯著的影響，但是這種商業制度仍然是一種相當模糊的概念。有些人認為它本身就是一個產業，有些人則把它視為一種特定的商業模式，譬如速食餐廳。大部分的疑惑是因為加盟連鎖是一個廣泛的通稱，涵蓋了各式各樣的商業模式與活動。它不受限於某一特定的商業類型，而是可應用於各種商業交易的方法。事實上，這個制度的優點在於它對於不斷擴展的大量產業、市場、商品與服務的適應性。除了順應經濟發展與消費者需求外，在配銷商品與服務方面相當靈活，這就是為什麼加盟連鎖通常被稱為配銷商品與服務的方法或管道的主要原因之一。

加盟連鎖意指「授予權利」、「豁免」或「免於奴役狀態」。

 ## 加盟連鎖的定義

　　加盟連鎖的英文「franchise」源自於法文，字面的意思是「免於奴役狀態」。粗略的解釋即一名商人可以自由地經營自己的生意。它可以當作名詞，也可以當動詞用。加盟連鎖為 18 世紀時發源於法國的一種商業模式。在法文中，franchising 也包含「授予權利」或「豁免」之意。僅從商業觀點來看的話，**意指授予個人或團體的權利或特權，這些權利可由政府或民間機構授予**。從經濟學的觀點來看，是在授權者的規定下經營一門生意的權利。簡單定義，「加盟連鎖」是一份法律協議，在此協議中，所有權人（加盟總部）同意授權（頒發執照）給某個人（加盟者）在特定的條件下銷售其產品或服務。這種做生意的方法稱為「加盟連鎖」，而且就如同行銷或配銷商品或服務一樣，可被調整和運用在許多不同的產業和商業上。

　　加盟連鎖也被定義為「加盟總部提供一特許的權利給加盟者做生意，並在規劃、訓練、銷售、行銷與管理方面提供協助的一種持續關係。因此，加盟連鎖就是商品、服務或方法的所有權人（加盟總部），透過附屬的經銷商（加盟者）進行配銷的一種事業。」

　　由於是從一方轉移給另一方的權利，所以在加盟連鎖制度的定義中，有一些法律面向必須考慮。根據 1991 年「美國眾院小企業委員會」（U.S. Congress House

Committee on Small Business）指出，「加盟連鎖」基本上是一種透過專門或有限制的配銷商（加盟者）網絡，來行銷和配銷一家公司（加盟總部）的商品和服務的一種契約方式。依照這個法定的加盟連鎖合約，加盟總部授權給加盟者去行銷一項產品或服務，或兩者兼之；並且可使用商標和／或由加盟總部發展出來的商業制度。這份契約揭櫫了兩方面的責任義務：加盟總部必須提供產品與證明有效的行銷支援及訓練。加盟者帶來資金、管理技巧，以及具有經營一門成功生意的決心。當某人發展出一種商業模式，並將權利賣給另一名創業者（也就是**加盟者**），這就是所謂的**加盟連鎖制度**；販售權力的公司即稱為**加盟總部**。加盟者通常是獲得在一定的期間內以及特定的地理區域從事該商業模式的權利（Spinelli, Jr., Rosenberg & Birley, 2004）。這種最佳的商業模式有助於達到雙贏的結果：加盟總部擴展其店頭數量以及獲取更多的收入；加盟者則擁有自己的事業。

　　Tarbutton（1986）認為，一個廣為大眾所接受的加盟連鎖定義為：一種「長期且持續性的商務關係；其中，加盟總部根據雙方協議的要求及限制，有償授權給加盟者使用加盟總部的商標和／或服務標誌來經營事業，並且依照授權條款在規劃、銷售與管理所經營的事業方面給予加盟者建議與協助。」

　　Justis 和 Judd（1989）將加盟連鎖定義為：「一種做生意的機會。某項服務或已註冊商標的某項產品的所有權人（生產者或配銷者）授予某人專賣權，在當地配銷和／或銷售其商品或服務，而所有權人可獲得加盟金或權利金及一致的品質標準。」雖然與上述定義類似，但是這兩位學者將加盟者遵從品質標準的一致性列入考慮。加盟連鎖也被定義為一種**契約化的商業模式**，亦即一家公司依約授權給某個人或公司在雙方協議的期間內於特定的地區以規定的方式經營事業，授權方可獲取權利金或其他的款項（Justis and Judd, 2004）。加盟連鎖在之前被視為是另一種小型企業的選擇，它有別於獨立的企業所有權，亦即個人努力成為更廣義的自營商（Kaufmann, 1999）。從法律契約而言，加盟連鎖也可以被定義為提出合約的公司（加盟總部）與（原則上）獨立的合約接受方（加盟者）的網絡。加盟者付費使用加盟總部的標籤、名稱、商標、製造流程、規定等等的授權可被視為是加盟連鎖的基本特性。這筆費用一般都含在進入該系統所支付的一次性加盟金，以及按總營業額計算的權利金（Hempelmann, 2006）。與非加盟連鎖事業相較之下，加盟連鎖比較不具彈性，而且難以變更。整個系統被限制在法律與商業的框架中，有一些既定的經營權使它缺乏機動性。

加盟連鎖是一種做生意的方法。

　　加盟連鎖在服務的領域裡有兩個特色：首先，加盟連鎖一般都出現在服務性質獨樹一格的企業，而且必須在接近消費者的地方執行業務。結果就是提供服務的店家必須被複製，並且分散在不同的地理區域。其次，加盟連鎖合約一般都反映在集權化的主事者（加盟總部）和分權代理人（加盟者）之間的責任、決策權以及利潤特有的分配上（Combs, Michael, and Castrogiovanni, 2004）。加盟總部設定和執行整個連鎖鏈的作業標準、選擇加盟者、核准開店地點、管理品牌形象，並且整合活動（Caves and Murphy, 1976）。加盟總部的利潤主要來自於加盟金以及與加盟者營業額連帶相關的權利金。加盟者設立當地的店面，訂定經營策略，譬如價格、營業時間，以及招募員工並管理每日的營運，以換取扣除掉權利金和其他支出之後的利潤。從創業的角度而言，加盟連鎖是進入事業經營權的媒介（Shane and Hoy, 1996）；從行銷的角度而言，加盟連鎖常常被認為是配銷管道（Kaufmann and Rangan, 1990）；從財務的觀點來看，這是資本結構問題（Norton, 1995）；從經濟的角度來看，加盟連鎖是一個瞭解合約結構的絕佳機會（Lafontaine, 1992）；從策略管理的觀點而言，加盟連鎖是一個很重要的組織形式（Combs and Ketchen, 1999）。

　　雖然有一種說法是說加盟者不只是員工（Rubin, 1978），一個比較廣義的看法是加盟連鎖代表一種受管控的自營方法（Felstead, 1991）。這種對偶關係給了加盟者許多好處，以及來自於大規模營運經濟學中行銷、財務和經營方面的優點（Hing, 1995）。

　　加盟總部持續支援的重要性以及證實可將潛在危機減至最低的概念（Baron and Schmidt, 1991; Hunt, 1977; Withane, 1991）被認為是人們選擇加盟連鎖事業的主要原因之一。其他原因包括已建立知名度的商號、較低的開發成本以及經營的獨立性（Mendelsohn, 1999; Peterson and Dant, 1990）。加盟連鎖體系不只是一個經濟體系，也是一個社會體系，加盟總部和加盟者在這個體系內有密切的合作關係（Strutton, Pelton, and Lumpkin, 1995）。因此，一個社會體系中的特徵——權力／依存關係、溝通，以及衝突等基本的行為特點（Stern and Reve, 1980）也是一個加盟連鎖體系的特色。

　　美國商務部（U.S. Department of Commerce）將加盟連鎖定義為一種作生意的方法，亦即總部設計一套行銷模式並授權給加盟者參與提供、銷售或配銷商品或服務。加盟總部允許加盟者使用加盟總部的商標、名稱和廣告。

　　主要的加盟連鎖貿易協會「國際加盟連鎖協會」（International Franchise Association）替加盟連鎖定義為「加盟總部提供做生意的特許權利，並且在組織、訓練、銷售及管理上提供協助，而加盟者則付費作為報酬的一種持續性關係。」在一本廣泛流通的刊物《投資前的研究》（*Investigate before Investing*）中，該協會依據標準的加盟連鎖揭露法為加盟連鎖提供了一個更深一層的定義：「它是在兩個人或更多人之間一種口頭或書面上明示或暗示的契約或協議，包含兩大內容：第一，根據加盟總部所制定的一套行銷計畫或系統，加盟者被授予參與提供、銷售或配銷商品或服務的權利；第二，加盟者依照該計畫或體系經營的事業與加盟總部的商標、服務標誌、名稱，識別標誌、廣告或其他標明加盟總部或其附屬機構的商業標記產生密不可分的關係。」總而言之，加盟連鎖是一種商業方法和關係。

　　除了提供給加盟總部和加盟者的互惠利益外，加盟連鎖也為一個地區帶來經濟利益，例如提供就業機會、稅收、經濟加乘效應，以及其他相關的社區利益等。它也提升了該地區現有人力資源的專業知識和技能。由於加盟連鎖與創業密切相關，因此它也有助於造就勞動力的創業精神與管理能力。

加盟連鎖的基本概念與定義

　　根據聯邦貿易委員會（Federal Trade Commission, 2007）的資料，以下的專有名詞定義了關於加盟連鎖事業各個法律面向：

1. **加盟連鎖**：意指任何持續的商業關係或模式，在合約條款中規定，或者加盟連鎖賣家以口頭或書面承諾或主張：
   (1) 加盟者將獲得可使用加盟總部的商標經營一項事業的權利，或是提供、販售，或配銷商品、服務或帶有加盟總部商標之商品的權利。
   (2) 加盟總部對於加盟者的經營方法將行使或是有權力行使很大程度的控制，或是在加盟者的經營方法上提供重要的協助。
   (3) 加盟者獲得或是開始經營加盟連鎖事業的條件就是支付必要款項或是承諾支付必要款項給加盟總部或其附屬機構。
2. **加盟者**：意指任何獲得加盟連鎖經營權的人。
3. **加盟總部**：意指任何授予加盟連鎖經營權並參與加盟連鎖關係的人。除非

另外聲明，不然也包含次級加盟總部在內。該定義的目的是，「次級加盟總部」意指充當加盟總部的任何人，投入銷售前的活動和銷售後的執行工作。

4. **加盟連鎖賣家**：意指出讓、銷售或安排一加盟連鎖事業之銷售的人。包括加盟總部以及參與連鎖加盟銷售活動的加盟總部員工、代表、代理人、次級加盟總部，以及第三方中間人，但並不包括僅販售自己店面的現有加盟者，此外他們也不能代表加盟總部從事加盟連鎖事業的銷售。

5. **母公司**：意指透過一個或更多子公司直接或間接控管另一實體的法人團體。

6. **對象**：意指個人、團體、協會、有限或是一般的合夥關係、企業，或任何其他的實體對象。

7. **專櫃**：意指一零售商授權或是允許某賣家在零售商的所在地執行業務，但這名賣家不直接或間接向零售商購買貨物、服務或商品；零售商要求賣家一起合作做生意的對象；或是假如零售商建議賣家與其附屬機構做生意的話，即指零售附屬機構。

8. **白話文**：意指資訊的組合及語言使用能夠讓一個不熟悉加盟連鎖事業的人理解。它包含簡短的句子；明確、具體的日常用語；主動語態；以及可能的話，以表格呈現資料。白話文裡避免使用法律術語、高度技術性的商業用語及多重否定。

9. **前身**：意指加盟總部從某個對象身上直接或間接獲得絕大部分的加盟總部資產。

10. **主要營業地址**：意指在美國總公司的地址。主要營業地址不能是郵政信箱或是個人通信地址。

11. **潛在加盟者**：洽談一加盟連鎖事業的人（包括代理人、代表，或員工），或者賣家接洽的人，以討論建立加盟連鎖事業關係的可能性。

12. **必要款項**：係指加盟者必須付給加盟總部或是其附屬企業的所有報酬，無論是基於合約規定或是實際需要，以作為獲得或是展開加盟連鎖事業的條件。必要款項並不包含以名符其實的批發價購買合理數量的存貨再轉售或出租的費用。

13. **加盟連鎖事業銷售**：包括某個人以購買、授權或其他方式有償向加盟連鎖賣家取得一加盟連鎖事業所憑據的協議。這並不包括延長或續簽現有的加盟連鎖合約，而且加盟者不應中斷經營該事業，除非新的合約所包含的條款及細則與原本的合約有相當大的差異。而且也不包括現有的加盟者轉讓

一加盟連鎖事業，在這種情況下，加盟總部與潛在的被轉讓者並無有意義的關聯。光是加盟總部同意或不同意轉讓並不代表有意義的關聯。

14. **簽字**：意指某人證明其身分的確認步驟。包括當事人的親筆簽名，以及當事人使用安全碼、密碼、電子簽名，以及類似的方法來證明自己的身分。
15. **商標**：包括商標、服務標誌、名稱，識別標誌，以及其他的商業標記。
16. **書面**：係指任何印刷格式的文件或資料，或者能夠以具體的形式保存和辨讀的任何格式。包括排版、文字處理或手寫的文件；透過電子郵件寄送的資訊，或是張貼在網際網路上的資訊，但並不包含純口語的敘述。

上述的法律定義包括一些在法定的加盟連鎖文件和協議中所使用的專有名詞，茲彙整如下：

1. 加盟連鎖，是一種配銷貨物和／或服務的方法。
2. 加盟連鎖，是授予個人或一個團體的「權利」。
3. 加盟連鎖，是兩方之間的法律協定。
4. 同意授權的所有權人就是加盟總部。
5. 獲得加盟總部授權的個人或團體，稱為加盟者。
6. 加盟總部與加盟者所共同運作的系統，就是加盟連鎖制度。

上述的定義對於瞭解加盟連鎖的概念至關重要。加盟連鎖不應與一般的子公司或一家公司的分支部門混為一談。一家企業可能會在總公司下有幾個獨資的子公司，但這並不能算是加盟連鎖體系。舉例來說，席爾斯（Sears）有好幾家分店，但不能將其視為加盟連鎖體系。光是商標的使用並不能構成一加盟連鎖事業。有好幾間店在營業，以及由個人或一家公司經營的多家餐廳，雖然使用相同的商標，但是這也不是加盟連鎖體系。例如，紅龍蝦（Red Lobster）餐廳是全國直營連鎖，各家餐廳並非加盟連鎖店。加盟連鎖的構成要件是加盟總部與加盟者之間的法定協議，以作為一特定事業的實施辦法。再者，授權加盟連鎖的企業本身可能是另一家企業的獨資子公司。有一個好例子是必勝客（Pizza Hut），它是「環球百勝餐飲集團」（Tricon Global Restaurant）的一家子公司，該集團也擁有塔可鐘（Taco-Bell Corporation）以及肯德基炸雞（KFC）兩間知名公司，必勝客只是一個大型聯合企業中的一個組成部分。大型聯合企業中的組成部分並不算是加盟連鎖事業，雖然有些可能是個別加盟連鎖授權企業。另一個將各種加盟連鎖店和非加盟連鎖店分類的方法為：(1) 完全的加盟連鎖餐廳，所有的店頭都是加盟連鎖制，譬如 31 冰淇淋

（Baskin-Robbins）；(2) 雙重配銷店面，有些店面是加盟連鎖體系，有些則是公司直營，譬如麥當勞就是一例；(3) 獨資連鎖，所有的店面都是由一家企業所經營，譬如紅龍蝦餐廳，這種體系亦稱為非加盟連鎖店。

依據加盟連鎖契約，加盟總部授予權利和執照給加盟者銷售產品或服務（或兩者兼之），並且可使用加盟總部所發展出來的商標及事業體系。加盟連鎖制度行得通是因為「對經營權的關注」。加盟總部利用加盟連鎖制度作為零售的方式，其動機是基於考量身為半獨立經營者的加盟者會打拼事業（Dahlstrom and Nygaard, 1994）。換言之，加盟連鎖制度減輕了加盟總部監督其店面經理人的需求，因為加盟者就是其店面利益的剩餘請求權人（Norton, 1988a; Fama and Jensen, 1983）。

整個加盟連鎖的步驟是從一個概念開始，這個概念可能是由一項理念、名稱、步驟、產品或模式發展出來，由加盟總部授權給另一方來使用這項概念。一般而言，加盟總部會為這項協議收取費用，這筆費用被稱為**加盟金**（franchise fee）。特別的是，加盟連鎖制度提供一種擴大資金（Oxenfeldt and Kelly, 1968）、人力（Norton, 1988b）以及企業未來成長的管理限制方法，同時也將夥伴網絡（委託人和代理人）的聯合效用發揮到最大，因此能確保持續經營的效能（Bergen, Dutta, and Walker, 1992）。

加盟連鎖：一種共生的關係

檢視了服務業的加盟連鎖系統，我們可以知道，加盟總部與加盟者之間存在一種共生且互利的關係。如果適當地執行，這個制度會是三贏的局面：對加盟總部、加盟者和消費者，皆有顯著的好處。對於一名創業者、一個小型企業，或是一個擁有成功潛力產品、服務流程或企劃的成長公司來說，加盟連鎖制度提供了一個符合成本效益和系統化的策略，在行銷和快速拓展方面所投入的直接參與及金融投資都是最少的。對於一名潛在加盟者而言，該制度代表著在最少的財務風險下，可擁有並且經營一個現實可行的概念、產品和做生意模式的機會。至於對潛在的顧客來說，加盟連鎖制度提供了一個可靠和可預測的方式取得商品與服務。

對加盟者而言，加盟連鎖關係裡最重要的特點是將開創一個新事業的風險減至最低。加盟者的另一個好處是顧客對加盟總部的商標及服務標誌的認可。同時，由於總部所提供的廣告、訓練與持續不斷的監督和協助，避免了昂貴的營業費用及錯

誤行銷。但從另一方面來看，加盟者不如非加盟連鎖制度的經營者那般獨立，因為受到合約的約束，他們在營業相關的項目，例如促銷、廣告、訓練、技術支援和品質標準的維持，以及整體的協助上皆需依賴加盟總部。缺乏獨立性往往是衝突和磨擦的導因。加盟總部與加盟者關係的其他問題包括加盟者必須放棄一些選擇權和控制權。加盟總部對加盟者的行為實行相當程度的控制，主要是為維持品質與績效標準。控制的程度會隨著事業類型的不同而有所差異。

 ## 服務業加盟連鎖與零售業連鎖之間的差異

服務業加盟連鎖制度的重要性成長驚人，而且零售業連鎖和服務業加盟連鎖之間存在顯著的差異。有些基本的差異來自於服務業的品質屬性，包括：(1) 服務業的抽象性；(2) 生產與消費兼具；(3) 不可貯存性；(4) 異質性。

> 加盟連鎖制度的步驟是從一個概念開始，這個概念可能是由一項理念、名稱、步驟、產品或模式發展出來。

抽象性

服務是抽象的，無法觸摸、感覺或是品嚐。這是服務業加盟連鎖與零售業連鎖之間主要的差異性。例如，帶著微笑提供服務的概念並不容易觸知，因為這種服務會隨著顧客期望及服務提供者而不同。這種抽象性形成服務鏈的重大挑戰。對顧客而言，在他們購買服務之前或是使用之後，難以做評估。舉例來說，若你從旅行社購買度假旅遊套裝或是上美髮院，在購買服務之前，你不可能先評價會得到什麼樣的服務。為了減少這類抽象性，服務業會盡可能提供實質的證明。通常是以服務和滿意保證、員工制服、菜單板、廣告與促銷、標語、識別標誌，以及許多其他諸如此類的證據，來提供預期服務的實質證明。

兼具生產與消費

服務大多都是在加盟連鎖店裡或是在顧客所在地由加盟者提供，因此形成服務業的生產者與消費者之間的直接連結。舉例來說，一名顧客出現在餐廳或下榻同一

棟樓的旅館中，當顧客消費時便產生和提供了服務。

兼具生產與消費的特性使得服務與商品有所不同，因為顧客現身、參與，並可能目睹服務的產生，甚至可能參與其生產過程。例如，一名在餐廳裡享用歐式自助餐服務的客人出現在現場，看見餐廳所提供的餐點，他／她置身在服務之中，而且可能直接與服務提供者有所接觸。再加上顧客的選擇會受到顧客身邊的人所影響，譬如朋友、家人、排隊時排在你前面的人等等。於是，這些因素造成了每個顧客對於服務的要求有不同的標準與期望。在服務業中的加盟總部因此有責任在加盟連鎖概念中建立服務成分，並藉由精心設計的訓練課程來提供這項服務。

不可貯存性

服務無法貯存、轉售，或是盤存。一旦這一晚結束，飯店的房間未售出，這個機會就永遠消失了。同樣的，當一架飛機起飛，未售出的座位也無法再轉售。而且一家餐廳或是飛機座位數都是固定的，因此有數量限制。在服務的時間和顧客需求方面，也有尖峰時刻和非尖峰時刻的區別。如果一部巴士停在一家餐廳前，那麼必須立刻服務所有的賓客，否則這筆生意就飛了。在不同的時間點，須用不同的管理規劃和定價結構來提供服務。例如，旅館在旅遊旺季和平常日會訂出不同的房價。

異質性

服務是人（員工）對人（顧客）所執行、製造和提供的。人們有不同程度的表現和執行能力，這受到許多因素所影響，譬如心理、社會、經濟等等。舉例來說，某家餐廳裡的一名服務生可能壓力過大，或是心情不佳，這就會影響服務了。如果一位顧客心情不好，那麼期望度和滿意度也會受影響。再加上服務的不可貯存性，於是就造成服務業加盟連鎖的大問題。例如，倘若一名髮型設計師把客人的頭髮做壞了，或是一名服務生將咖啡打翻在客人身上，這個結果對該服務和服務提供者就有可能產生非常負面的影響。而且，因為加盟連鎖是相連結的，該效應對於整個加盟連鎖系統也會有影響。因此，提供優質的服務向來都是服務業加盟者的挑戰。

加盟總部必須花時間和精力挑選、訓練、管理、激勵和控管他們的服務提供者：加盟者、公司直營店的經理，以及門市裡所有的員工。加盟總部在經由加盟者銷售產品前，可以控管其品質，但是跟商品相反的是，服務只能在提供給最終消費者的當下被控管（Perrigot, 2006）。

加盟連鎖制度的類型

　　加盟連鎖制度中可能存在各種商業模式，這些模式可以分成兩大類別：「**商品與商標加盟連鎖**」（product and trade name franchising）和「**營利公式加盟連鎖**」（business format franchising）。

商品與商標加盟連鎖

　　商品與商標加盟連鎖制度主要是源自於供應商與經銷商之間的一種獨立銷售關係。經銷商獲得供應商的某些特性。經銷商（加盟者）透過系列產品與供應商（加盟總部）產生關聯，並且在某種程度上，與其商號或商標產生關聯。加盟者獲得在某一特定區域或特定地點配銷加盟總部的產品或服務的權利，一般是可使用製造商的識別商號或商標。這類型的加盟連鎖制度可被視為是加盟總部所生產之商品的配銷管道。在獲得授權後，加盟者變成加盟總部產品的特定配銷者。這類型加盟連鎖的例子，包括汽車經銷商、加油站、無酒精飲料裝瓶公司，以及農場設備經銷商。商品與商標加盟連鎖制度是配銷界的主流，因為加盟者擁有配銷加盟總部產品的指定區域。競爭相當激烈，而且在某種程度上，在這個類別中的加盟連鎖事業也已達飽和狀態。對於採用這類型加盟連鎖制度的加盟總部而言，好處是可以滲透到一個他們並不熟悉的市場，或者他們沒有資源可以進入的市場。這種加盟連鎖制度以前被稱為選擇性加盟連鎖制度；事實上，有很長一段時間，加盟連鎖制度被視為是一種配銷的方法。

> 　　加盟連鎖制度的兩大類型是「商品與商標加盟連鎖」和「營利公式加盟連鎖」。

營利公式加盟連鎖

　　營利公式加盟連鎖制度的定義為「由一家加盟連鎖公司（加盟總部）以獲取預定的財務報酬為條件，授權給旗下的加盟者，讓他們有權利使用完整的全套經營方

法，包括教育訓練、支援及企業名稱，因此加盟者能夠以在該加盟連鎖中與其他店家一模一樣的標準與格式來營運」（Grant, 1985）。該制度包含一套完整的營利公式，而非僅限於一項產品或一個商標而已。雖然產品的加盟連鎖（例如汽車業、加油站）是最大的加盟連鎖市場區塊，但是營利公式加盟連鎖（例如麥當勞、假日飯店）則是最清楚呈現加盟連鎖制度的部分，而且也顯示其與創業精神之間的關係。它是一種介於加盟總部和加盟者之間持續的生意往來關係。跟商品與商標加盟連鎖制度不同的是，營利公式加盟連鎖可能沒有加盟總部所製造的任何商品。但是，加盟總部是作為原料、設備、技術秘訣、成品，以及所有連帶服務的供應商。此外，加盟總部也提供訓練、廣告、促銷，和營運流程的指導，還有提供商標、商品包裝，以及其他受版權保護的資訊給加盟者使用。在餐飲業中，有時商品與商標加盟連鎖和營利公式加盟連鎖之間的區別可能非常模糊。例如，一家咖啡店可能會授權給某製造商生產其商品，再由加盟者購買，在他們的餐廳裡使用。有些產品也可能透過其他店家提供，譬如塔可鐘（Taco Bell）的醬汁。

營利公式加盟連鎖制度不僅包括產品、服務和商標，還包括了整體的事業概念：行銷策略與計畫、經營手冊與標準、品管、集體採購力、研究開發，以及持續不斷的訓練、協助和指導。加盟者必須遵從加盟總部對於其事業各個面向的準則，包括經營方法、產品和／或服務的品質與店面的外觀。雙方必須維持雙向的溝通。

營利公式加盟連鎖制度的例子包括：餐廳（各種型態）、飯店、汽車旅館、露營場地、休閒、娛樂、旅遊業、汽車產品與服務、商業輔助與服務、營造業、居家修繕、維護及清潔業、便利商店、洗衣店和乾洗店、教育類產品與服務、租車服務（汽車與卡車）、設備出租、非食品零售業，以及食品零售業（非便利商店）。自1950 年以來，營利公式加盟連鎖制度在美國和全球各地成為主流，它呈現快速成長，並且為試圖想要擁有一門事業的人們提供無數的機會。也有人認為營利公式加盟連鎖對於女性和弱勢族群而言，是成為自營商比較容易的方法（Hunt, 1977）。

上述兩類加盟連鎖制度之差異性有時模糊難辨，尤其是非餐廳類的加盟連鎖業。一旦考慮到商業模式，譬如配銷權和授權代理機構，就很難將加盟連鎖歸類在哪一個類別中。有時在某些情況下，就連是否該將它們歸類為加盟連鎖業都會是個問題。如果有任何疑義，可援用聯邦貿易委員會（FTC）的加盟連鎖法規來處理。美國各州皆採用與 FTC 的加盟連鎖法規相似的標準，不過定義可能不同，尤其是關於獲取一加盟連鎖事業所需支付的金額門檻。因此無論商業模式的名稱為何、如

何宣傳和銷售，甚至雙方是否有正式的書面合約，此時雙方的契約關係便決定了其是否為加盟連鎖事業。

　　加盟連鎖制度不斷變化的本質與其快速發展勢必改變加盟連鎖模式未來的性質類別與狀態，而且將導致新的商業術語出現。商業模式的創新方法不斷被帶入，才能跟得上加盟連鎖成長的速度。有一些術語愈來愈常見：**雙概念 / 多概念加盟連鎖**（dual-concept/multiple-concept franchising）、**區域加盟連鎖**（master franchising）、**合作品牌加盟連鎖**（cobranded franchising），茲分述如下：

　　雙概念 / 多概念加盟連鎖。就像這個名稱所指出的，指的就是在同一地點，同時經營兩個或兩個以上不同概念的模式。舉例來說，有些加油站與餐廳或糕餅加盟連鎖業聯合經營，在同一地點提供產品與服務。另外，KFC、塔可鐘和必勝客同時出現在同一地點則是多概念加盟連鎖合作的例子。同樣的，有些知名飯店將不同品牌的加盟連鎖餐廳納入他們的建築物中。這種模式可有效的分攤成本，並藉由提供給顧客更多的商品及服務，或不同的品牌選擇，來提高營業額。例如顧客可能會覺得在同一個購物地點的某間加盟連鎖餐廳或是甜甜圈店買東西吃很方便。有時候，像前述這種只有兩種品牌加入時，會稱為聯合品牌或是雙品牌制。

　　從不同的角度來看，有兩種複合式的加盟連鎖制度：**區域發展型加盟連鎖**，以及**序列型複合式加盟連鎖**（Kaufmann and Dant, 1996）。在區域發展型加盟連鎖中，加盟者簽署契約化的責任義務，在特定期間內開設一定數量的店面。這名加盟者付費取得開發權，開發者可能擁有一家或更多家已開發的店面。在開發合約結束時，每間已開發的店面需簽署一份單獨的加盟連鎖合約，並開始像傳統加盟連鎖店一樣營運。加盟總部也可以買回一些或所有的已開發店面。由於這是一項浩大的開發任務，所以加盟者應該要有足夠的投資與管理能力。這種加盟連鎖制度背後的原理就是由某個非常熟悉該區域以及有足夠施工經驗的人來快速拓展業務。加盟總部不需要監督開發或是參與獲得批准施工的冗長過程。風險在於假如這名開發者因為財務或其他相關因素無法實行，那麼加盟總部就頭痛了。在序列型複合式加盟連鎖中，加盟總部授予加盟者開設其他店面的權利，每一個後續的店面一般是由一份單獨的加盟連鎖契約所管轄。

　　區域加盟連鎖事業或是**次級加盟連鎖**計畫的目的是在加盟總部沒有管道進入或是可能不想投入的區域或地點負責促進加盟連鎖店的成長。在這類計畫中，某個人被訓練成為加盟總部的角色，一旦完成整套訓練之後，這個人就是一位**區域加盟連鎖業者**。區域加盟連鎖業者的職責就是負責銷售加盟連鎖事業，並協助新的加盟者

全套的加盟計畫，包括地點選擇、設備採購及人事訓練。區域加盟連鎖業者也要負責持續不斷的維持所屬地區裡的產品和／或服務品質。區域加盟連鎖業者擁有原加盟總部所有的功能，並且擔任該地區唯一的代表，因為原加盟總部可能因為政治、社會或文化因素不容易進入當地市場，因此這種模式在國際市場中效果最顯著。區域加盟連鎖業者在加盟總部指定的地區可以擁有自己的店面並授予加盟連鎖權利。這種方式對於小型加盟總部開發某一區域很有幫助，區域加盟連鎖業者可以利用次級加盟連鎖所獲得的財務資源進行業務拓展。區域加盟連鎖業者可收取加盟金、權利金，以及其他相關的費用。相對的，區域加盟連鎖業者也必須提供原加盟總部所要求的教育訓練、支援服務、監督品質，以及維持控管。雖然區域加盟連鎖業者和加盟總部有共同的職責，但前者負責地區性的業務，而後者則負責整體的研發。區域加盟連鎖業者收取的加盟金和權利金，有一部分須付給加盟總部。就合約而言，在加盟總部和區域加盟連鎖業者之間有一份協議，而在區域加盟連鎖業者和次級加盟者之間則有另一份協議。然而，加盟總部保留了品牌名稱和其他經營方法的權利。這種模式主要是在跨國地區以及加盟總部難以進入的地方很有用。風險是加盟總部會喪失控制權，而且須憑藉區域加盟連鎖業者的商業能力。整體而言，假如區域加盟連鎖業者有法律問題或是破產，加盟總部就會產生負債。為了避免將所有的加盟連鎖權力下放給區域加盟連鎖業者，有時候加盟總部會請區域代理機構簽訂合約。在這種情況下，加盟總部只會授予有限的權利。

　　另一個術語，**轉換型加盟連鎖**（conversion franchise），有時是用來描述現有事業的經營者決定加入加盟總部，而成為加盟者的情況。舉例來說，一家餐廳的老闆可能決定將現有的店面轉型成一家國際知名的加盟連鎖店。加盟總部的好處是獲得現成的顧客群和經過驗證的地點；而加盟者的好處則是獲得加盟總部的知名度和協助。轉換型加盟連鎖在財務方面對雙方皆有利。基本上，加盟總部獲得一間有經驗的現有事業的專業技術，並以服務做交換，譬如教育訓練、行銷、廣告，以及研究與開發。許多加盟總部開始跟想要轉型事業的經銷商或被授權人合作以增加配銷管道。供應商或授權者想要轉換成為加盟連鎖的原因則是以加盟金和權利金的方式獲得更多的收益，並增加宣傳和品牌知名度（Duvall, 2012）。轉換型加盟連鎖的優點是加盟總部不需要花費大量的創業成本和時間便能拓展事業。相對的，加盟者從加盟總部獲得立即的品牌知名度和支援服務。同時，跟經營獨立事業時相較之下，加盟者更具競爭力。

　　管理型加盟連鎖（management franchises）或**類加盟連鎖關係**（quasi-franchise relationships）是指加盟總部為加盟者所擁有的店家提供管理。加盟者利用加盟總部的管理技術和品牌名稱，整間店的管理與經營是由加盟總部來掌管，因此加盟者基本上是被動的投資者。許多飯店企業識別，例如萬豪（Marriott）就是這種加盟連鎖關係。在這種情況下，加盟總部提供識別、訂位系統及發展計畫。加盟者需支付權利金以獲得管理服務。有些飯店甚至以自己的經理和員工實際管理所有的營運，因此加盟者變成一個被動的旁觀者。這種方法對於加盟者而言可能所費不貲，但是如果一個強大的品牌名稱參與，他們確實也能從有效的管理系統中獲益。

　　不同形式的加盟連鎖減輕了加盟總部在擴張時的負擔，譬如行政管理、財務資源、控管，以及加盟連鎖體系的維持等方面。而且它有助於在加盟總部不熟悉當地官僚及政治議題的地區開發加盟者。另一方面，它也讓加盟總部有機會將時間投注在加盟連鎖體系的研究與開發上。在理想的狀況下，只要執行得當，就會是雙贏的局面。正如預期，施行的效果會隨著加盟總部的規模而有所不同。資本雄厚的加盟總部會有較大的談判能力，而且對於潛在加盟者能夠執行較嚴格的要求。他們常常會有一長串的潛在加盟者，而且比較傾向將加盟連鎖經營權交給目前事業已成功的加盟者。考慮到根基穩固的知名加盟總部所擁有的勢力，潛在加盟者從新創加盟總部獲得加盟連鎖經營權的機會比較大。而且，許多大型的加盟連鎖網絡都是由知名的複合式經營者所掌控，他們都是獨立的企業。這點又更進一步限制了潛在獨立的小加盟者的機會。相反地，與資本雄厚的知名加盟總部合作在某種程度上可確保提供完善的訓練課程、完整的經營方法、有效率的日用品與設備配銷系統、行銷與宣傳協助，以及最終成功的保證。

 ## 沿革與發展

　　基本上，加盟連鎖制度已經存在了好幾世紀，只不過不是以現在的形式呈現。在古早時期，國王和統治者授權給一些人收取稅金。在羅馬共和時期，一些叫做稅收官（publicani）的人，負責收取稅金，他們可保留一部分的稅金作為報酬。在中古世紀，教堂授權給某些人在他們的轄區內作生意。在英國，王室頒發特許狀給許多公司。

　　從 1800 年代晚期開始，加盟連鎖即快速發展，剛好跟工業革命同時發生。做生意的方式產生明顯的改變，創新的配銷方法不斷被開發出來。工商業皆產生大變

革，再加上人口大規模的往城市和市郊遷移，因而導致加盟連鎖事業的發展。個人企業發現，若拓展成較大的加盟連鎖事業將更有利可圖，尤其是房地產、五金零件、汽車修理，以及其他的零售業。

第一家正式的消費商品公司加盟連鎖店成立於 1851 年，當時艾薩克‧勝家（Isaac Singer）接受獨立的業務人員付費給他，以取得地區性銷售權，販售他最新發明的縫紉機。勝家縫紉機曾在行銷新產品時遭遇到困難，他們需要業務代表出去教育消費者有關新產品的多種功能。因為當時的勝家並沒有資金雇用大量的人力，因此支付佣金給銷售代表成為順理成章的一種選擇。在汽車業的銷售方面，加盟連鎖亦獲得廣泛的認可。通用汽車公司在 1898 年賣掉它的第一個加盟連鎖經營權；在此之後，加盟連鎖在整個汽車業及石油業界變得司空見慣。

1900 年代早期的加盟連鎖業

對汽車業及石油業而言，加盟連鎖的成功為其他類型的零售業打開了一扇門。基本的加盟連鎖原理被引進零售業的行銷活動中，譬如在 1920 年，美國國內班‧富蘭克林大型綜合超市的發展，以及 1925 年 A&W 露啤在全國各地設立路邊販售亭。同樣在 1925 年，Howard Johnson 在麻州的雜貨店販售三種不同口味的冰淇淋。冰淇淋的生意利用加盟連鎖制度拓展到東岸的許多餐廳裡。1940 年，第一家 Howard Johnson 的餐廳出現在高速公路旁；而第一家同名的汽車旅館，則於 1954 年開幕。31 冰淇淋（Baskin Robbins）則在 1940 年開了第一家店。因此加盟連鎖主要的成長是出現在第二次世界大戰後。隨著戰後經濟發展和人口成長，包括加盟連鎖在內的商業活動快速成長。軟性飲料產業亦加入加盟連鎖的行列，他們將專利糖漿或濃縮汁提供給裝瓶廠。加盟總部提供行銷和其他的支援服務。當獨立的批發商和零售業者看到加盟連鎖的優點時，他們也加入加盟連鎖事業中。

到了 1930 年代，餐飲服務業才投入加盟連鎖體系。第一個登記有案的加盟連鎖事業就是 Howard Johnson 的第一家加盟連鎖店。他們擁有兩家冰淇淋店和一家餐廳，但是卻沒有足夠的資金再開設其他的餐廳。於是 Johnson 同意以 Howard Johnson 加盟店的方式幫他的舊日同窗開一家餐廳，並販售自家的冰淇淋。當第一家加盟店一舉成功，接著便授權更多家加盟店。由於許多加盟者並沒有任何經驗，因此他們獲得加盟總部的專業知識與指導，而加盟總部則以販售冰淇淋獲利。這個想法被認為對雙方皆有利，因此到 1940 年時，已有超過 100 家 Howard Johnson 餐廳。

1950 年代的加盟連鎖業

　　1950 年代這 10 年是加盟連鎖業欣欣向榮的時期。主要的原因可歸諸於二次世界大戰後經濟的蓬勃發展以及州際高速公路系統的快速發展，這些因素促進餐廳、加油站和其他加盟連鎖事業的成長。美國高速公路的發展對加盟連鎖業的成長帶來莫大的貢獻。高速公路沿路的加盟連鎖店常因周邊土地開發使得店家價值跟著水漲船高（Engel, Fischer, and Galetovic, 2005）。

　　許多知名的餐廳在這個時期開始營運。桑德斯（Colonel Harlan Sanders）於1950 年開始他第一家肯德基炸雞（Kentucky Fried Chicken）加盟連鎖店，並在10 年間開了超過六百間的連鎖店。談到加盟連鎖餐廳的成功就不得不提到雷‧克拉克（Ray Kroc）這位銷售員，他將多功能攪拌機（Multimixers）賣給加州 San Bernardino 市的一間小漢堡攤，而這個攤位的業主就是狄克與麥克‧麥當勞（Dick & Mac McDonald）兄弟。克拉克對於這個路邊攤的生意之好印象深刻，於是鼓勵兄弟兩人拓展他們的事業。他自願為這兩兄弟執行加盟連鎖品牌概念，並於 1955年成立麥當勞企業（McDonald's Corporation）。克拉克一開始是在 1955 年成立麥當勞系統有限公司（McDonald's Systems, Inc.），其為 1960 年成立的麥當勞企業前身。雖然這並不是美國第一家加盟連鎖餐廳，但在加盟連鎖餐廳史上卻是重要的里程碑。在 1959 年，國際鬆餅屋（International House of Pancakes）開始了早餐生意。其他的加盟總部，譬如冰雪皇后（Dairy Queen）、Orange Julius、Tastee-Freeze 及Dunkin' Donuts 皆建立加盟連鎖事業，主要是沿著不斷拓展的州際高速公路網發展。在 1953-1954 年，房地產業和飯店業也採行加盟連鎖制度，其他各種服務業也開始採用該制度，譬如乾洗店、就業服務及稅務會計公司等。加盟連鎖業成長的程度可以從以下事例看出：在 1950 年採用加盟連鎖制度的公司不到 100 家，到了 1959 年時，已有超過 900 家公司擁有加盟連鎖店，當時的加盟連鎖店估計有 20 萬家。

1960 年代的加盟連鎖業

　　加盟連鎖店的成功與快速成長，再加上經濟的蓬勃發展，1960 年代的加盟連鎖業的氣勢可說是銳不可擋。有幾家公司為了建立全國性的行銷網絡，開始採行加盟連鎖制度。大約有 10 萬間新的加盟連鎖店於 1964 至 1969 年之間成立，並在1969 至 1973 年之間增加 5 萬家。1968 年，加盟連鎖事業的營業額超過一千億美元，

已超過了當時美國國民生產毛額（GNP）的 10%。在加盟連鎖快速成長的這段時期，可以發現有些加盟總部只對擴增加盟連鎖店感興趣，因此需要一些法律規範控管這類業務。許多州均透過法規來規範加盟連鎖經營權的銷售。

1970 年代的加盟連鎖業

加盟連鎖的吸引力導致一窩蜂的效應，結果許多內容結構草率、思慮不周、資金不足的加盟連鎖業者出現，更甚者在某些情況下公然詐欺，因而有愈來愈多的民眾投訴、集體訴訟及店面倒閉的情況。在加盟連鎖產業的支持下，美國參眾兩院的小型企業委員會舉行公聽會，於 1970 年初有幾個州採行加盟連鎖事業的揭露／註冊要求。1979 年時，美國「聯邦貿易委員會」通過了加盟連鎖事業揭露法案（Franchise Disclosure Act），規定每一份加盟連鎖文件必須包含 20 項條款；這份文件一般稱為「公開說明書」（prospectus），由加盟總部提供給潛在加盟者。

1970 年代加盟連鎖業持續成長。1976 到 1980 年間，營利公式加盟連鎖制度共增加超過 19,000 間加盟連鎖店。雖然往後幾年店頭數的成長趨緩，但零售營業額卻增加約 140%。在這段時期，美國的加盟總部開始向海外擴張。

1990 年代及之後的加盟連鎖業

各式各樣的經濟、人口結構和社會因素持續影響服務業和加盟連鎖制度的成長。嬰兒潮世代步入老年、愈來愈多的婦女加入就業行列、退而不休的族群日益增長，還有雙薪家庭不斷增加，自然而然創造了加盟連鎖業提供服務的機會。人們開始重視便利性，科技的進步、大眾廣告的使用、家用和商業用電子產品的興起與對品質的強調，全都有利於推動加盟連鎖產業的發展。即使是現有的加盟連鎖業也開始設法以符合成本效益的方式拓展配銷的管道，對抗不利的經濟條件。一份由美國國會小型企業委員會提出的報告（1991）指出，「加盟連鎖提供了一個方法，只用一個程序就將看似有利益衝突的現有產業和有抱負的創業者結合在一起，如此一來，有助於拓展事業版圖、創業機會及分擔成本和風險。」

在過去 20 年，加盟連鎖經歷了重新擴張的時期並持續成長，在很大程度上是新型態的加盟連鎖事業誕生所推動的。這波的加盟連鎖擴張包括將單店擴展成所謂「非傳統」的地點，譬如機場、大學和醫院，促使另一波加盟連鎖體系大規模的成長（Grunhagen and Mittelstaedt, 2005）。透過這些發展，近期成長有很大的部分

可以歸因於加盟連鎖店的經營者開始不只擁有傳統的單店（Grunhagen and Dorsch, 2003; Kaufmann, 1992）。有不少多店頭加盟者的店面擴及全州，其中往往包含了數百家的門市。

　　加盟連鎖產業重大的發展發生在國際領域。在 1960 至 1980 年代這段時間，全球化對於加盟連鎖產業的發展功不可沒；新的服務業市場，譬如財務機構或是汽車修理廠，也開始採用加盟連鎖制度。許多美國的加盟連鎖業者開始拓展到全世界。從歐洲到南亞，再到環太平洋，美國的加盟連鎖公司發現了樂於接受其產品及服務的利基市場。而東歐、蘇聯以及其他前蘇維埃共和國的國家變化多端的政治情勢，歐洲共同市場的發展，以及環太平洋國家多變的經濟環境，全都對於美國的加盟連鎖海外事業造成巨大的影響，包括加盟連鎖餐廳在內，餐飲加盟連鎖店是最早滲透到這些地區的。由於科技的日新月異，網際網路的廣泛使用，新的加盟連鎖概念和經營方法，以及空間距離的縮短，在在都促使加盟連鎖產業擴及全世界。

 # 加盟連鎖制度的理論

　　加盟連鎖的概念雖然迅速發展，但是人們對於這種商業策略的理論決定因素和誕生卻知之甚少。過去 40 年間，加盟連鎖研究特別關注加盟連鎖現象的擴大（Inma, 2005）。加盟連鎖事業概念看似合理的擴張引發了關於加盟連鎖制度的幾個基本議題，例如公司採用加盟連鎖制度的理由（Rubin, 1978; Shane, 1998），加盟連鎖生命週期的意涵（Carney and Gedajlovic, 1991; Combs and Castrogiovanni, 1994; Oxenfelt and Kelly, 1968），以及加盟連鎖制度是一種有效的垂直整合策略（Brickley and Dark, 1987; Falbe and Welsh, 1998; Mathewson and Winter, 1985）。除了這些研究調查之外，還有兩個主要的理論出現：**代理理論**和**資源匱乏理論**。

代理理論

　　研究加盟連鎖制度的學者主張，代理理論可能是加盟連鎖制度廣泛流行背後的理論基礎（Mathewson and Winter, 1985; Robin, 1978; Shane, 1998; Lafontaine, 1992）。**代理理論**認為，當一方（委託人／加盟總部）雇用某個人或某機構（代理人／加盟者）提供服務時，便產生了代理關係。假如一個加盟總部雇用一名經理來

經營其門市，這名經理若未將最大利益放在這個事業上，那麼他／她的表現有可能不是最優；相反的，一名投入大量資金的加盟者與承諾會促成此商業關係成功的加盟連鎖制度，給予了加盟者力圖成功的強大動機，再加上加盟總部減少了監督的工作，使事業蒸蒸日上的機率增加。這個理論也假設加盟連鎖制度並非如資源匱乏理論所聲稱的「以低風險或花費較少的方式獲得資金」，因為這類事業的風險集中在加盟者身上，而非加盟總部。在加盟連鎖制度中，加盟者冒著風險投入資金，並支付加盟金和權利金，因此，加盟總部比加盟者規避了更多的風險；其他因素尚包括動機、教育訓練，以及加盟者須監督其所擁有的不同門市。企業採用加盟連鎖制度試圖減少因公司直營管理所造成的代理問題，這個方式讓加盟者（代理人）必須自負零售門市收入的盈虧（Brickley and Dark, 1987; Lafontaine, 1992）。

資源匱乏理論

　　資源匱乏理論是假設正在擴展事業版圖的企業利用加盟連鎖制度尋求以符合成本效益的方式（從加盟者身上）獲得匱乏的資金。這是將加盟連鎖視為當公司在擴張時，減輕財務與管理壓力的機制，而代理理論則是將加盟連鎖視為增進企業與門市具有相同動機的機制。這兩個理論並不相互抵觸；因為一家企業必須同時吸引資源並與門市的動機一致。資源匱乏理論認為，加盟連鎖制度是中心型企業成長時獲得資金和減輕管理壓力的方法（Carney and Gedajlovic, 1991; Caves and Murphy, 1976; Oxenfelt and Kelly, 1968）；而代理理論認為，加盟連鎖制度能有效控管監督代理人（員工）和委託人（業主）之間的差異問題（Brickley and Dark, 1987; Norton, 1988a and 1988b）。這些理論指出，企業為了減少限制公司成長的內部壓力會採用加盟連鎖的策略（Inma, 2005）。雖然資源匱乏理論有一些非常具實證性的論證，但是不少研究者仍都偏好代理理論。

　　資源匱乏理論修正了傳統的加盟連鎖觀點，認為一家企業投入加盟連鎖產業是為了獲取資本利得，以及取得對當地市場的瞭解，同時減輕一家中小型企業的管理壓力，並將風險從企業轉移到加盟者身上（Caves and Murphy, 1976; Oxenfelt and Kelly, 1968, 1969）。常見的資源匱乏包括管理專業知識、對當地市場的認識及資金。根據該理論，加盟者須繳交一筆固定金額的加盟金和權利金提供事業拓展的資金，同時加盟總部可要求加盟者負擔絕大部分門市盈利的責任，因而減少了公司內部的控管與監督成本。因為加盟者瞭解當地區域，預期他們能夠提供給加盟連鎖組織有關於當地市場趨勢與概況的可靠資訊（Caves and Murphy, 1976）。因此，透過加盟

連鎖制度獲得財務與人力資本被認為對加盟總部而言是低風險的方法。雖然該理論對於加盟連鎖理論有所貢獻，但是它也有缺點，因為它僅限於應用在年輕或小型的企業，對於大型企業並不適用。它也意指一旦企業站穩腳步，加盟連鎖的關鍵優勢將顯著減少。換言之，該理論認為一旦體系成熟，企業將傾向買回加盟連鎖店面或是將其轉換成由公司直營的店面；然而，事實並非如此。企業將繼續以加盟連鎖制度在他們沒有太多市場專業知識的全新區域和鄉村拓展業務。此外，隨著科技的進步，要獲得市場狀況和資訊變得非常容易。在服務業裡，也有資金充足的公司仍然採用加盟連鎖作為其做生意的方法。

 ## 加盟連鎖與餐飲業

在加盟連鎖事業中，餐飲業非常風行。確切原因並不清楚，但是有下列可能的原因：(1) 餐飲連鎖店取得資金的管道有限；(2) 加盟者會積極保護自身的投資而更加用心經營（Hoover, Ketchen, and Combs, 2003）。代理理論的擔憂是直營門市所雇用的管理者有可能只尋求自身的利益，也有可能他們尋求的利益或許與企業並不一致。因此為了追求企業的目標，就必須尋找其他執行業務的場域，而加盟連鎖制度有助於達成該目標，因為它減少了監督門市的工作；另外，加盟者的利益與該事業的經營成功與否息息相關。最重要的是，他們參與投資，這跟雇用管理者來經營一家門市正好相反。另一個原因是，跟獨立公司相較之下，加盟連鎖企業比較容易獲得匱乏的資金來源。知名的加盟連鎖業以這種方式追求資金，提供了更多的優勢。但是，由於加盟連鎖所包含的風險比其他的投資來得高，因此關於取得資金的論證仍有爭議。

加盟連鎖制度已經發展成加盟者升級為多門市的大型經營者，而且比單店的加盟者擁有更多談判的籌碼。大多數商譽卓著的加盟總部都是從小企業起家，並擴展到財務穩健且取得強勢的地位，此外日益增加的需求也使得成功的加盟總部更加壯大。因為加入一家已建立金字招牌的加盟總部，風險要小得多，許多加盟者傾向獲得這些資源。包括知名的品牌名稱、成熟的概念、完善的配銷網絡、良好的供貨來源、現場支援、設計周全的訓練課程及精良的研發計畫。顯然，欲進入這些加盟連鎖事業的成本將高出許多。另一方面，潛在加盟者也可以選擇以較少的資金和較大的風險加入新創的加盟總部。

→ 個案研究

麥當勞：全球在地化的菜單

　　全球在地化（glocalization）這個詞結合了「全球化」和「在地化」，意指調整一項商品或服務以迎合當地的喜好和文化需求。麥當勞就是一個好例子。

　　麥當勞將全球分成四大市場：(1) 美國；(2) 歐洲；(3) 亞太、中東和非洲（APMEA）；(4) 其他國家和企業。美國、歐洲和 APMEA 分別占了總收益的 35%、41% 和 19%。在歐洲市場，法國、德國及英國就貢獻了大約 55% 的收益。在 APMEA 的市場中，澳洲、中國和日本亦貢獻了超過 50% 的收益。麥當勞的「主要市場」包括美國、加拿大、法國、德國、英國、澳洲、中國和日本，這些國家加起來的營業額就占了麥當勞總收益的 70%。麥當勞所設計的商業模式是能夠給予顧

第一家麥當勞餐廳設立於伊利諾州德斯普蘭斯市。

（感謝麥當勞企業提供照片）

客始終如一和融合當地的用餐經驗，而且是社區裡不可或缺的一部分。這種商業模式可促進他們確認、執行及評估創新理念是否符合消費者不斷變化的需求與喜好的能力（McDonald's Corporation, 2011）。根據網站的資料，麥當勞有 10 個「核心菜單項目」：漢堡、吉事堡、大麥克、四盎司牛肉堡、大美味牛肉堡、雙層漢堡、麥香魚、雞柳條、麥克雞塊及薯條。

　　考量到麥當勞在許多國家都設有餐廳，而且差異甚大，因此本個案研究以不同國家作為範例來說明麥當勞為了適應世界各地的社會文化、宗教、飲食偏好，以及環境條件，在菜單的口味和喜好上所做的調整。此處學習與討論的重點為：(1) 進入國外市場時理解社會文化、宗教、飲食偏好，以及環境因素的重要性；(2) 瞭解可能影響菜單項目選擇的因素複雜的特性；(3) 認識到不同國家之間的差異性；(4) 知道菜單調整應該考慮到品牌與產品形象的維護；(5) 注意到產生影響的因素會隨著國家和地區而不同；(6) 根據當地的競爭對手與市場來發展策略。

印度

　　印度的人口總數超過 10 億，其中大多數都信奉印度教，該宗教要求其教徒吃素且不可以吃牛肉，因為他們認為牛是神聖的動物。為了在一個印度教徒占絕大多數並且崇敬牛的國家開店，於是在印度的麥當勞將菜單調整成適合當地的口味（Bellman, 2009）。此外，最大的少數族群是回教徒，他們不能吃豬肉或豬肉製品。從菜單上刪除牛肉和豬肉品項對麥當勞而言是一個關鍵問題和極大的難關，因為他們在美國最受歡迎的品項都是以肉類為主。他們的挑戰就是設計一個新的品項，以符合在地的飲食要求，而又必須類似於麥當勞所提供的核心產品。於是他們推出了大帝麥克堡（Maharaja Mac），一開始是以羊肉製作，現在改以雞肉製成。早餐時段則提供全素披薩派（VegPizzaMcPuff），這是一種裡面塞了番茄和乳酪內餡的熱口袋餡餅。午餐和晚餐的菜單則包含了麥克蔬食堡（McVeggie），它是在芝麻漢堡包裡面放了豌豆、紅蘿蔔、綠豆、紅甜椒、馬鈴薯、洋蔥、米，然後淋上特製的印式綜合調味料，上面再覆蓋美生菜和素食美乃滋。還有印式起司莎莎醬捲（Paneer Salsa Wrap），這是將什錦沙拉包覆在烤餅中，裡面夾入美生菜、紅高麗菜和芹菜，再加上素美乃滋、莎莎醬以及巧達起司。其他品項包括麥克薯堡（McAloo Tikki），以水煮馬鈴薯和香料作成，這也是一款非常受歡迎的素食漢堡。咖哩蔬菜盒 VegMcCurryPan 則跟披薩很類似，它是將奶油醬汁和蔬菜，包括綠花椰菜、玉米筍、蘑菇及紅甜椒等裝入一個長方形的酥皮中（McDonald's India, 2012）。

印度海德拉巴（Hyderabad）機場的麥當勞餐廳。

（照片由作者提供）

中國

在中國，雞肉是最受人們喜愛的肉類，不過牛肉漢堡也很受歡迎。雞肉漢堡非常風行，只是西方國家較偏愛使用雞胸肉，而中國比較常使用雞大腿肉。麥克雞塊和雞翅則搭配蒜蓉辣椒醬一起吃。在中國新年期間，另外供應烤雞堡和薯圈圈，以及一些幸運優惠券。在午餐和晚餐菜單上，除了漢堡之外，也供應麥香魚和麥香雞堡，以及數種照燒雞腿堡。在甜品方面，有一個當地特有的「香芋派」。芋頭是東南亞的原生植物，在這個地區，芋頭根和芋葉可以食用，在中國和中式料理中，一般是用來當作主菜。中國人不太喜歡醃黃瓜，因此用小黃瓜取代之。

日本

麥當勞利用日本當地受歡迎的日式料理調整了一些品項，並大幅修改其菜單內容。午餐和晚餐菜單包含了幾種調整過的品項，例如檸檬雞堡和加了千島醬的蝦排堡。蝦排堡在日本甫推出就成為當地的熱門商品，裡面夾的是一塊炸蝦肉餅，塗上濃厚的醬汁，再放上美生菜。還有巨無霸照燒堡（豬絞肉加美乃滋、美生菜和照燒

醬）和照燒大麥克堡，不過它們大多是短暫的促銷商品。另一個季節性的品項是月見堡，這是在牛肉餅上放上培根、一顆荷包蛋，再加上美乃滋番茄醬，在秋月時節之前或期間供應，以荷包蛋象徵月亮。可樂餅堡，大多是在冬天供應，裡面夾的是裹上麵包屑油炸的馬鈴薯泥、高麗菜絲，以及豬排醬，可加或可不加起司。還有巨無霸麥克堡，肉的份量幾乎是大麥克堡的兩倍。另外，炸雞肉丸子堡和麥克豬排堡是午餐／晚餐供應的其他肉類商品。奶油焗烤酥炸堡（Gracoro）是一道有趣的素食料理。他們還有取名為「搖搖炸雞」的產品，在食用前加入調味料（黑胡椒或起司）然後與炸雞一起搖勻（McDonald's Japan, 2012）。

沙烏地阿拉伯

由於沙烏地阿拉伯是一個嚴守宗教教義的回教國家，因此餐廳裡不能供應豬肉和酒類飲料。麥當勞強調他們的產品 100% 都是符合伊斯蘭教律法的合法食物（Halal），關於牲口的屠宰、加工以及添加劑皆有規定。菜單項目包括漢堡、麥香魚，以及麥香雞堡。除了一般的牛肉漢堡之外，還增加了大麥克香雞堡。菜單中一個特殊的品項是專為阿拉伯國家設計的阿拉伯包餅（McArabia）。阿拉伯肉丸包餅就是這種變化版的例子：它是以對折的口袋麵餅取代漢堡包，裡面夾烤肉。在這裡，上館子用餐、飲食習慣，以及文化／宗教活動跟美國有非常明顯的文化差異。現今由於青少年族群愈來愈多，以及生活水平愈來愈高，因此快速服務的餐廳具有相當大的市場潛力（McDonald's KSA, 2012）。

德國

德國所提供的菜單品項比較傾向歐式餐點，早餐是可頌麵包和火腿的組合，另外還包含了火腿蛋堡類型的選項，以及鬆餅堡（McGriddle）。有些英式鬆餅三明治，譬如滿福堡（McMuffin）也夾了肉餅，這在傳統上是午餐的作法。除了麥香魚、大麥克、皇家漢堡、蔬菜堡、麥克雞塊，菜單中還包含了布穀堡（McRib），布穀堡在美國是季節性商品（McDonald's Germany, 2012）。在紐倫堡的麥當勞販售「紐倫堡」（Nuremburg），這是用三根紐倫堡式的迷你德國香腸、烤洋蔥和芥末醬作成的漢堡。雖然在德國牛肉和雞肉是主要的肉類消費類型，但是豬肉卻是最受歡迎的肉類。麥當勞還推出檸檬鮮蝦堡，以香草全麥漢堡包夾上蝦肉餅、生菜和大蒜檸檬醬。德國麥當勞也供應啤酒（McBeer），它是以玻璃杯裝而不是啤酒杯，這是為了在特定的歐洲國家吸引當地的消費者。

馬來西亞

馬來西亞是擁有大量回教徒的國家,所有供應的肉類必須是符合伊斯蘭教律法的合法食物,而且法律規定所有的餐廳都要經過 Halal 認證。該國人民來自三個不同的文化:馬來人、中國人及印度人。因為回教徒不吃豬肉和豬肉製品,甚至連漢堡(hamburger)也要改稱「牛肉堡」,避免講出「火腿」(ham)這個字。由於將近 24% 的人口是吃豬肉的中國人,可是又有一群印度人又不吃牛肉,因此麥當勞必須研發一個人人皆可接受的菜單,於是他們推出許多雞肉的選項。除了一般的品項,麥當勞還供應辣味麥香雞堡(Spicy McChicken Deluxe)以及麥脆雞(Ayam GorengMcD)和雞肉粥(Bubur Ayam),這些是馬來西亞人和印尼人的最愛。「Ayam」在馬來語中是「雞」的意思,因此麥脆雞就是經過美味可口的香料醃製並滷過的炸雞。雞肉粥也是很受歡迎的印尼餐,這是以雞肉絲燉煮的稀飯,上面再撒上蔥花、薑絲、油蔥酥和辣椒粒裝飾而成(McDonald's Malaysia, 2012)。

法國

法國是公認的世界美食之都,因此麥當勞必須戰戰兢兢。值得特別注意的是,法國麥當勞沒有早餐三明治類的品項(譬如以貝果或是英式鬆餅夾香腸、蛋、起司、培根)。店裡也不供應薯條,而是供應薯塊(Les Deluxe Potatoes),這項產品是把馬鈴薯切成楔型而不是細細的條狀。法國麥當勞供應各式各樣特製化的雞肉三明治品項,譬如火腿起司堡(CroqueMcDo),這是以兩片扁平的漢堡包夾入兩片融化的艾摩塔(Emmental)起司和一片火腿烘烤而成。這裡的漢堡種類都是基本款,但甜點就精緻多了,裡面為具有健康意識的消費者加了慕斯和水果酥餅碎,以及一片鳳梨(McDonald's France, 2012)。法國麵包堡(McBaguette)是用法國著名的夏侯蕾牛肉再加上法國製的艾摩塔起司和芥末醬製成,此為季節限量產品。

澳洲

澳洲人的飲食偏好受到其位於環太平洋地區地理位置的影響,因此這裡的居民喜歡泰式、中式、越式和日式料理。就早餐而言,除了滿福堡之外,還有波士頓貝果堡(Boston Deli Bagel,以貝果夾番茄、培根、蛋和酪梨)、紐約班尼狄克貝果(NYC Benedict Bagel,以烤貝果夾培根、蛋和荷蘭醬)、招牌早餐捲(Bakehouse Brekkie Roll,以酸麵包餅皮包裹兩片薄培根、蛋、起司、烤馬鈴薯和洋蔥甜辣醬),以及碳烤早餐捲(培根、蛋、起司、烤馬鈴薯,再加上烤肉醬)。另一種三明治叫做澳大利亞堡(Down Under Deluxe),這是家庭料理式的漢堡。所有的午餐/晚

餐三明治都是以圓麵包製作。除了標準的飲料和奶昔，他們還有白咖啡飲料。這是在單份或雙份濃縮咖啡表面倒上細緻奶泡或是加熱牛奶（McDonald's Australia, 2012）。

俄羅斯

除了一般的早餐菜單品項外，還供應薄餅（Blinchiki），基本上就是包了果醬（草莓或杏桃）和蜂蜜的俄羅斯薄烤餅。還有火腿和起司土司，亦即以烤過的圓形扁麵包夾火腿和起司或是純起司。另外也供應各式各樣的漢堡，麥香雞和麥香魚也在菜單中。俄羅斯牛肉堡是一個特製的牛肉漢堡，這是以剛烤好的漢堡包夾入牛肉、新鮮番茄、沙拉（生菜）、炒香的洋蔥，並淋上特殊的醬汁。特別的點心品項包括炸布里（Brie）起司塊。一般的點心則包含了冰炫風、奶昔、櫻桃派，和英式鬆餅（McDonald's Russia, 2012）。

巴西

就早餐而言，除了一般的三明治，還供應火腿可頌、起司麵包（Pao de Queijo，傳統葡萄牙起司麵包），還有新鮮法國麵包（Pao na Chapa）。在巴西，午餐通常比晚餐更大份。就午餐或晚餐而言，大部分的核心菜單項目都包含在內。點心和甜品也包括優沛蕾和紅蘿蔔棒。果汁有葡萄、柳橙、百香果、水蜜桃和椰子等口味。巧達起司牛肉堡（Cheddar McMelt）是很經典的產品，它是以全麥漢堡包夾全牛肉餅，再加上巧達起司和碎洋蔥，再淋上洋蔥醬汁一起烤製而成。美味的醬油和香濃的巧達起司結合之後成了這個特製漢堡的特色，它也是最受巴西消費者喜愛的產品。還有一種剛推出的漢堡——麥克香腸堡（McCalabresa），它是夾入香腸肉餅，並以油醋醬調味而成。這個靈感是取自於很受歡迎的巴西路邊小吃（McDonald's Brazil, 2012）。

瓜地馬拉

除了一般的早餐品項之外，菜單還包括了墨西哥捲餅、炒蛋、墨西哥玉米餅、香腸、豆泥、炸芭蕉、酸奶油，和瓜地馬拉番茄醬（Chirmol）。這些餐點正是一般常見的瓜地馬拉早餐品項。麥脆雞是很受歡迎的菜單項目。除了薯條之外，也供應炸薯塊。還有夾了炸玉米片的漢堡，以及加了酪梨沙拉醬的雞肉漢堡。在甜點方面，有各式各樣的派餅，包括椰絲派（McDonald's Guatemala, 2012）。

南非

在南非，麥當勞引進了其標準的全球菜單，提供了漢堡還有一些雞肉產品供客人選擇。在南非的速食業市場中，這個做法是一個很奇怪的決定，因為麥當勞的競爭對手所販售的食物大約有三分之二都是雞肉，而不是牛肉。菜單中有一項烤雞肉包，與阿拉伯包餅類似，還有用鷹嘴豆餅作成的素食漢堡。除了薯條之外，還供應玉米粒。店裡也提供了巧克力或草莓口味的甜筒聖代（Cornetto Sundae，一種冰淇淋品牌）。菜單項目的複雜性反映出該國多樣化的人口組成（McDonald's South Africa, 2012）。

結論

我們從上述幾個國家的菜單調整範例中可以發現，在一家連鎖企業進入國外市場之前，必須謹慎考量社會文化、宗教、飲食偏好及環境因素。這些是與當地企業激烈競爭之外必須注意的層面。社會文化因素，譬如飲食習慣、社會化，以及價值觀是重要的考量。例如在某些國家，像是印度和巴西，人們通常不外出用餐。在沙烏地阿拉伯，由於炎熱的環境條件，人們習慣在晚上做生意，且很晚才就寢，因此早餐的人潮不多。由於宗教限制，在印度不能供應牛肉和豬肉，在沙烏地阿拉伯和

位於佛羅里達州最新的一家麥當勞餐廳。

（感謝麥當勞企業提供照片）

馬來西亞則必須做特殊的肉類加工。假如消費者不熟悉某些品項，他們就會避開不吃。還有人們在特別的宗教和民族節慶時也會偏好特別的餐點。在中國，人們習慣喝湯和吃米飯。基於所有的環境因素，餐廳應該要審慎考量菜單內容。

餐飲加盟連鎖制度
對美國經濟的影響

「有好幾百個知名的標誌性品牌以及新崛起的概念，每天在國內外以各種你想像得到的方式服務數千萬的顧客。」

——國際加盟連鎖協會總裁與執行長史提夫·凱德拉（Steve Caldeira）

 概述

　　加盟連鎖事業仍然是美國經濟最重要的貢獻者。根據國際加盟連鎖協會所委託製作的報告「加盟連鎖商業經濟展望」（Franchise Business Economic Outlook, 2012），大多數的經濟報告皆顯示持續成長，只是速度會趨緩。由於經濟條件的關係，小型商務的經營者可獲得的信貸是其中一個問題。加盟連鎖協會預期美國加盟連鎖門市在 2012 年將增加 1.5%。加盟連鎖門市的就業機會也預期會增加。速食餐廳（QSR）是最大的加盟連鎖事業體，預期在新門市的成長中將排名第三。隨著經濟緩步提升，讓人期待的經濟氛圍預期會把現有的客人拉到比較高檔／昂貴的餐廳。這可能會隨著當前的經濟條件而改變。速食餐廳的營業額在 2011 年增加 4.9%，預期 2012 年將會有 4.1% 的成長。修訂後的普查局（Census Bureau）數據顯示，2011 年全套服務的餐廳營業額從 2010 年的 2.3% 增加至 8.0%。在美國加盟連鎖的速食餐廳數量預估將高達 150,860 家。加盟連鎖門市的分布如圖 2.1 所示。如同本圖所顯示，速食餐廳占了所有店家的 20%，在所有加盟連鎖門市中占有最高的百分比。按照行業別所統計的就業分布如圖 2.2 所示。在本圖中可看到，速食餐廳和餐桌／全套服務的餐廳在所有加盟連鎖門市中的就業分布占有最高的百分比。加盟

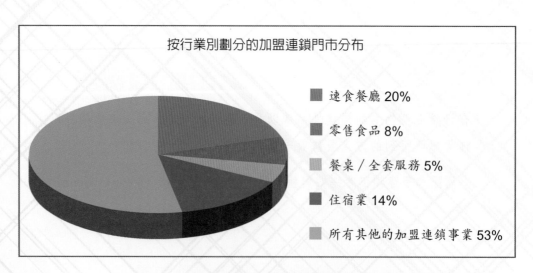

圖 2.1　按行業別劃分的加盟連鎖門市分布圖

（資料來源：根據國際加盟連鎖協會的數據重新繪製。）

連鎖餐廳被歸類在營利公式加盟連鎖的類別中，因為產品、服務和商標——整個概念——都被包含在加盟連鎖的制度中。餐廳加盟連鎖繼續提供機會給那些試圖擁有自己事業的人們，無論是在美國國內或海外。

整體而言，餐飲業對於任何國家的經濟而言都是很大的貢獻者。在美國，餐飲業被視為經濟引擎。根據全美餐廳協會（National Restaurant Association）的資料顯示，餐飲業的年營業額高達 6,600 億美元。預估 2013 年的營業額將增至 6,605 億，亦即在兩年內成長約 9%。在一般日，美國全國 980,000 家餐廳的總營業額為 18 億美元。換言之，花在餐廳上的每 1 美元，將為其他支援的產業帶來另外 2 美元的營業額。2013 年，消費者花在餐飲業中的錢就占了總消費的 47%。餐飲業對於美國經濟的總影響力估計達 1.8 兆美元。其營業額占了美國 GDP 的 4%。隨著餐廳和餐飲服務門市數量的增加，餐飲業的活動是美國經濟繁榮的主要因素，該產業的成長對於美國經濟的前景具有重大的影響。

由美國全國餐廳協會所提供的其他數字讓人們進一步瞭解餐飲業的其他影響力。2013 年餐飲業的就業人口為 1,310 萬人。預估在 2023 年之前將增加 9.8%，達到 1,440 萬人次。令人驚訝的是，有三分之一的美國人第一次的工作經驗都是在餐飲業。跟 2012 年 1.5% 的全國就業成長率相較之下，餐飲業的就業率成長了 2.4%，這是連續第 13 年餐飲業的表現優於美國總就業成長率。有鑑於美國與國際上所面臨的經濟困境，其成長模式顯示了該產業的重要性。

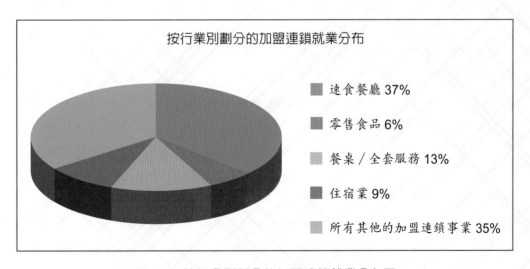

圖 2.2　按行業別劃分的加盟連鎖就業分布圖

（資料來源：根據國際加盟連鎖協會的數據重新繪製。）

由於加盟連鎖事業非常仰賴創業者，因此餐廳作為「企業家製造機」的貢獻值得一提。根據全國餐廳協會的資料，80% 的餐廳經營者都是從餐飲業的基層職務開始做起。由於 93% 的餐廳員工不到 50 人，因此餐廳是整個小型企業誕生與發展的基礎。另外，餐飲業比其他產業聘用更多少數族群的管理者，而且少數族群的經營權數字令人訝異。有一個研究比較了 1997 與 2007 年之間的餐廳經營權，研究發現由西班牙裔所經營的餐廳增加了 80%，由女性所經營的餐廳則增加了 50%。另外，所有的餐廳經營者中，有 50% 為女性。

> 當今在加盟連鎖產業中最重要的趨勢就是加盟連鎖事業的國際化、
> 在加盟連鎖事業中女性與少數族群的崛起，以及科技使用的增加。

國際加盟連鎖協會表示，當今在加盟連鎖產業中最重要的趨勢就是加盟連鎖事業的國際化、在加盟連鎖事業中女性與少數族群的崛起，以及科技使用的增加。這些趨勢對於加盟連鎖事業產生深層和正面的影響，而且它也成為比較活躍的做生意方法。對於餐飲加盟連鎖業而言，有些當前的趨勢顯示，它們藉由擴展菜單、使用新鮮原料、加入沙拉，以及提供更多外帶與外送服務來回應消費者的需求。在廣泛使用科技方面，網際網路被當作加盟總部、加盟者、供應商以及消費者之間最重要的溝通工具。對於機密的溝通則使用內部網路，它使得許多與加盟連鎖餐廳的經營相關的面向更加便利。網際網路也被用來公告經營手冊、訓練、發布新聞、廣告與宣傳，以及與消費者接觸等等。加盟總部也可以透過網際網路獲得潛在客戶名單。

美國是餐飲加盟連鎖的龍頭，該產業對於美國經濟也有重大的貢獻。餐飲加盟連鎖業創造了就業機會、促進創業精神、介紹新的商業服務，並提供更多的商業與出口機會。

2013 年《全美餐廳新聞報》（*Nation's Restaurant News*）的前百大研究顯示（Liddle, 2013），整體而言，前百大連鎖店總共賺進將近 2,137 億美元，比前一年的總營業額增加了 5.3%。2012 年，在「頂尖連鎖店」的體系中，加盟連鎖餐廳的總數增加了將近 3%（3,999 間店面），達到 138,757 家，前一年的成長率為 2.2%。另一方面，直營門市數則下降了 1.1%。有個觀察發現，這個變化是因為漢堡王企業的重新授權，他們將 750 家門市授權給加盟者。從全新加盟連鎖店的角度來看，前五大分別為賽百味、漢堡王、7-Eleven、Dunkin' Donuts，以及 Jimmy John's，全部總共增加了 2,518 家店。新直營店成長前五大品牌為奇波雷（Chipotle）、星巴克咖啡、肯德基炸雞、Five Guys 漢堡薯條及熊貓快餐。

《全美餐廳新聞報》前百大（2013）所描述的餐廳市場區隔僅限於有限服務餐廳（LSR ／漢堡、休閒餐飲、LSR ／三明治、飲料－點心、披薩、雞肉、LSR ／墨西哥、家庭餐飲、便利商店及麵包咖啡坊）。營業額成長率表現最亮眼的是麵包咖啡坊的 11.9%，而最差的是家庭餐飲的 0.6%。**圖 2.3** 顯示前百大每個市場區隔的營業額占比，而**圖 2.4** 則顯示前百大門市每個市場區隔的占比。前百大市場區隔的營業額占比（2,137 億美元的百分比）為：

LSR ／漢堡：	33.55%
休閒餐飲：	17.17%
LSR ／三明治：	8.60%
飲料－點心：	8.19%
披薩：	7.56%
雞肉：	7.17%
LSR ／墨西哥：	5.55%
家庭餐飲：	4.93%
其他：	2.93%
便利商店：	2.19%
麵包咖啡坊：	2.16%

同樣的，前百大門市的市場區隔占比分配如下：

LSR ／漢堡：	24.16%
LSR ／三明治：	18.15%
飲料－點心：	12.35%
披薩：	11.85%
便利商店：	7.29%
休閒餐飲：	6.37%
雞肉：	6.32%
LSR ／墨西哥：	4.74%
家庭餐飲：	3.78%
其他：	3.36%
麵包咖啡坊：	1.64%

（資料來源：《全美餐廳新聞報》，2013 年前百大。）

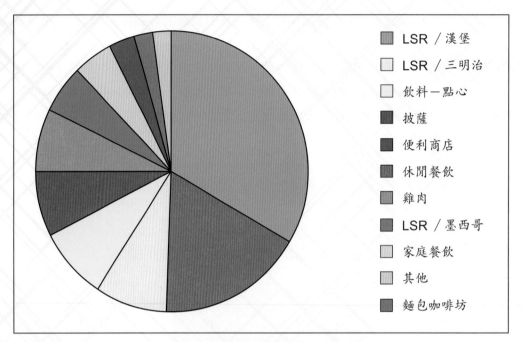

圖 2.3 前百大市場區隔的營業額占比

（資料來源：《全美餐廳新聞報》，2013 年前百大；本圖為作者根據已公布數據繪製。）

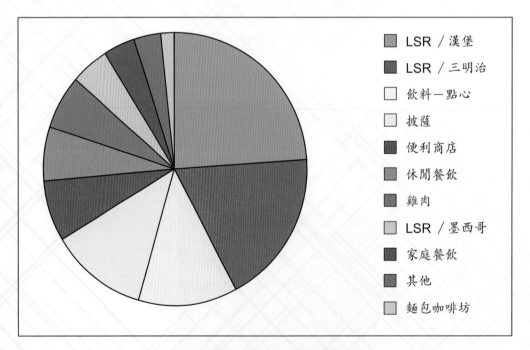

圖 2.4 前百大門市的市場區隔占比

（資料來源：《全美餐廳新聞報》，2013 年前百大；本圖為作者根據已公布數據繪製。）

　　1973 和 2013 年前 10 大的比較數據如**表 2.1** 和**表 2.2** 所示。這些表格顯示出加盟連鎖門市的成長以及在 40 年之間的營業額變化有多快。在 1973 年的前 10 大連鎖店中，有 7 家連鎖店後來若不是已經不再前 10 大，不然就是結束營業。這些餐廳包括：

1. 肯德基炸雞（KFC）在 1973 年衝破 10 億美元營業額的門檻，打敗麥當勞，拔得頭籌。2013 年，其營業額 45 億美元排名第 11 名，僅次於蘋果蜂（Applebee's Neighborhood Grill and Bar）。最近肯德基炸雞以 KFC eleven 進攻日益成長的速食／休閒市場，這是一家位於肯德基州路易斯維爾市的示範餐廳。

2. A&W 餐廳連鎖，之前是由百勝餐飲集團經營，後來在 2011 年 12 月透過大美國品牌有限公司（A Great American Brand, LLC）賣給 A&W 加盟者集團。這家連鎖店的特色是桶裝露啤及露啤冰淇淋。值得注意的是，這是 1923 年時在加州開始授權加盟連鎖的第一家成功的加盟連鎖公司。目前他們在美國和海外擁有 1,100 家門市。

3. Howard Johnson 在 1973 年以全體系餐飲營業額來看，排名第 5 位，這家餐廳以其橘色屋頂著稱，曾經歷多次的管理階層改變。在 1960 和 1970 年代，他在美國是最大的餐廳連鎖店。雖然 Howard Johnson 的直營與加盟汽車旅館經得起時間的考驗，但是餐廳卻沒有。萬豪（Marriott）取得控制權，並淘汰掉所有的直營餐廳。緊接而來的是好幾次的管理階層改變。在 2012 年 6 月，只剩下兩家 Howard Johnson 餐廳，一家在紐約的普萊西德湖（Lake Placid），另一家在緬因州的班戈市（Bangor）。位於紐約的門市在 2013 年被售出。

4. 通用食品企業（General Foods Corporation）的子公司「漢堡主廚」（Burger Chef System, Inc.）為因應 1972 年虧損的 3,900 萬，關閉不賺錢的店家。哈帝漢堡（Hardee's）有一段時間取得經營權，但漢堡主廚餐廳仍在 1996 年結束營業，當時有些門市轉換為哈帝漢堡或其他的加盟連鎖店。

5. Royal Castle 有一段時間是佛羅里達州南部的主要品牌。在縮減規模之前，他們最後增加到超過 185 家店。他們曾經有段時間是由大奧普里（Grand Ole Opry）節目中的明星明妮・波爾（Minnie Pearl）所經營。現在只有一家餐廳存留。

表 2.1　1973 年前十大連鎖店

連鎖店	整體在美國的餐飲服務營業額（百萬美元）	美國總門市數
肯德基炸雞	$1,147.0	4,402
麥當勞	1,033.0	2,272
A&W	309.0	2,480
漢堡王	275.0	982
豪生酒店（Howard Johnson）	258.0	877
漢堡主廚（Burger Chef）	200.0	1,000
萬豪酒店（Marriott）	182.0	1,090
皇家城堡（Royal Castle）	180.0	154
丹尼斯（Denny's）	179.0	803
哈定（Hardee's）	163.0	754

資料來源：《全美餐廳新聞報》，2013 年前百大

表 2.2　2013 年前十大連鎖店

連鎖店	整體在美國的餐飲服務營業額（百萬美元）	美國總門市數	40 年間的百分比變化（1973 至 2013 年）	
			營業額	門市數
麥當勞	$35,592.7	14,157	+3445.6	+1124.5
賽百味	12,123.5	25,549	1973 年無資料	
星巴克咖啡	9,276.0	11,013	1973 年無資料	
漢堡王	8,585.0	7,183	+3121.8	+731.5
溫蒂漢堡	8,215.9	5,817	1973 年無資料	
塔可鐘	7,500.0	5,695	1973 年無資料	
Dunkin' Donuts	6,264.8	7,306	1973 年無資料	
必勝客	5,700.0	7,756	1973 年無資料	
福來雞	4,560.3	1,669	1973 年無資料	
蘋果蜂（Applebee's Neighborhood Grill and Bar）	4,503.5	1,885	1973 年無資料	

資料來源：《全美餐廳新聞報》，2013 年前百大；表格經作者修改而成。

　　另一方面，有一些新的連鎖店根據其在美國全體系的營業額以及美國總門市數進入前十大的表單中。麥當勞和漢堡王在 1973 和 2013 年都在前十名的表單內，40 年來他們的表現非常亮眼，從**表 2.2** 可看出規模達到好幾千倍。進入前十名表單的新成員包括：

1. 星巴克創始於 1971 年，起初是位於西雅圖派克市場的一家小店，從事烘豆商以及全豆與研磨咖啡、茶和香料等零售商的生意。今天，他們在全球 60 個國家 18,000 家零售店服務成千上百萬的顧客。他們現在提供 30 種綜合豆以及單品咖啡、冰沙和茶類飲品；販售沖煮咖啡和茶的器具、馬克杯及小配件；手工調製的飲料、新鮮食物，以及其他的消費商品。

2. 溫蒂國際公司在美國和全球 27 個國家擁有 6,500 家以上的加盟連鎖和直營餐廳。戴夫・湯瑪斯（Dave Thomas）在 1969 年於俄亥俄州的哥倫布市開了第一家溫蒂漢堡店。近年來，溫蒂漢堡的品牌轉型，包含推出一個新的商標識別以及餐廳的外觀。新的轉型從大膽的餐廳設計到創新的食物以及升級的服務，為所有的門市注入一股新的活力。

3. 塔可鐘企業總部設於加州爾灣（Irvine），是一家墨西哥式的速食連鎖店，供應墨西哥夾餅、墨西哥捲餅、墨西哥酥餅、墨西哥脆餅，以及其他特色食品。他們在全美約有 5,600 家餐廳，每週服務超過 3,500 萬名消費者。自從 1962 年葛倫・貝爾（Glen Bell）創立塔可鐘以來，該公司數不清的創新改變了速食餐廳產業的本質。

4. Dunkin' Dounuts 是比爾・羅森堡（Bill Rosenburg）在 1950 年所創立。1955 年，他們在麻州的烏斯特市（Worcester）簽訂了第一份加盟連鎖合約。2012 年，該公司在中國西安開設了第 1 萬家店。Dunkin' Dounuts 在紐約市的第 500 家店，是與 Dunkin' 的姐妹品牌 31 冰淇淋的聯合品牌門市。

5. 必勝客公司從德州達拉斯市發跡，它是全世界最大的披薩餐廳公司。在美國有超過 7,500 家餐廳，在全世界 90 個國家和領土也有 5,600 家以上的餐廳。必勝客被稱為「美國最受歡迎的披薩」。它也逐漸成為最大的外送雞翅連鎖店，有超過 3,000 家店提供這項服務。

6. 福來雞（Chick-fil-A）創始於 1946 年，當時楚埃・凱西（Truett Cathy）在喬治亞州的哈普維爾（Hapeville）開了他的第一家餐廳—小矮人燒烤店（Dwarf Grill）。一般認為是凱西先生發明了無骨雞胸肉三明治，他在 1960 年初成立了福來雞公司，並在購物商場設立餐廳，而第一家餐廳是於 1967 年開在

亞特蘭大市郊的一座商場中。從那時起，它就開始穩定成長，後來成為美國第二大的速食雞肉連鎖店，在全美 39 州和華盛頓特區共擁有超過 1,700 家店。2012 年時，該餐廳的年營業額超過 46 億美元。福來雞仍然是私人持有的家族事業。

7. 蘋果蜂大約在 30 年前成立，當時稱為 Applebee's Services, Inc.，經營至今已成為最大的休閒餐飲連鎖店。Applebee's Services, Inc. 及其附屬的加盟連鎖事業以 Applebee's Neighborhood Grill and Bar, Inc. 為名開設餐廳，並且被納入 DineEquity Inc. 品牌旗下。2012 年賣出了 33 家店面從事加盟連鎖後，成為一個幾乎是全加盟連鎖品牌的目標。

除了前十名的餐廳連鎖店外，還有幾個值得注意的重點。有些餐廳是加盟連鎖店，有些連鎖店並無加盟形式。這些重要的餐廳根據《全美餐廳新聞報》（2013）分述如下。在加盟連鎖事業的部分，我們以粗體字呈現。

1. 每家門市估計營業額（ESPU）最高的餐廳是 The Cheesecake Factory（1,010 萬美元）。

2. ESPU 增加最多的是 Wingstop（13.1%），衰退最多的是 Romano's Macaroni Grill（24.4%）。

3. 以市場區隔而言，ESPU 成長最多的是雞肉（8.3%），成長最少的是麵包咖啡坊（0.3%）。

4. 以市場區隔而言，平均 ESPU 最大的是休閒餐飲（370 萬美元），最小的則是披薩（$746,200）。

5. LSR ／漢堡類的營業額（33.6%）與總店家數（24.2%）在前百大位居第一。在本類別中，以麥當勞居首位，其營業額占了 49.7%。在加盟連鎖事業中，麥當勞在營業額方面傲視群雄。

6. 在麵包咖啡坊類別的營業額中，潘娜拉麵包占了 78.5%，是在某一類別中占比最高的餐廳。

7. 在最近一年，有 50 家連鎖店的營業額市占率增加，然而有 50 家連鎖店減少市占率或持平。

8. 美國前百大有限服務連鎖店的總營業額高達 1,053 億美元，從 1 年前的 1,001 億美元增加了 5.1%。

9. **有限服務類**營業額的龍頭是麥當勞，為 3,560 萬美元。隨著在美國國內外門

市數大幅增加，麥當勞的領先地位屹立不搖。麥當勞的餐廳有 89% 為加盟連鎖店。

10. 最高的 ESPU 是麥當勞的 250 萬美元，平均值為 120 萬美元。最低的 ESPU 是酷食熱，為 $291,200。

11. 連鎖店的平均營業額成長率為 7.0%。營業額增加最多的是 Firehouse Subs（33.6%），營業額最低的是酷食熱，減少了 27.3%。索瑞森（Sorensen）兄弟出生在一個具有創業精神的家庭，且家人從事警消工作數十年，因此順理成章創立了 Firehouse Subs。現在，在開了第一間餐廳後，短短 18 年，該品牌已經在全美成長了 600 家以上的餐廳。隨著營業額的增加，這家餐廳也在該類別中名列前茅。他們的餐廳有 94.7% 為加盟連鎖店。

12. 就休閒餐飲類別而言，美國前百大連鎖店的總營業額為 367 億美元，從一年前的 355 億美元成長了 3.4%。

13. 休閒餐飲類別的營業額龍頭是蘋果蜂，為 45 億美元，在前百大營業額中占了 17.2%。蘋果蜂的餐廳有 98.8% 為加盟連鎖店。母公司 DineEquity 是全世界最大的全套服務餐廳公司之一，其在全球 17 個國家共計有超過 3,600 家餐廳，有 400 名以上的加盟者和大約 20 萬名團隊成員。2007 年 11 月，DineEquity 完成了對 Applebee's International, Inc. 的併購。

14. 休閒餐飲類別中，每家門市估計營業額（ESPU）最高的餐廳是 The Cheesecake Factory（1,010 萬美元），該類別的平均營業額為 370 萬美元。該類別最低的 ESPU 是 Ruby Tuesday 的 180 萬美元。

15. 休閒餐飲類別中營業額增加最多的是 Cheddar's 的 24.5%，最低的營業額則是 Romano's Macaroni Grill，衰退了 26.6%。Cheddar's 的 129 家門市，有 42.6% 為加盟連鎖店。它在前百大排名第 97，與同類別的餐廳相較之下，這個成長是很顯著的。

16. 就飲料－點心類而言，美國前百大連鎖店的總營業額為 175 億元，從一年前的 163 億上升了 7.5%。

17. 飲料－點心類的營業額的龍頭是星巴克，達 93 億元，占前百大同類別營業額的 8.2%。

18. 飲料－點心類別中，ESPU 最高的餐廳是 Krispy Kreme 甜甜圈的 24 億。這個類別的平均營業為 899,100 美元，最低的是 31 冰淇淋的 207,100 美元。Krispy Kreme 甜甜圈的門市有 59.4% 為加盟連鎖店。

19. 飲料一點心類中，營業額增加最多的是星巴克咖啡，達 9.3%，該類別的連鎖店平均成長率為 6.4%。營業額增加最少的是 31 冰淇淋的 1.5%。星巴克咖啡有 38% 的門市為加盟連鎖。Krispy Kreme 甜甜圈從 1937 年開始營業至今。在 2000 年 4 月開始公開發行股票，1996 年在紐約市開了第一家店。1997 年時，Krispy Kreme 開了 60 家店，是公認的 20 世紀美國象徵。它在亞洲、墨西哥、中東、波多黎各和土耳其都有海外分店，比較早期的門市開在雪梨和倫敦。

20. 在披薩類中，美國前百大披薩連鎖店的總營業額為 161 億美元，從一年前的 152 億上升了 6.2%。

21. 披薩類的營業額龍頭是必勝客，達 57 億美元，占了前百大披薩類營業額的 7.6%。必勝客有 94.2% 的餐廳為加盟連鎖，它在全美國加盟連鎖店的總門市數排名第四。必勝客公司是一家知名企業，隸屬於百勝餐飲集團旗下的子公司，而且也是全世界最大的披薩餐廳公司。它是在 1958 年時由丹・卡尼（Dan Carney）和法蘭克・卡尼（Frank Carney）兩兄弟在堪薩斯州的維奇塔市（Wichita）所創立。必勝客有幾種不同的餐廳形式：原本的家庭式內用餐廳、外送，及外帶門市。它在全球 117 個以上的國家和地區擁有超過 37,000 家店面。2011 年，在美國本土之外，百勝餐飲集團每天都開了將近 4 家新餐廳。

22. 披薩類的 ESPU 最高的是 CiCi's Pizza 的 866,300 美元，該類別平均營業額為 746,200 美元。最低是 Papa Murphy's 的 $561,900 美元。

23. 披薩類的營業額增加最多的是 Little Caesars Pizza 的 18.4%，該連鎖店的平均營業額成長率為 3.9%。營業額衰退最多的是 CiCi' s Pizza 的 8.3%。Little Caesars Pizza 有 85.1% 是加盟連鎖門市。Little Caesars Pizza 於 1959 年在密西根州的花園市（Garden City）開幕營業。他們新的非傳統門市專門開發一般街坊門市之外的地點。

24. 就雞肉類而言，美國前百大雞肉連鎖店的總營業額為 153 億美元，從一年前的 142 億上升了 7.7%。

25. 雞肉類的營業額龍頭是福來雞，達 46 億元，占了前百大披薩類營業額的 7.2%。福來雞所有的餐廳皆為加盟連鎖。福來雞創始於 1946 年，當時楚埃・凱西（Truett Cathy）在喬治亞州的哈普維爾（Hapeville）開了第一家餐廳—小矮人燒烤店（Dwarf Grill）。它在全美 39 州和華盛頓特區共擁有超過 1,700 家店。2012 年時，該餐廳的年營業額超過 46 億美元。福來雞仍然是私人持

有的家族事業。

26. 雞肉類的 ESPU 最高的是福來雞的 280 萬美元，該類平均為 140 萬美元。最低是 Church's Chicken，為 718,600 美元。

27. 雞肉類的營業額增加最多的是 Wingstop 的 20.5%，該連鎖店的平均營業額成長率為 10%。營業額衰退最多的是 KFC 的 2.2%。

28. 就**家庭餐飲類**而言，美國前百大家庭餐飲連鎖店的總營業額為 104 億 7 千萬美元，與一年前相比，上升了 0.6%。

29. 家庭餐飲類的營業額龍頭是 IHOP，達 27 億元，占了前百大家庭餐飲類營業額的 4.9%。雖然 IHOP 有 99.2% 的餐廳為加盟連鎖門市，但它依然是家庭餐飲連鎖店的佼佼者。55 年來，IHOP 家庭餐廳連鎖店供應了知名的鬆餅以及各式各樣的早、午、晚餐。直到 2013 年 6 月 30 日為止， 在全美 50 州和華盛頓特區以及加拿大、多明尼加共和國、杜拜、瓜地馬拉、科威特、墨西哥、菲律賓、波多黎各，以及美屬維京群島，共有 1,593 間 IHOP 餐廳。

30. 家庭餐飲類的 ESPU 最高的是 Cracker Barrel 的 330 萬美元，該類平均的 ESPU 為 170 萬美元。最低是 Waffle House，為 609,200 美元。

31. 家庭餐飲類的營業額增加最多的是 Cracker Barrel Old Country Store 的 4%，不過該連鎖店的平均營業額成長率為 -1.7%。營業額衰退最多的是 Friendly's Ice Cream 的 19.4%。

32. 就**麵包咖啡坊類**而言，美國前百大麵包咖啡坊連鎖店的總營業額為 46 億美元，從一年前的 41 億上升了 11.9%。

33. 麵包咖啡坊類的營業額龍頭是潘娜拉麵包，達 36 億元，占了前百大麵包咖啡坊類營業額的 2.2%。潘娜拉麵包有 53.3% 的餐廳為加盟連鎖門市。潘娜拉麵包創始於 1981 年，該企業的傳奇故事始於 Au Bon Pain 有限公司。1993 年時，Au Bon Pain 有限公司購買了聖路易麵包公司，其為一家位於聖路易地區，有 20 家門市的連鎖店。從 1993 至 1997 年間，平均門市數量增加了 75%。1999 年 5 月，除了潘娜拉麵包外，Au Bon Pain 有限公司所有的營業單位皆售出，這家公司因此更名為潘娜拉麵包。潘娜拉麵包曾經被《商業週刊》（*Business Week*）評選為百大熱門成長公司之一。直到 2013 年 6 月 25 日為止，潘娜拉麵包在美國 44 州以及加拿大的安大略省共有 1,708 間麵包咖啡坊。

34. 麵包咖啡坊類別 ESPU 最高的是潘娜拉麵包的 250 萬美元，該類別平均的 ESPU 為 130 萬美元。最低是 Einstein Bros. Bagels，為 694,100 美元。

35. 麵包咖啡坊類別的營業額增加最多的是潘娜拉麵包的 12.8%，該連鎖店的平均營業額成長率為 9.9%。營業額增加最少的是 Einstein Bros. Bagels 的 4.4%。

表 2.3 顯示《全美餐廳新聞報》所評選出的前百大餐飲連鎖店單店估計營業額。The Cheesecake Factory 拔得頭籌，緊接在後的是 Maggiano's Little Italy、BJ's Restaurant、Cheddar's、Olive Garden，以及 P.F. Chang's China Bistro。值得注意的是，這些餐廳大多都是前景看好的連鎖餐廳，不過並非每一家都投入加盟連鎖體系。表 2.4 顯示美國前百大加盟連鎖門市數的成長，潘娜拉領先群雄，達到 23.68% 的成長率，接下來則是 Cheddar's、Firehouse Subs、Jimmy John's Gourmet Sandwiches、Tim Horton's，以及 Five Guys Burgers and Fries。表 2.5 顯示美國直營店與加盟連鎖店總門市數（前百大）。同時包含了直營店與加盟連鎖店的百分比。值得注意的是，餐飲連鎖店選擇直營或加盟連鎖的方針有很大的不同。

像賽百味、福來雞，以及 Long John Silver's 等公司全部都是加盟連鎖門市。另 一 方 面，Casey's General Stores、Target Café、Chipotle、Red Lobster、Cracker Barrel、Wawa、Bob Evans Restaurants、Costco、Sheets、LongHorn Steakhouse、White Castle、In-N-Out Burger、The Cheesecake Factory、BJ's Restaurant and Brewery、Joe's Crab Shack，以及 Maggiano's Little Italy 則全都是直營店，他們並不授權加盟連鎖。擁有超過 90% 以上加盟連鎖門市的餐廳有 Pizza Hut、Dunkin' Donuts、Burger King、Domino's Pizza、KFC、Dairy Queen、Baskin-Robbins、Quiznos Sub、Applebee's, Hardee's、Popeyes、Jimmy John's Gourmet Sandwiches、IHOP、Papa Murphy's Take 'N' Bake Pizza 及 Tim Horton's。至於公司為什麼要授權加盟，以及直營店 vs. 加盟連鎖店的理想比例是多少則尚無定論。前百大連鎖店的平均值顯示兩者比例平分秋色，加盟連鎖店為 50.74%，直營店為 49.26%。而為什麼有些公司偏好維持直營門市的理由則會在本書其他章節中討論。

表 2.3　前百大餐飲連鎖店單店估計營業額

最新排名	連鎖店	單店估計營業額 （會計年度，千美元） 最近一年
1	The Cheesecake Factory	$10,081.8
2	Maggiano's Little Italy	8,909.1
3	BJ's Restaurants	5,782.0
4	Cheddar's	4,645.1
5	Olive Garden	4,551.5
6	P.F. Chang's China Bistro	4,477.5
7	Ruth's Chris Steak House	4,378.6
8	Texas Roadhouse	4,088.0
9	Red Lobster	3,737.8
10	Golden Corral	3,677.1
11	Joe's Crab Shack	3,332.3
12	T.G.I. Friday's	3,308.9
13	Cracker Barrel	3,301.1
14	California Pizza Kitchen	3,116.6
15	Outback Steakhouse	3,096.4
16	Bonefish Grill	3,084.3
17	LongHorn Steakhouse	3,007.4
18	Carrabba's Italian Grill	2,985.0
19	Logan's Roadhouse	2,967.0
20	Buffalo Wild Wings	2,903.6
21	Red Robin Burgers	2,899.3
22	Chick-fil-A	2,796.9
23	Chili's Grill and Bar	2,795.4
24	On the Border	2,686.0
25	Famous Dave's	2,648.6
26	McDonald's	2,519.4
27	Panera Bread	2,450.4

（續）表 2.3　前百大餐飲連鎖店單店估計營業額

最新排名	連鎖店	單店估計營業額（會計年度，千美元）
		最近一年
28	Jason's Deli	2,427.3
29	O'Charley's	2,414.1
30	Krispy Kreme Doughnuts	2,407.6
31	Applebee's	2,398.0
32	In-N-Out Burgers	2,384.6
33	Hooters	2,256.4
34	Romano's Macaroni Grill	2,077.1
35	Chipotle	2,072.2
36	Whataburger	2,012.0
37	Wawa	1,892.2
38	Culver's	1,831.4
39	Ruby Tuesday	1,776.1
40	Zaxby's	1,772.9
41	IHOP	1,737.1
42	Bob Evans Restaurants	1,734.5
43	Steak'n Shake	1,697.8
44	Bojangels' Chicken	1,658.3
45	Big Boy ／ Frisch's Big Boy	1,622.2
46	Perkins Restaurant and Bakery	1,620.0
47	El Pollo Loco	1,533.6
48	Denny's	1,494.8
49	Wendy's	1,405.3
50	Costco	1,388.6
51	Jack in the Box	1,380.0
52	McAlister's Deli	1,358.2
53	Taco Bell	1,319.8
54	White Castle	1,268.4

（續）表 2.3　前百大餐飲連鎖店單店估計營業額

最新排名	連鎖店	單店估計營業額（會計年度，千美元）
		最近一年
55	Carl's Jr.	1,255.4
56	Panda Express	1,212.5
57	Burger King	1,193.4
58	Boston Market	1,176.8
59	Popeyes	1,168.2
60	Krystal	1,167.8
61	Sheetz	1,166.2
62	Friendly's Ice Cream	1,162.9
63	Del Taco	1,122.6
64	Hardee's	1,116.5
65	Five Guys Burgers	1,070.4
66	Sonic Drive-In	1,065.3
67	Moe's Southwest Grill	973.1
68	Qdoba Mexican Grill	964.0
69	KFC	957.7
70	Checkers	917.0
71	Captain D's Seafood	901.7
72	Wingstop	882.4
73	Arby's	881.2
74	Dunkin' Donuts	874.9
75	Jimmy John's Gourmet Sandwiches	874.7
76	CiCi's Pizza	866.3
77	Starbucks Coffee	854.7
78	Little Caesars Pizza	813.7
79	Long John Silver's	793.1
80	Papa John's Pizza	783.1
81	Pizza Hut	742.4

（續）表 2.3　前百大餐飲連鎖店單店估計營業額

最新排名	連鎖店	單店估計營業額 （會計年度，千美元） 最近一年
82	Chuck E. Cheese's	733.6
83	Firehouse Subs	726.6
84	Domino's Pizza	722.1
85	Church's Chicken	718.6
86	Tim Hortons	710.1
87	Einstein Bros. Bagels	694.1
88	Sbarro	665.6
89	Dairy Queen	634.6
90	Jamba Juice	620.7
91	Waffle House	609.2
92	Papa Murphy's Take 'N' Bake Pizza	561.9
93	Subway	482.3
94	Auntie Anne's Preztels	429.4
95	Casey's General Stores	327.9
96	Quiznos Sub	291.2
97	Target Café	288.8
98	7-Eleven	284.1
99	Baskin-Robbins	207.1
100	Circle K	157.2
平均		**$1,899.9**

資料來源：《全美餐廳新聞報》，2013 年前百大；表格經作者修改而成。

表 2.4　美國前百大加盟連鎖門市數的成長

最新排名	連鎖店	最近一年與前一年比較的百分比變化
1	Panda Express	23.68%
2	Cheddar's	22.22
3	Firehouse Subs	20.58
4	Jimmy John's Gourmet Sandwiches	17.73
5	Tim Hortons	13.31
6	Five Guys Burger	12.43
7	Burger King	11.46
8	Friendly's Ice Cream	11.11
9	Einstein Bros. Bagels	10.69
10	Moe's Southwest Grill	10.27
11	Applebee's	9.92
12	Wingstop	9.68
13	California Pizza Kitchen	9.52
14	Auntie Anne's Pretzels	9.47
15	Steak'n Shake	9.21
16	7-Eleven	8.13
17	Jack in the Box	6.97
18	Little Caesars Pizza	6.95
19	Jamba Juice	6.77
20	Culver's	6.44
21	Waffle House	6.23
22	Panera Bread	5.13
23	Bojangles' Chicken	4.84
24	Chick-fil-A	4.84
25	Starbucks Coffee	4.50
26	Dunkin' Donuts	4.12
27	Taco Bell	4.07
28	Zaxby's	3.55

（續）表 2.4　美國前百大加盟連鎖門市數的成長

最新排名	連鎖店	最近一年與前一年比較的百分比變化
29	McAlister's Deli	3.35
30	Subway	3.35
31	Papa John's Pizza	3.33
32	Del Taco	3.27
33	Papa Murphy's Take 'N' Bake Pizza	3.08
34	Popeyes	2.96
35	Denny's	2.81
36	Pizza Hut	2.57
37	Buffalo Wild Wings	2.41
38	Ruth's Chris Steak House	1.89
39	IHOP	1.73
40	Whataburger	1.71
41	Arby's	1.52
42	Famous Dave's	1.50
43	Hooters	1.44
44	KFC	1.39
45	Sonic Drive-In	1.03
46	Domino's Pizza	0.60
47	Carl's Jr.	0.58
48	Hardee's	0.57
49	McDonald's	0.47
50	Baskin-Robbins	0.20
51	Bonefish Grill	0.00
52	Carrabba's Italion Grill	0.00
53	El Pollo Loco	0.00
54	Jason's Deli	0.00
55	Krispy Kreme Doughnuts	0.00
56	Logan's Roadhouse	0.00

（續）表 2.4　美國前百大加盟連鎖門市數的成長

最新排名	連鎖店	最近一年與前一年比較的百分比變化
57	O'Charley's	0.00
58	Outback Steakhouse	0.00
59	Dairy Queen	-0.58
60	Checkers	-0.63
61	T.G.I. Friday's	-1.06
62	Texas Roadhouse	-1.41
63	Church's Chicken	-1.46
64	Wendy's	-1.50
65	Red Robin Burgers	-1.69
66	Captain D's Seafood	-2.05
67	Chili's Grill and Bar	-2.40
68	Long John Silver's	-2.57
69	Chuck E. Cheese's	-2.78
70	Krystal	-2.82
71	Perkins Restaurant and Bakery	-4.64
72	Golden Corral	-5.45
73	Sbarro	-5.95
74	Ruby Tuesday	-7.32
75	Qdoba Mexican Grill	-7.99
76	CiCi's Pizza	-9.61
77	Circle K	-9.82
78	Big Boy/Frisch's Big Boy	-10.45
79	On the Border	-10.71
80	Quiznos Sub	-17.87
81	P.F. Chang's China Bistro	-50.00
82	Romano's Macaroni Grill	-68.75
平均		**1.05%**

資料來源：《全國餐廳新聞》，2013 年前百大；表格經作者修改而成。

表 2.5　美國直營店與加盟連鎖店總門市數（前百大）

最新排名	連鎖店	最近一年			百分比	
		總數	直營	加盟連鎖	直營	加盟連鎖
1	Subway	25,549	0	25,549	0.0	100.0
2	McDonald's	14,157	1,552	12,605	11.0	89.0
3	Starbucks Coffee	11,013	6,833	4,180	62.0	38.0
4	Pizza Hut	7,756	452	7,304	5.8	94.2
5	Dunkin' Donuts	7,306	28	7,278	0.4	99.6
6	Burger King	7,183	81	7,102	1.1	98.9
7	7-Eleven	6,800	921	5,879	13.5	86.5
8	Wendy's	5,817	1,289	4,528	22.2	77.8
9	Taco Bell	5,695	1,044	4,651	18.3	81.7
10	Domino's Pizza	4,928	388	4,540	7.9	92.1
11	KFC	4,618	237	4,381	5.1	94.9
12	Dairy Queen	4,462	3	4,459	0.7	99.9
13	Circle K	3,876	3,115	761	80.4	19.6
14	Little Caesars Pizza	3,673	548	3,125	14.9	85.1
15	Sonic Drive-In	3,556	409	3,147	11.5	88.5
16	Arby's	3,354	1,011	2,343	30.1	69.9
17	Papa John's Pizza	3,131	648	2,483	20.7	79.3
18	Baskin-Robbins	2,463	7	2,456	0.3	99.7
19	Jack in the Box	2,250	547	1,703	24.3	75.7
20	Quiznos Sub	1,912	5	1,907	0.3	99.7
21	Applebee's	1,885	23	1,862	1.2	98.8
22	Casey's General Stores	1,739	1,739	0	100.0	0.0
23	Targer Café	1,739	1,739	0	100.0	0.0
24	Hardee's	1,703	470	1,233	2.8	97.2
25	Popeyes	1,679	45	1,634	2.7	97.3
26	Waffle House	1,670	1,090	580	65.3	34.7
27	Chick-fil-A	1,669	0	1,669	0.0	100.0

（續）表 2.5　美國直營店與加盟連鎖店總門市數（前百大）

最新排名	連鎖店	最近一年			百分比	
		總數	直營	加盟連鎖	直營	加盟連鎖
28	Denny's	1,590	164	1,426	10.3	89.7
29	Jimmy John's Gourmet Sandwiches	1,561	27	1,534	1.7	98.3
30	IHOP	1,537	12	1,525	0.8	49.2
31	Panera Bread	1,534	715	819	46.6	53.3
32	Panda Express	1,514	1,467	47	96.9	3.1
33	Chipotle	1,398	1,398	0	100.0	0.0
34	Papa Murphy's Take 'N' Bake Pizza	1,329	59	1,270	4.4	95.6
35	Chili's Grill and Bar	1,268	821	447	64.7	35.3
36	Church's Chicken	1,202	258	944	21.5	78.5
37	Carl's Jr.	1,124	427	697	38.0	62.0
38	Five Guys Burgers and Fries	1,105	255	850	23.1	76.9
39	Auntie Anne's Pretzels	997	14	983	1.4	98.6
40	Long John Silver's	911	0	911	0.0	100.0
41	Buffalo Wild Wings	884	374	510	42.3	57.7
42	Olive Garden	817	817	0	100.0	0.0
43	Tim Hortons	804	4	800	0.5	99.5
44	Jamba Juice	775	301	473	38.8	61.2
45	Outback Steakhouse	770	664	106	86.2	13.8
46	Ruby Tuesday	746	708	38	94.9	5.1
47	Whataburger	740	621	119	83.9	16.1
48	Einstein Bros. Bagels	685	395	290	57.7	92.3
49	Red Lobster	681	681	0	100.0	0.0
50	Qdoba Mexican Grill	627	316	311	50.4	49.6
51	Cracker Barrel	616	616	0	100.0	0.0
52	Wawa	606	606	0	100.0	0.0
53	Sbarro	591	417	174	70.6	29.4

（續）表 2.5　美國直營店與加盟連鎖店總門市數（前百大）

最新排名	連鎖店	最近一年			百分比	
		總數	直營	加盟連鎖	直營	加盟連鎖
54	Firehouse Subs	569	30	539	5.3	94.7
55	Bob Evans Restaurants	565	565	0	100.0	0.0
56	Zaxby's	565	98	467	17.3	82.7
57	Del Taco	551	298	253	54.1	45.9
58	T.G.I. Friday's	543	263	280	54.1	45.9
59	Bojangles' Famous Chicken	536	211	325	39.4	60.6
60	Chuck E. Cheese	535	500	35	93.5	6.5
61	Wingstop	533	23	510	4.3	95.7
62	CiCi's Pizza	519	11	508	2.1	97.9
63	Captain D's Seafood	517	278	239	53.8	46.2
64	Steak'n Shake	497	414	83	83.3	16.7
65	Checkers	488	174	314	35.7	64.3
66	Golden Corral	488	124	364	25.4	74.6
67	Moe's Southwest Grill	487	4	483	0.8	99.2
68	Culver's	472	9	463	1.9	98.1
69	Boston Market	469	469	0	100.0	0.0
70	Red Robin Burgers	455	339	116	74.5	25.5
71	Costco	435	435	0	100.0	0.0
72	Sheetz	429	429	0	100.0	0.0
73	LongHorn Steakhouse	422	422	0	100.0	0.0
74	White Castle	406	406	0	100.0	0.0
75	Perkins Restaurant and Bakery	400	133	267	33.2	66.8
76	EI Pollo Loco	398	169	229	42.5	57.5
77	Texas Roadhouse	388	318	70	82.0	18.0
78	Hooters	372	160	212	43.0	57.0
79	Friendly's Ice Cream	365	115	250	31.5	68.5
80	Krystal	350	212	138	60.6	39.4

（續）表 2.5　美國直營店與加盟連鎖店總門市數（前百大）

最新排名	連鎖店	最近一年			百分比	
		總數	直營	加盟連鎖	直營	加盟連鎖
81	McAlister's Deli	312	34	278	10.9	89.1
82	In-N-Out Burger	280	280	0	100.0	0.0
83	Logan's Roadhouse	246	220	26	89.4	10.6
84	Jason's Deli	242	141	101	58.3	41.7
85	Krispy Kreme Doughnuts	239	97	142	40.6	59.4
86	BigBoy/ Frisch's Big Boy	238	118	120	49.6	50.4
87	Carraba's Italian Grill	235	234	1	99.6	0.4
88	California Pizza Kitchen	233	200	23	89.7	10.3
89	O'Charley's	213	207	6	97.2	2.8
90	P.F. Chang's China Bistro	207	206	1	99.5	0.5
91	Romano's Macaroni Grill	191	186	5	97.4	2.6
92	Famous Dave's	188	53	135	28.2	71.8
93	Bonefish Grill	174	167	7	96.0	4.0
94	The Cheesecake Factory	162	162	0	100.0	0.0
95	On the Border Mexican Grill	147	122	25	83.0	17.0
96	BJ's Restaurant and Brewery	130	130	0	100.0	0.0
97	Chedder's	129	74	55	57.4	42.6
98	Joe's Crab Shack	129	129	0	100.0	0.0
99	Ruth's Chris Steak House	118	64	54	54.2	45.8
100	Maggiano's Little Italy	44	44	0	100.0	0.0
總數：		**184,596**	**45,838**	**138,757**		

資料來源：《全美餐廳新聞報》，2013 年前百大；表格經作者修改而成。

→ 個案研究

塔可鐘：牛肉爭議

　　本個案研究是關於一件集體訴訟案，原告宣稱塔可鐘（Taco Bell）所供應的牛肉或調味牛肉並不符合美國農業部（USDA）的規定。這場訴訟案是希望起訴塔可鐘，讓他們之後不得再將使用「牛肉」的產品標示為牛肉，並修改他們的廣告。這家公司的困境在於如何在不公開該產品獨門秘方資訊的情況下做出回應，以減少對其商譽的損害，以及重拾消費者／員工／加盟者的信心。塔可鐘採取一個非傳統的創新行銷策略，利用社群媒體在他們的廣告宣傳中提供一個迅捷又精確的反駁。

前言

　　塔可鐘企業是百勝餐飲集團（Yum! Brands, Inc）旗下的子公司，而且是墨西哥風味速食餐廳連鎖業的領導品牌之一。這家店供應的墨西哥式餐點包括墨西哥夾餅、捲餅、酥餅、脆餅，以及其他特色食品。在加州有人向法院起訴，宣稱百勝餐飲集團旗下的這家連鎖企業廣告不實，因為他們的墨西哥夾餅裡的「牛肉」餡料包含了「增量劑」以及其他非肉類的物質。訴訟案於 2011 年 1 月 19 日發出，原告援引美國農業部的定義，控告塔可鐘誤導消費者以為他們的「墨西哥夾餅」是牛肉。

訴訟的簡要細節

　　這起集體訴訟案宣稱塔可鐘所稱的「牛肉」並不符合美國農業部規定的「牛肉」或「調味牛絞肉」的最低要求。(1) 這些產品不是牛肉，實際上是用一種稱為「墨西哥夾餅肉餡」的物質做成的；(2) 竄改了販售給消費者的產品標準、品質或等級；(3) 以各種廣告誤導消費者。這起集體訴訟案希望起訴塔可鐘，讓他們不得將產品餡料標示為牛絞肉，強制他們修正廣告宣傳，可能的話也要支付原告的律師費以及法院認定為正當的其他費用。

塔可鐘的兩難困境

塔可鐘面臨了要保留產品的機密性、品牌形象、消費者信心、加盟者信心，以及維持競爭優勢等難題。他們的困境就是透露所需的資訊，但是又不危害獨門秘方資訊。消費者信心必須維持，不讓他們感覺花錢買到不是他們要的東西。這是一件集體訴訟案，裡面涉及了許多人，因此以公開透明的方式做辯護益形重要。塔可鐘有三個選擇：(1) 透過律師處理法律層面的問題，不使消費者捲入；(2) 為了將傷害減至最低，盡速與原告達成和解；(3) 利用消費者信心為此案做辯護。無論如何都必須以一個明智的行銷策略採取快速的行動。

牛絞肉的定義為何？

根據美國農業部食品安全與檢驗服務報告顯示，牛肉脂肪可添加到漢堡肉中，但不能添加到牛絞肉中。在漢堡肉或牛絞肉中，脂肪含量最多可達 30%。漢堡肉或牛絞肉可以加入調味料，但是不能添加水、磷酸鹽、增量劑，或是肉膠。肉類食品的產品標示必須遵照聯邦肉品檢驗法案（FMIA）以及肉品檢驗法規及標示辦法。通常，牛絞肉是使用比較軟嫩和比較少人喜歡吃的牛肉切片製成。也可能是用切下來比較軟嫩的部分製成。絞碎後可以使肉品變軟嫩，而且脂肪可減少乾澀的口感並增進風味。墨西哥夾餅肉餡必須包含至少 40% 的新鮮牛肉。標籤必須顯示真正的產品名稱，譬如含肉類的墨西哥夾餅肉餡、牛肉墨西哥夾餅肉餡（USDA, 2011）。

塔可鐘的行動

塔可鐘發展出一套雙管齊下的行銷策略，一方面致力處理官司問題，另一方面則穩固消費者信心。塔可鐘使用一個非正統的方式來回應這場訴訟案，他們採取全國性的平面廣告宣傳，在美國各大報為他們的牛肉品質做辯護。除了平面廣告之外，他們也利用最新的資訊科技，透過推特、臉書和 YouTube 進行積極的網路宣傳（Beck, 2011）。

塔可鐘在反擊式的廣告中，包含了一段由董事長葛雷格‧克里德（Greg Creed）錄製的 YouTube 影片，該公司表示他們「非常嚴肅」看待這件事。這個方法非常獨特和即時，而且使用線上媒體直接向消費者陳述他們的觀點確實是最有效率的方式。這種創新的方法證明社群媒體在顧客關係管理方面的重要性。如果他們

採用傳統的方法，在曠日費時的情況下，傷害會更加嚴重。因此塔可鐘選擇在輿論戰場直接作戰，在對其商譽造成任何嚴重傷害之前，塔可鐘並未浪費任何時間，即刻採取了行動。他們直接與消費者接觸，有效地說明事情的來龍去脈。這家公司利用媒體完整揭露他們的墨西哥夾餅肉餡原料來為自己辯護。除了採取正規的法律程序外，塔可鐘也散播對消費者、員工及加盟者有用的資訊。他們在美國各大報刊登全版的廣告，公布有關於該公司調味牛肉的「真相」。這個廣告宣傳的用意不只是辯護的手段，同時也是在消費者看得到的地方採取進攻行動。除了平面廣告之外，塔可鐘也利用電視、廣播電台以及其他媒體的廣告來介紹他們的員工和加盟者。他們也考慮採取法律行動控告原告毀謗（Nation's Restaurant News, 2011）。這份全版廣告由董事長葛雷格·克里德署名。就連他們所傳達的訊息也非常具有說服力和創意，開頭即以粗體字寫道：「謝謝你們的提告。以下是關於本公司調味牛肉的真相。」這份廣告將主要的重點都強調了，其措辭如下：

> 「控告塔可鐘及本公司調味牛肉的聲明完全是子虛烏有。」
> 「我們的牛肉 100% 經過 USDA 的檢驗，跟你在超級市場買的牛肉並在家烹調的品質相同。然後我們將牛肉放進我們獨家的調味料、香料、水，以及其他原料中細火慢燉，最後成為塔可鐘的招牌口味和質感。」

這段話很顯然是要重拾消費者的信心，他們附上了「真牛肉」的標章並陳述：(1) 所使用的牛肉 100% 經過 USDA 檢驗合格；(2) 本公司的牛肉跟消費者在家吃的牛肉相同；(3) 所使用的加工與食譜因為採用了獨門的配料，而呈現出他們的招牌口味和質感。以下這段聲明也駁斥了訴訟案中的主張：

> 「純牛絞肉吃起來索然無味。」
> 「我們添加任何東西到牛肉中的唯一理由就是增加肉的風味和品質。否則，我們最後只能作出平淡無味的牛絞肉，而那樣是作不出美味墨西哥夾餅的。」

以下的陳述是為添加其他原料做辯護，強調此舉是為了增添產品的風味與品質，同時也駁斥了他們使用「增量劑」來增加產品體積的指控，更利用這個機會強調他們的「美味墨西哥夾餅」。

> 「所以真正的百分比如下：
> 88% 的牛肉加上 12% 的獨家秘方。」

光是這篇聲明稿就強而有力地駁斥了指控中的主張。這份聲明稿中強調牛肉的成分遠遠超過標示的要求標準，而且獨家秘方的成分只占一小部分。

「假如你感到好奇，以下是我們不太秘密的配方。」
「首先是經過 USDA 檢驗的高品質牛肉（88%）。接著加水讓它飽水多汁
（3%）。混合墨西哥香料與調味料，包括鹽、辣椒、洋蔥粉、番茄粉、糖、
大蒜粉，和可可粉（4%）。加上一些燕麥、焦糖、酵母、檸檬酸，以及其他
原料（5%），構成塔可鐘調味牛肉的風味、水分、稠度及品質。」

這段話描述了他們所使用的原料，闡明了他們不太秘密的配方。其用意是要證明他們並未使用如起訴書中所聲稱的增量劑。

「我們百分之百可以為本公司調味牛肉的品質背書，而且我們很自豪在我們的
每家餐廳皆供應該產品。我們非常嚴肅地看待任何與事實相反的主張，並打算
採取法律行動來控告那些對我們的調味牛肉做出不實指控的人士。」

最後的陳述非常大膽自信而且具有挑戰性，甚至嚴正聲明將對於做出不實指控的人士採取法律行動。這句聲明證明以上所有的陳述都是真實的，回應指控，向消費者、加盟者和員工傳達他們非常認真在維護他們的商譽。

訴訟撤銷

塔可鐘最後在 2011 年 4 月 19 日宣布原本指控塔可鐘的牛絞肉只包含少許牛肉的法律事務所已經撤銷告訴。一開始是個行銷災難的事件在百勝餐飲集團塔可鐘規劃推出一則新的廣告宣傳後反轉成為媒體的勝戰，他們希望將負面的關注變成對該公司食物的品質感到安心的訊息（Becker, 2011）。他們最後摞下的狠話包含一則跟之前刊登在全國媒體上的廣告類似的全版廣告：該公司以大大的粗體字問道：「說聲抱歉會要你的命嗎？」這又是一記大膽的險招，他們意圖終結對這場負面關注的反應，並強調他們擁護他們所認為的真相。在這則廣告中，他們澄清了四件事，主要目的就是要向消費者和員工證明這場官司對該公司沒有影響。這四點如下：(1) 他們的產品或原料不作改變；(2) 他們的廣告內容不變；(3) 不作任何金錢交換；(4) 不達成任何的和解。該公司廣告中以及網站上最後的聲明值得注意：我們對這些指控感到非常意外，每週走進我們店裡消費的 3,500 萬名消費者也是。我們希望對方

塔可鐘餐廳。

（照片由塔可鐘事務與對外溝通團隊提供）

自動撤銷告訴，而且要像他們當初提告時一樣引起大眾的注意。對於提出訴訟的律師團，塔可鐘說道：你們錯了，而且你們現在可能覺得心裡不是滋味。但是你們知道該怎麼做最有用嗎？向大家說聲對不起。拜託，你可以的！

結論

本案例的目的是強調一加盟連鎖公司為保護商譽所採取的措施。當一家全球品牌公司官司纏身時，必須採取快速和大膽的行動。在這種危機情況下，必須發展出一個明智的行銷策略。可使用的創新方法包括運用所有現有的科技。在發起一場辯護行動時，社群媒體的角色和威力在塔可鐘的案例中表露無遺。這種迅速的行動將對於商譽的傷害降至最低，並建立了消費者與加盟者的信心。事實上，這是一個從危機中獲益的經典案例。

塔可鐘餐廳。

（照片由塔可鐘事務與對外溝通團隊提供）

加盟連鎖事業的利弊

「當我們最早開始做加盟連鎖事業時，我們的宗旨很簡單——成功和感到滿意的夥伴是我們發展事業的一個方法。過去幾年來，我們的加盟連鎖夥伴提供了寶貴的資金、才幹，和對當地市場的瞭解，而潘娜拉則以公司的立場致力於提供個人化的協助與關注，以獎勵他們的成功。我們與加盟者之間所建立的密切關係是獨一無二且精心策劃的。在要求我們的加盟連鎖夥伴經營多家咖啡坊時，我們所創造的夥伴關係是大規模的相互投資並且與品牌產生深厚的連結。」

——潘娜拉麵包餐廳加盟連鎖經營部副總裁 Todd Burns

　　對於加盟總部和加盟者而言，加盟連鎖制度是一個令人振奮的機會，兩者之間存在一種共生的關係。任何一個加盟連鎖系統的成功與否，取決於兩者之間的關係是否順利。由於雙方藉由相互的合作和信任，可達成彼此的目標，因此瞭解這份事業所有的經營面向是必要的。許多加盟總部與加盟者之間的關係出了問題，多半可歸因於資訊的不平衡；這個情況可能發生在簽訂合約之前或之後。有些加盟者並不完全瞭解加盟連鎖制度的基本精神，而且有時候只是對成功的加盟連鎖事業的耀眼光環感到欽羨，可是他們或許並未直接參與其中。

　　加盟連鎖制度提供了加盟者與加盟總部之間一個合作的聯盟關係。這個聯盟有賴於兩個創業者之間的合作才能達到預期的結果。與獨立經營的事業相較之下，這種合作關係也形成了競爭優勢。加盟總部擁有可利用的資金、與加盟者分攤成本、市場滲透、規模經濟、積極的員工，以及成本控制。而加盟者也獲得機會從事一份已具有經營理念和品牌知名度的事業。

> 加盟者購買的是一個已經擁有忠實顧客群的知名事業。

　　本章的目的為概述加盟連鎖制度的利與弊；這些利弊乃分別從加盟總部和加盟者不同的觀點來探討。表 3.1 和表 3.2 總結了其優點和缺點。

表 3.1　加盟連鎖制度的優點

對加盟者而言	(1) 已建立的商業概念；(2) 事業成功的工具；(3) 技術與管理協助；(4) 標準與品質控制；(5) 最小風險；(6) 較少的營運資金；(7) 獲得信貸；(8) 比較性的評估；(9) 研究與開發；(10) 廣告與宣傳；(11) 其他獨特的機會。
對加盟總部而言	(1) 事業擴展；(2) 購買力；(3) 經營上的便利性；(4) 加盟者的貢獻；(5) 動機與擴張

表 3.2　加盟連鎖制度的缺點

對加盟者而言	(1) 無法實現期望；(2) 缺乏自由；(3) 廣告和宣傳的作法；(4) 服務成本；(5) 過度依賴；(6) 流於單調和缺乏挑戰；(7) 合約終止與續約；(8) 其他問題。
對加盟總部而言	(1) 缺乏自由；(2) 加盟者的財務狀況；(3) 加盟者的招募與篩選；(4) 加盟者的維繫；(5) 溝通。

對於加盟者的優點

對加盟者而言，他們加入加盟連鎖制度是因為有好幾項優點。加盟連鎖制度的強大優點使其成為一種做生意成功的方法。最重要的優點討論如下。

已建立的商業概念

加盟者買下一個已建立商業概念的事業，它所提供的產品或服務是獨特的，而且具有成功的潛力。在大多數的加盟連鎖餐廳所使用的營利公式加盟連鎖制度中，全套經營方法都可供其使用。如果該加盟連鎖事業經營已行之有年，消費者會知道這家公司，在多數時候，其產品和服務的聲譽也已經建立；此外，加盟者將可從其某一特殊品牌已經擁有的忠實顧客群中獲益。因此，加盟者是買下一個已建立商譽的事業，這是最大的優點。以餐飲業而言，如果某一家餐廳的菜單遠近馳名，而且包含高人氣品項，那麼加入這家餐廳的加盟連鎖事業，即可免於成立初期的不確定性。加盟者購買的其實是多年的經驗，以及加盟連鎖制度經證實有用的方法。一家知名的加盟連鎖事業可以消除與一家餐廳剛開業時相關的問題。因此加盟者可以從加盟總部的經驗中獲益，即使他／她在經營一家餐廳的事業方面完全沒有任何經驗或者只有有限的經驗。相較於其他從頭開始的餐飲事業，加盟者占有優勢。知名的加盟連鎖餐廳早已經過多年的市場測試，所以「已建立的商業概念」已然成熟，為旗下加盟店獲利的保證。不過這項優點僅止於加盟者開店初期，往後的成功仍應視個別加盟者的經營管理方式而定。

事業成功的工具

加盟連鎖制度雖不保證成功，但卻提供了獲得成功的工具。這些工具包括：(1) 地點選擇、餐廳興建、採購、設備選購、餐廳經營、人員訓練、廣告、行銷及宣傳方面，均可獲得加盟總部在地區性和全國性的支援；(2) 獲得來自於加盟總部區域辦公室或企業總部在各個商業面向上持續性的協助。加盟總部有結構完整的訓練課程，能夠提供實用的經營管理經驗給加盟者。這種訓練包括初始訓練和持續的訓練。

許多加盟總部提供給加盟者經營管理上的訣竅，以避免開一家傳統的非加盟連

鎖餐廳會遭遇到的問題。餐廳生意如此具有挑戰性的主要原因在於它的複雜性及包羅萬象。餐飲業往往牽涉到不同領域的專業技術和知識。對於個人而言，難度很高而且須付出高昂成本來負擔上述的工具。反之，對於加盟總部來說，因為整體的資源均集中化，因此能提供此類服務給加盟者。除了這些優點之外，跟從無到有開設一家餐廳相較之下，藉由加入加盟連鎖制度開創新事業所需要的時間及花費的精神會少得多。

技術、經營和管理上的協助

加盟連鎖制度的主要優點包括由加盟總部提供技術和經營管理上的協助。這項協助是根據測試過的經驗得來，它相當重要，甚至能夠讓一個毫無經驗的人開創原先不熟悉的事業。總部在營業之前和開業期間都會提供協助。這種持續性的協助計畫，有助於日常的經營管理及危機處理。理想情況下，加盟總部和加盟者的溝通管道應是建立在雙方互利的基礎上。

在任何的新創行業中，有一些技術和經營領域可能需要協助。由餐飲加盟總部提供的若干技術協助的領域包括：市場可行性分析、位址的選擇、建築的設計與平面配置、設備的挑選及安裝。至於加盟總部所提供的經營協助則包括了：存貨的控制及採購、採購的規定、生產準則、作業時間表、衛生控管和其他服務指標。此外，訓練和經營手冊提供了持續性的指導。這類服務讓加盟者較容易開展一項事業。

協同關係

加盟總部和加盟者之間的協同關係是一大優點。加盟者在本質上變成加盟連鎖家族的一部分，所有的成員一起合作把加盟連鎖事業做成功。另外，加盟連鎖事業也創造了雙方之間一個健全的財務協同作用。基於這樣的關係，加盟總部不需要太多的監督，因為很有可能加盟者就會努力地將生產力和獲利做到最高。管理上的協助減輕了加盟總部對於加盟連鎖事業的微觀管理。顯然加盟者的業績會反映在整個加盟連鎖系統的成功上。

作業標準化和品質控制

加盟連鎖制度的優點包括可使用加盟總部所設定的標準和維持品質控制的機制。很重要的是，每個加盟店要成功，就必須遵循固定的產品及服務品質控制的標

準。所以，為什麼同一家加盟連鎖店，在加州的門市所賣的漢堡和在紐約門市所賣的漢堡在口味上和在外觀上可達到幾乎一模一樣，最主要的原因就在於設定的作業標準化。同理，加盟連鎖餐廳的裝潢、整體的主題風格和服務，也可看出其標準化的程度。對於產品及服務一致性的維持，相互的合作和有效的行政作業是必要的。為了建立和維持其形象，確保生意盈門以及維持員工的士氣和企業的成長與發展，經營的一致性不可或缺。若切實遵循標準化制度，對於加盟總部、加盟者和員工之間，有助於達到團隊合作。作業標準化的執行必須合理、彈性，並適用於特定的作業領域。

承擔最少的風險

不論是否可能成功，任何生意都存在風險。加盟連鎖制度大大地減少了失敗的風險。相關的風險明顯比自行創業要小得多。由於加盟連鎖制度經過研究並以專業的知識技術發展出一套可獲利且可行的系統，因此失敗的風險可減至最低。正確說來，加盟連鎖制度提供的不是風險的消失，而是風險的減少。它並不保證成功，而且體系內的每家門市皆須面臨可能的風險。成功與否很大部分取決於加盟者經營這項事業的效率。有此一說，當加盟總部和加盟者之間的關係一旦建立而且運作順利的話，那麼幾乎就是事業成功的保證了。

負擔較少的經營資本

和獨立餐廳相較之下，加盟連鎖餐廳需要投入的經營資本較少。在加盟連鎖餐廳裡，有些項目就比獨立餐廳更能準確地預估，譬如存貨量。經過計算的產量和控制份量方法，可減少丟棄的機會或是減少不必要的存貨。在其他經營和管理的領域方面，同樣能減少費用。在存貨或設備方面，加盟總部也可提供財務上的貸款協助。在開業的初期階段，總部也可能提供原料和日常用品的賒帳服務。由加盟總部經驗豐富的人員完善規劃餐廳的硬體設計，可提升產量、服務和所有經營事務的效率。

同時，加盟總部亦可間接協助加盟者購買商業保險、員工的健康保險以及其他福利計畫。加盟總部可協助加盟者減少其經營成本。此外，加盟總部或許熟知區域劃分法及其他法規，這將有助於獲得許可證以及減少從其他來源獲得該資訊所需要的時間和成本。

獲得貸款

加盟連鎖制度的主要優點之一就是可從銀行和其他的貸款機構獲得信貸。相較於自行創業開一家新餐廳,若是購買加盟連鎖事業,與銀行接洽貸款事宜會容易得多。對於一個知名的加盟連鎖品牌而言,融資是比較容易的,而且不需花太多力氣去證明事業的成功。相反的,一家新餐廳的營業計畫可能遭到質疑,而且要接受風險評估。直接或間接獲得加盟總部的資助也是有可能的。間接的協助可能包括向加盟總部或是總部核可的供應商購買材料或產品時給予方便的付款方案。雖然這部分可能不適用於新的加盟者,但是加盟總部往往會提供比其他金融機構條件更優惠的貸款協助給加盟者,供其擴展事業,其中可能包括特別的加盟金與折扣。許多加盟總部也很支持這類機構內部的協助,因為它也間接對公司的事業產生正面的影響。因此,這種協助對雙方都有好處。另外,購買力與規模效益也對加盟者有利,因為加盟總部可以大量進貨而商議出較優的價格。由此可見,加盟連鎖事業讓加盟者獲得只有大型企業能夠提供的許多優勢。

比較性的評估

在餐飲加盟連鎖制度裡,對於功能和作業方面的活動進行比較性評估是有助益的。加盟連鎖制度特有的作業方式一致性,有助於比較各家門市和後續不同程度的重要業務評鑑。加盟總部可以提供關於體系內其他加盟者的成功案例以及開發的新方法等資訊。和其他加盟者會面,在評鑑時也會有幫助。向事業夥伴學習經營事業的經驗對彼此都有好處。對於加盟總部和加盟者而言,比較相同的加盟連鎖體系內不同門市的運作情形是有幫助的。當在相同的加盟連鎖體系內工作時,關係網絡和經營方法可能是一項優點。

研究和發展的益處

加盟總部一直都對於發展其加盟連鎖事業感興趣,許多總部也設有永久性的研發部門。這些部門不斷努力開發,並以科學方法測試產品與服務。設置這些組織需要資源,可能只有像是加盟連鎖企業這類大型的商業集團才能夠負擔得起。努力研發的成果則與加盟者共享。這類研究往往偏重在餐廳產品或服務方面的領域。新產品和服務向來都是根據研究技術開發而成。在公司裡執行研究的合格人員不斷地嘗

試開發和解決與加盟連鎖制度相關的問題。大部分獨立或是非加盟連鎖的餐廳無法擁有這類服務。除此之外，加盟者可以透過加盟總部或是總部代表將棘手的個別經營問題轉給這類部門，以尋求解決之道。

廣告與宣傳

廣告和宣傳的資金是跟所有加盟者集資而得——因此可以獲得較廣泛的曝光率。由於資源的匯集和集中化的經營，加盟者集結了購買力。當加盟者購買權利以使用加盟連鎖系統的購買力和廣告時，他們便獲得了這項優勢。對於任一加盟者而言，由專職的員工和廣告公司大規模的審慎規劃廣告，可能是一大優勢。有些廣告成本可能高到讓個體事業負擔不起，特別是大型的活動，譬如超級盃或奧運。同樣地，經過研究的宣傳工作可以增加一家企業的獲利。加盟連鎖企業可以安排全國性的廣告宣傳，讓加盟連鎖體系裡的每一個成員受惠。另外，隨著加盟連鎖系統的發展，以及加盟者的數量增加，該加盟連鎖事業的品牌知名度也會隨之提升。

加盟連鎖法規

因為加盟連鎖體系由來已久，因此有定義明確的不同法律和規定來保護體系內的加盟者。尤其在美國，有明確的加盟連鎖法規，這對於加盟者而言是一個很大的優勢。例如提供揭露文件的規定，即要求加盟總部須完整、合法地揭露關於加盟總部事業的特定事實。這些法律規範了有關於加盟者的支付金額、實施辦法以及終止契約等重要資訊。聯邦貿易委員會的加盟連鎖法規（FTC Rule）要求揭露特定資訊，使加盟者在購買一個加盟連鎖事業時可依此做出知情的決定。這些法律明示了在簽訂加盟連鎖合約之前須考慮的重點。還有一些法條規定了必須提供給加盟者的資訊、加盟連鎖事業和相關人事的詳細資料，以及適當分類成不同條款的所有其他事項。在下一章我們將會詳細討論這些法規。

獨特的機會

對於任何一名加盟者而言，購買一個加盟連鎖事業本身就是一個獨特的機會，他們可以藉此擁有自己的事業，並且獲得事業成功以及成果分享的回饋。許多加盟總部將加盟者視為事業夥伴，隨時提供協助。獨立性與相互依賴是一體兩面，也就是我們常說的雙贏局面。這般有限的自主性受到許多人的青睞。若加盟連鎖制度運

作得當的話，它提供的不只是一家大型公司的商標及經營訣竅，還有其影響力和專業知識技能，同時仍允許加盟者維持其創業的獨立性。

和任何一種成功的加盟連鎖制度相關的，是個人的滿意度和自豪感。一個大型、知名而且獲利佳的加盟連鎖制度，讓加盟者成為其整體成功的一部分，而加盟者也有機會為母公司的成功貢獻一己之力。

加盟連鎖制度也提供了在商業知識方面個人成長與進步的大好機會。這些可由加盟總部提供的一連串訓練、研討會、會議、持續的教育和經營方面的資訊等等而達成。實務經驗可導致更進一步的個人成長與進步。有機會認識企業體系內其他加盟者，可促使意見的交換以及對於加盟連鎖事業經營現況的比較性評估。

許多加盟者將跟不同的人一起工作及為人服務的機會視為一項優點。這些對象包括了消費者、餐廳員工、社區團體、攤商和供應商等等。由總部同意授與的領域權（territorial rights）給予加盟者更進一步的事業成長機會。加盟者可以透過購入、再授權、出租、經營，或是將其他餐廳轉換成加盟連鎖門市以擴展事業。領域權被認為是加盟連鎖制度的一大優勢，它是使加盟連鎖事業數十年來成功不墜的要素。

對大多數的加盟連鎖事業而言，上述的優點都是常見的；不過，沒有一項可以保證事業成功。簡言之，和獨立或非加盟連鎖業者相比，加盟連鎖制度有助於加盟者維持商業競爭優勢。

對於加盟者的缺點

理論上，加盟連鎖合約是用來促進相互倚賴的加盟總部與加盟者之間和諧的關係。加盟連鎖事業的缺點主要起因於加盟總部與加盟者之間不平等的關係，因而導致一方或雙方的不滿。在加盟者投資後，若加盟總部經營不善，這對加盟者而言是一大傷害。這是加盟者原本就知道有風險，只是，加盟總部的表現是無法預作判斷的。有時候這個風險導因於加盟總部的利誘，甚至有可能擴大成不實的言論。

財務要求

知名的餐飲加盟連鎖事業要求相當多的財務資源。舉例來說，麥當勞要求加盟申請人須準備至少 75 萬美元的非借貸個人財力。另外還要求加盟者支付至少 25%

的現金作為購買一家餐廳的頭期款。購買價剩下的金額可以在七年內分期償還。即使申請人在經營餐飲事業方面有豐富的經驗，但除非他們口袋夠深而且信用良好，否則要從金融機構獲得貸款並非易事。餐飲加盟連鎖事業為何需要如此高的資金，理由在於這筆資金包含了所有與做生意相關的面向，從租用營業場所到購買設備、維持庫存量，以及支付加盟金和按照銷售額的固定百分比支付權利金。即使在不賺不賠的情況下，根據加盟連鎖合約，仍必須按照總銷售額支付權利金。

無法實現期望

在進入這行之前，加盟者懷抱著一些期望。有時候，加盟總部提供了不切實際的事業藍圖。另一方面，有些加盟者期望快速成功。這可能是看到其他加盟者的成功所致。餐飲事業需要辛苦工作、投入大量的時間、要有強大的動機和深刻的瞭解。合約中的條款可能會因不同的解釋而產生錯誤的期望。以上這些情況都會導致加盟者的不滿。此外，有些加盟總部的誤導或是詐欺行為也會使得潛在加盟者受害。

有些加盟者，不想閱讀或不瞭解契約條款的法律意涵，而依賴由總部提供的銷售或宣傳印刷品。同時，加盟者也並不瞭解大多數總部在一個加盟連鎖體系裡享有的優勢地位。源自於議價能力不對等的缺點常出現在加盟連鎖事業中。由於加盟總部通常有常設的法律專家，法律訴訟對於個別加盟者而言又往往曠日費時且所費不貲，這點讓有意進入加盟連鎖事業的加盟者感到卻步。由媒體所營造的印象也會對於加盟者的正面或反面的期望產生影響。

缺乏自由

雖然加盟連鎖制度有好幾項優點，但也有一些嚴苛的限制。加盟連鎖合約可能包含領域擴展的限制，或是可能限制潛在的顧客人數。舉例來說，一個地區擁有兩間門市，這種重疊性會影響任何一名加盟者生意的興隆程度。舉例來說，營業時間限制或是加盟者可能想要嘗試一些會賺錢的項目，但總部不批准，這些事或許會造成誤解。領域權可能分配不平等或是領域重疊，這些都可能會妨礙加盟者的事業興盛。另外，一名創業者萌生的想法可能會因為加盟總部施行的限制而受阻。例如，一名具有創新精神的餐飲業經理或許有證明受區域顧客歡迎的創意新菜單想法，然而卻因為加盟總部的限制而無法實行。又譬如某一加盟者或許發現在餐廳所在地區，「送餐到府」是一項會賺錢的嘗試，但是因為總部的政策而無法提供這項服務。

這種缺乏自由讓許多潛在的加盟者遲遲不敢踏入加盟連鎖事業。與加盟總部交涉或許不是一件容易的事。加盟者可能會覺得很難傳達好的想法給企業，即便這些想法值得考慮。即使是像在餐廳裡販售報紙或糖果這樣的小事也可能被禁止；同樣的，變更餐廳色調也是不可能的。

廣告和宣傳的作法

雖然廣告或宣傳在前面被列為是加盟連鎖制度裡對加盟者的優點，但在某些狀況之下，它們也被證明是一項缺點。譬如說，一名加盟者或許支付一些不切實際或不適用於當地市場條件的廣告費用。甚至，有時廣告效力根本達不到加盟者領域範圍內特定的消費者身上，或者所使用的廣告方法或許並不適合目標客戶群。換言之，任一加盟者可能幫其他加盟者分擔了對他們才有用的廣告費用。同樣的，加盟總部所選擇的宣傳方法可能不適用於某一加盟者的門市或者無法為其帶來獲利。舉例來說，由總部推出的折價券銷售，對於旗下的加盟餐廳來說或許沒必要；而且加盟者販賣折扣商品，即使銷售量大，也會造成加盟者的負擔。例如，加盟總部可能認為全國性的半價促銷會賺錢，可是如果某一加盟者原本生意就很好，那麼這項促銷可能造成獲利減少並增加人事成本，在促銷活動之前反倒比較有利。

總部提供的服務

加盟者必須支付一些服務成本費用，一旦總部提供的服務沒有達到標準，加盟者往往會遭受到一定程度的財務損失。而且根據經驗，在經過一段時間後，加盟者有可能會覺得加盟金和權利金費用並不合理。因此，對加盟者而言，在心理上或許可能會覺得很難接受將一定比例的利潤分給總部。加盟金和權利金對於加盟者的投資報酬具有負面影響，而且向來都是加盟者與加盟總部關係中的敏感之處。當加盟總部在第一年的合約期滿之後提高費用或是增加其他費用時，這個問題就會變得更加嚴重。因此加盟者獲得總部所提供的服務，其價值對於加盟者而言就很重要了，假如提供的服務未能達標，那麼就會引起加盟者的不滿。

過度依賴加盟總部

在一個加盟連鎖體系裡，在營業項目、危機處理、定價策略和宣傳方面，加盟者可能會變得過於依賴總部的建議。除了使得做決定的過程變慢之外，過度依賴對

於一名加盟者來說，可能也要付出昂貴代價。在某些情況下，其實加盟者本身可以比加盟總部做出更好的決定。加盟者也可能完全依賴總部的宣傳活動。同樣的，在管理方面，加盟者或許會太過於依賴總部的判斷。

流於單調和缺乏挑戰

經過一段時間之後，加盟者可能會覺得事業單調乏味。尤其對於一名創業者來說，加盟連鎖制度可能會變得太流於形式化，而且缺乏挑戰和創意。一名具有創新精神的加盟者可能會因為得不到進步的機會而感到氣餒。這類加盟者或許會將他們的事業投資做多角化經營，可能朝其他類型的事業發展或是結束該加盟事業。這種作法可能導致一個原本有能力的加盟者缺乏責任感或無法做出個人決策。嚴格的標準化和一成不變的作業流程可能會使得事業非常枯燥乏味。一名有創意的創業者會想要不斷的注入新意到事業中，但如果加盟總部並未試圖求新求變，那麼加盟者就會感到灰心。

終止契約、續約和轉移

契約的終止對於加盟者而言，是最嚴重的事情，因為所投入的資本、數年的經營和生計，全都仰賴加盟總部。加盟總部有權終止契約、不再續約或禁止加盟者出售或轉移其加盟連鎖事業等等，這些事項向來是加盟總部與加盟者關係中的敏感之處。根據「美國國會小型企業委員會」（The Congressional Committee on Small Business）提交給第 101 屆美國國會的報告顯示：

為了避免這種隱含著「威脅」的終止契約迫使加盟者不得不服從加盟總部所有的要求和指示，不管這些指示是否合理、有效或專斷獨行。大部分常見的不合理要求包括：要求以高於市場的價格向總部採購存貨和設備；要求測試未經驗證的產品，而且未補助可能的損失；要求加盟者付費改變店面的外觀或設計；要求加盟者對於特別的宣傳活動主動提供貢獻；改變獨家的行銷或領域權，以及將競業禁止合約擴大到加盟連鎖店或是加盟者不相關的商業活動中。（美國國會小型企業委員會，1991）

加盟總部認為這樣的權力對於一個加盟連鎖體系的有效運作不可或缺。因此，加盟者一旦未能遵守加盟連鎖合約中的條款，那麼他們對於加盟連鎖事業所擁有的權利也可能被撤除。這點被許多加盟者認為是一大缺點，尤其是那些已經待在體系裡一段長時間，或者是已經大量投資於某一加盟連鎖體系的加盟者。

加盟者與加盟連鎖體系的表現

一名加盟者的成功有賴於體系裡其他加盟者的表現。如果一名加盟者的品質與服務未達到標準，那麼所造成的虧損可能對整個加盟連鎖體系造成負面影響，因而影響到其他加盟者的銷售業績。消費者往往會責怪整個體系發生的疏失過錯，而比較不會去責怪單一加盟者。如果加盟總部不是特別用心維持所有加盟店一致的品質標準，也可能發生這類問題。譬如說，某一家門市爆發了食物中毒事件，對同體系內所有的加盟連鎖店也可能產生影響。因此，個別加盟者的表現能左右整個加盟連鎖體系的成敗。

同樣的，許多方面都有賴加盟連鎖體系整體的表現。不當的管理或管理上驟然改變可能會影響全公司裡所有的加盟者。有時候，加盟總部差勁的表現會被消費者解讀成是個別加盟者拙劣的表現，無論這家餐廳在過去生意有多好。這種不利關係有可能反映在業界出版品和財經分析師所做的全國排名中。對於一個加盟連鎖體系而言，不好的評價或是排名，對單一加盟店的營業額會有直接的影響。在這種情況下，可能會遭受「池魚之殃」。

我們都應該清楚瞭解到，加盟連鎖制度的優點與缺點可以列出長長一串，而且不可能期望這些特點都跟某一特定的加盟連鎖體系有關。另外，加盟連鎖制度的優點不見得表示能獲利，而缺點也未必表示這個加盟事業不賺錢。然而，很顯然的，加盟連鎖制度的優點遠遠大於缺點。

 ## 對於加盟總部的優點

加盟連鎖制度除了是一項財務資產，它對於加盟總部也同時具有優缺點，茲列述如下。

事業擴展

　　加盟連鎖制度提供加盟者擴展生意的機會。加盟者主要是根據領域擴展協議從事展店計畫。擴展的資金也可由加盟連鎖體系提供。事實上，對於投資資本額有限的加盟總部而言，加盟連鎖制度是擴展事業的最佳方式。有時候，加盟總部會選擇將多餘的資本投資於其他形態的事業中，為公司帶來更多的獲利。投資者比較傾向入股現有的加盟連鎖體系，並協助其擴展。由於加盟連鎖制度並不需要太繁複的經驗，所以許多投資者可能會選擇在一間加盟連鎖餐廳擴展期間加入。因此，加盟連鎖制度可藉由投資者的直接投資或是銷售加盟連鎖門市來吸引擴展事業的資金。另外，潛在加盟者可能位於加盟總部並不熟悉的區域。一般而言，當地的加盟者對於某一地區的社區、民間和公家機構、區域劃分的法令、許可證照規定，以及商業法規比較熟悉。這些知識便成為加盟連鎖事業擴展的有利條件。

　　一間企業的擴展因為涉及到風險和結構重整，因此可能難以處理。在加盟連鎖系統中，不需要企業總部進行組織結構的改變即可進行擴展。這使得加盟總部有較多的時間和心力從事策略性的規劃、經營上的規劃、市場可行性分析以及加盟連鎖體系的整體發展。因此，對加盟總部而言，以這種方式投入有限的資金獲得股權投資的機會，風險相對較小。

　　加盟者為加盟總部在資金、管理和擴大服務範圍方面提供了解套。加盟連鎖制度變成獲得資金的一個方法，加盟總部沒有其他更具成本效益的方法取得資金。舉例來說，假如某一加盟總部想要開 500 家新的加盟連鎖門市，需要好幾百萬美元的資金，這一大筆金額並不容易獲得。除了獲得資金外，加盟連鎖制度提供了一個有效的方式獲取關於事業成長所需的管理專業知識。積極的加盟者投入大量的資產與時間在這個事業上。基本上，這也解決了雇用積極的員工來管理公司直營連鎖店的問題。

購買力

　　餐廳事業涉及到原料、器材和供應品大量採購的議題。加盟總部可藉由為加盟者集體和集中採購而獲益。總部可購買、囤積和供應大宗的供應品或設備給加盟者。加盟者也可能與供應商簽有合作條款，由他們提供產品、原料和設備。總部也可能與製造商擁有共同的特殊專利品或是要求，以提供加盟連鎖門市所使用的特殊商品。

此外，由加盟金所集結而成的資金可妥善規劃安排，以作為廣告、宣傳和研究發展之用。在這類事業中，可省下相當多的成本。

經營上的便利性

從加盟總部的立場來看，與其他事業相較之下，加盟連鎖制度提供了經營管理上的便利性。總部不需擔心各家門市員工的招募、流動率、福利和薪資，因為這些都由加盟者來處理。由加盟者管理各家門市會比由加盟總部管理整個加盟連鎖體系要來得更容易。有些僅由公司直營的連鎖餐廳會遇到嚴重的人力資源問題。另外，因為加盟者對於其店面擁有既得利益，因此理應由他們自己管理經營，除非面臨緊急情況或是嚴重的狀況。

加盟者的貢獻

加盟者對於加盟連鎖系統的貢獻經常被忽略。大型的加盟連鎖公司瞭解到一名加盟者可以在基層做出重要的貢獻。加盟者直接參與門市日常的經營，並通盤瞭解其工作流程。他們能夠針對問題，提供好的解決方案，也會對一個想法適用與否，給予建議，更能針對一個計畫的財務可行性提供意見。如果總部讓加盟者參與公司事務，許多問題就能夠避免。再者，當需要一項新的意見或改變時，加盟者就是最好的徵詢對象。有些企業的幕僚就曾因為在做決策之前沒有先跟加盟者商議而感到懊悔。最好的加盟總部是將加盟者視為龐大的資產，他們帶來創意、多年寶貴的實務經驗，以及成功的動力，這些對於一個加盟連鎖系統而言是無價之寶。

許多想法都來自於加盟者，若經過審慎測試和調整，最後將使得加盟總部受用不盡。譬如，據說麥當勞的大麥克、麥香魚堡，及早餐的滿福堡三明治均源於加盟者所發想的概念。甚至連麥當勞叔叔都是加盟者為了耕耘兒童市場所創造出來的。

動機與合作

加盟者對於事業成功具有強烈動機，並擁有個人的既得利益，這可能是公司聘僱的管理人員身上未具備的特質。加盟者的自我管理和動機是許多加盟事業成功的原因。再者，隱藏在加盟總部背後的一群加盟者共同的動機和合作的力量在許多商業和法規的領域形成一股強大的影響力。不過，這層關係必須非常謹慎的處理。

有些企業設有加盟者顧問委員會，讓公司與加盟者之間有個地區性和全國性的

平台進行意見交換。這種互動對於加盟連鎖系統的事業興旺而言，具有正面的影響。因此，這些顧問委員會可發揮制衡的作用，使得企業的功能性支援團體對於加盟連鎖事業抱持一個適當的觀點。

　　資源匱乏理論主張三大主要資源為：加盟者的低成本資金、動機強烈的管理專業知識及市場瞭解。這些資源降低了加盟總部的整體風險，並且對於加盟連鎖體系的成功產生莫大的影響。

　　若說加盟者對於一個加盟連鎖事業的成功貢獻良多一點也不為過。加盟連鎖制度將創業者、意見、動機、管理技術、知識，以及決心全都聚攏在加盟連鎖系統中。這些因素可以讓加盟連鎖事業成長更快速，並且提供雙邊的利益給加盟總部和加盟者。這樣的成長又會因為規模經濟而對系統有利。

競爭優勢

　　加盟連鎖制度為加盟總部提供了競爭優勢。一個加盟連鎖事業所擁有的門市數量可以讓該體系處於優勢地位。例如，當加盟總部將獨立的事業體或是其他連鎖店納入旗下，這種轉換式的加盟連鎖制度也可加速加盟連鎖事業的成長。因此轉換式加盟連鎖制度為加盟連鎖體系的擴張提供了額外的優勢。同樣的，合作品牌也可提供競爭優勢，譬如肯德基、必勝客，以及塔可鐘餐廳全都出現在同一地點，對於這幾家加盟連鎖店而言，除了提供規模經濟和節省人力、空間與管理外，同時也具備了競爭優勢。此外，加盟者攜手合作在加油站和超市設置聯合品牌的門市亦提供了各種優勢以增強加盟連鎖體系。

轉換型加盟連鎖事業

　　加盟總部可彈性地將公司直營的餐廳轉換成加盟連鎖事業，反之亦然。這是加盟連鎖制度所提供的優勢。從策略性的觀點來看，這是非常重要的優勢，因為加盟總部可自行處置。直營店和加盟連鎖門市的理想比例取決於各種因素。這種轉換的優勢與能力是其他類型的事業所沒有的。兩種常見的轉換方式如下：

1. 將某一地區或全國的公司直營店面轉換成加盟連鎖店。將這些門市交給加盟者可減輕自行管理的壓力並提供許多所需的現金，而這些現金又會注入事業體中。這種轉換可能會給雙方利用效能和規模經濟的機會，這是加盟連鎖制度的另一項優點。

2. 尋找現有的獨立餐廳或者非加盟式的連鎖餐廳,並將它們納入加盟連鎖事業中。有許多獨立經營的餐廳生意興隆但並非加盟連鎖形式。將它們轉換成與品牌形象一致並改變經營方式對於知名的加盟總部而言是非常重要的優勢。即使是一些金字招牌的連鎖店,若沒有足夠的耐力持續下去,也可能被收購和轉換成加盟連鎖店。另外,有些獨立的業者雖未擁有關於加盟連鎖制度的訣竅,但可能因為得到知名加盟總部的經驗而受惠。這可以被視為這些加盟總部的一個優勢,因為他們已經建立了自己的名氣而且根基穩固。

對於加盟總部的缺點

就像加盟者的情況一樣,加盟連鎖制度對加盟總部也具有一些缺點。有許多的缺點可以歸因於加盟總部與加盟者之間的關係。

缺乏自由

加盟總部這一方缺乏自由是加盟連鎖制度主要的缺點之一。加盟總部對於加盟店沒有直接的控制權,因此要改變政策和程序顯得格外困難。而且,有些由加盟者主導的訴訟和法律問題會阻礙、延遲或影響加盟連鎖體系的成長與發展。另外,加盟者顧問委員會有可能變得太強勢,而去干涉加盟連鎖系統的獨立作業。對於總部而言,沒有加盟者的合作,要修正產品或流程會比較困難,即使長期來看,改變對於企業可能是有益的,但加盟者卻不願意去配合執行任何一種要他們投入時間、精力和金錢的改變。加盟者也可能選擇不參與由加盟總部所制定的宣傳計畫。或許是基於加盟連鎖合約條款的緣故,加盟者往往只對立竿見影和投資報酬快速回饋的活動有興趣,而不合作的加盟者會成為加盟總部持續性的問題來源。

加盟者的財務狀況

加盟總部無法控制加盟者的財務狀況,這點對於加盟連鎖系統也會有所影響。特別是對於那些擁有多家門市的加盟者來說,一旦宣告破產,將危及企業的經營以及整體的獲利。此外,加盟者也許會多角化投資而將資金分散,微薄的資金對他們的門市將造成不利影響。

加盟者的篩選、招募及維繫

加盟者的篩選和招募可能是一項艱難的任務，總部必須謹慎篩選。為一名成功的加盟者下定義並不容易。加盟連鎖制度的光環或許會吸引一些對於加盟連鎖事業的經營其實並無興趣的投資者，他們有些只是想藉此避稅。許多加盟者缺乏加盟連鎖餐廳事業成功所需具備的動機。申請人或許並不瞭解他們所要付出的時間、工作量、職責和相關的風險。如果讓這類的加盟者進入體系中，將會變成加盟總部的燙手山芋。加盟連鎖制度對加盟總部和加盟者雙方而言，是一種長期的契約關係。有些加盟者在他們所投資的初期資本回收後，便失去經營興趣；有些則因為每日事務一成不變而喪失興趣。這些對於加盟總部的獲利將造成不利影響。加盟者的篩選就跟挑選好員工一樣：招募好的加盟者並不容易，要留住也同樣困難。

溝通

許多加盟總部和加盟者的關係出了問題，可歸因於溝通不良所導致。當誤會形成時往往就會產生問題。譬如對於品質標準或其背後的論據有所誤解就是常見的問題。加盟者或許未能領會加盟總部用來維持公司標準或檢查程序所採取的方法。加盟者也可能發展出獨立自主的觀念，而不希望接受總部的建議。他們可能會覺得他們比那些總部辦公室裡的員工更能勝任管理工作。再者，合約上的用語和其他的溝通可能被誤解而導致加盟者不願配合。有時，加盟總部派出的區域管理人員跟加盟者之間也會有個性不合的情況。

另外，加盟者也許不願意公布其總營業額，此乃加盟總部收取權利金的依據，或者捏造不實的營業金額。加盟者不合作的情況可能需要適當的監管，否則最後會形成長期的訴訟戰，這對於事業的發展將造成不利的影響。

從加盟總部的觀點來看，加盟連鎖制度的優缺點有時就像對加盟者而言一般，代表對同一個面向有不同的理解；換言之，就是一體兩面。以加盟者為例，在某一特定的加盟連鎖體系裡可能所有的優缺點都不存在。從加盟者和加盟總部雙方觀點看來，顯然加盟連鎖制度的優點遠多於缺點。

雖然加盟連鎖制度有一些優點和缺點，然而我們都必須清楚瞭解一個加盟連鎖事業的成敗完全取決於雙方的關係。因此一個成功的加盟連鎖體系的基礎建立在穩固的基礎上。兩邊的合作夥伴有許多的施與受，因此考量到關係的影響力並希望形成雙贏的局面，就必須加以平衡這些利弊得失。

一名潛在加盟者可能財務穩定，而且已經做好準備要承擔責任，有優秀的管理和溝通技巧，願意長時間工作，但是或許缺乏其他的能力，這種情況有可能造成他／她日後失去興趣，並對雙方關係造成傷害，最後影響整個體系。

→ 個案研究

潘娜拉麵包：顧客忠誠計畫

前言

潘娜拉麵包（Panera Bread）以高品質、合理價格、新鮮烘焙、匠師手藝的麵包為號召，而且菜單強調無抗生素的雞肉、全穀類麵包，以及每一份餐點都是嚴選有機和全天然的原料，絕不含人造反式脂肪。菜單包含了各式各樣全年供應的主打商品，輔以季節限量的新商品，目的是在每日的食物選擇中創造新標準。他們的麵包咖啡坊經常捐贈麵包和烘焙食品給社區慈善機構。

潘娜拉麵包的故事要從 1981 年的 Au Bon Pain 有限公司說起，這家公司是由路易士·肯恩（Louis Kane）和隆恩·薛奇（Ron Shaich）創立。1997 年，顯然潘娜拉麵包有潛力在美國成為領導品牌。為了讓潘娜拉麵包發揮其潛能，需要該公司傾其所有的財務與管理資源。1999 年 5 月，除了潘娜拉麵包外，Au Bon Pain 有限公司所有的營業單位皆售出，這家公司因此更名為潘娜拉麵包。這些交易完成之後，該公司的股價成長了 13 倍，並創造了超過 10 億美元的股東價值，成為美國前百大成長最快速的公司之一。2013 年 9 月 24 日，潘娜拉麵包、聖路易麵包公司，以及天堂麵包咖啡坊（Paradise Bakery & Café）在美國 45 州以及加拿大的安大略省共有

1,736 間麵包咖啡坊，他們以合作夥伴的方式在溫馨的用餐環境下供應新鮮、道地的手作麵包。潘娜拉麵包也成為一家主要的「休閒快餐」餐廳，它代表一種餐廳新類別，介於速食和休閒餐廳之間。

　　潘娜拉麵包維持加盟連鎖體系的方式是提供具有吸引力的報酬來發展與每位加盟者的關係、提供經營與行銷協助，並保證獲得適當的投資報酬。加盟者可以透過潘娜拉的官網獲得最新的加盟連鎖的資訊，包括：(1) 潘娜拉麵包並不出售單一連鎖加盟門市，所以不可能只開一家麵包咖啡坊。相反的，他們選擇以販售市場區域的方式來發展事業，他們要求加盟連鎖開發商開數家門市，一般是在 6 年內開 15 家麵包咖啡坊；(2) 潛在加盟者除了要出示紀錄證明自己過去曾是一名優秀的多門市餐廳經營者之外，也必須有充分的資金開設數家麵包咖啡坊，而且必須能夠配合積極的展店時間表。此外，為了能夠成為候選經營者，還有一些資金與資源的要求。

　　潘娜拉麵包以兩種方式來衡量加盟者的成功與否：

1. 他們如何支援他們的合作夥伴：(1) 加盟者的投資報酬率；(2) 與每位加盟者的關係；(3) 潘娜拉麵包提供支援（經營、行銷等等）的程度。
2. 他們的合作夥伴績效如何：(1) 執行力；(2) 品牌的發展與成長；(3) 過程與流程的執行（一致性）。

並快速統計出：

1. 目前，潘娜拉麵包有 32 名加盟經營者。過去他們最多有 40 名經營者。
2. 截至 2013 年 6 月 25 日為止，潘娜拉麵包的 1,708 間麵包咖啡坊約有半數是加盟連鎖店。

社區計畫

　　在日益競爭的環境下，潘娜拉的執行長隆恩・薛奇提高行銷花費，增加新的菜單類別，像是義大利麵，並發展出一個廣大的忠誠計畫。但是或許這家連鎖店最大的創舉是在經濟陷入困頓的市場中，譬如在密西根州底特律市和密蘇里州的聖路易市開了隨意付咖啡坊，亦即沒有定價，只有建議捐款（Gasparro, 2013）。

　　起初，潘娜拉麵包在密西根州的第爾本市（Dearborn）推出一項實驗計畫，他們打造了一家店，上門消費的客人只要「隨意付」。該實驗後來證明成功，大約有

20%的顧客支付超出建議捐款,另外20%的顧客支付低於建議捐款或什麼都不付,而有60%的顧客留下建議捐款。這家咖啡坊發現這個宣傳活動可達到損益平衡,亦即進帳為產品零售價的80%,足以支付開銷。藉由利他的想法,潘娜拉的目標是建立一個忠誠老主顧的長期策略(Toops, 2012)。該計畫進入第三年,這家公司在營利的聖路易店裡,測試一個隨意付項目——辣火雞麵包盅——希望將這個想法擴展到1,700家門市。這項產品沒有定價也沒有收銀員,只有建議捐款的等級和捐款箱。在一天結束時,所有未出售的產品都捐贈給食物銀行及救飢組織。

薛奇先生表示,開第一家「潘娜拉愛心商店」(Panera Cares)是一個忽上忽下的經驗。有民眾跟他說他們在過去5至10年,一直都是潘娜拉麵包的客人,但是他們現在失業了。偶爾也會有人試圖占便宜,但是這是一場人性的試驗。這個計畫被認為是一項忠誠計畫而不是優惠計畫。無論如何,他們在這些咖啡坊服務了超過100萬人。潘娜拉愛心商店是以社區為主、隨意付,它隸屬於潘娜拉連鎖麵包咖啡坊的非營利部門,在2013年初於麻州波士頓開了第5家店。雖然餐廳為菜單項

一家典型的潘娜拉麵包餐廳。

(照片由潘娜拉有限公司提供)

目列出了建議價格，但是顧客可選擇多付、少付或不付。他們也可以選擇付出時間當志工。潘娜拉愛心商店的專案經理凱特・安東娜琪（Kate Antonacci）表示：「即使人們不付錢，他們也會想要貢獻點什麼。」用餐者會將其他形式的付款投入捐贈箱，或是表達感激。姑且不論偶爾出現的怪人，潘娜拉將該計畫視為是一個社區自我供養的一種永續方法，包括買不起食物的人在內（Wong, 2013）。

忠誠計畫

此外，潘娜拉麵包公司在 2010 年推出了「我的潘娜拉」（MyPanera）顧客忠誠計畫。在測試了 18 個月後，該計畫擁有超過 200 萬個會員。我的潘娜拉計畫給會員的回饋包括個人邀請函、獨家配方和免費的菜單項目。該方案設計的目的是會員愈常上門，「我的潘娜拉」就會變得愈來愈個人化（Ruggless & Frumkin, 2010）。到 2013 年時，潘娜拉的忠誠計畫成長到 1,400 萬個會員，相當於他們顧客交易次數的 45%（Gasparro, 2013）。

潘娜拉麵包在 2013 年推出一個「活得自覺，吃得美味」（Live Consciously. Eat Deliciously.）的行銷活動，在推廣其食物品質的同時，也強調其價值與慈善活動。該公司旗下的 1,652 家門市增加 30% 的行銷預算來彰顯這個活動。潘娜拉麵包的行銷總經理麥可・賽門（Michael Simon）在一次訪問中說道：「這是關於感覺的問題，是一種形式的謙卑。當我們在思考餐廳廣告的內容時（一般都將重點放在精美的食物照片或是價格或折扣上），我們一直都是在一個功能性的場域發揮作用，談的是我們的食物有多棒。顯然當我們認為我們有一個比較值得信賴的場域講述我們的食物故事並且不斷追求該目標時，消費者也從每個人口中聽到同一件事。我們有個很棒的故事……關於我們的價值觀和往往『活得自覺』的訊息引起人們的關注。這不只是關於我們的社會責任。它真的遍及我們所做的每一件事，從我們如何競爭到如何像個組織般合作，以及我們如何將競爭力發揮在好的地方等等。」（Ruggless, 2013）

結論

在經濟或社會遭受壓力的時期，創新的行銷與宣傳計畫是必須的。餐飲業——尤其是加盟連鎖體系——扮演了一個重要的角色，例如基於社會責任舉辦社區活動。加盟連鎖事業可以有效扮演這些角色的原因在於他們提供食物，這是維生的重

要因素。而且加盟連鎖事業是在地方、全國及國際間擴散,並深入社區,他們比較能夠瞭解他們所服務的顧客真正的需求。打折或贈送食物並不是行銷或宣傳唯一的方式,創新的宣傳活動具有提高能見度以及突顯加盟連鎖事業關注於道德獲利。

Chapter
4

加盟連鎖合約與法律文件

「檢視加盟總部過往紀錄最好的方法就是親自與至少一百名之前的買
家聊聊。」

——FTC（聯邦貿易委員會）

加盟連鎖制度是加盟總部和加盟者之間的一份法律契約。因此，所有與契約相關的法律皆適用於加盟連鎖制度。還有一些特定的法規與加盟連鎖制度相關，並處理加盟總部和加盟者之間的關係。這些法規有些屬於聯邦法，有些則是州法。 最主要的加盟連鎖商業法規是「聯邦貿易委員會」（Federal Trade Commission, FTC）所管轄的「加盟連鎖法規」（Franchise Rule）。

FTC 的加盟連鎖法規正式名稱為「加盟連鎖和商業機會投資的揭露要求與禁令」（Disclosure Requirements and Prohibitions Concerning Franchising and Business Opportunity Ventures）。有關於加盟連鎖事業銷售當中常見的詐欺和不公平行為，均可採用該法規作為懲罰依據。當潛在加盟者對於其商業投資缺乏適當的管道獲得重要和可靠的資訊時，即可能發生上述的行為。資訊的欠缺會使潛在加盟者較無法做出明智的投資決定，或是正確判斷販售該事業的人表現出的言行。加盟連鎖法規就是藉由要求加盟總部和加盟者經紀商提供給潛在加盟者有關加盟總部、加盟連鎖事業，和加盟連鎖合約條款等資訊，來處理這些問題。雖然該法規要求出示揭露文件，但是並未規定有關加盟總部和加盟者關係的具體條款。原始的加盟連鎖法規自 1979 年 10 月 21 日起生效實施。

制式加盟連鎖事業公開說明書

有一些州允許使用制式加盟連鎖事業公開說明書（UFOC）的揭露文件格式，以遵循該州的州法或是揭露要求。UFOC 格式是在 1975 年 9 月 2 日時由中西部證券專員協會所採行。總結來說，FTC 認為 UFOC 格式所要求的揭露內容給予潛在加盟者的保護跟加盟連鎖法規所提供的保護相同，甚至更多。因此，FTC 允許使用 UFOC 來代替其本身的揭露要求。

1993 年，北美證券管理人協會採用加盟連鎖事業揭露文件（franchise disclosure document, FDD），1995 年聯邦貿易委員會也批准了這項規定。「登記的州」，包括加州、伊利諾州、印第安納州、馬里蘭州、明尼蘇達州、紐約州、北達科塔州、羅德島州、南達科塔州、維吉尼亞州及華盛頓州，皆要求加盟總部使用 FDD 格式（與 FTC 加盟連鎖法規的格式有所出入）。由於 FTC 加盟連鎖法規的格式沒有 FDD 格式來得嚴謹，所以登記的州並不接受，而且其他的州也廣泛採行 FDD 格式。FTC 要求所有未登記的州也要採行 FDD 或 FTC 的揭露文件要求。雖然原始的加盟連鎖

法規自 1979 年 10 月 21 日起生效實施,但 FTC 所通過的修正案在 2007 年 1 月 22 日才生效。

　　從 2007 年 7 月 1 日開始,加盟總部為遵守 FTC 的揭露要求,可採用以下任何一種格式:(1) 原始的加盟連鎖法規;(2) 制式加盟連鎖事業公開說明書;或是 (3) 修正法。一旦加盟總部選擇了一種揭露格式,就必須使用之,而且不能採用其他的格式。不過,到了 2008 年 7 月 1 日,所有的加盟總部都只能使用修正法。任何其他的格式皆不可取代修正版加盟連鎖法規(以下簡稱「修正法」)的內容。這份官方文告說明加盟總部必須遵守的事項。因此,修正法內容在準備法定的揭露文件方面既是起點也是最高的權利。FDD 是向潛在加盟者揭露加盟總部資料的格式。FDD 的目的是藉由提供關於加盟連鎖公司的資訊來保護大眾。

　　就如同原始的加盟連鎖法規和 UFOC 準則一般,修正法亦要求加盟總部提供資料給潛在加盟者,包括總部的背景資料、加入該事業的成本、加盟總部與加盟者的法律責任、加盟連鎖門市與直營門市的統計數據,以及稽核的財務資料。此外,假如加盟總部決定要做任何的財務績效報告,修正法要求出示關於這些報告的某些揭露文件和事證。在多數情況下,這些揭露文件是根據 UFOC 準則而來,因為它是許多加盟總部及從業人員已經熟悉的規定。

　　修正法與 UFOC 準則(以及原始的加盟連鎖法規)在若干方面有所差異。首先,修正法更新了 UFOC 準則以處理新的技術問題,譬如網際網路。第二,修正法要求更多關於加盟總部與加盟者關係本質的揭露文件。修正法納入一些 UFOC 準則未包含的揭露要求。另外,修正法豁免了某些事業體,但是在原始的加盟連鎖法規並未將其豁免,並禁止了在原始的加盟連鎖法規並未處理的某些做法,然後。由於當今所使用的是修正法,因此下文中提到的加盟連鎖法規皆指修正後的條款。

 # 加盟連鎖法規的涵蓋範圍

　　以下關於加盟連鎖揭露文件和加盟連鎖合約的說明皆直接摘錄自原文件。然因本章篇幅有限,因此未收錄其他許多細目和緒言。若讀者對其他資料感興趣,可閱讀由 FTC 所出版的文件中提供的說明及範例(Franchise Rule 16 C.F.R. Part 436 Compliance Guide, May 2008)。加盟連鎖法規是否適用於特定的商業關係取決於此關係是否符合法規中對於「加盟連鎖事業」的定義,以及是否有豁免權及除外責任。

如同「基本原則與目的聲明」（Statement of Basis and Purpose）中所述，修正法不再含括商業機會投資的銷售，也不包括在美國及其領土以外地區加盟連鎖事業的銷售。就政策而言，修正法涵蓋範圍只有位於美國及其領土的加盟連鎖事業之提供與銷售。因此，舉例來說，假如加盟連鎖門市設立於歐洲，那麼修正法並不適用於住在巴黎的美國公民或是法國公民所銷售的加盟連鎖事業。

修正法完全排除沒有書面證明的口頭關係，加盟連鎖關係或合約中的實質物品皆須出具書面單據，以避免在執行上產生證明的問題。然而，若有與實質物品相關的書面單據，譬如商品或設備的購買發票，即使沒有簽名，亦不予排除。

加盟連鎖法規所涵蓋的關係類型

修正法包含加盟連鎖事業之提供與銷售。在原始的法規中，若符合三項定義的要件，則此商業買賣就屬於「加盟連鎖事業」。確切來說，加盟總部應該：

1. 允諾提供商標或其他的商業標誌。
2. 允諾在經營事業方面施行重要的控制或是提供重要的協助。
3. 要求加盟者於開業後的前六個月內，付給總部 500 美元以上的金額。

與原始法規相同的是，修正法亦包含營利公式加盟連鎖事業和商品加盟連鎖事業在內。

賦予該業務的名稱跟判斷它是否被涵蓋在修正法中並無關聯。除非業務範圍符合修正法中三項定義的要件，否則就算冠上「加盟連鎖事業」也不在管轄範圍中。此外，修正法所涵蓋的關係，無論是以口頭或書面表示，都須具備修正法對於「加盟連鎖事業」的定義所規定的特徵，無論其表現實際上是否如實或者被履行。因此，假如某一業務的賣家表示會授權商標、允諾提供買家事業經營方面重要的協助，並索價至少 500 美元的費用，那麼即便賣家實際上並無商標或是並未提供任何協助給買家，這項業務仍被涵蓋在法規管轄範圍內。

「商標」部分

　　加盟連鎖事業使加盟者取得經營「與加盟總部的商標相關聯」的事業之權利，或是提供、銷售或經銷與加盟總部的商標相關聯的商品或服務。「商標」一詞應從廣義來解讀，它所涵蓋的不只是商標，還包括任何的服務標誌、商號，或是其他的廣告或商業符號，這些一般都是以「商標」或「標誌」來指稱。加盟總部不需擁有該標誌的所有權，但是至少必須有權將標誌授權給他人使用。事實上，使用加盟總部的標誌來經營事業是加盟連鎖制度不可或缺的一部分——無論是銷售或提供與該標誌有關的商品或服務，或是在店名中使用完整或部分的標誌。

「重要的控制或協助」部分

　　修正法涵蓋的業務範圍是加盟總部「對於加盟者的經營方法可運用或有權運用相當大程度的控制，或是在加盟者的經營方法方面提供重要的協助。」

　　加盟者愈是充分依賴加盟總部的控制或協助，這樣的控制或協助愈可能被認為是「重要的」。若加盟者在該領域比較缺乏業務經驗或者當他們承擔較大的財務風險時，他們的依賴性可能會比較高。同樣的，假如該控制與協助是加盟總部所獨有，跟相同產業中所有的事業所使用的一般做法不同的話，加盟者也可能會相當依賴總部的控制與協助。此外，既然是被視為「重要」的控制與協助，那麼它們必定跟加盟者整體的經營方法有關，而非一小部分的業務。

　　重要的「控制」項目包括開業前的位址審核、位址設計或外觀要求、營業時間、生產技術、會計方法、人事規章制度、顧客及門市地點或區域的限制。重要的「協助」項目包括正式的銷售、維修，或是公司的訓練計畫；建立會計系統；提供管理、行銷或人事方面的建議；地點選擇；提供全體系的網絡和網站，以及一套詳盡的經營手冊。

「規定款項」部分

　　修正法對加盟連鎖事業定義的三大要素中最後一項就是這宗交易的買方必須付費給加盟總部（或某一附屬機構），作為獲得加盟連鎖事業或開始經營的條件，這筆 500 美元以上的款項必須在加盟連鎖事業開始營運前的任何時間或是營運後的前六個月內支付。

　　「規定款項」應廣義解讀為加盟者與加盟總部間因為相關的權利可銷售其產品與服務，以及開始經營該事業而必須支付給加盟總部或其附屬機構之所有款項。往往，規定款項不單單只是加盟金，契約中亦要求加盟者必須支付給加盟總部其他費用——包括加盟連鎖合約或是任何的合作夥伴契約。規定款項可能包括入會的加盟金、房租、廣告協助、設備與日用品、教育訓練、押金、履約保證金、不予歸還的記帳費用、廣告文宣品、設備租金，以及按銷售比例定期支付的權利金。

 ## 由誰負責準備揭露文件？

　　加盟總部須負責準備揭露文件。「加盟總部」一詞意指「授予一加盟連鎖事業並參與加盟連鎖關係的個人、團體、協會、有限或是一般的合夥關係、企業，或任何其他的事業體」。這兩項要求缺一不可。因此，加盟連鎖事業賣家——譬如中間商——他們僅從事銷售前的活動，但是卻沒有銷售後的責任義務關係，在修正法中，這些賣家並不是「加盟總部」。次級加盟總部（subfranchisor）亦須負責準備揭露文件。「加盟總部」一詞明顯包括次級加盟總部在內。「次級加盟總部」意指「充當加盟總部的任何個人、團體、協會、有限或是一般的合夥關係、企業，或任何其他的事業體，投入銷售前的活動和銷售後的執行工作」。

　　加盟總部（包括任何的次級加盟總部）須負責提供揭露文件給每一位潛在加盟者。所謂的「潛在加盟者」就是「洽談一加盟連鎖事業的人（包括代理人、代表或員工）或者由加盟連鎖賣家接洽的人，以討論建立加盟連鎖事業關係的可能性。」因此，加盟總部並不提供揭露文件給一般人，包括新聞記者、學者，或是那些在網路上偶然發現加盟總部網站的人。這個人一定要對於成為加盟者有真正的興趣，而不僅僅是好奇而已。同時，加盟總部可能會盡其義務，透過一位中間人或是潛在加盟者的代表提供揭露文件給「潛在加盟者」，譬如律師。若對象是一家企業，則會將揭露文件提交給公司主管。

現任加盟者販售門市的情況

　　受讓者並非潛在加盟者，他們是直接向擁有門市的加盟者購買現有加盟連鎖事業的人，但是卻未與加盟總部有太多的接觸。即使加盟總部有權利或運用權力核准

或否決某一加盟連鎖門市之後的銷售（轉讓），而受讓者並未享有獲得揭露文件的權利，除非加盟總部在此交易中扮演更重要的角色。舉例來說，假如加盟總部提供財務績效資料給潛在受讓者，那麼加盟總部將被要求提供揭露文件給這名受讓者。

現任加盟者購買其他門市的情況

加盟連鎖合約中並未要求加盟總部提供揭露文件給行使權利設立新門市的加盟者（這與銷售門市給其他人不同），亦不包括選擇在合約期滿後延長目前的加盟連鎖合約或是簽訂新合約以繼續經營現有門市的加盟者，除非新的關係跟目前合約中的條款內容有相當大的出入。

 # 提供揭露文件的方法

修正法明確准許加盟總部以任何他們所希望的方式提供揭露文件，包括以電子方式提供。雖然揭露文件依然必須以「書面」方式呈現，然而該名詞被廣泛定義為「任何以印刷形式或是以任何能夠被保存的有形方式呈現可供閱讀的文件或資訊」。它包括經過排版、文字處理和手寫的文件，以及在電腦硬碟、光碟片、電子郵件，或是張貼在網際網路上的網頁中傳送的電子資料。

雖然修正法准許使用電子式的揭露文件，但是它也明文規定此類揭露文件不得包括電子特性，譬如彈出式視窗、影音，以及與外部文件的連結。不過，讓潛在加盟者有效率地審閱揭露文件的功能是被允許的，像是視窗上的滾動捲軸、搜尋功能，以及內部連結（譬如目錄與特定的揭露文件條款之間的連結）。此外，修正法允許加盟總部以其他媒介來提供揭露文件，但並非強制要求。為此目的，封面頁的規定事項中允許加盟總部納入一則新條文，告知潛在加盟者可以如何獲取其他形式的揭露文件——無論是透過電子郵件、光碟片、網際網路的貼文，或是其他的方式。

 # 加盟總部在銷售過程中提供揭露文件的時機點

修正法規定，在潛在加盟者與預定的加盟連鎖事業銷售相關的加盟總部或是其

附屬機構簽訂具有法律效力的合約或是付費給上述對象時，至少在 14 天前加盟總部必須提供揭露文件給潛在加盟者。這 14 天是從揭露文件送達後開始計算。在遞交後的第 15 天即可簽署合約或收款。這是確保潛在加盟者至少有完整的 14 天審閱揭露文件。

在銷售過程中，於加盟者簽約或付費之前，在合理要求下，即便早於 14 天的時間，加盟總部也必須提供揭露文件給潛在加盟者。無法遵守合理要求提早遞交乃單方面違反法規。但這並不表示任何人要求揭露文件的副本，加盟總部就必須遞交。相反的，它只適用於雙方皆採取行動要開始銷售的過程時。舉例來說，在提交購買加盟連鎖事業申請書後已獲得加盟總部正面回應的潛在加盟者即可在此時或之後要求加盟總部提供揭露文件。潛在加盟者在揭露文件遞交期限前收到揭露文件是其應享有之權利，加盟總部不得索取任何費用。

 ## 構成提供揭露文件的行動

在提供揭露文件的方式上，加盟總部現在有很多選擇。修正法規定加盟總部必須及時提供揭露文件，方法包括在規定時間之前，加盟總部直接遞送、傳真、以電子郵件寄送，或是以其他方式送交揭露文件給潛在加盟者；在規定時間之前，加盟總部提供給潛在加盟者在網際網路上取得該文件的指示；或是在規定日期至少 3 天前以美國第一級郵件寄送紙本或實體的電子副本（例如電腦影碟或光碟片）至潛在加盟者指定的地址。

 ## 潛在加盟者檢閱加盟連鎖合約的機會

除了有限的情況外，修正法刪除了原法規中關於潛在加盟者至少有 5 個工作天可審閱完整加盟連鎖合約的規定。修正法規定，除非加盟總部單方面或是大幅變更與之前提供給潛在加盟者的揭露文件中所包含之加盟連鎖合約（或任何相關合約）中的條款，那麼在簽署修改的合約之前，加盟總部必須給潛在加盟者額外的時間（修正法改為 7 天）審閱。但並不包括由潛在加盟者在提出的協商中更改合約的情況。

 揭露文件

以下關於揭露文件的概述特別強調修正法重要的變更，並提供法規所要求之揭露文件中每一條款的範本。

封面頁

揭露文件一開頭是封面頁，讓潛在加盟者知道有關總部販售之加盟連鎖事業的資訊。修正法有一條新規定，即加上加盟總部的電子郵件信箱和網站。它也提供額外的資料來源給潛在加盟者，包括聯邦貿易委員會的「購買加盟連鎖事業的消費者指南」（Consumer's Guide to Buying a Franchise）。雖然修正法禁止在揭露文件中包含與外部資料的連結，但是如果加盟總部認為有需要，潛在加盟者可以連結到聯邦貿易委員會的官網，找到這份特定的文件。

當加盟總部在準備封面頁時，必須遵守法規設定的特定順序及格式。封面頁的標題為「加盟連鎖揭露文件」，必須以大寫英文及粗體字呈現。接下來列出加盟總部的名稱、商業機構的類型、主要的營業地址、電話號碼及加盟總部的電子郵件信箱和所販售之加盟連鎖體系的主要官網網址。加盟總部不需列出該加盟連鎖體系擁有的所有網址或相關聯的網頁，但必須包括加盟者將在事業中所使用的主要商標範例，並提供該加盟連鎖事業的簡要描述，一些規定的聲明也必須包含在封面頁中。

關於第五款與第七款「費用與投資」

封面頁包括由 UFOC 準則所要求的第五款及第七款「費用與投資」的修訂版本。UFOC 準則規定封面頁須陳述揭露文件第五款與第七款中所列出的總金額。修正法規定，封面頁的引文中須清楚說明第五款中的期初費用揭露文件為第七款總投資揭露文件之細目。修正法規定在封面頁上提及第五款和第七款時，加盟總部須遵守的標準格式，規定的格式如下：

○○○（**加盟連鎖體系名稱**）之加盟連鎖店開始營業所需要的總投資金額為○○○（**第七款的總金額**）。其中包括必須付給加盟總部或其附屬機構的○○○（**第五款的總金額**）。

發布日期

　　加盟總部必須在封面頁納入揭露文件的發布日期。「發布日期」非常有彈性，意指加盟總部完成供未來使用的揭露文件版本的日期。不過，要求加盟總部登錄其揭露文件的一些州可能使用「生效日」一詞，意即該州正式批准此揭露文件登錄的日期。假如某一加盟總部在多個州登錄揭露文件，那麼該加盟總部可能會使用州政府批准該文件的「生效日」來代替發布日期。從登錄有案的州取得生效日的加盟總部也可能使用「生效日」，即使是位於非登錄的州。

目錄

　　每一份揭露文件都必須包含目錄，遵守修正法所設定的順序與格式。在製作目錄時，加盟總部必須列出每一條款的頁數以及以英文字母標示證明文件。

第一款：加盟總部以及任何母公司、前身與附屬機構

　　修正法第一款規定加盟總部須公開加盟總部和任何母公司、前身，以及附屬機構的背景資料。跟 UFOC 準則中對於第一款的規定不同的是，修正法並未明確規定加盟總部須稱其本身為「我們」，或是使用首字母，或是一至二個字的簡稱。修正法亦未規定加盟總部須將加盟者稱為「你」。然而，這種做法跟修正法中要求揭露文件必須以白話文陳述一致。因此，加盟總部可以在整份揭露文件中使用這種縮寫的稱號。

加盟總部的揭露事項

　　跟 UFOC 準則一樣，修正法第一款要求陳述加盟總部的身分證明。「加盟總部」意指授予一加盟連鎖事業並參與加盟連鎖售後關係的人。這其中包括充當加盟總部，並投入銷售前的活動和銷售後的執行工作者。第一款亦要求公開說明加盟總部所採用的商業組織的型態——股份有限公司、合夥事業，或是任何其他的商業組織，譬如有限責任公司。

前身公司的揭露事項

　　修正法規定須公開加盟總部最近一期會計年度前十年期間的任何前身公司。修

正法將前身公司定義為加盟總部直接或間接從中取得其絕大部分資產的法人。

主要營業地址揭露事項

第一款要求公開加盟總部、母公司、前身公司，及附屬機構主要的營業地址。該條款係指位於美國總公司的實體地址。主要營業地址不得為郵政信箱或是個人通信地址，譬如優比速（UPS）物流公司的個人郵箱，以及電子郵件信箱。

適用的政府法規揭露事項

第一款要求公開所有專用於加盟連鎖事業的法規條例。與所有一般的事業相關的法規不需特別說明，譬如童工法、當地招牌規定、無過失責任保險規定、商業執照法與稅務法規，即便這些法規對於總部銷售之事業具有重大的影響。只有單獨和直接與加盟連鎖事業所參與的產業相關的法規條例才需要在第一款中公開說明。

第二款：商業經驗

修正法第二款規定須公開某些人士近五年的商業經驗，包括董事及主管人員等。假如更早之前的經驗與所銷售的加盟連鎖事業直接相關，也可以附上。首先，加盟總部不需公開任何參與其加盟連鎖事業銷售之中間人的商業經驗資料。其次，除了公開董事及主管人員的商業背景外，加盟總部必須公開擔負與該加盟連鎖事業銷售或經營相關之管理責任者的商業經驗，無論他們是否具備正式的職稱，或者這些擔負管理責任者是否受雇於加盟總部、其附屬機構或是母公司。但這並不表示加盟總部必須公開所有管理者的資料。確切來說，銷售與營運管理者，無論他們是否具備正式的職稱，假如他們在銷售或經營方面的角色是潛在加盟者仰賴其專業知識、制定政策，或是指揮該體系做投資決策，那麼就應該公開這些人員的資料。

第三款：訴訟

第三款要求公開加盟總部或是與加盟總部有關的其他事業體（亦即前身公司、母公司及附屬公司）所涉入的法律訴訟案，以及第二款所指定之人員所涉入的訴訟案。加盟總部應該公開他們起訴加盟者的訴訟案件。加盟總部在準備第三款的揭露文件時，必須考慮兩個基本的問題：(1) 必須公開哪些類型的訴訟案件；(2) 必須公開哪些人的訴訟案件。

應公開的訴訟類型

修正法規定，屬於以下四大類的訴訟案件應在第三款中公開說明之：待判決的訴訟案、涉及加盟連鎖關係的訴訟案、先前的訴訟案，以及現行的政府禁止命令或限制行動。這些訴訟案包括仲裁在內。通常，調解不需要被公開，除非正在進行調停中的訴訟案的調停結果必須在第三款中公開說明。關於待判決的訴訟案、涉及加盟連鎖關係的重大訴訟、先前的訴訟案，以及禁止令等規定皆在加盟連鎖法規之說明與準則中有詳細描述。

誰的訴訟案件必須被公開？

第三款要求必須依照涉入訴訟案的事業體類型提供不同的揭露文件。無論加盟總部或其前身公司何時涉入第三款中所涵蓋的四大類訴訟案，該案件都必須公開說明之。假如附屬機構「在最近十年內曾提供或是銷售任何行業的加盟連鎖事業」，加盟總部也必須公開政府對這家附屬機構所採取的法律訴訟，並公開於目前生效的禁止令、判決及命令。

第四款：破產

修正法的破產揭露文件跟 UFOC 準則的規定大致相同。不過，有一個不同點是必須提供被公開破產資訊的人員名單。加盟總部不僅必須公開其本身、附屬機構和前身公司的破產紀錄，也要包含母公司的資訊。另外，就第四款的目的而言，附屬機構和母公司資訊的揭露文件並不限於（就如同第二款與第三款一般）保證業績或是在財務上支持加盟總部的附屬機構和母公司。所有附屬機構和母公司的破產紀錄都必須被公開：在揭露文件發布日期前十年的財報期間，附屬機構和母公司所涉及的破產都必須被公開。此外，加盟總部必須公開下述人士所涉及的破產：總部的任何主管或是一般合夥人，以及「將擔負與提供之加盟連鎖事業的銷售或經營相關管理責任的其他人員」，包括在任何一家公司任職的主管或是一般合夥人。如同第二款與第三款的規定，除了主管或是一般合夥人外，哪些人必須受揭露文件規範乃取決於實際的管理責任，而非職稱。

第五款：期初費用

與 UFOC 準則一致，修正法的第五款要求公開所有的期初費用及退費條件。

「期初費用」意指「在加盟者的事業開張之前，從加盟總部或是任何附屬機構獲得服務或商品所應支付的所有規費與款項，或是付款的承諾，無論是一次付清或是分期付款。」

費用揭露的一致性

在某些情況下，加盟總部並非向每一名潛在加盟者索取相同的期初費用。在費用不統一的情況下，加盟總部有所選擇。他們可以公開上一年度所收取的各種費用。舉例來說，規費可能因為成本增加，因此經過一段時間會有所調整。在這樣的情況下，各式各樣的費用都是可被接受的。另一個選擇是，加盟總部可以公開上一會計年度收取的期初費用所使用的計算公式，並附帶說明除了公式本身之外，決定費用金額的因素。舉例來說，加盟總部可以根據在潛在加盟者的區域範圍內每多少位潛在消費者所產生的收益來計算期初費用。

假如加盟總部僅不定時銷售直營門市給加盟者，那麼這類獨立的銷售案可能無法反映出加盟者所支付的一般期初費用。在第五款（以及在封面頁）中，甚至在各式各樣的期初費用計算中，將這類銷售案所索取的費用包含進來，可能導致加盟者一般付給加盟總部的期初費用的公開說明產生曲解。因此，不定時銷售直營門市的規費不需納入第五款中，而且假如此舉將誤導規費的公開說明的話，就更不該納入。

退費

第五款要求須公開說明期初費用的退費規定。法規並未要求加盟總部須退還潛在加盟者所支付的期初費用。然而，假如期初費用可全數或部分歸還，那麼加盟總部必須說明可退還款項的條款與條件。

分期付款

最後，假如有任何期初費用可以採分期付款方式支付，第五款要求公開說明分期付款的支付方式。因此，在期初費用包含可分期付款的商品、設備，或是其他項目的情況下，加盟總部必須公開說明付款方式。修正法中明訂加盟總部可選擇在揭露文件的第五款或第十款（融資部分）中公開說明分期付款的支付方式。雖然直接付款給第三方的費用無須在第六款中公開說明，但一般而言必須在第七款和第八款中公開說明之。

第六款：其他費用

第六款要求應以表格方式公開加盟者需支付給加盟總部或其附屬機構的所有其他費用，或是加盟總部或其附屬機構為第三方所收取的全數或部分費用。在第一欄中列出的是費用的類型（例如權利金以及租賃協商、建造工程、整修、額外訓練或協助、廣告、廣告合作社、採購合作社、稽核、會計、庫存、轉讓、續約等費用）。在第二欄須填上費用金額。第三欄標示每一筆費用的應付款日期。第四欄中則詳細說明表格資料的備註、定義或注意事項。若有需要，備註欄必須說明：(1) 該費用是否只應付給加盟總部；(2) 該費用是否由加盟總部收取；(3) 該費用是否不予退還或是可退費的情況；(4) 該費用是否統一收取；(5) 加盟總部直營門市對於合作社所收取的費用是否具有表決權。

第七款：預估的初期投資

修正法第七款要求加盟總部以規定的表格格式說明預估一名加盟者全部的初期投資——亦即，加盟連鎖合約所規定的所有費用，以及一名加盟者開業所需的所有其他成本。這些費用包括一般付給第三方的費用，譬如房租、設備和庫存。因此，比起第五款（期初費用）和第六款（其他付給加盟總部或其附屬機構的費用），第七款讓潛在加盟者更加清楚知道他們約略的投資金額。第七款並未明訂許許多多必須被包含在表格中的規費或費用清單。規費的數量與類型肯定會隨著加盟連鎖事業性質的不同而有所變化。不過，第七款仍列出一般常見的費用，譬如加盟金、訓練費用、房地產（無論是購買或租賃）、設備、期初存貨，以及營業執照和相關費用。除了這些常見費用外，加盟總部必須逐條列出及指名任何其他特別規定的款項，譬如加盟者在開始營業後將承擔的額外訓練、差旅及廣告費用。

第七款中所公開說明的費用，大多數都只涵蓋加盟連鎖開幕日前的期間。不過，第七款也規定加盟總部必須在表格中納入一個稱為「額外資金——（初期）」的類別。在表格的這部分，加盟總部必須列出加盟者在開業之前及營業「初期」將承擔的任何其他必要的花費。額外資金項目欄一般不包括加盟連鎖業主的薪資。

所謂的營業「初期」可能每一加盟總部的定義都不同。一般而言，合理的期間至少是三個月。若是基於該產業合理的理由，加盟總部可以改採較長的時間。加盟總部必須公開說明所採行的特定初期期間，並解釋他們所考量或是計算他們預估的「額外資金」所根據的因素、基準和經驗。

第八款：產品和服務來源的限制

修正法第八款要求公開說明強制性購買、對產品和服務來源的限制，以及加盟總部可從指定供應商獲得的利潤金額。本條款亦要求公開採購或經銷的合作社。

商品與服務的指定採購

第八款要求公開說明加盟者這一方在加盟連鎖事業的營業場所購買或租用商品、服務或是從特定供應商取得日用品的義務。這類採購包括建立或經營加盟連鎖事業必要的品項，譬如固定裝置、設備、存貨、電腦硬體和軟體、房地產，以及任何其他的採購。指定採購可以由加盟總部、指定廠商、總部核可的供應商或是產品符合總部設定規格的供應商供貨。購買這些品項的義務是由加盟連鎖合約或是加盟總部實際的作法來規範，譬如在加盟總部經營手冊中的規定。加盟總部可以在第八款中解釋任何特殊採購要求的原因。第八款不須包含購買或租用含括在加盟金中已經提供給加盟者的商品或服務，譬如初期訓練在第五款中已公開說明。同樣的，在第六款中所公開的費用亦無須在第八款中重述。

選擇性的採購

第八款只包含來源受限的商品與服務的指定採購，亦即加盟者必須向特定的供應商或是一小範圍的供應商購買。這包括從加盟總部或是其附屬機構購買或租用，假如加盟總部或是其附屬機構是唯一經核可的供應商，或者其產品是唯一符合指定規格者。若是加盟者可自行決定購買或租用不拘來源的品項但是卻選擇向加盟總部購買的情況，這類購買不須在第八款中公開說明。舉例來說，一速食連鎖店的加盟者可以向許許多多的供應商購買一般的吸管，那麼加盟總部便不須將這類採購納入第八款中。

其他供應商的核准

就每一筆指定採購而言，第八款要求加盟總部須公開其是否授與加盟者使用其他供應商的權利及作法。

來自「供應商」的收益

第八款要求公開說明加盟者向加盟總部、其附屬機構，或是第三方供應商指

定購買或租用品項，加盟總部或是其附屬機構是否可從中收取利潤或其他實質的利益。「供應商」一詞的意思是代表所有在製造業和經銷鏈中的第三方，當他們將商品賣給加盟者時，可能要付費給加盟總部或是其附屬機構。

付費給第三方

假如供應商付費給廣告基金或是與商標有關的加盟者協會，或是任何由加盟總部或是其附屬機構直接或間接控管的其他第三方，這類付費必須在第八款中呈報。反之，若是付費給獨立的第三方，譬如一間獨立的廣告合作機構，則不須公開說明。

利益

一加盟總部因為加盟者的採購可能獲取的款項或利益必須在第八款中公開說明之。舉例來說，如果因為要求加盟者向特定的供應商採購，而使得加盟總部從該供應商處獲得「優惠價格」或是「批量折扣」，而且該供應商僅加惠直營門市，但卻包括加盟連鎖門市在內，那麼這項利益就必須公開說明。不過，加盟總部不須報告供應商提供給所有買家（包括加盟者在內）的一般交易或是批量折扣。

總收益的計算資料應該取自揭露文件所附之最近期年度稽核財務報表中加盟總部的營運報表（或是損益報表）。在某些情況下，加盟總部可能沒有稽核財務報表，例如，一間剛成立的加盟總部依照修正法的規定，可逐步採用稽核財務報表。在加盟總部或是其附屬機構沒有稽核財務報表的情況下，加盟總部應該公開用來計算其本身或附屬機構之利潤的財務資料來源。

總報告

供應商付給加盟總部的款項可用合計的方式以百分比或是固定費率公開說明之，而非單一供應商。例如，一名供應商可能支付 1,000 美元的 1% 或是固定金額，然而另一名供應商可能支付 5,000 美元的 5%。在這種情況下，加盟總部應該公開說明收到的款項百分比範圍為 1% 至 5%，或者假如該供應商使用固定費率的方案，則為 1,000 至 5,000 美元。這類目的的「款項」包括以低於銷售給加盟者的金額販售類似的商品或服務給加盟總部。

合作機構

第八款要求公開說明任何的採購或經銷合作機構。假如規定加盟者須加入某一

採購或經銷合作機構，那麼加盟總部應指名該合作機構。如果是隨加盟者意願自由加入，那麼加盟總部便不需指名該合作機構，但是應該公開說明有一個或多個這類的合作機構。

協商價格

第八款要求加盟總部公開說明他們是否為了加盟者的利益跟供應商協商採購協議，包括價格條件。但是，特定的協商價格條件不須公開說明。

第九款：加盟者的義務

修正法第九款要求參照加盟連鎖合約或其他相關的契約，以及揭露文件中包含更多有關特殊義務之資料的條款，以規定的表格格式公開說明加盟者主要的義務。假如某一特別義務不適用，加盟總部應該在表格中該欄位簡單註明「不適用」。假如基於特殊的加盟連鎖體系等正當理由，加盟總部應該在表格的「其他」欄位加上其他的義務。

第十款：融資

修正法第十款要求加盟總部公開說明任何提供資金的方法所有重要的規定與條件。規定的揭露文件包括：(1) 利率加上融資費用，以年度計算；(2) 付款次數；(3) 違約罰款； (4) 加盟總部介紹加盟者給借貸方所收到的報酬。加盟總部可利用法規所設定的表格格式概述提供資金的方法，但格式並未硬性規定。第十款公開說明融資的規定與條件並未禁止雙方在公開說明後商議不同的規定與條件。然而，如同上述，如果是加盟總部單方面所做的變更，那麼加盟者將有七天的時間審閱變更的融資規定與條件，因為這類變更理論上對加盟者的購買決定將產生實質影響。

融資協議

為了第十款的目的，「融資協議」一詞包括任何「加盟總部、其代理商，或是附屬機構直接或間接提供給加盟者的租約及分期付款契約。」間接提供融資包括加盟總部或其附屬機構與一借貸方之間的書面約定，再由借貸方提供融資給加盟者。它也包括加盟總部或其附屬機構從借貸方獲得利益作為提供融資給加盟者採購的交換，以及加盟總部為加盟者的票據、租約，或其他債務做擔保的情況。假如加盟總

部或是其附屬機構從借貸方獲得利益,那麼加盟總部必須公開說明決定該筆款項的金額或方法、款項的來源,以及該來源與加盟總部或是其附屬機構之間的關係。任何的融資協議範本都必須納入第二十二款中。

利率

提供融資的加盟總部必須公開說明利率,加上融資費,以年利率計算,與消費信貸交易一致。加盟總部在準備第十款利率揭露文件時可以參考貸款誠信法(Truth in Lending)和消費者租賃法(Consumer Leasing)等法規作為準則。

浮動利率

融資索取的利率在潛在購買者收到揭露文件和當他們實際履行融資協議這中間的時間可能產生變動。因預期會有這類情況,因此修正法提供在最近某一指定日期的利率,再加上融資費用,以年利率計算。加盟總部可以加上備註,說明利率可能變化,或是列出公式說明在簽訂融資協議之前,利率可能如何改變。在借貸期間,利率可能產生變化的情況下,第十款「無所不包」的規定要求公開說明「其他重要融資條款」,因此必須公開說明該事實。

第十一款:加盟總部的協助、廣告、電腦系統與訓練

修正法第十一款要求公開說明加盟連鎖合約規定加盟總部須提供協助給加盟者的義務。這份揭露文件規定包含了開幕前的協助(例如位址選擇),以及在加盟連鎖事業營業期間任何持續的協助,譬如廣告與訓練。另一個在第十一款中必須含括的特定主題為強制要求加盟者須負擔的電腦或軟體購買以及相關成本。就該面向而言(且如同下述)修正法第十一款對於電腦系統的揭露文件要求不似 UFOC 準則中相對應的條款要求得那麼詳細。修正法第十一款和 UFOC 準則一樣要求公開加盟總部的經營手冊目錄或有權使用經營手冊。對於第十一款中所公開說明的每一個協助義務而言,必須包括引述加盟總部須負起該義務的加盟連鎖合約的特定條款編號。

關於加盟總部提供協助的義務有限範圍的必要聲明

根據修正法的規定,加盟總部必須以粗體字將下述規定的聲明作為揭露文件的開頭:

這份聲明的目的是提醒潛在加盟者，並駁斥任何與事實相反的不實陳述。其目的也是消除潛在加盟者這一方的誤解，勿使之認為在任何的加盟連鎖報價中本來就包含最低限度的協助。

開幕前的協助

在關於加盟總部提供有限的協助義務的標準聲明之後，第十一款中第一個揭露文件的主題是加盟總部對加盟者開幕前的義務，包括位址地點方面的協助，譬如協商該位址的購買或租賃、位址核准規定，以及開設一家加盟連鎖門市所需要的正常時間長度。

持續的協助

依照加盟總部的開幕前協助義務揭露文件之規定，第十一款要求加盟總部公開說明在加盟連鎖門市開業後對加盟者提供持續協助的義務。各種不同的協助都必須公開說明之，即便具體的細節會因為加盟連鎖事業的型態而有所改變。

以下所列出的例外狀況則未硬性規定加盟總部須提供協助給加盟者。

■選擇性的協助

有些加盟總部提供加盟連鎖事業開幕前的協助或是開業後持續的協助，但是並非根據加盟連鎖合約的規定。假若是個別說明而且清楚指名它並非加盟連鎖合約所規定之協助，那麼這類協助可納入第十一款的揭露文件中。

■廣告協助

廣告是常見且非常重要的協助。關於這類協助必須公開說明的資訊包括：加盟總部是否有義務安排廣告、用來登廣告的媒體（例如平面、廣播、電視或是網路）、廣告來源、廣告的地理區域範圍（亦即當地、區域性或全國性）、加盟者是否必須捐助廣告基金或是支付規定的金額於所在區域的廣告上，以及任何廣告委員會或合作機構的角色與運作方式。

就加盟者必須捐助的廣告基金而言，第十一款要求加盟總部公開說明捐助者的名單、其他加盟者及總部直營門市是否也以相同的標準捐助、該基金由誰管理、是否經過稽核、是否有財務報表可供審閱、加盟者是否定期收到基金支出的帳目，以及用來招募新加盟者的廣告基金百分比等等。

多品牌廣告

假如加盟總部提供一個以上的品牌或是註冊商標的加盟連鎖事業以供銷售，那麼每一個品牌應該要有其各自的揭露文件。然而，如果要求加盟總部按照品牌切分廣告基金或許是不切實際或不合常理的做法。在這樣的情況下，加盟總部可以跨品牌彙整其廣告基金的揭露文件，只要揭露文件中清楚說明廣告基金是從各品牌匯集而成即可。

生產與行政支出的分配

第十一款要求加盟總部公開說明上一會計年度廣告基金的流向，包括花在製作、媒體刊登、行政以及其他項目的費用。與廣告製作相關的加盟總部內部成本（例如用品、照片及電腦繪圖）可以歸類為製作成本。不過，加盟總部在準備揭露文件時必須有合理的基礎來分配製作費用。同樣的，如果以廣告基金支付投入加盟連鎖體系的產品或服務之廣告的加盟總部員工全部或部分薪資，只要在第十一款中有說明分配方式且在合理範圍內，那麼這些費用便可以被視為製作或行政費用。

電腦系統

修正法第十一款要求公開說明加盟者購買或使用電子收銀機或電腦系統的規定，包括硬體和軟體組件在內。UFOC 準則的第十一款要求加盟總部按照品牌、機型，以及主要功能指定硬體和軟體的每一組件，或是指定規格相容的同類產品，以及總部是否核准。相反的，修正法規定，加盟總部不需按照品牌、機型，以及主要功能指定硬體和軟體的每一組件。加盟總部也不須指定規格相容的同類產品，以及總部是否核准。加盟總部概略說明使用的收銀機或電腦系統即可；加盟總部、其附屬機構，或是第三方提供後續維修、升級，或更新的義務；購買或租賃系統的成本，以及任何選擇性或規定的維修、升級，或支援契約；加盟者升級或更新收銀系統的義務，以及合約規定的頻率和成本；加盟總部有權使用這些系統中所包含的資料等。

這份關於規定的電腦系統的資料其目的是讓潛在加盟者能夠衡量購買某一特定加盟連鎖事業的成本和好處。另外一個目的是讓潛在加盟者能夠隨時評估他們與競爭的加盟連鎖體系中的對手相較之下是否具備技術優勢。修正法認同新成立的加盟總部可能還不確定他們希望加盟者使用哪一種電腦系統或軟體。因此，第十一款具有彈性空間。在揭露文件第十一款中載明，如果新成立的加盟總部尚未決定規定使

用的電腦系統，那麼可以明示或者確實地陳述總部關於電腦使用的政策。一家新成立的加盟總部尚未確定電子收銀機或電腦系統的計畫，這項事實本身就是必須向潛在加盟者公開說明的重要資訊。

經營手冊

第十一款要求加盟總部公開說明加盟者收到的公司經營手冊目錄，以及跟手冊相關的一些其他資訊，截至加盟總部上一個會計年度結束或是更近的日期為止。經營手冊的目錄可以被放在揭露文件第二十二款的附件中。假如加盟總部讓潛在加盟者在購買加盟連鎖事業前有機會審閱經營手冊，那麼便不須另外公開說明經營手冊目錄。值得注意的是，在允許使用經營手冊之前，僅僅要求潛在加盟者先簽署保密協定並不會引起修正法的揭露文件要求。雖然簽署保密協定與「進行中的加盟連鎖事業銷售相關」，但是它並不強制潛在加盟者購買該加盟連鎖事業或是承擔其他的財務責任，就像簽訂租約一樣。不過，這是假定在保密協定中未包含修正法中規定的需提供揭露文件義務的其他協議在內。

訓練

最後，第十一款要求加盟總部公開說明他們截至上一會計年度為止或更近期的的訓練課程。有一些訓練的揭露文件必須以表格概述，以粗體字呈現標題「**訓練課程**」。表格必須包含訓練主題的表單、每一主題課堂訓練的時數、實務訓練的時數，以及訓練地點。其他必要的資訊——譬如誰可以參加以及誰必須參加訓練，是否必須成功完成訓練、訓練的費用（如果有的話）、誰要付差旅住宿費，以及是否必須參加額外的訓練或進修課程——可以在表格下方說明之。修正法第十一款亦要求公開關於訓練人員的資料。假如加盟總部的訓練人員眾多且經常更換，那麼總部可以大致描述訓練人員的背景和經歷。另外，加盟總部應該在此公開說明（如果在第二款未公開說明的話）負責訓練事宜的企業主管，以及該主管的學經歷背景資料。

第十二款：領域範圍

修正法第十二款要求提供有關分配領域以及相關銷售限制的詳細揭露文件。有兩個重要的主題必須在第十二款公開說明，第一個是加盟總部在何種情況下將核准加盟者的事業遷移以及增設其他門市；第二是加盟總部這一方目前有無計畫開發提供類似產品或服務的競爭性加盟連鎖體系。此外，假如加盟總部並未提供專屬的

領域範圍，那麼第十二款要求加盟總部須包含規定的聲明（強調這一點），並提醒潛在加盟者有關購買非專屬領域範圍的結果；換言之，第十二款亦規定須公開說明若干有關於領域範圍的其他特定主題。另外，有關於技術創新和新市場的發展的揭露文件也必須納入本條款。特別是，第十二款要求公開說明關於使用網際網路達到銷售目的，以及利用其他管道經銷加盟總部的商品等資訊。無論加盟總部是否提供獨占的領域範圍，都須出示這些揭露文件。就這一點而言，根據加盟連鎖合約，第十二款要求加盟總部公開說明其本身是否能夠招攬或接受來自加盟者領域範圍內的顧客訂單，加盟總部是否保留在加盟者領域範圍內利用其他管道經銷的權利，包括網路、型錄、電話行銷；以及如果加盟總部在加盟者的領域範圍內招攬生意或接受訂單的話，是否會給予加盟者任何補償。最後，第十二款要求類似資料的揭露文件，以說明加盟者受限招攬生意或是接受領域範圍之外的訂單的程度，包括加盟者是否有權利透過其他管道經銷，譬如網際網路、型錄銷售、電話行銷，或是其他直接行銷的方式。

第十三款：商標

修正法第十三款要求加盟總部公開說明其主要商標是否皆已向美國專利與商標局（PTO）註冊、申請、更新，以及其他相關的資訊。若否，第十三款強制規定做出下述聲明：「本公司主要商標尚未取得聯邦註冊。因此，我們的商標未具備聯邦註冊商標所保障的法律權益。倘若本公司使用該商標的權利遭受質疑，你可能必須換成另一替代之商標，這可能會增加你的支出費用。」第十三款亦要求公開說明其他資訊，包括任何可能限制加盟者使用商標的待判決訴訟案、和解、協議，或是優先權；加盟總部保障加盟者使用主要商標的權利之契約責任，以及防止加盟者受到侵權的索賠或是不公平的競爭。第十三款強制規定須出示這些揭露文件，因為待判決訴訟案、和解條件，或是在商標使用方面其他可能的限制都是相當重要的資訊。對於潛在加盟者而言，這些全都是商標價值所取決的因素。任何一個因素最終都可能對於加盟者能否繼續經營該加盟連鎖事業有重大的影響。假如出具法律意見的律師同意使用其意見，第十三款允許加盟總部加入律師對於任何訴訟案或是 PTO 或類似法律訴訟之特點所提出之意見。另外，假如第二十二款附有完整的意見書，且出具法律意見的律師同意摘要的使用，揭露文件第十三款的正文可納入意見摘要。

第十四款：專利、版權，以及財產權的資訊

跟第十三款一樣，修正法第十四款遵照 UFOC 準則要求公開說明有關加盟連鎖事業智慧財產的資訊。加盟總部必須公開說明智慧財產的類型、每一項的所有權或執照、有效期間的詳細資料、權利，以及可能影響加盟者能夠使用這項財產的法律訴訟、和解及限制。假如出具法律意見的律師同意使用其意見，第十四款允許加盟總部加入律師對於任何訴訟案或是 PTO 或類似法律訴訟之特點所提出之意見。另外，假如第二十二款附有完整的意見書，且出具法律意見的律師同意摘要的使用，揭露文件第十四款的正文可納入意見摘要。

第十五款：參與加盟連鎖事業實際經營的義務

修正法第十五款要求加盟總部公開說明加盟者是否必須親自參與加盟連鎖事業的直接運作。另外，修正法第十五款要求揭露文件必須說明加盟者直接參與加盟連鎖合約，或是任何其他合約，或是加盟總部的業務所約定的事業，無論加盟總部是否建議直接參與；以及假如不需要親自「在現場」監督，加盟者可以聘雇的監督人員有無任何限制，這名監督人員是否必須完成完整的訓練，以及加盟者是否必須對其管理人員採取任何限制措施（例如競業禁止條款或商業機密協議）。假如加盟者並非個人而是一個事業體，譬如一家企業或是合作夥伴，那麼第十五款要求加盟總部須公開說明在該加盟連鎖事業中現場監督人員必須持有的股權數量。

第十六款：加盟者販售內容的限制

修正法第十六款要求公開說明任何與加盟者銷售之產品或服務相關的限制，包括：僅准許銷售加盟總部核可的商品或服務、要求加盟者銷售由加盟總部授權之所有產品或服務、加盟總部是否有權利變更授權之產品或服務，以及加盟總部做此變更的權利是否有任何限制。

第十七款：續約、終止、轉讓及解決紛爭

第十七款要求加盟總部以制式的表格格式摘要說明常見的加盟連鎖合約條款，包括處理終止、續約及解決紛爭。第十七款一開頭必須以粗體字引述下列聲明：本

表列出加盟連鎖合約及相關合約中若干重要條款。請閱讀詳列於附加在本揭露文件的合約條款。

酌情給予福利

假如加盟連鎖合約未言明在制式表格中所列舉的類別，但是加盟總部的決策中主動提供某些福利或是保障給加盟者，那麼加盟總部可以在表格中加上備註說明該政策，並聲明該政策是否隨時可能更改。舉例來說，假如加盟總部依照慣例在加盟者業主過世的情況下將買回加盟連鎖門市，那麼可以在表格的「加盟者死亡或失能」欄位中附註該政策。

續約

修正法與 UFOC 準則在處理續約的議題上有一點差異。特別是，修正法要求加盟總部在「摘要」表格中標示為「加盟者續約或延期規定」的欄位解釋其續約政策。這個規定的目的是防止潛在加盟者混淆或是誤解「續約」的意涵——這個用詞會因加盟連鎖體系的不同而有所差異。例如在許多加盟連鎖體系中，續約權表示在加盟連鎖合約原始的期限到期時，加盟者有權根據屆時發生的條款與條件簽訂新合約。在其他體系中，加盟者可以很簡單的以相同的條款與條件延長現有的合約。無論如何，加盟總部必須在摘要表格中標示為「加盟者續約或延期規定」的欄位解釋在其體系中續約的意義。假如加盟總部的政策是加盟者可能會被要求簽署屆時發生的合約，那麼加盟總部也必須包含一項聲明，提醒加盟者續約合約的條款與條件可能與原本的合約有大幅的差異。加盟總部可自由選擇陳述的聲明，只要傳達出續約合約可能包含與原始合約大幅不同的條款與條件的概念即可。

第十八款：公眾人物

修正法第十八款要求公開說明一些關於公眾人物參與加盟連鎖體系的資訊。包括以其名義或形象代言、控管加盟總部，或是投資加盟總部的公眾人物。

誰有資格被稱爲「公眾人物」？

所謂的公眾人物係指在即將開設加盟連鎖店的某一地區的人們都知曉其姓名或外貌的人士。常見的公眾人物包括運動明星、演員、音樂家及名人。

名稱、形象，或是背書的使用

假如公眾人物的姓名被使用作為加盟總部名稱的一部分、此公眾人物的形象被用作會聯想到加盟連鎖事業的符號，或者該名公眾人物向潛在加盟者背書或推薦某加盟連鎖事業，那麼加盟總部必須公開說明給予或是承諾給予這名公眾人物的酬勞或其他利益。第十八款僅限用於一名公眾人物與某一加盟連鎖體系的相互關聯是為了銷售加盟連鎖事業的情況。只是僱請公眾人物作為代言人來宣傳體系所販售給消費者的產品或服務並不屬於修正法第十八款的規定範圍內。

管理

假如公眾人物參與加盟總部的管理或控制，那麼加盟總部必須公開說明參與的程度，包括該名公眾人物在加盟總部的職銜及其在整個事業結構中的職責。

投資

假如一名公眾人物投資加盟總部，那麼加盟總部必須公開說明該名人士的投資類型及總金額。投資「類型」包括現金、股票、本票，以及任何將由該名公眾人物執行或將要執行的償付實物的服務。

第十九款：財務績效說明

修正法允許，但並非規定，加盟總部在揭露文件中納入有關財務績效的說明。決定要做此說明的加盟總部必須將這些資料放在第十九款中，而非分開獨立的文件。另外，選擇做財務績效說明的加盟總部在製作時必須有合理的依據和書面證明，並於第十九款公開說明其依據和基本假設。第十九款的揭露文件也必須包括警告潛在加盟者，實際的收入可能不同。加盟總部在製作財務績效說明時應該謹記，第十九款並非只是關於揭露文件的規定，還有同步配合的禁令，以防止總部做不實或未獲證實的陳述。

第十九款緒言規定

所有的第十九款揭露文件開頭都必須引述規定的緒言，以告知潛在加盟者有關財務績效說明的法令規章：

FTC 的加盟連鎖法規允許加盟總部提供關於其加盟連鎖門市和／或直營門市實際或可能的財務績效，惟這些資料必須有合理的依據，而且這份資料應被收錄在揭露文件中。只有在下列情況下，方可出示與第十九款所陳述的財務績效資料不同之資料：**(1)** 加盟總部提供買家考慮購買的現有門市實際的紀錄；或 **(2)** 加盟總部補充第十九款中所提供之資料，例如提供有關某一特別地點或是在特殊情況下可能的績效資料。這篇緒言必須一字不差地陳述，而且不得修改文字或是標點符號。假如加盟總部選擇不做財務績效說明，那麼加盟總部在第十九款揭露文件中不僅必須納入以上規定一般通用的緒文，還要加上下述文字：與一般通用的緒言相同，這則給不做財務績效說明的加盟總部使用的緒言必須一字不差地陳述，而且不得修改文字或是標點符號。

請注意，不做第十九款財務績效說明的加盟總部不得在揭露文件之外的地方做任何的財務績效說明。這項禁令包括任何招募潛在加盟者的廣告或是網站上所做的任何財務績效說明。做這類說明本身即已違反修正法的規定。

財務績效說明：是歷史紀錄還是預測？

第十九款的規定會根據加盟總部究竟是做歷史紀錄說明（現任的加盟者在過去實際上賺了多少錢）或是預測（一名潛在加盟者在未來可能賺多少錢）而有多不同。事實上，第十九款規定加盟總部須清楚說明是否有任何的財務績效說明：「我們不做任何有關加盟者未來財務績效或是直營門市或加盟連鎖門市歷史財務績效的說明。我們也未授權公司員工或代表以口頭或書面做這類說明。不過，假若您是要購買現有的門市，我們可以提供這家門市實際的紀錄給您。假如您收到任何財務績效的資料或是您未來收入的預測，請務必向加盟總部的管理階層、聯邦貿易委員會，以及合適的州立執法機關通報，並留下聯絡人的姓名、地址和電話號碼。」

歷史績效

做歷史財務績效說明的加盟總部必須陳述重要事實。修正法第十九款規定構成這類說明重要依據的六大要素，每一項都必須清楚陳述。

一、測量的群組

是體系中所有的門市還是只有部分門市達到宣稱的績效水準呢？

　　做歷史財務績效說明的加盟總部必須在第十九款陳述該說明是否與其所有現有的門市有關，或者只有一部分具有一些共同的特徵（例如全部都在同一地理區域或是地點，全部都是獨立店面或者都是在購物中心，或者全部都開業至少三年）。當然，沒有理由禁止加盟總部以全體系的數據作為財務績效聲明的依據，例如調查所有的加盟連鎖門市以收集平均銷售額的資料。重點是，假如這些門市具備一個或多個共同特徵的話，加盟總部可能會從部分的門市中取得作為財務績效聲明的數據，而不是從整個體系。假如加盟總部公開說明構成財務績效說明數據來源的這些門市特徵，以及在該加盟連鎖體系中加盟連鎖店的總數，那麼修正法允許這種做法。

測量組中的門市是加盟連鎖門市嗎？還是直營門市？或者是有相似業務的附屬體系的門市？

　　所蒐集的數據不一定來自加盟連鎖門市群組。有可能是來自直營門市。所有的財務績效說明都必須有合理的依據。

二、測量的時間

宣稱的績效水準是何時達到的？

　　加盟總部可自由採用合理的時間長度。例如加盟總部可能希望公開說明在最近兩個會計年度加盟者的營業額或是獲利的數字。但是要留意的是，採用的時間若距今已有一段時日，可能導致績效結果與目前的市場情況脫節。若使用太久之前所收集的數據，即使是真實的資料，只要不符合目前的狀況，就無法作為財務績效說明的合理依據。舉例來說，加盟總部可能在 2000 和 2002 年之間對加盟者執行了一項調查。從那時起，市場可能發生各種變化，使用如此久遠所搜集的統計數據可能已不符現狀，易使人產生誤解。同樣的，根據加盟總部的加盟者實際的營運經驗，在一個比較短的期間內從經營相似業務的附屬體系的門市蒐集的數據所做的說明亦可能失準或令人產生誤解。

三、測量的門市數量

在測量組中有多少門市達到宣稱的績效水準？在整個體系中又有多少門市達到宣稱的績效水準？

　　加盟總部必須公開說明接受測量的群組或子群組中加盟者的數量，以及在相關

時間內與整個體系的門市數量進行比較。舉例來說,假如加盟總部希望根據在上一個會計年度佛羅里達州所有的加盟門市做財務績效說明,那麼加盟總部必須陳述在整個體系中有多少加盟者。

四、報表中的門市數量

提供報表績效數據所依據的相關群組有多少家門市?

加盟總部也必須公開說明在財務績效聲明所根據以及從中蒐集財務績效數據的測量組中加盟者的數量。數據可能來自於具有指定特性的某個群體中所有的成員,或是來自於該群組中部分的成員。舉例來說,加盟總部可能寄出問卷給位於佛羅里達州全部的 100 名加盟者,或者可能隨機選出其中的 50 名寄出問卷。加盟總部的第十九款揭露文件必須清楚地公開說明收到問卷的加盟者數量以及是如何選出的。揭露文件中也可以指出有多少人回覆問卷。

五、達到宣稱的績效水準的門市數量和百分比

在測量組中有多少比例達到宣稱的結果?

關於用來製作報表提供數據的門市,加盟總部必須公開說明實際達成或超越宣稱結果的門市數量與百分比。舉例來說,假如有 100 名佛羅里達州的加盟者收到問卷調查詢問有關他們的財務績效,結果有 75 名加盟者回覆,其他有 50 名達到或超越宣稱的績效水準。在這種情況下,加盟總部的第十九款揭露文件必須清楚地公開說明門市數量(亦即 100 名收到問卷的加盟者中有 50 名)以及達到宣稱結果的加盟者比例(即 50%)。

六、明顯特徵

達到宣稱的績效水準的門市有哪些共同的屬性?

任何的歷史績效說明所根據的隱含假設是潛在加盟者可以達到至少相同的績效水準——不過,當然不保證這一定會發生。容易令人質疑隱含假設的因素必須加以公開說明。因此,第十九款要求公開說明財務績效聲明所根據的群組或子群組特徵,這些因素可能會使得目前正出售的門市與該群組有所區隔。舉例來說,從佛羅里達州的冰淇淋加盟連鎖店所蒐集到的財務績效數據可能與明尼蘇達州或阿拉斯加州的冰淇淋加盟連鎖店所蒐集到的數據會有明顯的不同。因此,假如加盟總部採用子群組(如佛羅里達州的加盟者)作為財務績效聲明的依據,那麼加盟總部用在其他地區(如明尼蘇達州或阿拉斯加州)的揭露文件必須清楚陳述在第十九款中所列出的績效結果是根據佛羅里達州的加盟者,有可能跟所出售的門市有實質上的差異。

預期績效

跟歷史財務績效說明的情況一樣，財務績效預測必須有合理的依據，而且必須公開說明預測的重要依據和假設。修正法並未列舉在陳述預測的財務績效說明時必須處理的特定因素。然而，假如加盟總部做績效預測，那麼其第十九款揭露文件必須包含足夠的事實讓潛在加盟者能夠獨立判斷該預測的有效性。第十九款揭露文件應該包含加盟總部在做此預測時所依據的重要資料的陳述。這些資料包括市場研究、統計數據分析、加盟者損益報表，以及深思熟慮的人一般在做商務決定時會仰賴的其他類型的資料。財務績效說明的基本假設也必須公開說明之，因為它們直指問題的核心——一名潛在加盟者將達到近乎預測績效的機率。因此，預測的基本假設包括一名加盟者未來的結果可能仰賴的重要因素。這些因素包括，加盟者經營該事業基本的經濟或市場條件，以及包含會影響加盟者銷售額、所販售的商品或服務的成本，以及作業成本的事宜。就這點來說，假如預測是根據其他加盟者之前的績效結果，那麼公開說明的假設必須明確包含該主張所根據的門市特徵與目前所出售的門市有實質上的差異。一般會造成不同門市產生實質差異特徵的例子包括：地理位置、營業場所的類型（例如獨立門市，或是位於購物中心的門市）、在市場區塊中競爭的程度、販售的服務或商品、加盟總部所提供的協助或服務，以及這些門市是加盟連鎖或直營店等等。

取得證明

如果加盟總部選擇在第十九款做財務績效說明，那麼它也必須加上一項聲明，亦即在潛在加盟者合理要求下，將可取得財務績效說明的書面證明。在這種情況下，「合理」一詞是指時間與地點。當潛在加盟者給加盟總部足夠的時間在一個方便的地點準備書面證明時即為合理的要求，譬如在公司總部或者在書面證明儲存室，假如它包含機密資料或是數量龐大的話。舉例來說，加盟總部通常不會把書面證明帶到貿易展會場中。因此，在貿易展的當天下午，若有貿易展的參加者要求書面證明就可能被視為不合理。

特定門市提供的銷售額財務績效說明

修正法第十九款清楚說明不希望做財務績效說明的加盟總部仍可提供出售中的特定門市實際營業結果給潛在加盟者。不過，這類資料只能提供給這家門市的潛在加盟者，不得交予其他人。

補充說明

假如加盟總部已經提供第十九款揭露文件，那麼它可以提供給潛在加盟者關於某一特定地點或是某一特定形式的店面（例如販賣亭，其與標準的獨立餐廳不同）一份補充的財務績效說明。任何這類的補充說明都必須是書面資料，解釋其與第十九款所設定之財務績效說明不同之處，並根據上述財務績效聲明的標準來準備。

第二十款：門市及加盟者資訊

修正法第二十款要求公開說明連續三年的加盟連鎖門市及直營門市數量的統計資料。但是，要注意的是，修正法所指定使用的表格與 UFOC 準則所使用的表格版本差異甚大。修正法第二十款也跟 UFOC 準則要求公開前任加盟者聯絡資料的規定有所不同。此外，第二十款包含若干新條款：(1) 提供轉售的特定門市，(2) 保密條款及 (3) 與商標有關的加盟者協會。

統計資料

修正法第二十款要求五項表格。第一項表格提供全體系的門市一覽表，並詳細說明最近三個會計年度加盟連鎖門市及直營門市數量的淨變化。第二項表格是追蹤每一州最近三個會計年度門市的轉讓。第三項表格顯示每一州最近三個會計年度加盟連鎖門市狀態的變化。同樣的，第四項表格顯示每一州最近三個會計年度直營門市狀態的改變。最後，第五項表格則是每一州新門市的開業預估。它也要說明尚未開幕但已經簽訂加盟連鎖合約的門市數量。

第二十款所使用的定義

在準備第二十款的表格時，要注意所使用的各個名詞均有其特殊意義，茲分述如下：

1. **轉讓**：意指在合約有效期間，由加盟總部或是其附屬機構以外的法人取得一加盟連鎖門市的控股權益。包括由現任的加盟者業主將門市私下賣給一名新的加盟者業主，以及將一加盟連鎖事業所有權的控股權益出售。

2. **終止**：意指加盟總部在加盟連鎖合約效期結束之前終止契約，而且不需支付任何金錢或其他的報酬給加盟者（例如免償債務或承擔債務）。舉例來說，

加盟總部可能因為加盟者無法遵守體系的衛生和安全標準而決定終止合約。因此，加盟者不會收到任何的付款或是其他的報酬即離開體系，例如取消積欠加盟總部的債務。

3. **不續約**：意指在加盟連鎖合約到期時不續簽加盟連鎖門市的合約。例如加盟者可經營某一加盟連鎖事業 10 年的時間。在 10 年效期結束時，加盟總部（或加盟者）可能決定不續簽加盟連鎖合約。

4. **重新購回**：意指在合約效期內，將加盟連鎖門市還給加盟總部以換取現金或是一些其他的報酬，包括免償債務。舉例來說，在加盟連鎖合約有效期間，加盟者可能希望終止與加盟總部的關係，加盟總部可能同意以現金買回門市或是免除拖欠的權利金款項。

5. **停止營業**：係指非因轉讓、合約到期、不續約或是重新取得授權等因素所形成的營業終止。包括加盟者放棄其店面，以及加盟者在「閒置」狀態中。

準備第二十款表格的總指示

第二十款中的表格目的是要呈現所有權狀態的改變。在某些情況下，在一個會計年度中可能會出現多次的所有權變更或是一家門市有多位所有權人。為了正確描述這類狀態的改變，修正法提供以下的指示。

影響某一特定加盟連鎖門市狀態的多重事件

一家特定的門市在一個會計年度中可能發生好幾次的狀態變更。例如在一個會計年度中，加盟者可能停止營業，而加盟總部可能以終止加盟者的加盟連鎖合約做回應。在多重事件影響某一特定門市的情況下，修正法規定只有最後一項事件必須呈報。在上述例子中，因為終止是最後的事件，因此應該要呈報的狀態變更只有終止。加盟總部可在表格中加上附註解釋一連串的狀態變化，但是有多位加盟連鎖所有權人的情況不在此限。

■表一：整個體系的門市一覽表

第二十款的表一呈現加盟總部最近三個會計年度每一年期初與期末全國所有營運中的門市總數——包括加盟連鎖門市及直營門市。本表應包含所有實質上與銷售給潛在加盟者的門市性質相近的店家。本表的目的在於顯示這段時間內營運中的加盟連鎖門市及直營門市數量的淨變化——正數或負數。

■表二：轉讓一覽表

第二十款的表二顯示每一州最近三個會計年度所發生的門市轉讓數字。發生轉讓的原因有很多。例如，現任加盟者可能因為想退休、生病，或是將搬遷到其他州而想要出售門市。但是，因為轉讓給新的業主通常不會改變體系中營業門市的總數，因此轉讓與其他的所有權變更須分開呈報。

■表三：加盟連鎖門市狀態一覽表

第二十款的表三顯示每一州最近三個會計年度加盟連鎖門市狀態的改變。一開始的基準線是利用該會計年度開始時的加盟連鎖門市數。增加的部分就是在該會計年度期間新開幕的加盟連鎖門市以及出售給加盟者的現有直營門市。任何因為下述四點原因而變更所有權的門市則從基準線扣除——終止、不續約、加盟總部重新購回，或是停止營業／其他原因。最後，表三顯示該會計年度期末所剩餘的門市數量。

■表四：直營門市狀態一覽表

第二十款的表四顯示每一州最近三個會計年度直營門市狀態的改變。一開始的基準線是利用該會計年度開始時的直營門市數。增加的部分就是在該會計年度期間新開幕的直營門市以及從加盟者手中重新購回的門市。任何關閉、出售給加盟者，或是不再使用加盟總部的商標營業的門市皆從基準線扣除。最後的數字即為該會計年度期末所剩餘的門市數量。

■表五：預估新門市（加盟連鎖門市及直營門市）

第二十款的表五處理兩個問題：已經簽訂加盟連鎖合約但尚未開幕，以及預期新增的加盟連鎖門市及直營門市。

已簽訂合約但未開業的門市

修正法要求加盟總部呈報每一州在最近一個會計年度已經簽訂加盟連鎖合約但是尚未開業的門市數。例如，加盟總部可能已經跟位於加州的加盟者在最近三個會計年度簽訂了六份合約。這六份合約中，有四家店尚未開幕。因此，加盟總部須呈報在加州有四份合約已簽訂但這四家門市尚未開始營業。

預期的加盟連鎖和直營門市

此外，第二十款要求加盟總部呈報在下一個會計年度每一州預估新開幕的加盟

連鎖門市及直營門市。修正法並未提供特定的指示說明如何進行這些預估。不過，這類預估必須要有一個合理的基礎。加盟總部可以依據以往的市場趨勢及其本身的業績紀錄做預估。

現任加盟者的聯絡資料

修正法第二十款遵照 UFOC 準則的做法，要求總部公開現任加盟者的聯絡資料。加盟總部可以提供所有現任加盟者的聯絡資料，或是如果在銷售加盟連鎖事業的某一州有 100 名以上的加盟者的話，則提供該州所有加盟者的聯絡資料。若不到 100 名，那麼必須提供相鄰的州現任加盟者的聯絡資料，再不夠的話就加上下一個最接近的州，直到至少可以列出 100 間加盟連鎖門市的聯絡資料為止。假如加盟總部的加盟者少於 100 名，那麼必須提供所有加盟者的資料。為了保護加盟者的隱私，只必須公開加盟者的姓名、地址和門市電話。若是加盟連鎖事業開設在加盟者的家中，譬如網路加盟連鎖事業，那麼總部可用郵政信箱或是現有的電子郵件信箱來取代住家地址。在這種情況下，加盟總部應該只列出加盟者商用的電話號碼。若無，則列出有效的電子郵件信箱即可。

前任加盟者的聯絡資料

修正法第二十款要求總部公開在最近一個完整的會計年度，曾經依循加盟連鎖合約之規定，終止、取消、不續約，或是自願或非自願停止營業的所有加盟者的聯絡資料；或是在揭露文件公布日的十週內未與加盟總部聯繫之加盟者。為了保護前任加盟者的隱私，修正法要求僅公開有限的聯絡資料。尤其，加盟總部應該只公開前任加盟者的姓名、城市和州別，以及現在的商用電話號碼。除非不知曉前任加盟者現在的商用電話號碼，才能公開其最後可知的住家電話號碼。不過，在公開前任加盟者的住家電話號碼之前，加盟總部應該先試圖公開其現在的商用電話號碼。即使這位加盟者不再從事加盟連鎖事業亦是如此。例如一名前任的餐廳加盟者現在成了房地產經紀人。這這種情況下，加盟總部應該試圖列出該房地產經紀公司的電話號碼。假如沒有現在的商用電話號碼，譬如加盟者已退休的狀況，那麼加盟總部可以列出這名加盟者最後可知的住家電話號碼。假如前任加盟者要求公開其他的聯絡資料——譬如電子郵件信箱、郵政信箱地址，或是私人住家地址，那麼加盟總部應遵照其要求，提供前任加盟者現在的商用電話號碼或是最後可知的住家電話號碼，方不違反加盟連鎖法規之規定。最後，為了確保潛在加盟者瞭解一旦他們離開加盟

連鎖體系,他們的聯絡資料將被公開,因此加盟總部必須在第二十款關於前任加盟者的揭露文件中一字不差地加入下述聲明:「假如您購買本加盟連鎖事業,當您離開本加盟連鎖體系時,您的聯絡資料將被公開讓其他買家知道。」

前業主的資料

假若加盟總部在其管理下出售之前由某一加盟者所擁有的門市,那麼修正法要求加盟總部提供一些資料。不過,假如加盟總部目前未擁有和出售這家門市,則不須公開說明。若加盟總部是協助現任加盟者出售其門市,那麼總部也不須公開這份資料。如果是出售一家一直都是直營店的門市,總部也不須公開說明相關資料。假若加盟總部在其管理下出售之前由某一加盟者所擁有的門市,那麼加盟總部必須公開最近五個會計年度的下述資料:這家門市之前每一位業主的姓名、城市與州名、現在的商用電話號碼,若商用電話號碼不明,則列出最後可知的住家電話號碼;之前每一名業主經營這家門市的時間;之前每次所有權變更的原因,以及加盟總部接管這家門市的時間。

假如之前的加盟者所擁有的數家門市將出售,那麼加盟總部必須個別提供每一家門市的資料。修正法讓加盟總部自由選擇將這份資料列在第二十款條文中或是放在揭露文件的附件中。加盟總部在製作揭露文件給某一名特定的潛在加盟者的當時或許未打算要提供這類物件,或者在揭露文件製作後才有這類物件是有可能的。在這種情況下,加盟總部不須重新發送修改的揭露文件。加盟總部可遵守本規定,以補件方式提供該資料。因為該補件被視為揭露文件的一部分,因此必須在簽訂加盟連鎖合約或是支付任何費用前至少 14 天交給潛在加盟者——這是修正法基本的公開說明責任。

第二十一款:財務報表

修正法要求加盟總部須將其財務報表副本納入第二十一款中,該報表應依照一般公認會計原則(GAAP)將最近三個會計年度的財務資料製成報表,以顯示加盟總部的財務狀況。加盟總部的財務報表也必須反映出子公司的財務狀況。財務揭露文件必須以表格的格式呈現,並比較至少兩個會計年度的資料。這份資料可幫助潛在加盟者評估一加盟連鎖體系的財務動向。

第二十二款：合約

修正法第二十二款要求加盟總部附上所有與加盟總部所提出或是加盟總部所安排之加盟連鎖交易相關的協議副本。這些協議不只包括加盟連鎖合約，還有租約、選擇權、融資協議及採購協議。這些附件是揭露文件的一部分。通常，協議附件應該要與列在「目錄」和「收據」上的項目相同。

第二十三款：收據

修正法要求加盟總部須取得提供給每位潛在加盟者的揭露文件的簽名收據。為了方便電子揭露文件，「簽名」的定義非常廣泛，只要是一名加盟者可以證明其身分的任何方法皆可，包括親筆簽名，還有使用安全碼、專用密碼、電子簽名，或是類似的身分驗證方法。因此，修正法特別准許潛在加盟者以電子方式「簽署」揭露文件的收據。例如潛在加盟者可以輸入一組由加盟總部提供的專用密碼，然後在揭露文件的收執頁上「簽名」。當在準備收據時，加盟總部應該遵守第二十三款所規定的收據格式。此外，第二十三款採用目前業界的做法，將兩張收據副本附加在揭露文件最後：加盟者保留其中一張，另一張必須簽名寄回給加盟總部。修正法的一般紀錄保存規定，也要求加盟總部保留一份雙方簽名的收據至少三年，以證明一切遵照規定辦理。

加盟連鎖合約

對加盟總部和加盟者而言，加盟連鎖合約是最重要的文件。當你要簽署任何文件時，務必尋求法律諮詢。下列條款是一般加盟連鎖事業所採用的加盟連鎖合約，不過這份列表並非一應俱全，而且每一份合約都會有相當程度的差異：

1. **緒言**。在本條款中，應列出加盟連鎖事業的名稱、合約日期、加盟連鎖體系的性質、名稱的身分辨識，以及與該加盟連鎖事業相關的標誌。在這部分還要含括簽約雙方的名稱及營業地點。
2. **合約效期**。本條款明列本合同初始的年限及起始日。同時也包括續約條款及相關條件的條款。

3. **規費及其他費用**。初期的加盟金以及其他費用（譬如餐廳開幕宣傳的費用）應該要納入本條款中。另外，需支付的經常性費用（例如權利金、廣告宣傳費及服務費，一般是依照總銷售額的百分比來計算）亦應納入。費用的類型及期限，以及這些費用是否能退還都應該詳細說明。所需支付的金額波動或者任何的調整都應該加以解釋。為了避免之後的混淆，何謂「總銷售額」或「銷貨收入」都應明確定義。

4. **加盟總部的責任**。本條款應該包含加盟總部所提供的服務類型。這些服務可能包括像是位址選擇的諮詢與協助、持續溝通與諮詢、會計程序，以及提供完整的經營手冊。另外也要詳述加盟總部為維持統一的高品質標準、清潔、外觀以及服務所採取的步驟。在提交的文件中應該包括檢查程序和總部所提供的商品與服務定期評估。

5. **加盟者的責任**。在本條款中應詳細說明來自加盟者方的預期。需納入的事項包括房地產的整修、加盟總部的監督，以及場所的建造、規定的許可證及證照要求，以及建造或整修的位址平面圖與企劃書。加盟者的責任還包括參加並成功完成加盟總部的訓練計畫。依照規定，加盟連鎖營業場所只能作為加盟總部所要求的經營目的，設施的維護與衛生要求的細節亦應具體說明。合約中應清楚闡明餐廳的經營須遵照加盟總部所設立的統一方法、標準和說明書。購買食物和日用品、存貨管理的準則，以及有關於購買這些商品的說明書也要詳細說明。另外，本條款中亦應詳細說明加盟總部或總部的檢查員有權進入營業場所。檢查項目包括對加盟者所提供的產品與服務進行品質控制評估。

6. **專利標誌**。商標、服務標誌以及其他的標記在加盟連鎖制度中扮演極為重要的角色。合約應闡明加盟總部的專屬排他權、名稱所有權，以及加盟者適當展現和使用專利標誌。換言之，本合約確認了加盟總部的專利權，而且雙方同意僅能以加盟總部規定的方式使用專利標誌。

7. **作業流程與保密協定**。本條款清楚說明保密協定以及遵守作業流程。加盟連鎖制度包含許多加盟連鎖事業成功的商業機密，因此需要極度的保密。加盟總部所設計的經營手冊包含了關於經營以及加盟者所提供之商品與服務品質的所有細節。本條款解釋了加盟者對於經營手冊的保密協定與使用。另外，本條款亦闡明加盟總部對於該手冊及其修改所享有之權利。

8. **廣告和宣傳**。廣告和宣傳的標準化在加盟連鎖制度中很重要。宣傳工作的完整與品質的維持是成功的不二法門。在本條款中應列出當地、區域性、

全國性，以及國際性廣告的相關支出和流程。在經營手冊中，也會說明部分的流程。

9. **財務紀錄**。本條款闡述財務紀錄、支票簿、帳戶，以及退稅等資料的維護及保存，因為加盟總部可能會派員稽核。加盟總部須略述必要的表格及會計流程。這是合約中很重要的一部分，加盟總部與加盟者雙方應該要對本條款中的細目仔細考慮。

10. **教育訓練**。加盟連鎖合約應該包括訓練課程的細節，譬如訓練的類型、地點、持續時間以及加盟者需支付的費用。另外也應包括初始及後續訓練課程的資訊，以及必須受訓的人員。加盟總部和加盟者的訓練責任在前述條款中已述及。

11. **保險**。本條款應詳述跟保險類型和保費支出相關的各個面向。許多加盟總部要求加盟者在餐廳開幕之前須投保保險，若發生任何損失、負債、火災、雷擊、地震、人身傷害、死亡、失竊、蓄意搗毀、惡意破壞、財產損壞，以及其他可能的災害時，可以保護加盟總部和加盟者雙方，以及其主管、合作夥伴和員工。本條款亦應說明所需要的保單類型以及可向哪些機構贖回這些保單。保單內容的修改及續約的期限亦應清楚說明。

12. **加盟者需購買的商品與服務**。若加盟總部所要求購買的商品和服務未在合約中的其他條文中說明，就應該納入本條款中。需購買的商品類型以及所規定的規格亦應詳細說明。

13. **加盟連鎖合約的轉讓**。本條款說明合約可被轉讓的條件細節。加盟連鎖合約是提供給個別的加盟者，並且是以個人的技術和能力為依據。因此，假如加盟者想要出售、轉讓、捐贈、典當、抵押，或是妨礙任何利益時，那麼總部應該要明確陳述所需要的許可或是須符合的條件。特殊情況的條款，譬如死亡、離婚、破產，以及永久或暫時失能等情事亦應納入。受讓者的核可與訓練所需的程序應該清楚說明。在某些情況下，可能需要另立一份新的加盟連鎖合約，其中的條文和財務要求必須修改。當考慮本條款時，應將州法及地方法規列入考量。

14. **合約終止**。本條款應說明任一方終止本合約的權利。終止合約是加盟總部和加盟者雙方經常產生爭議的部分，因此應謹慎擬定，而且雙方皆能理解。此處應詳細說明所需要的通知及其內容，並納入未履行責任的類型，應採取哪些步驟來更正，以及更正的時限。導致終止合約的情況應該在一般及特別條款中說明。合約終止最常見的理由包括：

a. 無法支付或拒絕支付或不理會積欠加盟總部的款項。

b. 無法遵守本合約中雙方同意的條款。

c. 無法維持加盟總部所設定的品質控制標準。

d. 無法完成加盟總部所指定的訓練課程。

e. 不斷違反與餐廳經營相關的法令、條例、加盟連鎖法規，或是任何政府機構的規定。

f. 不當使用加盟總部的專利標誌。

g. 破產和無力償債的特定情況。

h. 加盟總部決定退出該行銷區域。

上述原因只是舉例說明，每個案例的情況可能有所不同。本條款應解釋合約終止的理由與結果，並清楚闡述加盟總部和加盟者的責任義務。

15. **競業禁止協議**。加盟總部可能要求加盟者在指定的地點投入所有的時間與心力在總部事業的管理和經營上。因此可能會有從事競爭事業的限制。

16. **續約**。在加盟連鎖合約中可能包含續約的絕對權利或有條件的權利。此處應明訂期限及條件。

17. **其他事項**。合約中可能包含一些其他的條款，例如：

a. 仲裁

b. 第一優先購買權

c. 適用法規及其管轄權

d. 合約的可分離性及闡釋

e. 注意事項

f. 棄權及不棄權條款

加盟連鎖合約與限制

這部分的目的是強調一般加盟連鎖合約的內容。實際的合約在內容上可能會有所不同。這份合約是加盟總部和加盟者之間契約關係的基礎。基本上，經雙方同意簽署後，即不得更改，任何法律文件皆是如此。然而，由於這是一份長期的合約，而且其中涉及到一段商業關係，因此合約的不可變更性即成為加盟總部和加盟者之間爭執及衝突的癥結點。不過，有一些改變存在正當理由，包括：

1. 由於該合約效期長達 15 至 20 年，在這段期間，情況可能產生大幅改變。

在加盟連鎖合約效期內，健康、破產、遷移、法律問題以及家庭因素都可能產生變化。

2. 從商業觀點來看，加盟總部和加盟者的境況可能改變。經濟情況可能對事業產生重大的衝擊。

3. 科技日新月異，甚至可能發生劇烈的變化。使用某種技術做生意的方式改變了，因此在加盟連鎖合約中所規定的事項也可能變得不合時宜。

4. 需要認真考慮產品、服務、配銷通路、場所與設備、消費者偏好，以及消費者的人口特徵可能改變。

5. 加盟總部可能找到其他的營業場地，或者是被併購。

6. 管理風格與技術可能改變。由加盟者掌管更多家加盟連鎖門市或許是項新挑戰，這是原本簽訂合約時只有較少家的門市數所無法預見的情況。

在選擇加盟連鎖事業之前所做的決定和考量的理由

即便加盟總部提供的揭露文件包含許多細節，但是在決定加入加盟連鎖事業之前有三份非常重要的文件應該列入考慮：

1. 雖然總部提供了關於其財務績效的資料，但是卻未提供其他加盟者歷年營收的資料。加盟總部的稽核財務紀錄並未包含其他加盟者的資料。當在做決定時，關鍵重點不是加盟總部盈利豐厚，而是體系中其他加盟者的財務狀況，尤其是位於你有意開設加盟連鎖門市地區的加盟者。這是一份關於加盟者因為財務考量而導致的失敗率或是不滿的資料。有意加入者應該直接或間接索取這份資料，並且在做出最後決定前加以考慮。

2. 瞭解失敗率、不滿意度，或是失敗率非常高的區域是很重要的。加盟總部可能會積極地推銷位於高失敗率地區的加盟連鎖事業。這可能是因為他們想要招攬新的創業者來推動事業。若從負面觀點來看，他們可能是想藉由轉售營運不佳的加盟連鎖事業來收取加盟金，而不是從權利金中獲利。

3. 加盟總部在商議期間會以口頭做獲利預測是很普遍的做法。不幸的是，許多加盟者懷抱著不切實際的期待，以為在揭露文件中所述及的法規會保護他們，使得加盟總部比較不敢隱瞞實情、公平正義終將獲得伸張，不過事實上未必如此。因此，不應將口頭承諾當作是事實，因為並沒有任何法律會因為總部的口頭承諾而保護加盟者的利益。

→ 個案研究

酷食熱：加盟者與爭訟戰

過去幾年的經濟條件和衰退情況造成餐飲業的極大損失。據說有許多酷食熱（Quiznos）的加盟者宣稱受到過大的影響。較高的商品成本，了無生氣的行銷，與賽百味的促銷戰，以及在經濟緊縮時期採用較高的定價政策等因素導致 150 家店關門大吉。除此之外，在三起集體訴訟案中，這家連鎖企業被控訴向加盟者超收食物與其他日用品的費用。酷食熱承認他們是有些問題，但是聲稱他們跟整個餐飲業並沒有兩樣（York, 2008）。酷食熱與強勁的競爭對手賽百味打促銷戰，但是後者的菜單選項較多，而且在不同時期都有促銷活動。至於酷食熱的加盟者則對於酷食熱的促銷活動以及廣告費用的流向很有意見。

在美國各地有幾起控告酷食熱的集體訴訟案，質疑該公司的經營方式有詐欺和不公之嫌。其中一件集體訴訟案控訴酷食熱非法吸金，亦即酷食熱在收了加盟者的加盟費之後卻從未開店。酷食熱請求法院駁回這八起控告該公司的訴訟案，但是法官否決了他們的請求。這些相關的控訴大抵都跟利潤低，以及該公司不當使用行銷和廣告費用，而這些錢都是由加盟者買單（Toasted Subs Franchise Association, 2008）。

在提升競爭力方面，酷食熱也更新了菜單，並調降售價，接近賽百味廣告主打的 5 美元指標（York, 2009）。此外，酷食熱推出了一個「百萬三明治大放送」的活動，只要前一百名消費者提供姓名和電子郵件帳號，公司就會寄送一張兌換券到參加者的電子郵件信箱。從資料搜集的角度而言，這個宣傳活動相當成功，在短短三天之內就蒐集到 100 萬個電子郵件帳號，但是有些消費者申訴他們並未收到兌換券，有些人則說他們無法列印兌換券。一些手忙腳亂的加盟業者乾脆拒絕消費者持券兌換（York, 2009）。

除了將現有的菜單項目降價之外，酷食熱也設計了較低價格的新菜色 Toasty Torpedo，這是一種用義大利拖鞋麵包製作的 13 吋三明治，定價 4 美元。在搞笑節目的時段，有位聲音低沉而有磁性的廣播員大力宣傳 4 美元的價格，比對手賽百味的 5 呎長三明治價格更低，而且也強調酷食熱傳統的差異點（Brandau, 2009）。在

聽到喜歡這個產品的消費者說不想要一個大三明治的聲音後，酷食熱又推出一個 8 吋的版本，叫做 Toasty Bullet，售價 3 美元（Jargon, 2009），以增加需求量。不過應該要注意的是，加盟者並不喜歡折價的菜單項目，而且經常導致加盟者與加盟總部之間的緊張。

在 2009 年年底時，酷食熱和加盟者嘗試要解決糾紛。酷食熱三明治加盟者共有四件控告他們的加盟總部違反美國詐欺與貪瀆條例的集體訴訟案，美國地方法院的法官初步批准同意和解，因此可能大大地改變雙方長期不和的關係。這個結果導致加盟總部須支付高達 1 億 1,400 萬美元的費用和信貸。其中一件訴訟案涉及大約 2,300 人，他們獲得加盟連鎖授權，但是卻從未開餐廳營業。這份和解要求：(1) 為加盟者設計再訓練課程，以便讓他們更瞭解經營酷食熱門市的必要條件；(2) 有鑒於加盟者要求放棄該連鎖店的最大利潤定價法，業者須擬定一套方案；(3) 建立一套系統來監督尚未開設餐廳的加盟者未完成的工作，並協助他們尋找門市地點（Liddle, 2009）。聯邦法院支持這份和解案，不過有一名不滿的加盟者質疑這項和解案並未考慮到辦理個人貸款的加盟者所遭遇到的困境（Ruggless, 2010）。

在 2009 年初，酷食熱提出一項借貸方案來協助加盟者取得資金，以進行品牌改造和翻新計畫。相較於其他傳統的借貸者，加盟者可獲得較有利的貸款利息與條件。另外，該公司亦推出一項租賃再協商計畫以及一個小額貸款的新方案以增進加盟連鎖經營者的獲利能力（Nation's Restaurant News, 2009）。

酷食熱計劃在未來兩年內要在 15 個新市場推出潛艇堡，將它的海外據點擴展到 40 個國家。該公司預計將在接下來的 5 年裡，在海外開設數百家餐廳。酷食熱打算在國際市場採用「區域加盟者」的方式，如此一來將可減輕他們的財務壓力。區域加盟者須提供房地產的資金，並建造餐廳，然後將餐廳授權給當地有興趣經營的對象。酷食熱可從國際加盟連鎖事業中收取權利金。該公司也正在規劃符合在地口味與習俗的菜單內容（Jargon, 2010）。

雖然做了上述種種的努力，但是因為融資併購以及經濟不景氣，酷食熱還是面臨了難題。除了跟加盟連鎖經營者的關係惡化外，高額的租金以及來自對手來勢洶洶的競爭，例如賽百味，都使得該公司處於違約的邊緣。這家連鎖企業在 2011 年時大約有 3,500 家店，在衰退前則有將近 5,000 家店。隨著營業額下滑，總部告訴貸方他們很快就會付不出貸款，因此將造成該連鎖事業違約，並引發須立即清償債務的需求。於是酷食熱聘請華爾街的財務重整顧問來跟他們的貸方協商，並說明該公司已經採取行動，譬如降低食物成本，希望藉此改善現金流；不過該公司繼續面

臨衰退。融資併購實際上削弱了該公司的財務能力。另外，該公司要求加盟者購買由酷食熱的子公司所提供的日用品，這點也變成他們與加盟者的爭論點，因為加盟者必須付出比跟獨立經銷商進貨還要高出許多的費用。這些聲明就是在 2000 年之後的五起加盟者控告酷食熱的集體訴訟案時所持的理由。該連鎖企業否認他們向加盟者漫天要價，並且在 2009 年時達成和解，而且不承認有任何的賠償責任。在官司纏身的這段期間，其他的速食店業者也開始提供火烤潛艇堡，掠奪了酷食熱的獨家特色（Jargon & Spector, 2011）。

　　根據非官方的說法，在 2011 年年底時，這家處境艱難的三明治連鎖企業即將達成一項協議，將重整該公司約 8 億 7,000 萬的負債。這些協議是由該公司最大的貸方所提出，萬一酷食熱未符合申請破產保護的批准計畫，只要其他債權人同意，此時貸方已擬定計畫拿下該公司的經營權（Spector, 2011）。

　　酷食熱的加盟者在 2011 年 9 月成立了一個新的協會，賦予加盟者與加盟總部一個新的關係，這勉強可算是新的開始。事實上該協會的建立是上述和解協議的一部分。加盟者抱持樂觀的態度，因為他們期待當這家連鎖企業重組其財務而且可能更換商標的情況下，他們能擁有新的經營權（Jennings, 2011）。

　　2012 年，焦頭爛額的酷食熱與貸方達成債務重整的協議，他們將連鎖事業的經營權交給艾威基金集團（Avenue Capital Group）。該協議獲得所有債權人的同意，使得這家連鎖餐廳不致於宣告破產。這個重整方案將 8 億 7,000 萬的債務削減至大約 3 億美元（Spector, 2012）。同時，該公司計劃在不同國家擴張，包括在印度開設 150 家店。

　　酷食熱面臨新一波的訴訟案，加盟者控告該公司的加盟者供貨系統涉及詐欺和處理不當，這在之前就已經發生過了。加盟者協會也在訴訟當事人的行列中，提供這起紛爭的證據，甚至包括與管理階層密切合作欲振興這個飽受非議的品牌的餐廳經營者。該公司決定要終止權利金回饋計畫，此舉讓加盟者感到相當失望。在該計畫中，加盟者若達到某些指標，譬如保持餐廳整潔以及提供快速、親切的服務，就可以賺到 4% 的食物成本回饋金。酷食熱的回應是說用在回饋方案上的資金將改用在影響整個體系成長、獲利以及廣告的方案上。由於門市數量逐年減少，加盟者繳交的廣告費用也在縮減中，因此可能使得該品牌的市場能見度日益減少。雖然新的經營權還清了三分之一的債務，但是這起訴訟案控告該公司涉及詐欺之嫌則仍在持續中（Jennings, 2013）。

　　終於，在 2014 年時，在達成協議削減了超過 4 億美元（大約三分之二）的債務後，酷食熱申請了破產保護。不過酷食熱宣布將會繼續營運，同時重整債務並

改善營運狀況。酷食熱的執行長史都華・馬西斯（Stuart K. Mathis）表示，採取這些行動是要讓酷食熱能夠減少負債，執行一項更完整的計畫以進一步增進消費者經驗、提升品牌形象，並有助於增加加盟連鎖經營者的營業額與獲利（Palank, 2014）。根據該公司官網的說法：「除了 7 家店之外，酷食熱在美國和全世界 30 個國家有將近 2,100 家餐廳都是由加盟者獨立經營。由於是獨立事業，因此這些餐廳不受破產保護的影響，並且將如常開門營業。酷食熱的顧客可以期待他們最喜愛的高品質菜單內容。酷食熱期盼在重整過程中繼續以一般方式營業，並且將持續與美國國內與海外所有的加盟者同心協力擦亮這塊招牌，建立動能，並促進成長與獲利。」

結論

本個案研究強調了幾個重點：(1) 經濟會對於加盟連鎖事業的績效造成影響；(2) 加盟者與加盟總部良好的關係很重要；(3) 商業競爭在所難免；(4) 加盟者繳交的款項應適當使用；(5) 在加盟連鎖制度中存在的法律面向；(6) 加盟連鎖的模式對於維持利潤以及加盟者與加盟總部良好的關係是很重要的。

Chapter
5

加盟連鎖事業的申請
與
加盟連鎖事業計畫書

SUBWAY

> 「加盟連鎖制度對於第一次創業的人來說是絕佳的事業模式，主要是
> 因為基礎工作都已完成，亦即有穩固的地基和搭建好的架構來建立你
> 自己的事業。要開展一個新事業所包含的工作包括：概念發想、註冊
> 商標、申請許可證、廣告、行銷、營運，以及許許多多數不清的創業
> 挑戰，因此投資加盟連鎖事業是非常明智的選擇。」
>
> —— 賽百味開發總監 Don Fertman

 前言

　　當一間加盟連鎖餐廳門市準備要開業時，潛在加盟者就要準備開始索取加盟連鎖事業計畫書以及申請表。加盟總部所提供的資訊非常重要，因為它是加盟總部予人的第一印象。大多數的資訊可從網站或其他的媒體取得。一個加盟連鎖事業的知名度愈高，人們愈有興趣獲得該加盟連鎖事業。因此已建立品牌知名度的加盟連鎖事業所引起的回響勢不可擋。有些潛在的加盟者或許也會去電詢求其他的資訊。為了簡化索取需求，大多數的加盟總部都會設置電話語音系統，提供關於哪些區域可以開設加盟連鎖門市的資訊。有些加盟總部比較傾向請詢問者留下資料，之後再回覆他們。既然這是加盟者給人的第一印象，便應該要非常謹慎地規劃回覆。這對於加盟總部和加盟者而言，都是非常重要和關鍵的步驟。本章將說明申請的步驟和加盟連鎖事業計畫書的內容。

> 　　加盟總部所提供的資訊非常重要，因為它是加盟總部帶給人的第一印象。

 申請流程

第一步

　　申請流程是從潛在加盟者詢問關於某一特定的加盟連鎖餐廳開始。加盟總部一般會刊登廣告釋出招募加盟連鎖事業夥伴的訊息。一旦總部收到索取資料的要求，就會寄出包含此加盟連鎖體系基本資料的計畫書。這份資料會隨加盟連鎖事業的不同而有極大的差異。典型的計畫書包含了下列資料：

1. 一封由加盟連鎖業務部門主管、加盟連鎖開發總監或企業其他的代表寄出的信函。這封信可以用電子郵件或是一般郵件寄出，內容是介紹公司的理念以及關於加盟連鎖制度的各個面向。

2. 該加盟連鎖餐廳的簡史，可能從一頁到數頁不等，而且可能包括照片和其他
   相關的資料。其歷史可能從該加盟連鎖事業的概念說起，然後介紹此加盟連
   鎖體系和發展情況。這是初始的行銷文件，藉此吸引潛在加盟者。

以下是上述文件的開場白或介紹詞的一些範例：

教父披薩

「美國披薩連鎖餐廳領導品牌之一──教父披薩，是在 1973 年，由西森先生
（Willy Theisen）於內布拉斯加州創立。西森先生是高品質的厚片披薩的專家，他
深知其產品的潛力及餐廳拓展的重要性，因此在 1974 年，第一家教父披薩加盟連
鎖餐廳揭開序幕。」

哈帝漢堡

「哈帝在加盟連鎖和餐飲業界聲名遠播，是一間以品質為導向的知名企業。
1960 年，哈蒂從一間位於北卡的餐館發跡──我們強大的管理團隊藉由規劃周詳
的行銷理念致力於在全美各地建立哈帝漢堡門市，只要是想自己當老闆以及希望推
動自由事業體系的個人或團體都歡迎加入我們的行列。對現今以及未來的加盟者而
言，哈帝漢堡都是經營成功的例證和值得重視的參考範例。」

賽百味

「賽百味除了是一門低創業成本的事業，也持續榮登加盟連鎖事業第一名的寶
座。現在就來看看賽百味有多麼適合你。」這包資料袋也提供了下述內容物：

1. 說明由加盟總部提供餐廳使用的菜單類型。有可能只是一張清單，也可能是
   細部解說。
2. 說明加盟者可開設門市的區域。一般而言，知名的加盟連鎖事業不會有太多
   可選擇的地區。
3. 說明由總部提供給加盟者的訓練課程。
4. 說明由總部提供的其他服務，譬如：(1) 位址選擇；(2) 可行性研究；(3) 經
   營與現場服務；(4) 採購；(5) 行銷；(6) 研究與產品開發；(7) 建築物與設備；
   (8) 開幕期間的協助；(9) 會計；(10) 控制；(11) 經營支援。
5. 總結在初期階段所需的資金，一般包括：(1) 執照費用；(2) 器材和招牌約

略的總成本；(3) 工程成本；(4) 房地產成本；(5) 週轉金；(6) 位址改造成本；(7) 訓練成本；(8) 租金；(9) 租賃物裝修成本。

6. 由「國際加盟連鎖協會」（International Franchise Association）出版的倫理規範，亦包括在某些加盟連鎖事業計畫書裡，特別是該協會的成員。這份倫理規範的重點是加盟總部在各項交易中對加盟者應盡的義務，請參閱圖 5.1。

7. 申請表。通常這是總部用來篩選申請對象的初步申請表。與加盟連鎖制度相關的機密資料需透過本申請表索取。圖 5.2 為賽百味餐廳的申請表範例。除了人口特徵的統計資料外，這份申請表亦需要完整的個人財務報表。潛在加盟者需提供資產與負債一覽表。總部也會要求申請者簽署一份聲明，使總部有權利查核申請者的信用記錄及核實其財務背景。一般的申請表中主要的提問如圖 5.2 所示。

一名潛在的加盟者應該詳閱計畫書中所有的資料。特別要注意的是哪些地方可開設加盟連鎖門市，以及取得加盟連鎖事業所要付出的成本。

第二步

如果潛在加盟者在審閱完所有的申請資料後，有進一步的興趣，那麼他們可以提交一份基本的加盟者申請表。提交這份申請書並不表示申請者接受或是加盟總部就要授與加盟連鎖事業。這份申請書將由加盟連鎖體系中的區域授權經理或負責加盟連鎖部門的主管審核。該申請書是用來初步篩選，以及評估加盟者符合該加盟連鎖事業所有要求的潛力。加盟者所需具備的條件，特別是財務的淨值，必須列入審核。除了加盟者過去的經驗外，譬如信用價值以及搬遷意願等都要審慎評估。如果這份申請書通過了初步的審核，公司的業務代表就會聯絡潛在加盟者詳談。這次接觸的目的是讓總部獲得進一步的資料，並且解釋在申請書中所提供的資料。同時，亦讓潛在加盟者有機會詢問關於該加盟連鎖事業和加盟連鎖體系任何面向的問題。加盟總部也會評估該名加盟者繼續申請加入的興趣。

第三步

若雙方表現出進一步的興趣，那麼加盟總部的代表會個別向潛在加盟者索取法律規定的資料，並且盡可能安排一次面談。這次面談的目的包括：評估加盟者的背景資料、財務狀況、對加盟連鎖事業真正的興趣，以及討論公司的經營理念和目標。

International Franchise Association
CODE OF ETHICS

PREFACE:

The International Franchise Association Code of Ethics is intended to establish a framework for the implementation of best practices in the franchise relationships of IFA members. The Code represents the ideals to which all IFA members agree to subscribe in their franchise relationships. The Code is one component of the IFA's self-regulation program, which also includes the IFA Ombudsman and revisions to the IFA bylaws that will streamline the enforcement mechanism for the Code. The Code is not intended to anticipate the solution to every challenge that may arise in a franchise relationship, but rather to provide a set of core values that are the basis for the resolution of the challenges that may arise in franchise relationships. Also the Code is not intended to establish standards to be applied by third parties, such as the courts, but to create a framework under which IFA and its members will govern themselves. The IFA's members believe that adherence to the values expressed in the IFA Code will result in healthy, productive and mutually beneficial franchise relationships. The Code, like franchising, is dynamic and may be revised to reflect the most current developments in structuring and maintaining franchise relationships.

TRUST, TRUTH AND HONESTY:
Foundations of Franchising

Every franchise relationship is founded on the mutual commitment of both parties to fulfill their obligations under the franchise agreement. Each party will fulfill its obligations, will act consistent with the interests of the brand and will not act so as to harm the brand and system. This willing interdependence between franchisors and franchisees, and the trust and honesty upon which it is founded, has made franchising a worldwide success as a strategy for business growth.

Honesty embodies openness, candor and truthfulness. Franchisees and franchisors commit to sharing ideas and information and to face challenges in clear and direct terms. IFA members will be sincere in word, act and character — reputable and without deception.

The public image and reputation of the franchise system is one of its most valuable and enduring assets. A positive image and reputation will create value for franchisors and franchisees, attract investment in existing and new outlets from franchisees and from new franchise operators, help capture additional market share and enhance consumer loyalty and satisfaction. This can only be achieved with trust, truth and honesty between franchisors and franchisees.

MUTUAL RESPECT AND REWARD:
Winning Together, As A Team

The success of franchise systems depends upon both franchisors and franchisees attaining their goals. The IFA's members believe that franchisors cannot be successful unless their franchisees are also successful, and conversely, that franchisees will not succeed unless their franchisor is also successful. IFA members believe that a franchise system should be committed to help its franchisees succeed, and that such efforts are likely to create value for the system and attract new investment in the system.

IFA's members are committed to showing respect and consideration for each other and to those with whom they do business. Mutual respect includes recognizing and honoring extraordinary achievement and exemplary commitment to the system. IFA members believe that franchisors and franchisees share the responsibility for improving their franchise system in a manner that rewards both franchisors and franchisees.

OPEN AND FREQUENT COMMUNICATION:
Successful franchise systems thrive on it

IFA's members believe that franchising is a unique form of business relationship. Nowhere else in the world does there exist a business relationship that embodies such a significant degree of mutual interdependence. IFA members believe that to be successful, this unique relationship requires continual and effective communication between franchisees and franchisors.

IFA's members recognize that misunderstanding and loss of trust and consensus on the direction of a franchise system can develop when franchisors and franchisees fail to communicate effectively. Effective communication requires openness, candor and trust and is an integral component of a successful franchise system. Effective communication is an essential predicate for consensus and collaboration, the resolution of differences, progress and innovation.

To foster franchising as a unique and enormously successful relationship, IFA's members commit to establishing and maintaining programs that promote effective communication within franchise systems. These programs should be widely publicized within systems, available to all members of the franchise system and should facilitate frequent dialogue within franchise systems. IFA members are encouraged to also utilize the IFA Ombudsman to assist in enhancing communication and collaboration about issues affecting the franchise system.

OBEY THE LAW:
A responsibility to preserve the promise of franchising

IFA's members enthusiastically support full compliance with, and vigorous enforcement of, all applicable federal and state franchise regulations. This commitment is fundamental to enhancing and safeguarding the business environment for franchising. IFA's members believe that the information provided during the presale disclosure process is the cornerstone of a positive business climate for franchising, and is the basis for successful and mutually beneficial franchise relationships.

Conflict Resolution

IFA's members are realistic about franchise relationships, and recognize that from time to time disputes will arise in those relationships. IFA's members are committed to the amicable and prompt resolution of these disputes. IFA members believe that franchise systems should establish a method for internal dispute resolution and should publicize and encourage use of such dispute resolution mechanisms. For these reasons, the IFA has created the IFA Ombudsman program, an independent third-party who can assist franchisors and franchisees by facilitating dialogue to avoid disputes and to work together to resolve disputes. The IFA also strongly recommends the use of the National Franchise Mediation Program (NFMP) when a more structured mediation service is needed to help resolve differences.

Support of IFA and the Member Code of Ethics

Franchisees and franchisors have a responsibility to voice their concerns and offer suggestions on how the Code and the International Franchise Association can best meet the needs of its members. Franchisees and franchisees commit to supporting and promoting the initiatives of the IFA and advocating adherence to the letter and spirit of the Member Code of Ethics. Members who feel that another member has violated the Code in their U.S. operations may file a formal written complaint with the President of the IFA. ∎

For more information contact the IFA at (202) 628-8000 or visit our Web site at www.franchise.org.

圖 5.1　國際加盟連鎖協會倫理規範

（感謝國際加盟連鎖協會提供資料）

圖 5.2　賽百味餐飲加盟連鎖事業申請表範例

（感謝賽百味餐廳提供資料）

圖 5.3　賽百味加盟連鎖事業網站

（取自 www.subway.com）

這次面談往往是加盟總部和加盟者第一次面對面的會談。會中要求雙方公開坦誠交換資料，並評估雙方建立長期關係的可能性。會談的方式可以在電話中進行或者在加盟連鎖企業的區域辦公室裡舉行。為了能完全瞭解加盟連鎖體系中一些物流和經營層面錯綜複雜之處，我們建議加盟者攜伴前往，譬如事業夥伴或是法律顧問。

第四步

倘若雙方都同意，而且加盟者符合財務淨值與流動資產的最低門檻，那麼總部會邀請該加盟者到公司總部或區域辦公室與管理人員繼續商談。在這個階段會進行加盟連鎖計畫的完整評估，也可能會安排加盟者與不同領域的人進行幾場個人面談。在這些會議結束後，一般而言，總部會讓潛在加盟者知道是否通過考核的決定。

第五步

倘若通過考核，會再進一步討論開設餐廳的地點、位址的發展性、租賃的規定、

租賃物的開發，然後進行承租或購買房產。總部可能也會評估潛在加盟者的執行能力，一般會以在職訓練的方式進行。通常會在該加盟連鎖事業的一家當地餐廳進行評估，而且時間不會太長。如果潛在加盟者在特定的加盟連鎖事業中已有相當的經驗，或許可免除此項在職訓練，或縮短時間。此項在職訓練讓雙方均可評估在餐廳環境中的作業，並且讓潛在加盟者更清楚的瞭解該加盟連鎖事業的概念與經營。

第六步

一旦加盟者購買或承租開店場地，並且經加盟總部核可後，加盟者和／或代表就要展開經營方法的密集訓練課程。此項正式的訓練提供了有關加盟連鎖事業經營與管理的完整知識和實作經驗。訓練的型態和時間長短會因加盟連鎖事業而不同。

訓練完畢後，潛在加盟者即可簽署正式的文件，並展開加盟連鎖餐廳的建造工程或營運。倘若在理想中的地點或預期的時間無法開設加盟連鎖門市，那麼已核准的加盟者往往需要等待一段時間，熱門的加盟連鎖事業可能要等上更長一段時間。

表 5.1 為消防隊潛艇堡（Firehouse Subs）餐廳網站上申請流程的範例，表 5.2 則為肯德基餐廳加盟者申請流程與時間表。

 招募加盟者

加盟總部最難的工作之一就是招募符合整個加盟連鎖體系目標、文化，以及理念的加盟者。一般而言，一個成功的加盟連鎖事業會有源源不絕的潛在加盟者申請加入。加盟總部必須發展出一個健全的招募制度，才能招徠跟加盟總部大多數的要求最接近的潛在加盟者行列。加盟總部有兩個選擇：一個選擇是隨意挑選申請的加盟者，希望他們最終能適合該體系。這是風險很高的做法，最後可能付出非常昂貴的代價。會採取這種做法的通常只有新成立以及經驗不足的加盟總部，或是對於收取加盟金比對於事業長期的成功更感興趣的公司。第二個選擇就是擁有一套按部就班的招募制度。這可能需要時間與耐心；不過，成功的機會比前一個選擇要大得多。

招募的第一步就是加盟總部要謹慎地設計一套標準，篩選適合該體系且可能成功的加盟者。因此加盟連鎖事業體系的類型、企業文化等都必須納入考量。這可能會根據申請者的主要特質來做判斷，譬如理解該加盟連鎖事業概念的能力以及實際上能否接受該加盟連鎖事業的理念。要能夠高效作業、擴張，以及經營一家餐廳的

表 5.1　消防隊潛艇堡餐廳申請流程

第一步
索取由加盟總部所提供的資料表。填妥表格後，加盟總部徵才團隊的人員將會與你聯繫。
第二步
完成加盟連鎖申請：加盟總部徵才團隊的人員將會與你聯繫取得更進一步的資料，並寄出一份詳細的申請表。也可能會核實申請者所提供的一些資料。
第三步
詳閱加盟連鎖事業揭露文件（FDD）：在收到完整的加盟連鎖申請書後，加盟總部就會請你在網路上下載或是郵寄給你 FDD。你必須告知已收到文件，並仔細審閱這份文件。這份文件包含了加盟總部的詳情、財務績效、公司直營地點、收費標準、其他加盟者的姓名與人數，以及其他的相關資料。這份文件十分冗長，但是必須仔細審閱。
第四步
與加盟總部的代表會面：有些加盟總部設有區域代表，他們會與潛在加盟者會面。如果沒有，總部辦公室也會派員擔任聯絡人。這場會面是充滿熱誠且會提供許多有用的訊息。
第五步
參加一般職前訓練課程：內容包括預先安排好到總部參觀，並與所有重要人士會面，可能包括與執行長以及所有其他的主管開會。本加盟連鎖事業的歷史回顧將介紹所有的部門與設施。
第六步
觀摩某家餐廳或是原型店：無論申請者具備何種背景或經驗，大多數的加盟總部都會邀請申請者在某家餐廳工作。這是讓總部有機會評估加盟者實際操作的方式。另一方面，這也讓潛在加盟者有機會深入瞭解加盟連鎖事業的運作。
第七步
在雙方皆認可的情況下，總部將會提供加盟連鎖合約。但在這之前，總部會先著手評估潛在加盟者所提交的事業企劃書，以及加盟者的背景和信用查核，還有其他人面試潛在加盟者的評價也會一併列入考量。一旦潛在加盟者審閱過文件並簽名，即正式成為加盟連鎖體系的加盟者。
第八步
確定餐廳位址：在總部代表和房地產專家的協助下，挑選出最適合的開店位址。產權、租約、租賃物的改造以及合約的細節都要釐清。
第九步
建造／改建：建造或裝修的過程都要在考量加盟總部所有的規定下開工。總部的代表會協助挑選所有的室外和室內裝潢細節。
第十步
開幕前與開幕：一旦餐廳的硬體結構完成，所有的營業細部也都已就緒，加盟總部的代表將提供開幕前的協助。恭喜開幕！

（資料來源：修改自消防隊潛艇堡餐廳網站資料）

表 5.2　肯德基餐廳加盟者申請流程與時間表

階段	時間表	行動
資格審查	4-6 週	KFC： 審查申請表 發出加盟連鎖揭露文件（FDD） 執行與查核申請者的信用和財務狀況 概述訓練要求 概述營運計畫綱要 執行加盟者背景審查 *潛在加盟者：* 簽名並寄回 FDD 的回條 詳閱 FDD 並準備欲詢問的問題 完成加盟者檔案資料表 開始擬定營運計畫
經營面談	4-6 週	KFC： 進行面試 討論營運計畫，以確保申請者瞭解加盟連鎖事業 解釋位址選擇 指出並討論問題 進行經營面談 安排一天半的駐店經驗 若潛在加盟者符合所有的資格要求標準，他們將被核准成為候選加盟者 *潛在加盟者：* 參加一天半的駐店經驗（如有必要） 完成營運計畫 面談（如有需要）
位址策略研究	8-10 週	KFC： 決定最佳的位址選擇策略 評估 KFC 開發服務選項 討論規模要求和未來發展性 *潛在加盟者：* 概述發展願景 確認重點商業區 調整後續步驟 注意：設法取得現有餐廳的候選加盟者，並請在文件中註明他們有興趣，倘若有合乎他們標準的物件，總部將派員聯繫。

（續）表 5.2　肯德基餐廳加盟者申請流程與時間表

階段	時間表	行動
取得位址	12-16 週	KFC： 完成商業區行動計畫 建立優先順序 與候選加盟者共同擬訂後續步驟 *潛在加盟者：* 提供意見／行動計畫 爲行動計畫背書 協商位址 寄出合作意向書 協商購買店面（如採購買方式的話）
位址登記／核可	6-8 週	KFC： 完成位址登記工作簿 提供加盟連鎖事業位址分析調查（FSAS）及存款單 提交位址登記給商標部門 判斷申請者提議的位址是否能獲准開發 *潛在加盟者：* 完成位址存款單 匯款 簽名、押日期，並提交位址分析調查表
加盟者到職	6-18 週	KFC： 透過定期巡訪提供在職支援 安排時程進行適當的訓練 提供開發的專業知識 提供開幕準備工作一覽表 支援開幕活動 *潛在加盟者：* 爲餐廳籌措資金 建造餐廳 招募員工 參加適當的訓練 開幕
準備成長	不間斷	KFC： 提供業務協助 擬定行銷時程表 提供品牌領導地位 *潛在加盟者：* 經營一家成功的餐廳——證明爲成長做好準備 執行行銷計畫 建立團隊能力 創造成長的願景 登記和建造其他的位址

（資料來源：修改自肯德基餐廳網站資料）

其他因素還包括經得起嚴格要求的能力。總部的目的自始至終都應該聚焦在長期的關係上（或許是十年以上）。財務能力以及一些人口特徵方面在邁入下一個招募步驟前就會先篩選，因此在這個階段不應該是主要的考量，因為申請時就會篩選並排除掉不符合基本要求標準的對象。在招募階段，加盟總部和加盟者都認真地在觀察彼此與評價對方。這些過程實際上都是從收集資料的步驟開始。

為成功招募合適的成員，雙方都必須真心誠意。任一方都不應該有壓力，而且應該願意在退出這個過程時不帶有不滿的情緒。這雖非易事，但卻是重要的要求。為了不要招進一堆不僅不會成功而且最後還會成為公司累贅的加盟者，這層考量不可或缺。這種不幸的情況在許多的加盟連鎖事業中時有所聞，這些企業後來發現他們遭遇到許多法律和經營上的問題。

 ## 經營計畫書與經營手冊

在簽約之前寄送給潛在加盟者的**經營計畫書**（operations packages），往往被視為招募的工具，它提供給加盟者必須知曉的基本資料。在簽約完成之後，加盟總部就會寄給加盟者一份保密性的**加盟連鎖計畫書**（franchise package），裡面包含了好幾本手冊。這些手冊是認識加盟連鎖事業各個面向的基本工具。整個加盟連鎖事業的成功取決於理解和使用這些手冊。因此總部必須小心謹慎地準備，並以淺顯易懂的文字書寫，方便加盟者閱讀及理解。主要的手冊和資料包如下所述。

經營手冊

經營手冊（operating manual）是加盟連鎖餐廳最常被提到的關鍵手冊。因為它列出了所有關於加盟連鎖事業的經營面向，因此這份手冊相當機密。餐廳裡所有主要的運作都包含在這本手冊中，這些都必須以循序漸進和有系統的方式詳細書寫和傳達所有的資訊。最重要的是，必須以精準呈現加盟連鎖體系的方式撰寫一本經營手冊，而且要夠吸引人。由於一個體系內有許多的部門，所以可能需要很多不同的手冊。這些手冊應該定期更新和修正。針對有關經營手冊的實用性，加盟者以及他們提出的疑問往往提供了很好的意見。適當加入插圖、圖表、圖片也很重要。有關行政、運作以及法律的部分均應清楚地標示出來。許多加盟連鎖企業使用三孔式的

活頁夾做成經營手冊，如此一來，可方便在必要時增加和刪除部分內容。經營手冊應該面面俱到，才能回答有關一個加盟連鎖事業經營的所有相關問題。經營手冊是加盟總部獨有的財產，而且必須被視為機密，因為它們詳細列出了該加盟連鎖體系基本的營運方式。由於網際網路的普及，現在大多數的手冊都是在網路上發送。無論是使用紙本或是網路版的手冊，它們都應該清楚呈現該加盟連鎖體系的樣貌以及該體系如何運作。各項手冊的優點可以簡要總結如下：

1. 手冊清楚地解釋該加盟連鎖體系內每一個部門及工作是如何進行的。
2. 手冊是指導加盟者如何有效率、熟練，並成功地經營加盟總部的事業。
3. 手冊是很好的行銷工具，也能協助加盟者發展顧客關係，以及培養和維持忠實顧客。
4. 手冊是教導加盟者經營加盟連鎖體系的技巧和技術。
5. 手冊是訓練加盟者及其員工該加盟連鎖體系獨特的經營事宜，也在傳授如何將加盟連鎖制度的效益與成功變成做生意的方法。

以下我們將舉例說明一家加盟連鎖餐廳的經營手冊中所含括的綱要。

> 最重要的是，必須以精準呈現加盟連鎖體系的方式撰寫一本經營手冊，而且要夠吸引人。

第一部分：簡介

這部分應該說明公司的宗旨與理念。該加盟連鎖事業的宗旨為何、理念為何，以及該加盟連鎖事業未來的願景為何。同時，也應該納入其加盟連鎖事業的概念如何發展而來，以及加盟總部和加盟者的責任為何。

1. 簡要描述加盟連鎖事業的概念
2. 加盟連鎖事業的沿革
3. 各時期的大事記及重要變革
4. 加盟總部的理念
5. 組織結構圖及行政管理人員
6. 加盟者／加盟總部的責任

第二部分：一般原則

這部分應該著重在程序與政策上。這些都是跟品質、控管，以及顧客關係相關的基本資料。

1. 關鍵點
2. 品質期望
3. 顧客關係
4. 程序與政策
5. 控制與檢查
6. 保固
7. 維修規定

第三部分：菜單與菜單規劃

對餐飲加盟連鎖事業而言，這是經營手冊中非常重要的一部分。這部分應該說明菜單的主要概念，以及要如何改變菜單內容但仍遵守此概念的方法。

1. 菜單細節
2. 菜單改變
3. 電腦化的菜單控管
4. 菜單設計與呈現
5. 菜單規劃的技巧

第四部分：設備使用與維護

根據店內的菜單，對於所需設備的類型、如何裝設、使用，以及維持有效運作都應該加以說明。也應該略述設備清潔與維修的步驟。

1. 設備類型
2. 設備使用與注意事項
3. 設備清潔
4. 設備維修

第五部分：食物採買

採買的方法以及如何採買清單上的品項都應該解釋清楚。而且也要列出為維持品質所設立的監管機構和必須遵守的法律。

1. 供應商名單
2. 所需商品
3. 規格
4. 採買規劃
5. 採購方式
6. 監管機構與管理
7. 採購倫理
8. 特殊商品的購買

第六部分：進貨與儲存

食物和日用品的採買必須根據加盟連鎖事業的類型下訂單。進貨和儲存的機制會隨加盟連鎖事業及其型態而改變。所有的進貨、檢查和儲存程序都應該列示出來。

1. 進貨機制
2. 儲存規定
3. 提領日用品
4. 存貨程序
5. 存貨管理
6. 存貨水準

第七部分：衛生要求

應列出食品安全與衛生準則。食物上的安全處理可以給予顧客食品安全，這方面對於餐飲連鎖事業的存續是非常重要的面向。

1. 食物中毒及防範事項
2. 食物的安全處理
3. 安全溫度與臨界點
4. 個人衛生與程序

第八部分：食物製備

在餐飲加盟連鎖事業中，食物製備非常重要。所有的控管，譬如時間和溫度控制都不得馬虎。所有重要的作業事項都必須納入該部分中。

1. 準備不同菜單項目的程序
2. 關鍵控制點
3. 時間和溫度控制
4. 製備時的注意事項
5. 產品的品質
6. 產量預測與規劃
7. 生產表
8. 廚餘管理

第九部分：送餐與服務

應對顧客、服務流程，以及送餐與服務的所有面向都應該包含在這部分。

1. 份量控制方法
2. 顧客面向
3. 服裝儀容
4. 服務流程
5. 送餐流程

第十部分：財務面向

譬如食材與人事成本、資產負債表及損益報表，包括表格和紀錄方法都應該在這部分清楚說明。

1. 成本計算表
2. 財務報表
3. 食物支出
4. 人事支出
5. 損益報表
6. 資產負債表

7. 其他的財務控管

第十一部分：管理

管理政策與流程，包括徵才、員工績效、激勵，以及與人力資源相關的所有事務都被納入在這部分。

1. 員工與主管的關係
2. 徵才與篩選流程
3. 績效評估
4. 員工守則、申訴程序及流動率
5. 激勵與工作豐富化
6. 人力資源的控管
7. 壓力管理

第十二部分：餐廳經營

譬如收銀機抽屜的開啟與關閉，以及處理顧客意見的原則等日常作業均包含在本部分。

1. 餐廳開門營業和打烊的流程
2. 收銀機抽屜的開啟與關閉
3. 維修與總務
4. 處理顧客抱怨與特殊要求
5. 照明、招牌及氣氛控管

第十三部分：行銷

廣告政策與程序很重要，因為大多數的加盟總部都會要求廣告與宣傳費用。行銷流程、廣告及宣傳的準則應該詳列於這部分。

1. 廣告政策與流程
2. 宣傳活動
3. 社區計畫
4. 長期與短期的行銷計畫

第十四部分：保養

器材的保養和衛生規則都要列出來，包括給顧客和員工使用的所有的暖氣、通風設備，以及空調規定。

1. 公用事業的控管
2. 防火設備
3. 除蟲防治
4. 垃圾處理
5. 停車場及免下車服務車道的維護
6. 電器、機械、建築及水管
7. 暖氣、通風設備及空調
8. 警報器、門鎖及保全系統
9. 音樂控管
10. 維修
11. 電腦問題與管控

一間餐廳典型的經營手冊裡可能納入上述主題，並根據所提供的產品與服務加以修改。該手冊是加盟總部提供的服務中不可或缺的一部分。加盟者將該手冊視為加盟總部所提供之服務的具體表現。它包含了一間餐廳日常營運可派上用場的各種資訊。

訓練手冊

訓練是加盟總部提供的主要服務之一。訓練手冊應細心規劃並針對加盟者的教育程度量身打造。加盟連鎖訓練計畫通常包含了三大要素，因此訓練手冊的內容大致如下：

1. **實務訓練計畫**（hands-on training programs）：該計畫是為了提供加盟連鎖事業日常營運的實務經驗。受訓者需詳閱完經營手冊，並遵循其流程。通常，這類訓練在一間營運中的餐廳裡進行最合適。實務訓練計畫的主要目標是加盟者實際參與餐廳的每一個經營面向。這類訓練通常是由加盟連鎖企業內部的資深員工監督實施。

2. **正式訓練計畫**（formal training programs）：正式訓練計畫比較全方位，而且包含加盟者的密集訓練。餐廳經營管理的所有工作皆包含在內。該計畫採取正式的訓練地點和訓練方式。這類訓練的場所可以麥當勞漢堡大學為例。漢堡大學位於芝加哥的近郊，該校擁有配備齊全的訓練設施，而且是舉世唯一的加盟連鎖經營訓練機構。教授的課程亦獲得美國教育當局對其學分的承認。雖然許多餐廳的加盟總部也擁有規劃完善的場地，但是一些較小型的加盟總部只能使用他們自己的地區辦公室，或利用當地學校來提供訓練課程。為了評估訓練課程的適當性，總部應該經常衡量學習資源和課程內容。成功完成訓練課程是加盟總部設定的必備條件，因此總部需要有效的方法來評估加盟者的成功與否。評估方式可以採用成效評估，譬如跟體系內其他加盟者相較之下，該名加盟者的表現。

3. **持續性訓練計畫**（ongoing training programs）：該計畫是持續不斷地為加盟者的員工進行訓練，通常是在餐廳現場或企業總部裡進行。訓練目的主要著重在餐廳的經營面向上。該訓練可以由加盟者或他們的代表來提供。

行銷手冊

行銷手冊（marketing manual）裡說明了加盟總部的行銷哲學，並且列出行銷產品及服務的流程。同時也討論消費者訊息、營養成份的標示、基本原料的資訊以及加盟連鎖形象的建立。此外，基於加盟者的利益考量，針對所提供的產品及服務獲取市場利基方式也有討論。這本手冊也應該討論最新的行銷技巧和創新的方式，以尋求在一個競爭性的環境中維持市場利基。新產品的開發、行銷策略、價格關係和訂價策略，亦在討論之列。

> 「行銷手冊」裡說明了加盟總部的行銷哲學，並且列出行銷產品及服務的流程。

廣告手冊

廣告、宣傳、招牌和公關均屬於**廣告手冊**（advertise manual）的內容。手冊裡也討論了加盟總部的宣傳材料和政策。使用不同媒體打廣告的計畫亦被討論。這本手冊裡也包含了過去宣傳時所使用的素材插圖資料和實例。這本手社冊不斷更新，

以提供最新的廣告和宣傳資訊。在手冊中亦包含了為當地社區以及譬如童子軍和運動團體等機構所舉辦的宣傳活動。

現場支援手冊

現場支援手冊（field support manual）列出了由總部所提供的現場支援服務的內容。支援服務有助於維持健康的加盟總部和加盟者間的關係。手冊應列出所有的服務，並且放上聯絡對象的姓名、地址和電話號碼。支援的服務包括檢查、簿記、品質控制標準及其他控制。同時，亦列出對於重大營運問題的可能解決方式及取得總部回應的方式。現場支援的人員及代表，也會持續與加盟者聯繫。

品質控制手冊

對任一加盟總部而言，品質的控制是必須強調的一項重點。品質與所提供的產品和服務皆相關。品質控制手冊（quality control manual）的內容主要是說明為了維持標準、技術控制、維修服務、廚餘控管和處理顧客抱怨等事項。此外，視察員所使用的考核流程和表格也包含在手冊中。有時候這些表格亦被納入在另一本稱為現場視察手冊（site inspection manual）的本子裡。

因加盟連鎖事業的型態不同，可能還有其他的手冊。譬如撰寫報告及提交報告的程序可能包含在報告手冊（reporting manual）中。有些總部會將一些或全部的手冊濃縮成一本大型手冊或幾本較小的手冊。規劃良好以及撰寫清晰易懂的手冊有助於營運順暢，以及建立良好的加盟者與加盟總部之關係。

個案研究

賽百味餐廳（Subway）：
加盟連鎖的歷史與經營面向

以下描述乃根據賽百味餐廳提供給潛在加盟者的資料匯集而成。

1. 開設一間賽百味餐廳快速簡單的 10 個開店步驟為：
   (1) 領取一份加盟連鎖手冊
   (2) 提交加盟連鎖申請書
   (3) 與地區開發代理商面談
   (4) 檢視揭露文件
   (5) 執行當地市場研究
   (6) 取得資金
   (7) 簽訂加盟連鎖合約
   (8) 參加教育訓練
   (9) 覓得地點和興建店面
   (10) 慶祝開幕
   （平均開幕時間約 7 個月）

2. 加盟入會費為 15,000 美元（2013）。

3. 賽百味餐廳加盟者每週繳交扣除營業稅後總營業額的 12.5%；8% 作為加盟連鎖金，另外 4.5% 為廣告費（2013）。

4. 加盟者須接受兩部分測驗，主要是英文和數學，測驗時間約 1 小時。賽百味餐廳所有的新成員都必須完成這項測驗。

5. 本餐廳的平面配置靈活，幾乎任何場地都能開設賽百味餐廳。在世界各地許多非傳統的地點都有賽百味餐廳，包括大學校園、機場、醫院、便利商店、電影院、飯店、動物園、賭場、博物館、遊樂園和體育場，甚至連教堂裡也有。

賽百味餐廳的歷史與加盟連鎖數據資料

故事開始於 1965 年夏天,康乃狄克州橋港市(Bridgeport, Connecticut)。一位懷抱理想的 17 歲高中畢業生,弗瑞德‧迪魯卡(Fred DeLuca)在當地一家五金行工作,他希望賺到足夠的錢以支付他的大學學費。他決定要找個方法來貼補他當時所賺的最低時薪。有一次家中後院舉辦烤肉會,他與一位家族友人彼得‧巴克博士(Dr. Peter Buck)聊天時找到了答案。巴克博士是一位核子物理學家,他建議年輕的迪魯卡開設一家潛艇堡店。巴克博士指出,在他家鄉有一家經營成功的三明治店,包含他自己在內的每一個人都很喜歡那家店的三明治。巴克博士借給彼得 1,000 美元,於是便形成了他們的合夥關係。「彼特的超級潛艇堡」(Pete's Super Submarine)於 1965 年 8 月 28 日在康乃迪克州橋港市離那家五金行不遠的一個偏僻地點開張營業。

在初期的時候,這家公司的週會都是在迪魯卡家的廚房舉行。兩位合夥人就是

1965 年,第一家賽百味餐廳以「彼特的超級潛艇堡」(Pete's Super Submarine)為名在康乃迪克州橋港市開張營業。

(照片由賽百味加盟連鎖全球總部股份有限公司提供)

在那裡，吃著家中自製的義大利麵，討論如何增加營業額，也處理他們所面對的挑戰。對於這兩位年輕的創業家而言，第一年過得並不輕鬆。當年年底，他們並不確定生意是否該繼續。但是他們撐下來了。一年後，當他們的第二家店開幕時，這兩位年輕人瞭解到，行銷及能見度將會是他們餐廳成功的關鍵因素。

雖然他們開了兩家潛艇堡店，但弗瑞德和巴克博士認為他們的小生意做得並不成功。在此刻，我們大多數人都會承認失敗，但是他們兩人卻決定要開第三家店。這一次，他們把店開在能見度高的地點，而且看起來「3」是他們的幸運數字 —— 第三家店開始賺錢，並且直到今天仍然在賣三明治。為了有助於增加能見度，他們做了一些改變，包含將店名從彼特的潛艇堡縮短成賽百味（Subway），並且推出現在大家所熟悉的鮮黃色識別標誌。

他們的下一步就是制定追求公司目標的經營企劃書。為努力爭取全國與地方的支持，經營企劃書包括了全國性與地區性的廣告、為期兩週的訓練課程、經營者與其員工持續的學習、店面開發協助、設計支援、店租協商、建造工程指導，以及其他許多的服務項目。

賽百味的大事記

1965 年：17 歲的創業家

一名剛畢業的 17 歲高中生，弗瑞德・迪魯卡和家族友人彼得・巴克博士兩人搭擋合作在康乃迪克州橋港市開設了第一家潛艇堡店。最初的店名是「彼特的超級潛艇堡」，開幕第一天就賣出了 312 個三明治。一個潛艇堡平均成本約 49 至 69 美分。

1966 年：夢幻團隊

迪魯卡和巴克成為合作夥伴，並成立「博士夥伴公司」（Doctor's Associates Inc.）。這個名稱是源自於巴克博士，他擁有博士學位，而且迪魯卡希望在三明治事業中賺取足夠的錢來支付他的大學學費，並且最後也能成為一名博士。

1968 年：歡迎光臨賽百味餐廳

正式更名為賽百味餐廳。

1974 年：快速推動加盟連鎖體系

迪魯卡和巴克決定加盟連鎖制度是開啟連鎖店成長的最佳方式。第一家加盟的賽百味餐廳在康乃狄克州的沃靈福市（Wallingford）開幕。

第一次更名為賽百味,當時是稱為「彼特的賽百味」(Pete's Subway)。這個名稱之後在 1968 年正式更改為「賽百味」(Subway)。

(照片由賽百味加盟連鎖全球總部股份有限公司提供)

1975 年:量最大、料最多、味最美

推出這家連鎖店的旗艦三明治 —— 經典 BMT。這個名稱原本是指布魯克林－曼哈頓運輸(Brooklyn-Manhattan Transit)系統,但是之後在廣告中是指「量最大、料最多、味最美」(Biggest, Meatiest, Tastiest)。另外,位於麻州的分店開幕,這是第一家位於康乃狄克州之外的賽百味餐廳。

1977 年:點心時間

推出「點心」版潛艇堡。這個名稱之後改成「6 吋堡」。

1980 年:下一站,賽百味餐廳

賽百味連鎖店在位於紐約州綺色佳市(Ithaca)的一家餐廳裡推出以紐約市運輸系統為主題的壁畫作為裝飾。

1983 年：剛出爐的新鮮麵包

賽百味餐廳在美國各據點推出新鮮烘焙麵包。

1984 年：海外展店

這家連鎖事業進軍國際市場，並在中東國家巴林設點。此外，公司推出綜合拼盤（Party Platters）和百味俱樂部（Subway Club）三明治。

1987 年：成長、成長、成長

持續快速成長，當年已經有 1,000 家賽百味餐廳。在夏威夷州和巴哈馬開設當地第一家店。

1988 年：第 2,000 家賽百味餐廳

推出綜合冷盤（Cold Cut Combo），連鎖店的第 2,000 家店開幕。

1990 年：第 5,000 家賽百味餐廳

賽百味的連鎖店於 1990 年達到 5,000 家餐廳的目標，第 5,000 家店於德州開幕。另於墨西哥開設了第一家賽百味餐廳。

1991 年：兒童餐

推出全新的兒童套餐，裡面包含了一個三明治、一杯飲料、餅乾和玩具。第一支賽百味電視廣告於 1991 年播出。

1993 年：加個油，吃個潛艇堡

賽百味企業正式進入「非傳統」地點，例如加油站、便利商店、卡車司機服務區，以及高速公路休息區。

1997 年：7 款脂肪低於 6 克的三明治

為強調新鮮、對健康有益的三明治和沙拉，賽百味推出 7 種 6 吋以下的三明治菜單，特色是脂肪在 6 克以下。

2000 年：賽百味代言人賈德

《男人健康雜誌》（*Men's Health Magazine*）報導了賈德·佛格（Jared Fogle）的故事，這名年輕人靠著吃賽百味三明治，一年就甩掉了 111 公斤（245 磅）的體重。最後他成為賽百味的代言人，並出現在一系列長期播放的電視廣告中。

2004 年：進駐教堂

賽百味餐廳適合各種場地，從機場到動物園都不例外。2004 年，紐約州水牛城的真伯特利浸信教會（True Bethel Baptist Church）開設了一家賽百味餐廳。這名加盟者也是這間教堂的牧師，他利用這家餐廳教導社區裡貧困的年輕人習得工作與專業技能。

2007 年：支持環保

第一家賽百味環保餐廳在佛羅里達州的基西米市（Kissimmee）開幕，融合了較環保的經營方式，並推出「吃得新鮮、活得環保」（Eat Fresh, Live Green）的運動。環保元素包括低流速的水龍頭、節能設備，以及太陽能燈管。賽百味推出新鮮健康餐（Fresh Fit®）和新鮮健康兒童餐。

2008 年：5！5 塊錢！5 塊錢 1 英呎長的三明治！

賽百味品牌推出長期的促銷活動 ——「5 塊錢 1 英呎長的三明治」。同年，第 30,000 家餐廳開幕。

2010 年：25,000 個地點，30,000 家店

一個地點可能不只開設一家餐廳，例如在機場。賽百味餐廳推出該品牌全國性的新早餐菜單。選項包括各式各樣的三明治和香熱起司三明治，可選擇夾蛋白或全蛋、蔬菜、裝飾配料和醬汁。

2011 年：賽百味擁有 35,000 家餐廳

賽百味的加盟連鎖店地點成為世界第一，共有 35,000 家餐廳，包括第 8000 家非傳統的賽百味餐廳。

2013 年：他們真的覺得我們很「讚」！

賽百味的臉書專頁在當年 1 月達到 2,000 萬名粉絲。教育紀錄片「賽百味餐廳：一名 17 歲的年輕人如何透過加盟連鎖制度建立世界第一的連鎖餐廳」上映。

特定的加盟連鎖數據資料

賽百味餐廳擁有全世界最多的連鎖店，使它在快速服務餐飲業的全球發展中成為業界龍頭。

1. **加盟入會費**：賽百味的加盟入會費為 15,000 美元。雖然規定是 15,000 美元，但是每個地點並不相同，而且初期投資也會隨著餐廳的規模、興建成本、地點等等而有所差異。

2. **權利金**：賽百味的加盟者每週繳交扣除營業稅後總營業額的 12.5%；8% 為加盟連鎖金，另外 4.5% 為廣告費。

3. **創業成本**：由於地點選擇具有彈性，而且因為簡單、效率高、容易經營，因此創業成本比大部分的餐廳更低。總投資金額一般低於 78,600 美元。當然，各店的成本皆不相同。請注意：貸方將流動資產看成是手邊或銀行的現金，以及有價證券／投資等（但不包含個人退休金規劃或其他的退休金帳戶）。

4. **開發代理商（DA）**：DA 是賽百味品牌駐當地的代表，也是當地主要的聯絡人，而且能夠提供當地協助，不僅協助整個申請流程，也包括加盟者經營其餐廳期間後續的支援。

5. **教育訓練**：全年都有訓練課程。賽百味在世界各地皆設有多個訓練中心，主要的訓練中心位於康乃狄克州米佛市（Milford）。 加盟總部會依據加盟者的地點和語言偏好分配訓練中心。

6. **測驗**：當地的發展事務處會指導加盟者接受兩部分測驗，主要是英文和數學，測驗時間約 1 小時。賽百味餐廳所有的新成員都必須完成這項測驗。

7. **店面設計**：賽百味的店面設計團隊會提供詳細的藍圖，DA 事務處也會提供同一地區其他業者推薦的承包商所使用的藍圖。不過，加盟者須負責雇用一名施工承包商來興建他們的店面。

8. **租約**：所有的租約都是由公司取得，加盟者拿到的是轉租合約。賽百味地產股份有限公司（SRE）的目的是取得最佳地段。賽百味的連鎖店不斷增加，因此對於在全世界尋找適合的地點有高度需求。他們極具彈性的平面設計意味著他們幾乎在任何場所都能設置一家店。對加盟總部和加盟者而言，最有利的狀況就是一個地點從頭至尾就是一家賽百味門市。所有即將開設賽百味餐廳的不動產的挑選一開始都是先提案給當地的開發代理商，再將欲承租地點草擬的租約寄給 SRE 的代表評估。接下來 SRE 會跟房東協商條款，並達成符合房東和房客需求的租約。

9. **非傳統地點**：賽百味餐廳的平面配置靈活，幾乎任何的場地都能開設賽百味餐廳。在世界各地許多非傳統的場地都有賽百味餐廳，包括大學校園、機場、醫院、便利商店、電影院、飯店、動物園、賭場、博物館、遊樂園和體育場，甚至連教堂也有。

10. **食品配銷商**：他們要求所有的加盟者向核可的食品配銷商訂購食物。如此可確保所有的賽百味餐廳擁有最佳品質的食物，同時也能省下最多的費用。賽百味有一個獨立採購合作社（IPC）。IPC 是一家由加盟者所擁有和經營的合作社，在為產品與服務協商最低成本的同時亦維持品質、標準，並保證給賽百味的加盟者最好的價格。

所謂**非傳統地點**就是任何附屬、在同一場地內，或是位於既有商舖地產上的地點。大多數（有時候是全部）的顧客都是主辦地點既有的顧客群。這些地點是半壟斷或壟斷性的市場。一些例子包括在機場、便利商店、醫院或是大專院校校園中。

本案例之資料摘錄自賽百味的官網 www.subway.com。資料可能有所更動，欲獲得最新資料可至該網站查詢。本範例說明了總部可如何呈現資料供加盟者使用。

今日的賽百味餐廳。攝於康乃狄克州米佛市。
（照片由賽百味加盟連鎖全球總部股份有限公司提供）

Chapter 6

加盟者 /
加盟總部 /
加盟連鎖事業的選擇

「在你投資某一特定的加盟連鎖體系之前，先想一想你必須投入多少錢、你的能力，以及你的目標。一定要切實考量……」

——美國聯邦商業委員會

 前言

　　加盟者、加盟總部和加盟連鎖事業，代表三角形的三個邊。因為在加盟連鎖制度中，加盟者與加盟總部是共生的關係。所以預先篩選每一個組成的部分非常重要。加盟總部在挑選加盟者時須特別謹慎，以確保加盟連鎖事業的成功。加盟者必須判斷此加盟連鎖制度所提供的內容是否適於投資，以及總部是否能符合本身的期望。加盟總部和加盟者雙方都應考量他們感興趣的整個加盟連鎖體系的適當性。本章將詳細討論這些面向。

 ## 加盟總部對加盟者的篩選

　　成功的加盟者並沒有典型的特徵，如果有的話，那麼所有的加盟連鎖事業都應該會成功。成功的加盟者，遍布於所有年齡層，而且男女性都有。加盟者主要是那些企圖擁有自己事業的創業者。這未必表示他們適合任何一種型態的事業或是任何型態的加盟連鎖事業。創業者也許有足夠的資金做投資，但也許本身並不適合某一特定的加盟連鎖事業。一個成功的加盟連鎖餐廳可能會吸引比其規劃開設的加盟連鎖門市多出好幾倍的潛在加盟者申請加入。因此，建立篩選加盟者的一套標準不可或缺。每一個加盟總部都有其篩選加盟者的方法。一般而言，合乎餐飲加盟連鎖事業理想的資格條件列述如下。

> 　　成功的加盟者並沒有典型的特徵，如果有的話，那麼所有的加盟連鎖事業都應該會成功。

加盟者的資格條件

　　若期望以下討論的所有資格條件都會出現在一名潛在加盟者身上是不切實際的想法。然而，這些特質有助於建立和遵循一套篩選加盟者的流程。

1. **整體的商業經驗**。許多加盟總部在選擇加盟者方面，最主要的考量因素是之前做生意的經驗。有餐飲業經驗為佳，但不必然是在餐飲業。事實上，許多成功的餐廳加盟者在過去都是從事其他型態的事業。既然餐飲業與人息息相關，那麼特別強調人事處理技巧與管理的商業背景是受到重視的。尤其在人力資源管理方面的經驗更佳，例如招募員工、教育訓練、監督和溝通方面。若之前曾在多門市連鎖企業有類似的工作經驗，更是總部樂於合作的對象。熟悉日常零售事業經營更是一項有利因素，當然最好是在餐飲業。

2. **財務方面的資格條件：**雖然商業經驗是最重要的資格條件，但是對加盟者的期望並非只有這一項。加盟連鎖事業需要加盟者投入相當大的資本，因此對於其財務面的資格條件，會小心地評估。潛在加盟者在財務上，必須提供最初期的現金投資以及後續其他的金額，尤其是可能發生的財務危機。一般來說，總部在評估個人的淨資產時，往往把房子、車子等一些個人財物排除在外。許多加盟總部，隨著開店地點的不同，而在最初申請時要求不同的最低投資額。加盟總部也會詢問他們心目中是否有理想的地點或者他們是否為了可能的貸款而與金融機構接觸過。加盟總部將現有的餐廳租給潛在加盟者，或是出租一家新餐廳，以及購買一家新成立或現有的餐廳等等的情況比較少見。

   雖然並不期待加盟者支付所有財務上的金錢，但財物評估是要確認潛在加盟者的借款能力。加盟總部一般會要求潛在加盟者準備總成本的 20%至 40% 且必須為非借貸性的資本。假如不只有一名申請者時，那麼各方面的財務能力就會列入考量。未來進一步發展的整體財務能力也是重要考量。即便申請者可能擁有豐厚的淨資產，但仍要評估流動資產，尤其是要看資金是否因分散在其他事業中而變得稀薄。為判斷財務狀態，保密聲明是加盟連鎖申請表中不可或缺的部分，內容主要包括個人的資產、負債和淨值。其他需要的資料包括手邊和銀行裡的現金、證券、債券、應收票據、應付貸款、股票、壽險現金價值、房地產權、器材設備的價值、應付稅款、商業利息以及其他的資產和借貸等等。

3. **確切的履歷：**之前的事業以及在公司行號工作的履歷可提供總部評估加盟者未來成功機率的參考。加盟者在某一投資事業成功的經驗，並不保證在其他領域也會成功，但是可以看出加盟者的企業家特質。對總部來說，在商業方面有確切履歷的人證明比商業新手更能成為好的加盟者。曾經有破

產、延遲付款，以及相關紀錄也是衡量個人成功機率的指標，這些在初始的篩選過程中都會被列入考量。

4. **創業精神和亟欲成功的強烈慾望**：加盟連鎖制度需要所有相關人士皆具備創業精神和強烈的成功企圖心。使一名加盟者成功的因素，不僅是有效率的經營一家餐廳，更要具備成功的動機。潛在加盟者必須擁有一般做生意的知識以及熟知商業經營。舉例來說，一名成功的加盟者能與當地的社區打交道、有能力談定選中的地點、成為有效率的溝通者、明瞭當地區域劃分的法律、建築法規以及當生意正忙時設備停擺該如何應變等等都是很重要的能力。因此，加盟者擁有的才能愈多愈好，縱使不是完全必要。

> 除了對加盟總部的理念有堅定的信念外，加盟連鎖制度也需要加盟者對該體系懷抱奉獻精神。

5. **認同加盟總部的理念和價值觀**：潛在加盟者充分瞭解和同意加盟總部所建立的理念與價值觀是很重要的。對於經營面和品質的重視，應當完全遵循。倘若加盟者與加盟總部都能明瞭這些價值觀，可使雙方的關係運作更加順暢。加盟連鎖制度相當依賴「老主顧」，為了擁有成功的加盟連鎖體系，雙方都應該瞭解並朝這個目標努力。加盟總部也很重視公司形象之發展，因其能吸引投資者和消費者。加盟者為了要成功，也必須接受某一特定觀點。總部主要是在個人面試時判斷一名申請者能否做到這點。

6. **全心全意投入經營的意願**：許多加盟總部會力勸無法親身參與的加盟者打消念頭。為了要讓加盟連鎖事業成功，加盟者全心全意的投入是必須的。總部要求的不只是加盟者的投資而已，還必須專心致力於日常經營中。同時，全職的投入不但有助於加盟者全盤瞭解經營的細節，而且對於餐飲加盟連鎖事業的發展也需富有創意。考量到加盟者親身參與的問題，很多總部不接受缺席或兼職的加盟者。在社團法人、缺席的投資者，以及合作夥伴等方面也有特定的限制。

7. **遷移的意願**：在很多地區都有開設加盟連鎖餐廳，所以加盟者遷移的意願也很重要。很多加盟者喜歡到離他們住家近的地點開店工作。對新的加盟者來說，如有需要願意搬遷是重要考量。遷移與否的意願也可看出加盟者的興趣和對於想要獲得一個加盟連鎖事業的熱望。一般來說，申請表上往往包括了詢問潛在加盟者遷移意願的問題。

8. **成功的完成訓練課程：**訓練課程是讓加盟者熟悉該加盟連鎖事業的概念、經營以及其他面向。加盟者成功地完成訓練課程是不可或缺的。加盟總部會提供訓練的類型和其他細節，而且在加盟連鎖合約中通常會聲明訓練是契約中不可或缺的一部分。在餐廳試營運前會進行訓練，之後也會持續舉行。加盟者需要足夠的商業相關基本知識和／或學習動機，才能成功的完成訓練課程。這有賴於將要接受培訓的人員須具備充分的學習能力。

9. **長期的投入：**加盟連鎖制度需要相當長時間的投入，因為加盟連鎖合約效期一般長達 5 到 20 年之久。除了對加盟總部的理念有堅定的信念外，加盟連鎖制度也需要加盟者對該體系懷抱奉獻精神。那些常換工作的人通常並不適合加盟連鎖制度。

10. **對於加盟連鎖概念的瞭解程度：**潛在加盟者必須瞭解加盟連鎖制度，而且必須做好心理準備要去接受和認可加盟總部的角色。此外，潛在加盟者應該徹底瞭解此制度的優點和缺點。加盟者也應該要清楚瞭解到在管理加盟連鎖事業時所擁有的獨立性程度及限制。雖然加盟連鎖制度是由自我管理的單一門市所組成，但是並不適合需要或想要完全掌控餐廳管理所有面向的人。

11. **和人們共事的意願：**餐飲業需要隨時與人共處。一個成功的加盟者須願意與人共事，而且為人服務。因此，一名加盟者除了要有領導才能外，也必須擁有良好的溝通技巧，也就是交付他人完成工作的能力。一名加盟者應該樂於與人合作並為顧客服務，因為餐廳販售的是產品與服務。

> 「跟現任的加盟者和近一年內離開該體系的加盟者聊聊，對你而言或許這是驗證加盟總部的主張最可靠的方法。」
>
> ——美國聯邦商業委員會

 ## 加盟者對加盟總部的挑選

加盟者對加盟總部的挑選就像加盟總部對加盟者的挑選一樣重要。對加盟者而言，決定加入一個加盟連鎖系統，需承擔不少風險；不僅是金錢投資，還包括時間、心力及個人的承諾。對於第一次接觸加盟連鎖事業的加盟者而言更是重要。倘若欲

加入一個知名且經營成功的餐飲加盟連鎖體系，那麼承擔的風險相對較少，但是須付出較高昂的加盟金和權利金，此外，這類體系通常會設定嚴格的篩選標準。若加入一個較新的加盟連鎖事業，雖然付出的金額較少，但須承擔較高的風險。所以，潛在加盟者在選擇一項加盟連鎖事業之前，謹慎的評估是必須的。

加盟總部的資格條件

比較不可靠的加盟總部有一些警訊，如**表 6.1** 所示。以下段落是加盟者在做決定之前應該考慮的幾個加盟總部的面向。

1. **加盟連鎖事業的財務狀況：**加盟總部在財務上必須大致穩定。由於投入的資本相當大，因此加盟者和總部雙方在財務方面都必須穩健。一家公司的財務狀況可由揭露文件中的財務報表、股市報告、財務分析師的報告、總部有無意願提供財務數據，以及加盟總部在整個系統裡的投資多寡等文件來判斷。如果總部僅僅為了可以維持經營費用而盡力販售加盟連鎖事業，那麼他們將不會擁有足夠的資金維持和發展整個加盟連鎖體系。創業成本和預期的銷售額應該要審慎的加以評估。一個好的加盟連鎖事業會持續努力發展創新和更好的技術，以維持該加盟連鎖體系的整體獲利。

表 6.1　比較不可靠的加盟總部所出現的警訊

1. 需要為目前的營運周轉現金。
2. 無直營店或示範店。
3. 對加盟者照單全收。
4. 費用不合理；不是太高就是太低。
5. 施予加盟者快速做決定的壓力。
6. 太多成功保證的說詞。
7. 該事業沒有過往成功的紀錄。
8. 以住家為辦公室。
9. 沒有整套的訓練計畫。
10. 太高的加盟金。
11. 缺乏規劃完善的經營手冊。
12. 存在太多懸而未決的問題。
13. 不提供其他現有加盟者的參考名單。
14. 太多口頭的承諾。

2. **篩選加盟者的流程**：加盟總部對於加盟者的篩選流程是預測其未來意向和承諾很好的指標。因為加盟連鎖契約是長期的承諾，所以總部在考慮加盟者時必須很謹慎。篩選的過程，不應只是看最初期的投資而已，還要看本章前述的加盟者屬性。如果該加盟連鎖事業渴望的只是賺錢而已，那麼很有可能該公司在加盟連鎖業中不會維持太久。有些最成功的加盟連鎖事業，一開始索取很少或不收加盟金，但總部會提供許多的協助和資源。

3. **公司直營店與加盟連鎖餐廳的比較**：加盟總部較傾向擁有數量充足的直營店，原因如下：

   (1) 加盟總部最好應該留在與他們努力販售的加盟連鎖事業相同的領域中。只依賴加盟連鎖餐廳販售食物產品的加盟總部很可能更用心在餐廳的開發和獲利上，其主要的興趣不會是其他類型的產品或服務。因此，研究開發的工作將針對行銷類似的產品與服務進行微調，因而增加整個連鎖加盟體系獲利的機會。

   (2) 加盟總部一直都清楚餐廳的經營狀況，並且能迅速地解決問題。

   (3) 加盟總部關注成本，並且努力的控制食物與人力成本。成本控制的措施可以傳授給加盟者。

   (4) 直營餐廳是加盟總部投入了相當的投資成本在土地、建築、租貸，以及設備等方面的指標，因此直營餐廳會更盡力獲得最大的投資報酬率。加盟總部著重在行銷和顧客滿意度方面的努力可當做加盟者的楷模。

   (5) 研發可展現加盟總部對旗下餐廳的成長和成功有多大的企圖心，而且加盟者可間接獲益。如果加盟總部只對於販售加盟連鎖事業感興趣，那麼經營方面的事務可能會被忽略。

   (6) 加盟總部非常清楚知道加盟者對於總部所提出的改變可能會有的反應。加盟總部可以先在直營店執行這些改變，當作測試或是作為加盟者的示範。舉例來說，當推出一項新產品時，可在直營店先做市場測試，並展現其獲利性給加盟者看。如果是計劃修改店面的硬體設施，也可先在直營店實施。這對於加盟總部和加盟者的關係也會帶來正面的影響。

   (7) 會成功的加盟總部對於該餐飲加盟連鎖事業有長期的規劃，而不僅是依賴販售加盟連鎖事業或者短期的行動，譬如增加總營業額，如此便能收取較多的權利金。

(8) 直營店可以作為比較的工具，用來評估加盟連鎖門市和非加盟連鎖門市的差異性，這點對於加盟總部和加盟者而言都有好處。

(9) 直營店展現了加盟總部的領導角色，而且激發加盟者對公司的信心，並激勵加盟者跟進或超越他們的業績。

有個尚未有定論的問題是，加盟總部應維持多少比例的加盟連鎖店和直營店。根據經驗法則，體系內總餐廳數的 20% 到 30% 應為直營店。對於擁有數千間餐廳的大型連鎖企業而言，建議維持約 400 間左右的直營店。

4. **加盟總部成功的紀錄**：藉由檢視聯邦貿易委員會（FTC）的揭露文件或是制式加盟連鎖事業公開說明書（UFOC）可評估加盟總部的成功與否。旗下的加盟餐廳成功與否也是一個很好的指標。評估成功的方法之一就是檢視加盟連鎖餐廳的門市銷售額。較理想的方式是比較位於不同地點的五家店之平均銷售額；新開的店則不可列入考慮，因為有不少新的餐廳在剛開幕期間總銷售額極佳，但過了一陣子則趨緩。通貨膨脹也會對銷售動向造成影響，因為價格提高可能讓人誤以為銷售額增加。在解釋結果之前，對於產生影響力的外在環境因素都要先調節。將某一人口族群裡消費者的比例和該族群的總人口數做一比較，是有用的方法。加盟連鎖餐廳是迎合不同的人口區隔，因此比較具有代表性的人口統計數據非常重要。

5. **加盟總部的創新特質**：加盟連鎖制度基本上是基於其所提供的產品和服務的創新性與獨特性而來。為了更具競爭力，加盟總部應該不斷努力創新加盟連鎖體系所提供的產品與服務；這些創新可能是新增菜單項目、器材的改進、製備的新方法，或者修正的服務方式。成功的加盟連鎖事業持續不斷的提升加盟連鎖餐廳的每一個組成成分。這些需求顯然來自加盟連鎖餐廳的動向。那些一開始僅販售牛肉漢堡的速食餐廳現在也賣起雞肉、魚肉和牛排，而且提供得來速、沙拉吧和外送服務。創新應該要適用於加盟連鎖體系，原則是簡單化以及可大規模複製。

6. **加盟總部企業辦公室的員工**：總部企業辦公室員工的態度是人們對於該企業組織裡的人員整體信念的第一印象。這些員工也展現了各部門間合作的程度，包括行銷、招募、訓練和經營，為了該體系的成功，他們必須密切合作。同時，管理政策展現了總部的經營宗旨和理念。由總部職員對待加盟者的方式，可看出未來雙方關係的滿意度，並且可顯示該公司在組織和經營上的效能。既然加盟者會持續性地與總部人員打交道，因此在選擇加盟總部時，上述細節皆應考慮。

7. **加盟總部所提供的支援服務**：對加盟者而言，由總部提供的支援服務是很重要的。這些服務在揭露文件中均有列示出來，並且向所有的加盟者說明。至於需要多少服務則應由潛在加盟者來評估。由總部投入的投資比例和企圖心是一項重要的考慮因素。舉凡從店面地點的選擇，到餐廳的開幕和品質標準的維持，由總部提供的服務等等，都應該加以評估。總部特別強調維持產品及服務的品質是加盟連鎖事業成功的指標。這也是消費者所想要和需要的，所以更要仔細地去評估。俗話說：「一環薄弱，全局必垮。」這句話也適用於加盟連鎖餐廳。當一間加盟連鎖餐廳無法符合總部的標準時，那麼整個體系亦將受到影響。如果這種疏失未及時改善，整個體系就會出問題。一個總部應該立場堅定，處事公正，而且在要求品質標準方面態度一貫。假如是加盟總部這方的疏忽，可能表示總部對於該加盟連鎖事業的成長與發展缺乏長遠的興趣與動機。除了品質控制之外，其他基本的服務還包括教育訓練、行銷和經營事務方面的諮詢。

8. **加盟總部對於加盟者的需求所做的回應**：一個好的加盟總部能瞭解在整個加盟連鎖體系的發展中，加盟者團結合作的力量。加盟者可以提供有助於餐廳營運及獲利方面重要的建議。加盟者顧問委員會（FACs）是由數間總部組成，目的就是為了聽取加盟者的建議而設立的組織。在加盟連鎖系統裡，加盟總部應扮演著一名領導者的角色，並且在考量加盟者的意見後，幫助他們做出重要的決策。評估總部投入程度的方法之一，就是去思考雙方之間所建立的溝通管道。溝通方式可以是正式的形式，例如出版品、商務通訊、會議、論壇，以及電子布告欄等等。任何一個新的想法考慮要做最後調整時，應先告知所有的加盟者，讓他們考量和提出批評。基本上，加盟總部和加盟者雙方應保持持續性的溝通，這種溝通也可看出總部對加盟者的重視程度。

9. **加盟連鎖制度相關的成本**：一名潛在加盟者應充分瞭解和研究加盟總部所要求的費用。這些款項包括：(1) 一次性的初期加盟金；(2) 保證金；(3) 每月根據總銷售額支付的權利金；(4) 根據總銷售額支付的廣告費用。從體系外的金融機構獲得融資也應該要考慮。同時，也要考慮未來的發展性或是餐廳整修的資金。訓練的成本也應列入考慮。除了由加盟總部列出的費用之外，可能還有其他額外的成本支出，譬如租賃物改造、法律服務費用，以及其他的開業成本。

10. **加盟總部的訓練課程及未來的協助**：訓練是加盟連鎖制度裡一項重要的成分，因此應該要評估訓練課程的型態與品質。訓練的時間長度、訓練的型態以及費用可以看出這份事業的特質與加盟總部的企圖心。許多加盟總部在設備完善的場所提供關於所有經營層面的正式教育訓練。麥當勞的漢堡大學就是這類機構的例證。加盟總部提供的經營手冊也讓加盟者能更進一步深入瞭解總部未來會給予的支援。

總而言之，潛在加盟者應該認真仔細的詳閱和研究揭露文件。市場的地點、產品和服務的型態，以及所有其他的面向都應該要加以考慮。在簽訂加盟連鎖合約之前應該要先尋求法律協助，因為加盟連鎖事業是一個很重要，而且在某些情況下是一輩子的投資事業。

> 一個好的加盟總部瞭解在發展整個加盟連鎖體系時，加盟者團結合作的力量。

 # 加盟者對加盟連鎖事業的篩選

在瞭解加盟者和加盟總部理想的屬性後，下一個要考慮的面向就是加盟連鎖餐廳本身以及它是不是你應該要從事的事業。潛在加盟者在選擇一個加盟連鎖事業時，上述提及的因素全部都應該要列入考慮。潛在加盟者應該要謹慎地評估相關文件和自我評估其屬性。以下列出我們應該要詢問的一些問題。表 6.2、6.3 和 6.4 為用來評估不同面向的評估／檢核表的表格，它們也可以用在目標評估上。

自我評估

假如有人認真考慮想經營一個加盟連鎖事業，那麼在簽訂任何合約之前，應該要先經過下述的自我評估。

1. 加盟連鎖制度是否適合你？你是否曾經思考過加盟連鎖制度所有的優、缺點？

2. 你有無經營一間加盟連鎖餐廳所需的經驗？

3. 你有無興趣及動機追求餐飲事業的成功？

4. 你願不願意遵循總部所制定的流程來管理餐廳的每一面向？

5. 你是否有時間投入在一個加盟連鎖體系中？你是否肩負太多其他的承諾，包括對你的家人、朋友或親人的承諾？

6. 你樂於為人們服務以及與人共事嗎？你以前有無和你的上司和下屬相處愉快的經驗？

7. 你是否具有良好的溝通技巧？你能否有效地運用回饋意見？

8. 你有沒有能力完成總部的訓練課程？

9. 你是否會事先計劃好你的活動？你在日常例行事務上是否處理得井井有條？

10. 你是否有足夠的自信承擔事業風險？你在過去是否曾經成功克服過失敗？

　　如果上述任何一個問題，你的回答是「否」，那麼你必須要重新思考加盟連鎖事業是否適合你或者你是否能夠克服這些缺陷。

表 6.2　加盟者自我評估檢核表

請在左欄填寫是（✓）；否（X）；不確定（？）；或者在右欄圈選 1 至 5 的數字，1 ＝非常不同意；2 ＝不同意；3 ＝普通；4 ＝同意；5 ＝非常同意。	
___　你知道加盟連鎖制度的優點和缺點嗎？	1　2　3　4　5
___　你有在餐廳工作過的經驗嗎？	1　2　3　4　5
___　你有興趣和動機在餐飲業做出成功的事業嗎？	1　2　3　4　5
___　你願意遵循加盟總部經營餐廳的程序嗎？	1　2　3　4　5
___　你能投入足夠的時間在加盟連鎖事業上嗎？	1　2　3　4　5
___　你樂於與人們一起工作嗎？	1　2　3　4　5
___　你是否擁有良好的溝通技巧？	1　2　3　4　5
___　你是否完成總部的訓練課程？	1　2　3　4　5
___　你做事是否井井有條？	1　2　3　4　5
___　你能否承擔財務風險？	1　2　3　4　5
共有 _____ 個「是」 （有 9 個以上的「是」表示特優）	總分：_____ （平均 4 分或以上表示特優）

加盟連鎖餐廳事業的評估

下列評估是要確認餐飲事業及其概念是否適合你。

1. 你是否喜歡該餐廳的概念、產品及服務？
2. 你是否相信加盟總部對於品質、價值、服務和清潔（QVSC）設定的標準？
3. 你對菜單項目熟悉嗎？你對於這些餐點在餐廳所在地會受歡迎／可以被接受有無信心？
4. 餐廳的地點對於所提供的菜單類型合適嗎？這家餐廳有沒有成長和獲利的空間？
5. 你喜歡在廚房裡工作並採用所有的菜單項目製備的流程嗎？
6. 你喜歡由總部為餐廳規劃的裝潢、室內設計、座位安排、得來速及其他設施嗎？
7. 你覺得加盟總部索取的各項費用合理而且在你的支付能力範圍內嗎？譬如入會的加盟金、權利金及廣告費。
8. 你滿意這家和／或類似餐廳的平均獲利嗎？
9. 你有信心能招聘到有能力的團隊在你的餐廳工作嗎？
10. 餐廳在規劃的地點是否具有競爭優勢？該優勢在可預見的未來能否持續？

如果上述任何一個問題，你的回答是「否」，那麼你必須要重新思考你想投入加盟連鎖事業的理由與意圖。

加盟總部和加盟連鎖相關文件的評估

下列問題將有助於確認你在簽約前已經查核過加盟連鎖體系的所有面向。

1. 你是否已詳細閱讀揭露文件？你的法律顧問是否審閱過該文件以確認沒有漏洞？
2. 你滿意在加盟連鎖文件中設定的合約效期嗎？
3. 你能接受加盟總部列在揭露文件中的加盟者責任嗎？
4. 你對於加盟總部的商標和專利權有無任何疑問？
5. 你瞭解經營手冊的內容，並且知道如何正確使用它嗎？

表 6.3　加盟連鎖餐廳評估檢核表

請在左欄填寫是（✓）；否（**X**）；不確定（？）；或者在右欄圈選 1 至 5 的數字，1 ＝非常不同意；2 ＝不同意；3 ＝普通；4 ＝同意；5 ＝非常同意。	
＿＿＿ 你是否喜歡該餐廳的概念、產品及服務？	1　2　3　4　5
＿＿＿ 你是否相信加盟總部對於品質、價值、服務和清潔所設定的標準？	1　2　3　4　5
＿＿＿ 你對菜單項目熟悉嗎？你對於哪些餐點會受歡迎有無信心？	1　2　3　4　5
＿＿＿ 餐廳的地點對於所提供的產品及服務合適嗎？	1　2　3　4　5
＿＿＿ 你能接受依總部制定的流程和步驟做事嗎？	1　2　3　4　5
＿＿＿ 你喜歡由總部為餐廳規劃的裝潢、室內設計、座位安排、得來速及其他設施嗎？	1　2　3　4　5
＿＿＿ 你覺得所有支付給總部的費用合理嗎？	1　2　3　4　5
＿＿＿ 你滿意餐廳的平均獲利嗎？	1　2　3　4　5
＿＿＿ 你有信心能招聘到有能力的人員在你的加盟連鎖餐廳工作嗎？	1　2　3　4　5
＿＿＿ 餐廳在規劃的地點是否具有競爭優勢？	1　2　3　4　5
共有 ＿＿＿＿ 個「是」 （有 9 個以上的「是」表示特優）	總分：＿＿＿＿ （平均 4 分或以上表示特優）

6. 你同意加盟總部的廣告政策嗎？它符合你的行銷需求嗎？

7. 你通盤瞭解加盟總部為加盟者設定的會計與記帳流程嗎？

8. 你瞭解並同意加盟連鎖合約中由加盟總部制定的終止相關條件嗎？

9. 你對於在沒有加盟總部的允許下不可與其競爭的協議有任何疑問嗎？

10. 你是否滿意總部所提供的訓練課程和開業協助？

加盟連鎖制度的挑戰

「國際加盟連鎖協會」在它的出版品「加盟連鎖商機指南」中，列出了下列關於加盟連鎖制度的挑戰，這些挑戰正好總結了在從事加盟連鎖事業之前應該要認真思量的重點。

表6.4 加盟總部評估檢核表

請在左欄填寫是（✓）；否（X）；不確定（？）；或者在右欄圈選1至5的數字，1＝非常不同意；2＝不同意；3＝普通；4＝同意；5＝非常同意。	
___ 你是否已閱讀並瞭解加盟總部所提供的文件？	1 2 3 4 5
___ 你滿意合約的效期嗎？	1 2 3 4 5
___ 你能接受加盟總部所提供的文件中列出的加盟者責任嗎？	1 2 3 4 5
___ 你是否願意遵守加盟總部的商標和專利權保護的規定？	1 2 3 4 5
___ 你瞭解經營手冊的內容，並且知道如何正確使用它嗎？	1 2 3 4 5
___ 你同意加盟總部的廣告政策嗎？	1 2 3 4 5
___ 你瞭解加盟總部設定的會計與記帳流程嗎？	1 2 3 4 5
___ 你同意合約中規定的終止條件嗎？	1 2 3 4 5
___ 你明白而且同意不可與總部競爭的協議嗎？	1 2 3 4 5
___ 你是否滿意總部所提供的訓練課程和開業協助？	1 2 3 4 5
共有_____個「是」 （有9個以上的「是」表示特優）	總分：_____ （平均4分或以上表示特優）

挑戰一：在體系裡工作

那些難以遵守指示或是不喜歡在一個體系裡工作的人們，會發現加盟連鎖制度相當令人灰心。因為如果要維持加盟連鎖事業的一致性，遵守總部體系的規範至為關鍵。然而，像是市場行銷或產品開發等領域，還是可讓一名加盟者發揮創意，這對加盟總部而言也有利。

挑戰二：風險

雖然和開創獨立事業相比，購買加盟連鎖事業所承擔的風險較少是事實，但是仍然有風險的存在。因為既然你擁有了一項事業，在很大程度上，你自己也決定了這項投資的成功性。儘管總部擁有很棒的計畫和響亮的名聲，但是生意的風險最終多半還是掌握在你自己的手上。

挑戰三：與加盟總部共事

購買一個加盟連鎖事業就好像結婚一樣：雙方締結了法律上的關係，可能維持很長的一段時間。所以加盟者與加盟總部的關係就變得十分重要。欲瞭解總部，可利用下列方式：

1. 拜訪加盟連鎖公司的企業總部，跟公司裡的員工打交道，你就會知道加盟總部營運的效率如何。
2. 和同一體系的其他加盟者聊一聊，觀察他們與加盟總部的關係以及與總部共事的反應。
3. 盡量多從其他來源獲得關於加盟總部或加盟連鎖體系各方面的資料。

挑戰四：不切實際的期望

有些人進入加盟連鎖制度後，即期盼著快速成功。有些人會懷抱這樣的期望或許是因為一些加盟者成功的將事業做得有聲有色所致。然而，要獲得成功必須辛勤的工作和付出極大的努力。加盟連鎖制度就像其他行業一樣，需要付出相當多的時間、積極的行動和勤奮努力。有時，加盟總部的說明可能造成加盟者的誤解或不切實際的期望。因此，瞭解真相，甚至不抱太大期望進入該體系是比較明智的做法。

挑戰五：經營事業

有些人就是比其他人及早做好準備去經營一項事業。他們多少具有一些做生意的經驗，而且懂得與人們和睦相處。反之，其他的人可能發覺經營一份加盟連鎖事業是一個沉重的負擔。你必須很誠實地評估經營一份事業所需具備的條件。如果有需要，最好向加盟總部尋求特別的協助。

總之，加盟連鎖制度提供難得的機會給許多準備要投資在這類事業上的人。雖然購買一個加盟連鎖事業並無法絕對保證加盟者的成功，但是有許多陷阱是可以事先避免的。表 6.2 至 6.9 列出了應該詢問的各種問題。

收益資訊

對加盟者而言，取得收益的資訊是最重要的面向，但是它也是最難從加盟總部或其他有經驗的人身上取得的資料。收益資料是不對外揭露的資料，有部分是因為法律上的問題。無論如何，從不同的來源所獲得的資訊可能形成偏誤。

根據國際加盟連鎖協會的出版刊物記載：「加盟總部不需要揭露關於可能的收入或銷售額的資料。如果他們願意公開，法律規定他們在合理基礎上提出自己的說法，並證明這些說法的真實性。」根據聯邦貿易委員會（2012）所提供的資料，在檢閱收益資料時，應該要考量以下的資訊：

1. **樣本規模**：任何由加盟總部或加盟者所提供的數字可能不具代表性或者可能是不實的。即使揭露文件說明了在要求的水準下，樣本規模以及提報收益的加盟者的人數和百分比，但是這些數字或許並不適用於任一新的加盟連鎖門市，因為還有各種因素要考慮，譬如地點、競爭對手及整體業績。不過，根據現有的數據還是可以看出一些端倪。

2. **平均收入**：加盟者的平均收入也可能讓人產生誤解。在樣本規模中所提到的一些原因也適用於平均收入。它同樣也只能讓你有大致上的瞭解，但是它有可能是不實的數據，因為它顯示的是加盟者的平均收入，其事業特性可能完全不同。

3. **總銷售額**：總銷售額的數字並無法真正說明加盟者的實際成本或獲利。一家總收益高的門市或許因為經常性費用、租金以及其他開銷偏高而導致虧損。

4. **淨利**：加盟總部往往不提供這方面的資訊。如果有的話，那麼重點是要詢問這份資料是來自加盟者還是直營店。直營門市一般成本較低，因為它們是以較低的成本取得設備、存貨或是其他東西，因此增加了淨利。

5. **地域相關性**：收益可能會隨著地理位置不同而有所差異。每一個地點都有不同的環境和目標市場，所以應該謹慎分析。

6. **加盟者的背景**：加盟者各有不同的技能和教育背景。某一個人成功並不保證每個人都能成功。一名加盟者的經驗和管理的門市數量也可能與其他加盟者不同。

7. **對收益報告的依賴**：加盟總部可能會要求潛在加盟者簽署一份聲明，詢問他們在購買一個加盟連鎖事業的過程中是否有收到任何收益或財務績效報告。如果有任何口頭或書面的收益報告，總部應該在面試時以及在簽署最後的文件前充分告知。如果沒有的話，潛在加盟者形同放棄任何對收益報告提出質疑的權利，而這份報告足以影響加盟者購買該加盟連鎖事業的決定。

　　本章所提到的這些面向都是防範措施，並不是要勸阻人們進入加盟連鎖事業。另外，查看公司的揭露文件從收件和簽署加盟連鎖合約之後有無任何更動是明智的做法。揭露文件至少每年會更新一次，在最新發送的文件中可能會公布不利的變化，譬如對加盟總部提出的訴訟、加盟總部管理團隊的變動、財務以及財務績效數據變化等等。

表 6.5　美國聯邦貿易委員會對潛在加盟者的建議

在你投資某一特定的加盟體系之前，請先思考你必須投入多少金額、你的能力和你的目標。

1. 你的投資：
(1) 你必須投資多少金額？
(2) 你可以承擔多少的虧損？
(3) 你是獨資還是合夥購買一個加盟連鎖事業？
(4) 你需要融資嗎？錢從哪裡來？
(5) 你的信用評比如何？信用分數幾分？
(6) 當你開始這份事業時，你有存款或是其他收入維持生計嗎？

2. 你的能力：
(1) 該加盟連鎖事業要求要有技術經驗或是特殊的教育訓練嗎？
(2) 你有哪些特殊的技能可應用在一份事業上？尤其是在這份事業上。
(3) 你曾經有當老闆或是經理人的經驗嗎？

3. 你的目標：
(1) 你需要一筆特定的年收入嗎？
(2) 你有興趣追求某一特定的領域嗎？
(3) 你對於零售業或提供服務感興趣嗎？
(4) 你一天可以工作幾個小時？你願意工作幾個小時？
(5) 你打算自己經營這份事業還是雇用一名經理人？
(6) 加盟連鎖經營權是你主要的收入來源？或者它是用來補貼你目前的收入？
(7) 你很容易就感到厭煩嗎？你會長期經營這份事業嗎？
(8) 你想要擁有好幾家店面嗎？

表 6.6　美國聯邦貿易委員會對潛在加盟者的建議：在選擇一個加盟連鎖事業之前，
關於初期費用和後續成本的問題

在你投資某一特定的加盟體系之前，請先取得關於下列成本的資料：

1. 持續繳納權利金
2. 廣告費用，包括地方性和全國性的廣告專款
3. 開幕或是其他初期的商業宣傳
4. 商業或經營執照
5. 產品或服務供應成本
6. 房地產和租賃物的改造
7. 自行斟酌的設備，譬如電腦系統或是保全系統
8. 教育訓練
9. 法律費用
10. 財務與會計建議
11. 保險
12. 遵照當地法規所需付出的成本，譬如區域劃分法、廢棄物管理以及消防和其他安全規範
13. 健康保險
14. 員工薪資與福利

表 6.7　美國聯邦貿易委員會對潛在加盟者的建議：關於加盟總部所提供之訓練的問題

在你投資某一特定的加盟體系之前，請先查閱下列資料：

1. 誰有資格接受訓練？
2. 新進員工有資格接受訓練嗎？如果有，費用多少？由誰支付？
3. 訓練課程有多長？在技術訓練、商業管理訓練，以及行銷方面各花多少時間？
4. 誰來執行訓練，他們的身分資格為何？
5. 公司會提供持續的訓練嗎？需要多少費用？
6. 協助排除困難的支援人力：公司有分派人力到你所在的地區嗎？他們需要負責多少位加盟者？
7. 公司有提供現場的個人協助嗎？需要多少費用？

表 6.8　美國聯邦貿易委員會對潛在加盟者的建議：關於廣告專款的問題

在你投資某一特定的加盟體系之前，請先取得下列相關資料：

1. 廣告專款的哪個部分用在行政支出上？
2. 有哪些其他的費用是由廣告專款支付？
3. 加盟者可以控管廣告資金的流向嗎？
4. 哪些廣告宣傳是公司已經在進行中的，哪些是在計畫階段？
5. 該筆專款有多少百分比是花在你所在地區的廣告中？
6. 有多少百分比是用在銷售更多的加盟連鎖權利上？
7. 所有的加盟者皆付出同樣的金額在廣告基金上嗎？
8. 你需要加盟總部的同意才能擬定和購買你自己的廣告嗎？
9. 倘若你做自己的廣告，有沒有退費或是廣告出資折扣？
10. 當加盟總部刊登廣告時，有拿取任何佣金或是回扣嗎？誰獲得好處—是你還是加盟總部？

表 6.9　美國聯邦貿易委員會對潛在加盟者的建議：在選擇一個加盟連鎖事業之前，詢問現職和離職加盟者的問題

在你投資某一特定的加盟體系之前，請先詢問現任和前任加盟者下列問題：

1. 這名加盟者經營這份加盟連鎖事業多久了？
2. 這家加盟連鎖店位於哪裡？
3. 他們能夠在一個合理的時間開店嗎？
4. 他們的總投資，包括任何隱藏或未預期的成本為何？
5. 回收經營成本和賺得合理的收入要花多久時間？
6. 他們對於成本、交貨，以及販售的商品或服務的品質感到滿意嗎？
7. 在成為加盟者之前，他們是哪些身分背景？
8. 加盟總部的訓練夠充分嗎？
9. 加盟總部有提供持續的服務嗎？
10. 你滿意加盟總部的廣告企劃嗎？
11. 加盟總部有實現它在合約中的義務嗎？
12. 該加盟者有投資另一家門市嗎？
13. 該加盟者推薦這項投資嗎？

⇒ 個案研究

福來雞：一種不同型式的加盟連鎖店

　　福來雞（Chick-fil-A）加盟連鎖提供了一個不同於傳統加盟連鎖事業的機會。舉例來說，加盟入會費 5,000 美元，雀屏中選的加盟者（他們指的是經營者）即可獲得經營一家福來雞加盟連鎖餐廳事業所必須擁有的權利。他們要求每位經營者不能有任何其他仍在營運中的事業，必須全職、親力親為經營這家店。福來雞有傳統的獨立店面以及在購物商場的門市。經營者是年復一年經營餐廳的人士。基本上，他們是作為該企業的合作夥伴，分享獲利但是卻未擁有該餐廳的股份。加盟者不能買賣福來雞餐廳，因為該企業保留了所有的股份。好處是加盟者不需要支付採買費用或是頭期款，也沒有廣告宣傳費，因為皆由該企業在運作。加盟者支付 5,000 美元當作加盟費，這個數字遠低於其他加盟連鎖事業所要求的費用，其他體系可能要求高出 5 至 10 倍的費用，並加上簽訂一份長期的合約。在這種商業模式下，經營者基本上是向福來雞企業承租這家餐廳來經營。經營者必須付給加盟總部一筆服務費，通常是每月總營業額的 15%，並包含 50% 的月淨利。其他較小的費用包括福來雞所提供的會計帳務服務以及硬體／軟體的支援費用。福來雞和其他主要的加盟連鎖企業之間最顯著的差異在於當一名經營者決定要撤出或轉移到其他事業機會上時，未能保有股份（Hazen, Dudley, & Freed, 2013）。這家連鎖餐廳另一個與眾不同的特色就是所有的門市在每週日和耶誕節都不營業，無論是獨立店家或是賣場店家皆然。據說這間企業是基於基督教信仰，但是週日不營業一直是備受討論的議題。有個研究結果顯示，對於宗教信仰較虔誠的消費者比較可能支持週日不營業的政策。另外，這個決策有可能正面影響企業形象，造成較高的消費者忠誠度意向（Swimberghe, Wooldridge, & Rutherford, 2014）。

　　福來雞的加盟程序很特別，因為它結合了授權以及傳統的加盟連鎖制度。事實上，在招募潛在加盟者時，他們稱之為授權。他們的授權方案目前重點放在開發大學校園、機場、醫療院所，以及企業服務場所的新授權門市。他們在 1992 年開始這項授權方案，當時他們在喬治亞州亞特蘭大市的喬治亞理工大學開設了一家餐廳。

　　2012 年，福來雞的董事長兼營運長丹恩‧凱西（Dan Cathy）公開表示他反對同性戀婚姻並支持「聖經對家庭單位的定義」後，使得該公司遭受群眾抗議。他的言論激起了全國性的政治風暴，但是若進一步檢視福來雞的起源及其政治活動則可看出他們對其保守的價值觀毫不掩飾（Cline, 2012）。該企業發表一份新聞稿，清楚說明他們的責任與承諾，他們擔負起上帝交付給他們所有的任務。在新聞稿最後指出，「在我們的餐廳，福來雞的文化與服務傳統就是帶著榮耀、尊嚴和尊重來服務每個人——無論他們的信仰、種族、宗教、性傾向或性別。」

　　福來雞有個知名的得獎廣告「多吃雞」（Eat Mor Chikin）持續了超過 14 年。乳牛廣告在 1995 年首次推出，在廣告看板上一隻黑白相間的乳牛坐在另一隻乳牛的背上，用油漆寫出「Eat Mor Chikin」。這隻乳牛的自我保護訊息在其他有創意的廣告宣傳中不斷重複出現（Chick-fil-A, Inc., 2009）。在福來雞的官網上有一段以時間軸描繪的乳牛廣告簡史，文字說明如下：「1995 年，一隻叛逆的乳牛，嘴巴含著一把油漆刷，在廣告看板上刷出三個字：『多吃雞』。從那天開始，吃漢堡的景象就永遠改變了。這兩隻勇敢無懼的乳牛，像是領悟到要為自己的利益著想，牠們瞭解如果人們吃雞就不會吃牠們。今天，乳牛群愈來愈多，牠們的訊息傳達給成千上百萬的消費者——電視、廣播、網際網路，以及在一些水塔上。不用說，福來雞完全支持和感謝我們最親愛的牛朋友所做的極大努力。」福來雞偶爾也會在特定的日子邀請消費者到他們店裡免費用餐。2011 年，當一家佛蒙特州的公司送出其宣傳標語「多吃甘藍」（Eat More Kale）的註冊商標的申請，並在全國使用和受到保護時，福來雞必須起而捍衛他們歷時 16 年的「多吃雞」廣告（Nation's Restaurant News, 2011a）。為了慶祝他們的乳牛系列廣告邁入第 17 週年，這家公司打造了一間臨時性的乳牛博物館。這家博物館打算以乳牛廣告的時間軸、起源、行銷戰術，以及圖騰為號召（Nation's Restaurant News, 2011b）。

　　值得注意的是，乳牛廣告的時間軸如何隨著媒體、科技，以及商業環境做改變。一些重要的時間軸（如福來雞官網所示）列示如下：

1995 年：乳牛霸占第一塊廣告招牌。

1997 年：乳牛第一次出現在電視上。

1998 年：首次推出乳牛月曆。

2000 年：乳牛把牠們的腳蹄伸進政治場域（這幾隻乳牛掛著牌子站在白宮前，有些牌子寫道：「再給雞 4 年……投給雞。不分左翼或右翼。」

2002 年：乳牛進入大聯盟。

2008 年：攀登新高峰，乳牛在第一座水塔上漆字。

2009 年：乳牛迎接數位時代的來臨，推出網站 eatmorchikin.com。

2010 年：乳牛聽到福來雞發出辣味雞新口味的警報（乳牛穿上消防員的衣服，掛上「我們被火烤了」的牌子。）

2011 年：乳牛顯然是社交的動物，在牠們的臉書專頁上累積了超過 50 萬名的粉絲（乳牛坐著在使用一部筆記型電腦，旁邊寫道：「吃雞，不然我就刪你好友」）。

加盟者／餐廳經營者的篩選

若想成為福來雞連鎖餐廳的經營者，該企業網站表示：

若你具備以下條件，或許你會想繼續深入瞭解入主福來雞的機會：

1. 你正在尋找一份全職、「親自投入」的事業機會。
2. 你曾經有過擔任事業主管的經歷。
3. 成功管理你個人的財務。
4. 你是一個成果導向、主動積極的人，對於經營一份事業感興趣。
5. 目前沒有計畫要從事其他的事業。

若你符合下列狀況，那麼這不是一個合適的事業：

1. 你正在尋找投資機會或是想成為股東。
2. 想要將資產賣給福來雞有限公司。
3. 要求福來雞有限公司在某一特定地點開立門市。
4. 正在尋找多門市的加盟連鎖機會。
5. 想要讓加盟連鎖組合更多樣。

提供上述資料是要證明一個加盟總部如何事先告知考慮成為其加盟者的人士必須具備何種條件。

結論

　　從本個案研究中可以看到：(1) 加盟連鎖制度是有彈性的，而且可以被用來當作一種修定版的授權形式；(2) 潛在加盟者正在尋找有限投資但獲利機會仍然很高的事業；(3) 只有一種菜單類型（肉類）的餐廳加盟者也能夠受到歡迎，甚至可能比其他知名的餐飲事業更具有競爭優勢；(4) 在加盟連鎖制度中可能存在特殊的要求（譬如週日不營業），或許跟目前的慣例背道而馳，有時被認為是僵化的制度；(5) 在廣告和宣傳中的創意可以大有幫助，而且可以成為一個品牌象徵，因而發展出忠實的顧客群。

Chapter 7

標準的加盟總部服務

「在與我們的加盟者攜手打拼時，我們懷抱遠大的志向，除了維持品牌知名度外，同時也開發創新的行銷、廣告和產品，以維持業界龍頭的地位，並且讓顧客一再光顧。我們看這件事的角度是，你在做自己的事業，但是你從來就不是單打獨鬥。」

——必勝客

 前言

　　加盟總部提供各種服務給加盟者是加盟連鎖契約的一部分。這些服務是加盟連鎖制度的基本要素，因此有興趣的加盟者需要細心評估。檢閱完加盟連鎖揭露文件會發現該文件有一大部分是由一長串的服務清單所構成。加盟者得持續支付這些服務的費用，包括加盟金、權利金和廣告費。

　　並非所有的加盟總部都會提供本章所討論的各種服務。大部分的加盟連鎖餐廳是營利公式加盟連鎖或是設在購物商場內。依照加盟連鎖的類型，加盟總部會提供各式各樣的服務。提供及執行服務的方式反應出該加盟連鎖體系的效率。根據加盟連鎖合約提供服務有助於建立穩固的加盟者與總部之間的關係。相反的，如果這些服務未能有效提供的話，將導致總部和加盟者之間的摩擦。加盟連鎖體系的獲利有賴於加盟者和總部雙方的合作，因此這些服務也擔任了重要的角色。

> 　　加盟總部的服務幾乎包含了所有的餐廳業務範圍，包括一次性的服務，例如位址和建築設計，以及持續的服務，例如教育訓練、採購、行銷及產品開發。

 加盟總部所提供的服務

　　加盟總部的服務幾乎包含了所有的餐廳業務範圍，包括一次性的服務，例如位址和建築設計，以及持續的服務，例如教育訓練、採購、行銷及產品開發。為了使這些服務更便利，許多加盟總部在餐廳所在地區設置區域辦公室。總部聘僱人員提供各種功能的服務。加盟總部所提供的標準服務列示如下，並於以下各節中說明。

1. 位址選擇諮詢與協助。
2. 協助建築工程及設備安裝。
3. 給加盟者不同程度的訓練。
4. 開幕前及餐廳開幕協助。

5. 餐廳經營方面持續性的諮詢服務。
6. 提供經營手冊。
7. 關於菜單、原料／配方，以及製備方法的秘訣。
8. 總部和加盟者間的溝通管道。
9. 協助行銷、廣告及宣傳。
10. 使用商標、服務標誌及招牌的許可。
11. 加盟連鎖事業發展及支援。
12. 產品開發。
13. 採購及規格。
14. 物料管理。
15. 標準及控制的維持與檢查。
16. 現場服務的營運支援。
17. 法律事宜的諮詢。
18. 在維護及呈報交易、會計及成本分析方面的財務協助。
19. 研究與開發。
20. 促進社區活動及特殊節慶活動。

 ## 地點選擇與餐廳設計

建立一間餐廳的第一步就是選擇地點。由於一間餐廳的成敗與否，很大部分取決於其位址，所以由有經驗的專業人員審慎評估餐廳位址是非常重要的。聲譽卓著的加盟總部有專業的房地產開發人員，並為加盟者提供協助。總部會進行一個完整的市場可行性分析，包括整體市場、人口特徵、交通模式、位址規模及成本、損益平衡銷售量，以及競爭對手等數據。

地點選好之後，下一件重要的事就是餐廳的設計。加盟總部會提供設計服務，在發給潛在加盟者的加盟連鎖資料袋中有說明。舉例來說，麥當勞公司在其手冊中陳述：「本公司在位址選擇及建築設計方面，採用相同的分析步驟。我們雇用有經驗且具備建築、營造，及工程方面的專業人員，以確保麥當勞的餐廳設施在餐飲業中為技術最先進及最有效率者。在店面大小和設計方面有多種選擇，可符合特殊的市場需求。」有些加盟總部有不同類型的位址設計，以提供位址選擇的彈性以配

合各種市場區域。舉例來說，蘋果蜂國際餐飲公司（Applebee's International）提供的範型從較小市場的 161 個座位到較大需求的 250 個座位不等。黃金牧場（Golden Corral）的樣板從 5,000 到 10,000 平方英呎都有。哈帝漢堡在位址選擇上的考量因素是：總體地點與街坊、交通模式、通道、競爭對手、能見度、人潮匯集點、地點的便利性及位址大小。教堂炸雞在評估由加盟者提議的位址時則會考量下列特點：人口統計特徵（譬如鄰近街坊的家戶數、平均收入和家庭人口數）、交通模式、與現有餐廳的距離，以及建議位址的大小和條件。肯德基炸雞在核准加盟者所選擇的位址時所考量的因素包括：總體地點與街坊、交通模式、停車場、位址大小、出入口、能見度、人口統計特徵，以及競爭對手的位置等等。

　　完整的資料袋內容包括了位址選擇、建築設計、室內平面圖及裝潢，這就是加盟連鎖制度如此吸引潛在加盟者的原因。外觀及室內設計是加盟連鎖事業識別的象徵及行銷的重點。除了視覺的外觀之外，有效率的作業在規劃一家加盟連鎖餐廳時也要考慮。由於餐廳的設計要在不同的地點複製，因此像是氣候、土壤條件，以及地下水位都要考量。另外要考慮的還有許多加盟餐廳都位於地價昂貴的精華地段，所以有效地利用空間是必要的做法。因此，建築及設備組合，是依加盟者需求量身設計，並提供所有的詳細規格。就知名的加盟總部而言，餐廳的設計與功能已經過測試，因此加盟者拿到的是一個已證實可行的設計及平面圖。依照已知可行的規格做事，在申請建築章程、許可證及租約方面更加容易。透過加盟總部經驗豐富的指導，在整個複雜的建造過程中是很重要的協助。

　　興建一家新餐廳或改造現有的結構以符合加盟連鎖事業的標準都需要大興土木。該餐廳可能是一家獨立的門市，也可能是一個位於購物商場、美食街的攤位或是一個在原本做其他生意的現有場地，譬如加油站和便利商店中的複合概念門市。許多總部有好幾種設計及內部裝潢供加盟者選擇。加盟總部對於餐廳的地點、發展及工程等標準，皆依據全國性的整體行銷企劃來制定。許多總部保留餐廳設備的所有權，將其租給加盟者。雖然加盟者支付所有的費用，但仍必須嚴格遵守規定。因此招牌、照明、座位、裝潢及整體的建築，都必須符合總部所設定的規格。加盟連鎖契約授與加盟者正當的權利，可獲得總部所提供的服務。加盟總部亦會徵求加盟者的創意和意見，這將有助於隨時加強和修正服務。

加盟連鎖事業的地理分布

　　基於公司政策，加盟連鎖事業的地理分布是由加盟總部決定。並非每一地區或每一州都要開加盟店。選擇經營加盟連鎖事業的區域乃基於許多不同的因素，而獲利能力是首要考量。其中一個選擇方式是根據控制數據公司（Control Data Corporation）的研究分支機構 Arbitron 公司所設計的「主要影響區域」（ADI, Areas of Dominant Influence）方法。ADI 常用於規劃廣告及宣傳。ADI 的方法是將美國分成幾個主要的電視市場區域。每個郡主要依據電視收視群得出一個 ADI。有些加盟總部在做加盟連鎖事業的決策時也會使用 ADI。消費者的購買力指數也用於決定理想的加盟連鎖門市數量。其他與人口統計相關的資料，亦被用於開設餐廳的決策上。一旦選定了一個目標區域，總部就會開始招募和選派加盟者。然後下一步就是位址及各個市場的可行性研究。

不論成本高低，訓練課程對加盟者和加盟總部的價值都不能被低估。

訓練

　　任何一個加盟連鎖體系的成功，取決於加盟總部所提供的訓練課程。如同在前面幾章所提到的，加盟連鎖系統的成功乃基於其產品和服務的一致性。這個一致性唯有藉由有效的訓練課程方能達成。每個加盟總部所設計的訓練課程各不相同。（圖7.1）

　　擁有一個規劃完善的訓練課程具有下列幾項優點：

1. 總部能夠向加盟者解釋其加盟連鎖體系的概念、理念和經營。
2. 由總部安排提供加盟者有關餐廳經營與管理的實務經驗。
3. 讓潛在加盟者有機會去評估這是不是他（她）想投資或從事的事業。
4. 顯示加盟者有無能力成功地經營總部的業務。

5. 預先考慮可能遇到的問題，以減少加盟者在餐廳開始營運期間的詢問。

6. 一旦加盟者瞭解加盟連鎖事業所有的業務之後，可激勵加盟者盡情發揮。

7. 增加加盟者及在該加盟連鎖門市任職員工的滿意度。

8. 減少顧客及員工的抱怨。

9. 協助依據總部設定的標準維持產品及服務品質。

10. 宣導遵守所有作業區域的衛生標準。

11. 減少加盟連鎖門市營運中的破損及浪費。

12. 減少意外的發生。

13. 讓加盟者對加盟連鎖體系產生認同感，並促進對該加盟連鎖事業的忠誠度。

14. 改善加盟者的經營技巧。

15. 建立總部和加盟者的團隊默契，而不是兩個獨立的合作夥伴。

16. 開啟加盟總部和加盟者間的溝通對話。

總而言之，訓練課程提供了許多好處。訓練有助於理解該加盟連鎖事業的概念、瞭解其營運，以及宣導標準及統一的作業流程。

維持一個成功的加盟連鎖體系有賴於負責加盟連鎖事業的人是否接受良好的訓練。在業主、經營者、供應商和員工之間合作無間的夥伴關係是必要的。為了開始和維持這樣的關係，發展完備的訓練課程不可或缺。教育訓練的目標包括提供知識、技術，以及培養可以讓顧客擁有獨特經驗的態度。所謂的技術包括經營方法、製備方法及服務；知識則包括商業相關知識；態度則包括良好的顧客服務。這三大要素將有助於提供成效卓著的訓練課程。典型的訓練課程可能包含以下一項或多項：

1. 在企業總部為業主／經營者提供 2 到 6 週的訓練課程。
2. 在靠近加盟者住家的一間餐廳提供 2 到 6 個月的訓練。
3. 自我管理、非全日的課程—每週 20 小時線上課程，或是提供 CD 和其他的影音教材。
4. 在方便的地點舉行研討會、會議，以及一對一的訓練課程，由加盟總部或第三方提供。

圖 7.1　典型的訓練課程範例

訓練課程的類型

通常加盟總部所提供的訓練有幾種形式，包括開幕前的訓練、開幕訓練及持續性的訓練。這些訓練課程是為潛在加盟者／業主、餐廳經營者或團隊／全體員工精心設計的。訓練的內容主要是培養技術和管理技巧。此外，公司理念、作業標準，以及人力資源技巧全都收納在訓練教材內容中。

潛在加盟者的訓練或開幕前的訓練課程

開幕前或潛在加盟者的訓練主要是為了評估加盟者成功經營加盟連鎖餐廳的潛能，或是補強跟加盟連鎖的經營面相關的不足。這類訓練可能是在企業總部的訓練中心、區域訓練中心、當地代表辦公室，和／或靠近潛在加盟者住家的加盟連鎖餐廳裡進行。某些總部有設備完善的訓練中心。雖然加盟者需支付交通及住宿費用，但大部分的總部會提供訓練及訓練教材。姑且不論費用，訓練課程對加盟者和總部雙方的價值都是不容小覷的。訓練課程的內容通常包含了公司理念與組織、餐廳營運說明，以及與該加盟連鎖事業提供的產品及服務相關的實務經驗。上課時會使用內容詳盡的訓練手冊。這本手冊是持續性的資訊來源，而且加盟者可以作為參考資料用。

篩選加盟者的最後關卡就是看潛在加盟者是否成功完成訓練課程。每個加盟總部設定的訓練時間長短各不相同。舉例來說，肯德基餐廳要求為期約 7 週的初期訓練課程每天平均上課 8-10 小時。在初期訓練課程中，約有 5 天是在教室裡上課，再來有 30 天則是在肯德基餐廳門市。訓練中心的講師負責課堂部分，現場實地訓練的講師則協調在肯德基餐廳門市的訓練。除了初期訓練外，肯德基也提供顧客服務、一般門市管理、品質控制、員工訓練、新產品製備，以及設備維護等領域的協助。教堂炸雞在新加盟者的餐廳開幕之前會提供培訓課程，內容是一週 40 小時的工作坊和講習，在公司指定的訓練機構進行。

加盟總部要求參加訓練課程的人數約 2 至 4 人。總部有權指定加盟者以外的人接受特定活動的訓練。總部鼓勵經理人、主管，以及他們的職務代理人完成訓練。講師、訓練教材，以及其他用品一般都是由總部提供。

餐廳經營者的訓練

這是為了將要掌管經營權的人所設計的訓練，無論本身是不是加盟者。該訓練的重點在於加盟連鎖餐廳的經營面向。受訓者將學習與經營管理、人力資源、成本會計、基本設備維護與操作、餐廳停業及資料保存等相關面向的知識。有些知名總部會建議一組小型的經營者團隊來參加這類訓練，而不是單一個人。

開幕初期訓練課程

開幕初期訓練課程的目的是提供餐廳開幕期間的協助。加盟總部的代表會在新餐廳開幕前幾天在現場提供各方面的協助及訓練。這種現場訓練的協助是很寶貴的，因為開幕期間對加盟者而言非常重要，所以任何協助都是很受歡迎的。藉由量身定製的訓練，一些無法預期的問題及複雜的事物皆可在此階段處理。有些加盟總部的代表也會在這段時間訓練餐廳的員工。

全體員工訓練課程

全體員工的訓練可能由加盟連鎖門市提供，也可能包含課堂課程、錄影帶、影片、線上課程、互動式虛擬課程及其他教材。這類訓練強調的是餐廳的功能性區域，例如服務與衛生。訓練單元的設計目的是教導全體員工餐廳日常運作的事項。這類課程的範例是由教父披薩（Godfather's Pizza）所提供的「按步就班的訓練」（"training by the Slice"）。

持續性的訓練課程

有些加盟總部會提供持續性的訓練課程。這類訓練的形式是定期上課、講習、開會及工作坊。訓練場地可在現場、地區辦公室，或在企業訓練中心舉行。持續性的訓練課程有助於加盟者時刻關注在加盟連鎖事業中任何方面的變化與發展。持續性的訓練課程要求與內容跟開幕前的訓練非常類似。總部也會為管理階層的員工提供進階級的訓練。同時也會提供關於職業安全與健康法案（OSHA）、美國殘障者法案（ADA）等法規的特定課程。

大多數的加盟總部認為在提供給加盟者的所有服務項目中，訓練排在第一順位。在規劃訓練課程時，應利用已建立的教學與學習原理。訓練的重點應該放在培

養受訓者的技巧、知識與態度上。在規劃訓練課程時，須考慮到加盟者具有不同教育程度的事實。定期評估訓練課程才能獲得改進與修正的寶貴意見。

行銷支援

　　餐飲加盟連鎖事業非常依賴廣告與宣傳。預算的一大部分通常被指定作為廣告之用。加盟者平均支付約總銷售額的 4% 作為廣告費。總部雇用有才幹的行銷人員，協助從事行銷的諸項事宜，例如廣告、宣傳及公共關係。主要工作著眼於國際性、全國性、區域性及當地的行銷活動。關於電視廣播的商業廣告、平面廣告，以及促銷文宣等廣告內容，比較明智的做法是先徵求加盟者的意見，特別是在當地區域的範圍裡。從加盟者處募集而來的資金，提供了聯合購買力，因此增強了具影響力的行銷企劃，這是個別加盟者所無法做到的。

　　廣告著重在整個企業模式，促銷則是針對特定的產品或菜單組合。廣告可以採大宗廣告的形式，利用電視、廣播、廣告看板和電話簿等大眾媒體，將訊息傳遞給目標顧客群。大宗廣告對個別加盟者而言太過昂貴，這使得總部的集資成為決定性的資源。在特殊場合刊登廣告所費不貲，例如超級盃（Super Bowl）足球賽的電視轉播，但效果可普及廣大的目標群眾。大宗廣告在廣大的區域內可傳送給大量的目標群眾，並且有助於建立加盟總部的形象。

　　最常被用作大宗廣告的媒體是電視和廣播。加盟總部也會大量使用平面廣告，以及各式各樣的媒體來宣傳特定的商品，在特別的場合與季節從事促銷。雖然可以做全國性的促銷，但地區性的促銷最為常見。當主打特定商品時，例如特別的三明治有助於帶來常客，並可建立顧客忠誠度。有些總部會派出商品規劃員及提供貨源指南，以協助加盟者從事他們本身的促銷活動，折價券是在特別促銷時最常使用的工具。

　　加盟總部也會在特定人口族群中使用目標行銷企劃。這些都是客製化的計畫，用以吸引特定類別的顧客群。例如，許多速食加盟連鎖事業創造卡通人物來吸引孩童。麥當勞的「快樂兒童餐」（Happy Meals TM）就是一個針對特定目標市場所做的重要促銷。定點銷售的促銷可利用布條、菜單夾頁、展示品和傳單同時實施。

　　總之，總部提供行銷企劃人員協助執行行銷企劃以及進行市場分析及研究。這些人員協助加盟總部及加盟者預測可能的變化和行銷機會，並針對快速變動的市場及準確地反應。他們的主要功能在於持續地收集關於顧客態度及使用習慣等資料，並以有意義及有用的形式來分析這些資料。有些總部設置當地的行銷經理或主管，

加盟者可與他們聯繫以規劃自己的廣告及宣傳活動。他們的建議對加盟者而言是非常有用的，尤其是在餐廳開幕期間。

為了達到廣告的目的，全國各地的合作機構負責製作、發送，及透過傳單、廣播、電視、雜誌、報紙、廣告招牌，以及其他媒體來刊登全國性的廣告。

所有的行銷工作設計應符合加盟連鎖體系的組織目標，並應以顧客的需求為本。加盟者應該為了本身的特定業務，瞭解並選擇最好的行銷策略。有些總部設有行銷顧問委員會，負責考量和決定與行銷策略相關的事宜。行銷是加盟總部協助中重要的一環，並可使整個加盟連鎖體系獲利斐然。

物料管理

物料在餐廳事業中扮演著重要的角色。物料包括原料、日用品及設備。因為品質及一致性是加盟連鎖事業成功的要素，所以統一的原料與設備有絕對的必要。總部為此目的，可能提供不同的選擇。

有些總部強制要求所有的原料、日用品及設備都要向他們購買。這不但有助維持營運及器材設置的一致性，更由於總部聯合的購買力而節省成本。只要適當地管理與執行，對加盟者而言即為一項利多。由於某些原料配方具有專利權，因此總部可強制將這些產品賣給加盟者。例如有些總部的甜甜圈及冷凍優格是用專利配方作成，不能洩露給加盟者知道。

加盟總部可能要求部分原料、日用品及設備要向他們購買。這類要求僅適用於設備或是某些原料。其他東西可以根據加盟總部設定的規格自行購買。譬如，麵包和烘焙的商品可以向當地符合總部規格的麵包店購買。產品和服務的一致性藉由這種安排可獲得一定程度的控制。總部藉由從核准的供應商或經銷商取得的原料或產品，來維持品質保證及物料管理。地區性的外勤人員會到加盟店查驗，看他們所使用的商品是否符合標準。

有些總部有集中式的分配中心，用來提供經總部核可的特定產品給加盟者。這種集中式分配的型式免除了加盟者與眾多的供應商打交道、檢查產品的一致性，及追蹤繁雜的帳目過程等多種需求，這使得管理人員能夠全心把時間精力花在其他的管理功能上。集體採購有助於加盟者以具競爭力的價格買進這些商品。這些分配中心均位於交通便利的位置。

某些餐廳的加盟總部雇有設備工程人員，從事設計、研發和測試最適合提供菜式的設備。此服務可能發明節省能源、符合成本效益及適合菜色的非傳統設備。

營運支援及現場服務

　　加盟者面對偶發的問題及困難時，需要營運支援。許多總部會分派訓練有素的地區代表人員協助加盟者處理餐廳經營的各個面向。此外，由於他們常處理來自不同加盟者的疑問，所以他們很熟悉常見的問題。一般而言，加盟者差不多一天 24 小時隨時都可以使用免付費電話找到這些代表。這些服務有助於維持最理想的產品及服務品質。並提供檢查及追蹤報告，以增進門市的業績。

　　藉由這些當地服務，總部和加盟者之間可以建立穩固的溝通管道。總部推出的任何新產品或服務，藉由現場的服務協助，即可整合到餐廳的營運中。加盟者的資訊交換及意見往來也可透過這些當地辦公室來傳遞。現場支援是由總部所聘僱的人員提供，他們相當於是總部與加盟者之間提供特別服務的橋樑。也有人稱他們為現場顧問。現場顧問提供的主要功能包括：

1. 代表加盟總部與加盟者打交道。
2. 提供加盟總部與加盟者之間溝通的管道。
3. 視察、宣導，並執行由加盟總部所設定的標準。
4. 協助保護品牌名稱及品牌識別。
5. 協助新產品、設備，或是促銷活動的上市。
6. 解決加盟者無法解決的嚴重經營問題。
7. 幫助瞭解由加盟總部提供的新流程或服務。
8. 必要時提供現場訓練，尤其是在推出新的流程或計畫時。
9. 協助行銷與宣傳。
10. 在開幕期間和營運初期協助加盟者。

理論上，現場顧問應該擁有下列特質或是擔任指派的角色：

1. 瞭解自己是加盟總部的代表，而且對於加盟連鎖體系的每一個經營和業務面向瞭若指掌。
2. 清楚知道加盟者對於加盟總部而言，同樣是事業成功的關鍵人物，而且也是重要資產。
3. 瞭解有一些面向必須嚴格遵守標準，不可妥協，譬如食品安全及顧客關係。

4. 知道其職責是盡力解決問題和處理加盟者關心的事項。萬一有不確定的情況，現場顧問應該要聯絡總部負責的人員來協助。

5. 明瞭自己的角色與權限，不須超越其顧問工作的專業界線。

6. 明白與加盟者共事時，及時性與同理心是必要的美德。

7. 瞭解其工作是在傳達公司的文化，並且對加盟者及其員工體現該文化。

8. 擁有有效溝通的特質，而且願意在困難和棘手的環境中工作。

財務管理協助

有些加盟總部會協助成本控制與存貨水準相關的管理，他們會協助加盟者或其會計師設定會計系統及準備財務報表，在財務報告和財務報表的分析方面也會提供協助。總部可能提供電腦化線上資料維護系統的協助，這些系統有助於控制食材及人事成本，並維持最理想的存貨水準，這對於複合門市的加盟連鎖店尤其有用。藉由利用其他餐廳的財務數字，將可獲得一間餐廳財務狀況的比較評估。

總部亦協助評估一家加盟連鎖店的財務表現。也可能設計一個藉由控制而使獲利潛能極大化的計畫供加盟者使用。

研究與開發

加盟連鎖餐廳面對激烈的競爭，而且還要不斷地測試新產品並引進餐飲市場中。這種競爭需要持續的研究與開發（R&D）服務。菜單的偏好和趨勢經常在改變，所以店家必須迎合不斷變化的需求。幾乎每天都要測試新的菜式是否符合流行性及適用範圍。有些目前最受歡迎的菜式就是經由研發的努力才進入市場的。基於地利之便，研發單位通常設於公司總部或接近直營店的地方。產業趨勢、顧客的態度及喜好，以及該加盟連鎖事業的概念，皆列入研發部門的考量中。

R&D 部門的另一個功能是隨機抽樣測試原料及產品的品質。當每一家門市發生原料或產品的問題時，研發人員也會協助解決。研發部門亦從事設備測試及開發的工作。因此，新的產品、原料、設備和程序，一直都被加以研究，以求進一步的發展，方能達成消費者與員工的便利性，在菜單上推陳出新，以及提升該加盟連鎖事業所提供的產品與服務的品質。研發部門可幫助加盟者提供更好的顧客服務及增加獲利。

> 加盟連鎖體系藉由參與社區活動，可發展正面的形象及歸屬感。參與社區活動是讓加盟者回饋所在社區的一種方式。

社區參與支援

加盟總部經常會支持市民及慈善活動。加盟連鎖體系藉由參與社區活動，可發展正面的形象及歸屬感。參與社區活動是讓加盟者回饋所在社區的一種方式。許多加盟總部贊助學校的運動校隊及活動，並提供獎學金及捐款，此舉有助於建立該加盟連鎖事業在社區的好名聲。對於控制環保問題及推動社會進步等支援行動特別為大眾所推崇。

加盟總部的義務

加盟總部有義務提供本章所提及的服務。這些義務均詳列於加盟連鎖事業公開說明書中。加盟總部提供給加盟者的協助、監督以及其他服務可分成以下兩大類：

1. **餐廳開幕前**。在這個階段，加盟總部通常會提供以下的服務給加盟者：
   (1) 針對加盟者可能決定要開店的大致區域提供說明。
   (2) 通知加盟者由其提議的位址及相關計畫是否被接受。由加盟者所提議的每個位址都必須加以評估，至於接受與否，加盟總部應以書面通知。
   (3) 提供有關建築形式、通道要求、陳設以及設備的標準和規格。這些計畫是用在餐廳的建設和整修上，一旦核准就不能更改或是偏離原來的計畫。
   (4) 提供一份設備及建材供應商的名單。
   (5) 提供訓練與經營建議。初始階段的訓練計畫是提供給加盟者以及他們所指派的幾名員工。
   (6) 出借一份經營手冊（有些加盟總部使用不同的名稱，譬如肯德基餐廳將他們的經營手冊稱為「標準資料庫」）。這份手冊被視為機密文件，因為它的內容涉及餐廳的營運資料、公司政策及作業程序。
   (7) 派遣一名代表出席餐廳的開幕式。
2. **餐廳持續營運期間**。在這個階段，加盟總部通常會同意：
   (1) 由加盟總部持續提供該事業所需要的訓練課程。內容包括品質控制方法的改進，以及研究與開發。

(2) 努力維持屬於加盟總部商業機密的貨品供應來源，這對於經營一家餐廳而言是不可或缺的。

(3) 在餐廳營運中提供持續的諮詢協助。

(4) 不斷努力維持每家餐廳的品質、整潔、外觀和服務一致的高標準。

(5) 在廣告和行銷上提供協助。

(6) 指導如何管理可控制的面向，譬如食物成本、勞工和存貨。這些可透過訓練課程、講習，或者提供書面資料來達成。

(7) 提供關於如何有效提高餐廳銷售額的建議。

(8) 協助採購商品與設備。

訓練課程和所提供的服務範例如**表 7.1** 至 **7.3** 所示。

表 7.1　百勝餐飲集團所提供的課程及支援服務

課程／服務	說明
品牌知名度	1. 超過 18,000 家美國門市的大品牌，重要街道皆能看見。 2. 在美國，幾乎 100% 的消費者都認得該品牌。
消費者吸引力	1. 大型、有影響力、該類別的領導品牌。 2. 每年的公司廣告超過 5 億美元。
競爭優勢	1. 在加盟連鎖揭露文件中記載龐大的品牌銷售額。 2. 源源不絕的新產品消息傳遞給更多的消費者。
加盟總部／加盟者的夥伴關係	1. 80% 的店面由遵守加盟者／加盟總部協議的加盟者經營 。 2. 主動徵詢加盟者的意見與反饋
多門市的發展	1. 我們積極鼓勵多門市的開發。 2. 包含 5 種品牌的產品組合給你多種選擇。
財穩定	1. 經得起時間考驗的品牌—經歷過多次商業周期的起起落落。 2. 餐飲業中最大的食品採購合作社，處理所有的供應鏈需求。
回饋社區	許多創新計畫。例如，必勝客的「Book-It 計畫」提升民眾識字能力。肯德基的「Colonel's Scholars 計畫」在全美各地提供獎學金。塔可鐘為高風險青少年成立「Teen Supreme 計畫」。百勝品牌世界賑飢計畫從 2007 年起已募得超過 8,000 萬美元的善款。
發展專業知識	1. 設定標準、規劃網站，找一名當地的建築師作為合作夥伴。 2. 加盟連鎖事業發展總監提供技術指導。 3. 百勝發展服務提供徵才的全套服務。

（續）表 7.1　百勝餐飲集團所提供的課程及支援服務

課程／服務	說明
獲得融資	1. 超過 50 家銀行及貸款機構提供貸款給百勝企業。 2. 提供一份借貸者清單，讓加盟者選擇適合自己的方案。
完整的商業支援	1. 證實可行的作業系統和持續的訓練。 2. 由加盟連鎖事業輔導員、加盟連鎖訓練師協助加盟者。 3. 超過 1,200 名加盟者的同業網絡。 4. 加盟連鎖公會，有許多最佳的實務分享。 5. 當地的行銷合作機構。
品質訓練與就職	1. 當你進入該體系時，就會提供完整的產品／流程訓練。 2. 就職輔導員會傳授一套成功的日常工作程序。
可靠的供應鏈	1. 餐飲服務聯合採購合作社（UFC）是一家市值 50 億美元的食物與設備採購合作社，為業界最大。 2. 不索費過高或是給加盟總部回扣。
投資報酬率	1. 加盟者最終的報酬取決於其投資及經營決策。 2. 百勝集團認為旗下許多加盟者維持長久的任期意味著對該體系感到滿意。

（由各家公司所提供的資料編纂而成。）

表 7.2　音速免下車（Sonic Drive-In）餐廳網站上的常見問題解答

> 我可以預期音速公司會提供何種加盟連鎖支援？
>
> 1. 一個全方位的經營／實地訓練課程。
> 2. 人力資源訓練課程—留才工具和資源，譬如使用線上招募管理系統工具、線上徵才資料，以及就職／績效管理工具。
> 3. 員工篩選訓練—關於如何吸引、篩選和聘僱合適的應徵者。
> 4. 在經營、行銷，和房地產方面，由經驗豐富的專家提供持續的支援。
> 5. 全國性的採購計畫，以提供高效能及達到最大的經濟規模。
> 6. 產品革新和研究團隊製作，以及追蹤我們的消費者喜愛的產品。
> 7. 建築、營造以及工程的諮詢與協助。
> 8. 透過整年度的全國廣告宣傳達到全國性的媒體報導。
> 9. 譬如廣播和電視廣告、報紙廣告、直接信函、折價券、促銷海報和看板等行銷文宣皆可依照你的所在地量身打造。

（由各家公司所提供的資料編纂而成。）

表 7.3　由不同的加盟連鎖餐廳所提供的訓練課程摘要

加盟連鎖餐廳	訓練課程摘要
賽百味	全年都會舉行訓練課程。在世界各地均設有複合式訓練中心，主要的訓練中心設於康乃狄克州的米爾福市（Milford）。總部會依據加盟者的位置和語言偏好分配訓練中心。
麥當勞	重點包括：(1) 在住家附近的一家餐廳進行 9 至 18 個月的訓練；(2) 每週 20 小時自主管理、非全日班；(3) 講習、會議、一對一的訓練課程；(4) 欲成功需具備的能力；(5) 經營者訓練課程，在位於伊利諾州橡溪村（Oak Brook）的漢堡大學上 2 次為期 5 天的進階課程。
必勝客	在開幕前，餐廳業主／經營者必須參加和完成必勝客的經營訓練課程。該訓練課程為期 8 至 10 週，在德州達拉斯市一家合格的訓練餐廳進行。訓練費用由必勝客支付。加盟者負責所有其他的費用，譬如管理團隊的交通費和住宿費。
Dunkin' Donuts	在第一家餐廳開幕之前，加盟者必須參加在麻州波士頓全年都舉辦的一個為期 3 天的加盟連鎖事業課程。在完成該課程後，候選加盟者和一名被指派的代表必須完成 Dunkin' Donuts 的核心初期訓練計畫，包括課堂／實務指導時間，地點可能是在麻州布瑞特伊（Braintree）和佛州奧蘭多的 Dunkin 品牌大學，或是一家指定的訓練餐廳。有些必修課程是只限在網路上提供的線上訓練。
漢堡王	加盟者必須完成長達 84 天的課程和實務訓練，包括強制性的 80 小時的新加盟者在職培訓，以及長達 7 週的餐廳實地訓練。
塔可鐘	在開設第一家塔可鐘加盟連鎖餐廳之前，該餐廳主要的經營者將完成大約 6 至 8 週的快速服務餐廳訓練。主要經營者也必須參加一個為期一週的實務融合課程。該餐廳的主要經營者可能包括加盟者、店長、餐廳總經理或裏理。加盟者要負責所有的開銷，包括管理團隊的交通費和住宿費。
小凱薩披薩	小凱薩披薩提供一個全方位的訓練計畫，重點在於經營該事業的每一面向。課程內容包括產品製備、行銷、財務、現金管理、人力資源、複合門市管理、顧客服務、預防虧損，以及房地產等等。
Arby's 漢堡	要求三人參加並完成一個為期 7 週的餐廳經理人訓練課程（RMTP），地點是一家合格的 Arby's 訓練餐廳。
Papa John's 披薩	除了經營者和團隊的訓練之外，亦提供 6 至 8 週的初期訓練。
哈蒂漢堡	主要經營者和最多三名經理人必須參加和完成一個為期 12 週的加盟連鎖管理訓練課程（FMTP），地點是一家合格的哈帝教育訓練餐廳。FMTP 的日程都是安排好的，因此在餐廳開幕之前有充裕的時間完成。在第一家餐廳開業之前，公司一流的訓練師團隊將提供現場訓練協助。

（由各家公司所提供的資料編纂而成。）

個案研究

必勝客：菜單與服務新創舉

　　必勝客（Pizza Hut）是全球知名的披薩業領導品牌，他們的披薩、義大利麵和雞翅都相當受歡迎。必勝客隸屬於百勝餐飲集團（Yum! Brands, Inc.），在美國擁有超過 6,000 家餐廳，以及在全世界其他 94 個國家和地區開設超過 5,139 家餐廳。

　　以旗下餐廳數量而言，必勝客的母公司百勝（Yum!）是全世界最大的餐飲集團，在 117 個以上的國家和地區擁有超過 37,000 家店和超過 100 萬名員工。百勝體系包含三大經營區域：美國、國際及中國分部。2011 年，百勝在美國以外的地方每天都有將近 4 家新餐廳開幕，使它成為國際零售發展的龍頭。

　　在美國要開一家必勝客加盟連鎖店最低的財力證明是淨資產 70 萬美元，以及流動資產 35 萬美元。

菜單

　　有研究發現，74% 的美國人每週至少吃一次義大利麵。這個數字促使必勝客推出家庭號的義大利麵晚餐以擴展市場，主要是外帶和外送。在經過約 1 年的研發之後，他們推出了兩種托斯卡尼焗烤義大利麵晚餐，這兩項產品賣得非常好（Caldwell, 2009）。2013 年，必勝客又增加了薄片披薩，成為在美國全國供應薄片披薩的大型披薩品牌之一。火烤風味的薄片披薩特色是「有點酥脆的柴燒式」硬餅皮、起司及三種配料。坊間小本經營的業者利用磚窯烤披薩愈來愈風行，而必勝客的薄片披薩剛好搭上這波風潮。薄片披薩也吸引了那些追求價值的顧客。新的薄片披薩也比傳統的大披薩大了 14%（Ruggless, 2013a）。另外，必勝客也推出芝心披薩，加了三種起司 —— 白切達（white cheddar）、莫札瑞拉（mozzarella），和帕芙隆（provolone）包在餅皮中。在美國的三大披薩品牌中，必勝客的芝心披薩是一項獨家商品（Brandau, 2013）。2013 年時，必勝客再推出大圓餅披薩（Big Pizza Sliders），這是一種 3.5 英吋的小型派餅，裡面包含了各式各樣的配料。這種迷你披薩一盒裝有 9 個，售價 10 美元，3 個 5 美元，必勝客在發布的新聞稿中說，消費者最多可選擇在每一個大圓餅披薩中加進 3 種「配方組合」，以及最多 3 種配料。

本餐廳更嘗試限期推出一口大小的新產品。必勝客也嘗試其他的新菜單項目，譬如大方披薩（Big Dipper Pizza），這是將一塊2吋長的長方形披薩切成24條，可以撕下來蘸醬，在超級盃時強力促銷。這個產品很吸引喜歡共享的消費者。另外，也推出P'Zolo，這是一種圓筒狀的熱三明治，搭配大蒜番茄醬或莊園式醬汁，目的是可以用一隻手拿著。為了稍微改變印度消費者的喜好，從傳統的點心食品，像是加特（chaat）、米糕（idli），以及米漿餅（dosas）變成披薩，必勝客嘗試以不同的方式將披薩與其他的產品結合，譬如利用印度式大淺盤套餐（thali）的概念（這種套餐是由好幾碟小菜所組成）。這些家庭式的餐點非常受歡迎。必勝客也瞭解印度客人喜歡坐下來用餐，即使在原本的外送店也一樣（Bhushan, 2013）。

　　消費者基於新鮮感，喜歡某段時期的新產品，但是之後又會回復到他們主菜單上的人氣商品。不過，試著去評估創新產品對於整體營業額可能造成的影響永遠是值得的做法。至少，限時提供有助於讓消費者感到興致高昂。

服務

　　為了具備競爭力，除了加強菜單項目外，許多加盟連鎖餐廳都把焦點放在顧客服務上。必勝客宣布在羅德島的柏塔基（Pawtucket）開設一家直營餐廳，以及在內布拉斯加州的約克市（York）開了一家加盟連鎖店，裡面有一個休閒快餐式的「吧台」供應單片的披薩。內布拉斯加的門市是一家較大型的示範店，可以容納80位客人，並提供現點現做的沙拉吧和熱炒義大利麵，但羅德島的餐廳則是該公司的發言人道格‧特菲爾（Doug Terfehr）所稱的「del-co plus」，意思就是販售單片披薩的服務特色是原本設定為外送和外帶原型的擴充。後者仍然設置了約30個人的座位（Brandau, 2014b）。

　　必勝客在2014年宣布他們研發出互動式餐桌，基本上它的功能就是一個巨大的桌上應用程式。消費者可以像使用智慧型手機一樣以相同的縮放動作選擇披薩的尺寸。他們也可以在互動式菜單上滑滑手指選擇他們的配料（Brandau, 2014a）。2013年4月，在一個非常創新的行動中，必勝客推出一個訂購軟體，讓Xbox Live網絡上的玩家用他們的遙控器製作和訂購披薩，然後送貨到府，而不需中斷正在玩的遊戲。「一旦你訓練人們嘗試新事物，而它成為他們行為中的一部分時，你會很訝異它真的變得根深蒂固。」這間擁有13,000家連鎖店的發言人道格‧特菲爾說道。「在這個應用程式推出之後，使用量遽增，而且之後的使用量相當穩定。」經驗豐富的餐廳行銷專家提姆‧海克巴德（Tim Hackbardt）稱必勝客的Xbox Live應用程

舊式的必勝客餐廳。

（照片由必勝客提供）

現代風格的必勝客餐廳。

（照片由必勝客提供）

另一間現代風格的必勝客餐廳。

（照片由必勝客提供）

式是一個聰明的策略，它提供了一種神不知鬼不覺的訂購方式來換取顧客資料。他說：「它通常能形成資料庫，而且這些玩家也會想要收到更多必勝客的訊息、參與問卷調查或是保留帳號，以方便下次訂購。」「那正是 Xbox Live 應用程式推出的前幾個月所發生的事，」特菲爾說道。他補充說，重要的是，11% 使用這套應用程式的人以前從未接觸過必勝客披薩（Brandau, 2013）。

必勝客將該公司的分析數據和手機平台整合，以提升其客戶關係管理策略，並透過個人化的服務促進線上銷售量。該公司正計畫要在 2014 年開始時更新其資料分析套裝軟體以及電子商務網站以加強顧客關係管理。從必勝客於去年推出行動版網站，並計畫利用該聯集建立一個線上顧客的觀點開始，該公司就一直朝著該目標努力。必勝客可利用這份資料將目標明確的促銷活動和量身定做的品牌內容發送到桌上型電腦和智慧型手機，希望推動顧客再上門消費。其目標是放在發布「為每一位用戶的口味量身打造」的網站。從該平台所收集到的數據資料也將被用在該品牌更廣泛的行銷組合中。報告指出，現在有超過 50% 的訂單來自線上，其中有 30% 來自於行動裝置。為了使策略更完備，該品牌正使用回應式的設計平台讓他們能夠自動的在各種裝置上重複使用內容（Joseph, 2013）。

結論

　　在經濟、消費者的口味偏好，以及技術不斷改變的情況下，加盟連鎖企業必須持續密切留意產品與服務的新趨勢。另外，菜單上的產品也應該有足夠的彈性以適應瞬息萬變的環境。消費者服務受資訊科技影響最大，運用資訊科技的公司將更具競爭優勢。科技唯一的缺點就是變化快速，因此方法很快就會過時。所以，對企業而言，大手筆投資在一套科技上，或是準備要適應日新月異的科技是很重要的。

Chapter
8

加盟連鎖制度的財務面向

「在我投身於加盟連鎖事業的這麼多年裡，我看到接二連三的改變，以及接連不斷的障礙，但是沒有什麼能夠阻止這個做生意的方法獲得成功。當我們展望未來，我們甚至看見有更多機會持續成功下去。」

——海滋客（Long John Silver's）公司加盟連鎖部
前副總裁 Eugene O. Getchell

前言

　　許多企業之所以失敗是因為未將財務面向規劃好。完整的規劃對於所有的財政承擔而言是必要的。這項工作包括持續不斷地監控財務狀況，維持穩健的現金流，與財務狀況同步成長，並根據財務規劃未來的發展。因此，如何管理財務並適當運用將決定一個事業的獲利能力。加盟連鎖制度需要來自各方的投資，其資金來源剛開始由加盟總部支付，之後則由加盟者支付。對加盟總部而言，投資主要是因為發展概念和後續的研發，以及建立一間示範餐廳。此外，提供法律文件、行銷，以及為加盟連鎖事業做準備都需要大筆的資金投入。接下來持續的研究與發展也需要總部的投資。對加盟者而言，依照加盟連鎖合約所列舉之一次付清的費用和其他費用亦形成一筆相當大的投資金額。對於潛在加盟者而言，必須全盤瞭解其財務上的責任義務。就餐飲加盟連鎖事業而言，加盟者所須支付的費用項目包括：餐廳地點取得成本、自建或租用建物成本、設備採購成本、存貨與日用品成本、法律諮詢費用、開幕前的費用及其他雜支，其中最重要的，莫過於加盟者手邊必須要有一筆週轉金，以提供開業經營之用。不同類型的加盟連鎖事業，初期的投資成本各不相同，從數百美元至上百萬美元不等。為了瞭解加盟連鎖事業投資的各個部分，加盟者必須知曉各種相關的費用與成本。本章將針對加盟總部所要求的費用與成本項目逐一說明。在一開始，最重要的就是先瞭解加盟連鎖制度所包含的一些主要費用。

加盟金

　　期初費用，又稱為**加盟金**，是加盟總部要求加盟者支付的費用，其金額可能從數百美元至數千美元不等。通常一家知名的加盟連鎖餐廳平均須支付的加盟金大約為 25,000 美元。這筆加盟金主要是加盟者使用總部商標的費用以及支付給總部建立一個加盟連鎖體系在市場上銷售所發生的成本。雖然加盟金是一次付清的費用，但其效期乃依照所簽訂的合約條款而定。一般而言，在簽訂合約時就應支付加盟金且不予退還。在某些情況下，譬如加盟者無法取得區域劃分許可證或是有建築限制時，這筆加盟金是會予以退還的。不同類型的加盟連鎖事業，加盟金亦有所不同。獨立

店面的餐廳所需支付的加盟金額往往比新概念的加盟店（像是雙車道得來速或小吃攤）要來得高。此外，在合約有效期間內，加盟者可以分期支付加盟金給總部。對於財務狀況佳且有意建立多家加盟連鎖餐廳的加盟者，加盟總部可以決定免收取加盟金。有關於加盟金及其相關規定均由加盟總部全權決定。加盟金是躉繳費用，而且必須在簽訂加盟連鎖合約後規定的時間內付清。如同前述，任何被視為加盟連鎖制度的事業按規定至少都是從 500 美元起跳的交易。

在完成初步篩選和面試後，有些加盟總部會索取一筆「申請費」，潛在加盟者在最後階段的申請通過時繳納。申請費須一次付清，而且不予退還，目的是支付審查和篩選申請書相關的行政費用。對於首次申請的加盟者，這筆費用可抵繳加盟金。通常對於財務狀況佳且有意建立多家加盟連鎖餐廳的加盟者，加盟總部可以決定免收其申請費。另外，有些加盟總部會針對審核通過的加盟者加收「店面位址保留費」，以保留該地區的開店權利。當加盟者找到適合開設加盟連鎖店的地點而且總部也核准後，「申請費」與「店面位址保留費」就會併入加盟金中。

 權利金

權利金，顧名思義，就是加盟者須按期支付給總部的品牌使用費，以取得加盟期間的各項權益。這項費用須在餐館開始營業後依照營業額支付。每個加盟總部要求的權利金金額不一，通常是按照總營業額的百分比計算。總營業額指的是加盟店扣除稅金以及非食物商品收入（譬如用做促銷活動的玩具、飾品等）之後的總收入。總營業額也不包含價格折扣。一般來說，權利金大約是總營業額的 3% 至 7%。

有些加盟總部會設定權利金的最低金額，像是至少每月總營業額的 4% 或是每月至少 600 美元不等。最低權利金的金額會隨著消費者物價指數的波動而有所調整。加盟總部可要求加盟店按週、按月、按年，或按照總部所設定之週期支付權利金。也有些權利金是根據在設定期間內不同的百分比來支付，例如在 25 年的合約效期內，每 5 年設定一定比例的權利金。加盟店須記錄與呈報總營業額，並於權利金支付到期日前送交給總部。總部有權力稽核加盟店的會計帳務，可以定期查帳或是在懷疑加盟店有低報總營業額的狀況時稽查。總部除了可向加盟店追討差額部分的權利金之外，還可向加盟店收取稽核費用。此外，大多數的加盟總部也會向加盟店收取逾期繳納的利息費用。

 廣告費用／基金

　　這筆費用應付給加盟總部，並且指定交由總部作為廣告和宣傳之用。加盟店須按照其總收入來支付這項費用。加盟總部以專款方式統一管理，並將該筆款項用於全國或是地方性的廣告和宣傳活動中。同時，加盟總部也要撥款到該筆專款中，作為直營店的廣告費用。

　　至於地方性的廣告費用，加盟總部採個別收取的方式。有些加盟總部會由加盟者自行選擇當地的廣告。正式開幕的廣告費與一般廣告費須分開計算，並按照區域宣傳所需的活動大小付費給總部。**廣告費**又稱**行銷基金**。全國性的廣告費用約占總營業額的 2% 至 4%，區域性的廣告費用則約占 3% 至 4%。若廣告和宣傳活動的成本增加或是選擇的媒體成本較高，廣告費也會跟著增加。正因為廣告費用常常引起加盟者之間的誤解或不滿，因此許多加盟總部便設定了加盟店應付之廣告費用的最高金額上限；舉例來說，每家加盟店每月應付的廣告費用為總營業額的 6%，但最高不超過 600 美元，最低不少於 400 美元。

　　有些地區的加盟店會自組廣告活動互助會，廣告費用的金額由互助會的成員投票表決並支付。廣告費用也適用於全國性或地方性的交流機會。

　　由於許多加盟者或許無法從加盟總部所做的廣告中完全受惠，或者付出了金額卻未獲得對等的價值，於是許多加盟總部想出了一個辦法，亦即加盟者可將基金放在一個託管帳戶中，以便用於在加盟者所在地區的廣告宣傳中。

 展店費用

　　有些加盟總部會向加盟者收取**展店費用**，作為擴展加盟連鎖門市之用。這筆費用可能是每家門市支付固定的費用，也可能是浮動費率。有些加盟總部會針對重點目標區域，提供獎勵計畫，以鼓勵加盟者展店。在這種情況下，加盟金與權利金的金額將大幅降低。展店數目超過一家以上的加盟者，其所應支付的展店費用也會相對減少。有些加盟總部會讓加盟店自行選擇支付方案，譬如付給總部較低的展店費用，但須付較高的權利金。如表 8.1 所示。

表 8.1　不同的費用類型

支付方案	展店費用	加盟	權利金
固定費用	$10,000	$20,000	5%
變動費用	$5,000	$5,000	7%

　　有意開設一家以上餐廳的加盟者，須和總部簽訂展店合約。每間餐廳都須支付展店費用，一間門市從 5,000 到 10,000 美元不等。有些加盟總部則是收取統一的展店費用，無論開設幾家門市都相同，因此，這筆費用不算在加盟金裡。非傳統店面的展店費用並不同，譬如便利商店、雜貨店、主題樂園、運動場、加油站、醫院、學校、高速公路休息站、交通運輸設施及零售店等。通常在加盟連鎖合約的附約裡有加盟總部提出的獎勵方案供加盟者自行選擇。一旦合約簽訂之後，這些方案就無法更改了。

 續約費用

　　顧名思義，**續約費用**即雙方續約時，加盟者需支付給總部的費用。一般來說，當加盟者屬意的餐廳類型有大幅變更時，才會發生這筆費用。對於財務信用良好的加盟店，加盟總部可以視情況免收續約費。續約費的金額，通常是按照現行加盟金的某一百分比計算（例如加盟金的 25% 至 50%），依加盟總部的要求支付。加盟總部可以按照當時的消費者物價指數來調整續約費用的金額，而一旦雙方簽訂續約條件並履行新約時，加盟店就得支付此筆費用。

 **轉讓費**

　　當業主有意轉讓其餐廳所有權時，加盟總部會向承接的加盟者收取**轉讓費**。在此之前，加盟店須取得總部同意，方可進行**轉讓**。如果是轉讓給現有的加盟者，加盟總部可視情形免收或是酌量收取此筆**轉讓費**。另外，若是轉讓給加盟者所成立之公司行號，則無須支付轉讓費。

開幕費用

　　加盟連鎖餐廳於正式開幕時，也須付給加盟總部**開幕費用**。通常，總部會派一名代表支援加盟店在開幕前與開幕時的各項準備事宜，而加盟者須負擔所有相關的費用。與上述提及的幾項費用相同，有些總部會設定開幕費用金額的上限。

設備費用

　　加盟總部可能會要求透過他們合作、核可的廠商或是透過總部購買設備。這麼做是為求品質一致。對某些加盟者而言，這或許很划算，因為大量製造／採購，因此可取得優惠的價格。而且，該設備如果是特別訂製的，在市面上也買不到。然而，當類似設備的市價比加盟總部的報價低時，可能就會造成雙方的心結。

　　雖然加盟總部收取的**設備費用**沒有商議空間也無法退還給加盟店，但為了達到市場推廣及快速展店的目的，加盟總部仍會提供各種不同的行銷誘因。這些誘因包括折扣、折抵加盟金、以及酌量減收權利金。這些做法也可以擴大運用到非傳統門市之加盟，而且想展店或是轉換成總部旗下其他事業概念的加盟者也適用。

初期投資

　　加盟者最常問的兩個問題是：加盟連鎖事業初期投資需要多少錢？預估的營業額與財務預測如何計算？加盟連鎖事業的初期資本這個部分最容易被誤解與低估。**表8.2**與**表8.3**為計算預估營業額及財務預測的兩則範例。潛在加盟者可以用這樣的試算表估算營業額。加盟者必須清楚知道，加盟總部並不保證或允諾加盟者的獲利。在同一體系中類似餐廳的預估數字並不保證預備開設的加盟連鎖店也會有同樣的獲利，因為有太多的變因。**表8.4**詳細說明了初期資金成本項目，如開幕前的準備成本以及餐廳用地與營建費用。這些預測數字通常是平均值，也只能當作範例來

表 8.2　銷售額預測

項目	說明	預估金額
1. 每週來客數預估平均值	來客數的預估可參考附近類似加盟連鎖餐廳的實際到客量	
2. 每日來客數預估平均值	每日來客數： 第 1 項數字除以 7	
3. 預估每年餐廳開店營業日數	一年 365 天，扣除不開店的天數，即為該年的營業日數	
4. 預估年度來客數	第 2 項乘以第 3 項	
5. 預期每張帳單的平均值	第 4 項乘以第 5 項	
6. 年度銷貨預估		

表 8.3　財務預測

項目	說明	預估金額
1. 年度銷售額預測	來自銷售額預測試算表的預估金額	
2. 進貨成本	第 1 項乘以進貨成本所占的百分比	
3. 人事成本	第 1 項乘以工資所占的百分比	
4. 權利金	第 1 項乘以權利金所占的百分比	
5. 其他費用	第 1 項乘以雜支所占的百分比	
6. 作業成本	第 1 項乘以營運成本所占的百分比	
7. 折舊／攤提	設備折舊是以設備及安裝的費用除以預期的使用年限計算而得	
8. 獲利貢獻	獲利等於 1. － 2. － 3. － 4. － 5. － 6. － 7.	

參考。初期成本可能會隨不同因素而變化，譬如餐廳型態、服務風格、餐廳地點及當地法規。

　　以下我們將針對**表 8.4** 所列的項目逐一討論。表中所有的數字只是用來說明預期開銷的類別，這些數字會因個別及特定的實際狀況而有極大的差異。

1. 加盟總部依據簽訂的加盟連鎖合約期限（可從 5 年到 20 年不等），向加盟者收取加盟金。加盟金不包括展店費用或是其他必須預付的金額。

表 8.4 預估一家加盟餐廳的試營運費用

項目	預估費用
加盟金	$20,000
訓練期間的差旅食宿費	$5,000-$10,000
公用事業、營業執照及營業稅之保證金	$500 -$10,000
保費、銀行抵押及其他預付費用	$3,000-$5,000
期初營業所需存貨（食材及用品）	$10,000
人事成本（員工及管理人員）、食材及訓練費用	$10,000
制服	$3,000
專業服務顧問費	$10,000
廣告費（開幕時）	$5,000-$10,000
雜項支出	$3,000
試營運預估費用總額	**$69,500-$91,000**

2. 加盟總部會將其訓練課程與條件逐一條列清楚。訓練費用包括受訓人員的薪資及差旅、住宿費。差旅費會因受訓地點的距離、搭乘的交通工具，以及選擇的住宿而有所差異。除此之外，加盟總部可能要求加盟者支付其他訓練費用。加盟者需自行安排其受訓人員的交通與食宿，以及各項雜費，並支付受訓人員的薪資與津貼。加盟總部有權指定受訓人員的人數。

3. 公用事業費與電話費為變動成本，且會因餐廳所在地不同而有差異。營業一段時間的餐廳比起新餐廳所須支付的該筆費用較低。同樣的，營業執照費也因各州、各郡及當地主管機關要求的不同而使得金額不一。有些地區還會要求加盟店先付保證金。通常，若加盟店未停業，主管機關在一段期間後會退還保證金。有些公用事業公司會償付保證金的利息。美國有些州甚至要求營業稅的保證金。

4. 任何類型的事業都需要投保足夠的保險。這筆費用絕對省不得。加盟店在開幕前須購足主要保險，如責任險、勞工失能賠償險、產物保險及醫療保險。或許還要外加其他的保險及員工福利。保費應事先分期支付。保費高低跟下列因素息息相關：店面所在位置、預估營業額、預估人事成本、過去的保險紀錄，以及投保之保障範圍。總部對於加盟者投保之金額與險種設有最低要求，這部分在合約中應載明。此外，在財務擔保方面，假如加盟者貸款購買土地、建物及設備，貸方有權要求額外的保險。若加盟店的店面以租賃方式取得，那麼在開幕之前可能就要支付一至二期的租金。

5. 開幕前，食材和日用品的初期存貨不可或缺。存貨量應明顯多於餐廳開幕後預期的使用量。所採購的商品種類和數量將影響成本。應該要注意的是，商品琳瑯滿目，加盟者必須慎選存貨的物料。。

6. 餐廳正式開幕前，加盟店應做好人員訓練及開幕前的演練。訓練時期的各項成本（如薪資、薪資稅、伙食及其他費用等等）皆須納入成本考量。

7. 加盟店的員工須按照總部規定穿著制服。加盟者可以直接跟總部或總部指定的廠商購買。這些制服須合乎總部設定的標準。一般來說，制服都繡有或印有商標，屬於總部的智慧財產。

8. 加盟者必須借重律師、會計師及顧問等專業諮詢服務來加入加盟連鎖事業，如審閱加盟合約內容、合夥人文件、會計財務報表及稅務相關文件。這些專業服務所需費用即為「專業服務顧問費」。

9. 開幕之前，餐廳內與當地的廣告必不可少。銷售點（如收銀台附近）和商品推銷的廣告費用也應該列入考慮。加盟總部通常都會提供這些廣告促銷的用品和技術支援。

10. 加盟店必須有一筆週轉金，用來支付一般經營的各項雜支，像是海報、廣告旗幟，以及開幕前的各項裝飾用品。

　　很明顯地，上述這些初期投資成本並未包含餐廳的土地、不動產、翻新、租賃物整修與設備等費用。這幾項費用的預估成本將個別說明。再次強調，這只是預估的費用，實際數字將因各種不同狀況而有所變化。

> 　　任何類型的事業都需要投保足夠的保險。這筆費用絕對省不得。加盟店在開幕前須購足主要保險，如責任險、勞工失能賠償險、產物保險及醫療保險。

　　如表 8.4 與表 8.5 所示，經營一家連鎖加盟餐廳的平均總花費，至少得要 50 至 75 萬美元。當在計算投資報酬率時，這些數字應該列入考慮。表 8.6 列出特定加盟連鎖餐廳所索取的加盟金和權利金的範例。

1. 加盟店的不動產可自購或租賃，惟兩者的成本有極大差異。土地、租金及建物會隨餐廳的地點而有所差異。在大都會區的餐廳，其土地租金明顯較位於非大都會區的餐廳來得昂貴，這成本也會因為餐廳的設計和類型而有

表 8.5　不動產、整地、建築物與設備費用成本估算範例

項目	預估成本
土地與建物	$80,000
整地與重建	$150,000
建築成本與整修	$200,000
其他營建工程	$30,000
設備、器皿與招牌	$200,000
總金額（不動產、整地、建築物與設備費用成本估算）	**$660,000**

表 8.6　加盟金與權利金支付範例

編號	餐廳	加盟金	權利金
1	賽百味	$15,000.00	每週總銷售額的 8%
2	麥當勞	$45,000.00	每月總銷售額的 4%
3	肯德基炸雞	$45,000.00	每月總銷售額的 5%
4	Papa Johns	$25,000.00	每月總銷售額的 5%
5	Jack in the Box	$50,000.00	總銷售額的 5%
6	卜派炸雞	$35,000.00	總銷售額的 5%
7	Jimmy John's	$35,000.00	每週總銷售額的 6%
8	Auntie Anne's	$30,000.00	總銷售額的 7%
9	Jamba Juice	$25,000.00	總銷售額的 5.5%（門市數超過 4 家）或 6%（門市數在 3 家以下）
10	哈帝漢堡	$25,000.00	總銷售額的 4%
11	教堂炸雞	$15,000.00	總銷售額的 5%
12	Einstein Bros. Bagels	$35,000.00	總銷售額的 5%

很大的不同。獨立店面的餐廳會比販售亭（kiosk）或得來速餐廳的成本要來得高出許多。若加盟店想自行購買餐廳位址，應該先考量總部所規定的土地面積需要多少平方英呎。一般而言，一間開設在郊區的獨立店面餐廳，大概需要 20,000 至 30,000 平方英呎的面積，外加一個車位充足的停車場。非傳統餐廳所需要的空間就小得多，頂多只需要 1,000 至 3,000 平方英呎。如果是承租的話，月租金大約在 2,000 至 4,000 美元之間。

2. 加盟餐廳需不需要整修工程端視餐廳地點的土地狀況和公用事業的使用而定，譬如水電、瓦斯、消防栓及下水道。必須整修的部分可能包括建築物或是人行道、路邊石、庭園造景、招牌設立、斜坡、下水道設計、垃圾處理區及裝卸貨設施等。若該地點原本就已經有上述部分的設施，則可減少成本。

3. 餐廳的營造成本與人力成本與所在區域的承包商所提供的服務有關。大多數的加盟總部所提供的服務包括建造及工程方面的協助在內。不過，也有些加盟總部提供餐廳建造的服務，會向加盟店收取額外的費用。使用總部提供的服務，好處是他們有一個經測試的規劃，可能有現成的建材，而且符合總部所要求的所有規格。取得建築許可與驗收費用也要納入考量。現有建築整修的費用端視必須符合加盟總部規定的工程範圍而定。為了達到加盟連鎖事業的形象要求，有可能餐廳裡裡外外都要重新裝修。至於像是傢俱、固定設施、烹調設備、招牌及其他小東西，可能必須跟總部直接購買。這些項目都會列在總部提供給加盟店的目錄或手冊上，而且可以從不同的選項中挑選。一般來說，設定的選項沒有太多的彈性空間。

4. 其他修建費用包括建築工程費、水電設定費、清潔費及其他規費。費用多寡是依照餐廳地點與所需工作數量而定。近年來，由於環保意識高漲，加盟店在選擇餐廳地點時必須仔細考慮該地點是否有任何不符合環保之處。還有，加盟店也必須遵守當地法規，另外也要注意當地人口的發展，因為一個生意要成功，多半得靠社區的合作。

5. 通常加盟總部會要求加盟店向總部或總部指定的廠商購買餐廳所需的設備、電器及用具。理由是為了在製備菜單內容時可維持品質標準、適合空間規劃，以及塑造企業形象。透過總部購買設備也有助於減少維修問題和設備的初期成本。這是因為加盟總部的代表對於設備比較熟悉；此外，大宗購買材料可降低成本，因此加盟者可享有優惠價格。設備成本跟選擇的餐廳型態也相關。比方說，若加盟店想在餐廳附設兒童遊樂區、添設戶外燈光照明與招牌、座椅類型與座位安排，那麼設備費用也會跟著增加。

　　上述的投資費用的範例僅供參考之用。加盟總部會提供更多相關費用細目給潛在加盟者。上述有些費用不一定適用，有些費用可能會更高。若以現有餐廳整修的話，這裡列的很多費用多半不會發生。

 餐廳經營的成本控制

> 成本控制對於任何事業的獲利能力而言都是必要的工作，尤其是在有許多無形流程的餐飲業。

　　成本控制對於任何事業的獲利能力而言都是必要的工作，尤其是在有許多無形流程的餐飲業。經營餐廳會發生的成本有幾大類，其中最重要的莫過於食材成本與工資。食材成本取決於存貨量，如下所述：

（某特定期間的）期初存貨＋食材購買

＝總存貨－期末存貨

＝（某特定期間內的）食材消耗成本

食材成本占食品營業額百分比的計算公式如下：

$$\text{食材成本（％）} = \frac{\text{食材成本}}{\text{食品營業額}}$$

　　食材成本百分比可用來當作預算工具，以及作為財務報表的比較評估。食材成本百分比與餐飲店的類型息息相關。從這個百分比可以看出食材成本的金額與食品總營業額的關係。同樣的，工資成本亦可計算如下：

$$\text{工資成本（％）} = \frac{\text{工資成本}}{\text{營業額}}$$

　　食材成本與工資會因餐廳經營型態、服務風格、菜單樣式與餐廳地點而有所不同。菜單上每一道菜式的成本可依照其食譜所列的食材，分別計算其成本。而像香料和調味料這些用量較少的項目，通常都以大約 1% 的固定比例來計算其成本。1.

損益表

　　如何寫財務報表以及如何解讀是必備的知識。許多生意人不瞭解或不想要理解財務報表的細節。無論是何種事業，財務報表都證明是管理企業獲利能力的重要工具。當在解讀財務報表時，有一些非常重要的面向要考慮：(1) 瞭解報表完整的構想；(2) 知道報表的週期，它會顯示該報表相關的時間；(3) 當在比較兩份報表時，先選擇重要的指標，並聚焦在這些指標上；(4) 闡釋一些比率，讓你對長期和短期的財務狀況有更清楚的概念。一旦熟悉這些步驟之後，就會比較容易瞭解和比較評估財務現況。現今因為電腦普及，要取得所有所需的資料相當方便，雖然要分析由電腦所產生的大量資料是很繁重的工作。有時候，要從電腦所吐出的雜亂資料中挑選出好的資料並不容易。謹慎評估和理解可獲得的資料是很重要的。而且逃避不去瞭解財務報表一點幫助也沒有。任何報表最後的結果應該清楚地顯示損益情況。確定的是，目標應該使獲利最大化，主要目的是：(1) 為了業主和經營者的利益；(2) 為了加盟連鎖事業的成長購買新的資產；(3) 即時清償債務；(4) 規劃展店。有兩種報表可以清楚瞭解事業的財務狀況：即資產負債表與收入報表。

　　各類型的餐廳最常使用的財務報表就是損益表與資產負債表。損益表，顧名思義，就是顯示帳目獲利與虧損的狀態。損益表的格式範例如下。其中，第一個部分所記錄的是食物和飲料的營業額與總計，再以同樣的方式計算食物和飲料的成本。

營業額		
食物	$ _____	____ %
飲料	$ _____	____ %
食品飲料總營業額	$ _____	100 %
成本		
食物	$ _____	____ %
飲料	$ _____	____ %
銷售總成本	$ _____	____ %
毛利		
食物	$ _____	____ %
飲料	$ _____	____ %
總毛利	$ _____	____ %

其他收入		
說明	$ _____	_____%
總收入	$ _____	_____%
可控制費用		
薪資	$ _____	_____%
員工福利	$ _____	_____%
員工伙食	$ _____	_____%
直接作業成本	$ _____	_____%
音樂與娛樂設施	$ _____	_____%
廣告與宣傳	$ _____	_____%
公用事業	$ _____	_____%
行政與總務	$ _____	_____%
維修	$ _____	_____%
可控制費用總額	$ _____	_____%
未納租金前的利潤	$ _____	_____%
租金或房地產使用成本	$ _____	_____%
折舊前的利潤	$ _____	_____%
折舊費用	$ _____	_____%
未付利息前的利潤	$ _____	_____%
利息支出	$ _____	_____%
稅前利潤	$ _____	_____%
所得稅支出	$ _____	_____%
淨利	$ _____	_____%

1. **毛利**：是食品和飲料的營業額減去其成本後的金額，這就是餐廳的總毛利，這筆金額尚未扣除其他開銷費用。

2. **其他收入**：指的是非食品飲料類的營業收入，像是自動販賣機、菸品、商品與報紙的銷售。

3. **收入總額**：毛利加上其他收入。

4. **可控制費用**：顧名思義，亦即可控制的花費。這些費用取決於管理決策，並與餐廳營運效率有直接關聯。

5. **薪資**：即員工薪水與工資。

6. **員工福利**：意指付給員工或代員工支付的醫療保險、津貼與其他福利。

7. **直接作業成本**：為餐廳直接提供給顧客的服務項目，如餐桌的中央擺飾、蠟燭、銀製餐具與餐巾。

8. **音樂與娛樂設施**：若餐廳附設這些設施，需將其費用納入。

9. **廣告與促銷費用**：包含各項廣告、促銷與折扣費用。

10. **公用事業費**：即花在餐廳所使用的各項公用事業的支出。

11. **行政與總務費用**：與餐廳提供給顧客的服務不相關的經常性支出，像是辦公用品、郵資與電話設備。

12. **維修費用**：包含各項大大小小的維護修理費用。

13. **可控制費用總額**：即所有可控制之費用的加總，可作為衡量餐廳經營管理效率的指標，因為這些項目均可經由管理來控制。

14. **未納租金前的利潤**：即營業收入總額減去可控制費用總額後的金額，又稱為**營業利潤**，為餐廳尚未扣除其他成本前的獲利。

15. **租金或不動產使用成本**：包括租金、房地產使用成本、不動產稅與產險。

16. **折舊前的利潤**：未納租金前的獲利減去租金成本或房地產使用成本後的獲利。

17. **折舊費用**：為實際或預期之折舊耗損所產生的費用。

18. **稅前利潤**：未折舊之前的獲利減去折舊費用後的金額。

19. **淨利**：減去所得稅後的總淨利。此金額為扣除所有的成本與花費後的總獲利。

資產負債表的範例	
資產	
流動資產	
庫存現金	$ ＿＿＿＿＿＿＿
銀行存款	$ ＿＿＿＿＿＿＿
現金總額	$ ＿＿＿＿＿＿＿
應收帳款	
客戶	$ ＿＿＿＿＿＿＿
信用卡	$ ＿＿＿＿＿＿＿
員工	$ ＿＿＿＿＿＿＿
其他	$ ＿＿＿＿＿＿＿
應收帳款總額	$ ＿＿＿＿＿＿＿
存貨	
食品	$ ＿＿＿＿＿＿＿
飲料	$ ＿＿＿＿＿＿＿
用品	$ ＿＿＿＿＿＿＿
其他	$ ＿＿＿＿＿＿＿
總存貨	$ ＿＿＿＿＿＿＿
預付之保險與稅金等	$ ＿＿＿＿＿＿＿
流動資產總額	$ ＿＿＿＿＿＿＿

固定資產		
土地	$	
建築	$	
折舊（扣除）	$	
小計	$	
傢俱、固定裝置與設備	$	
折舊（扣除）	$	
小計	$	
租賃物整修	$	
折舊（扣除）	$	
小計	$	
生財工具——瓷器、餐具等	$	
固定資產總額	$	
總資產		$
負債及資本額		
流動負債		
應付帳款		$
應付稅款	$	
應付開銷	$	
流動負債總額		$
應付設備款與合約款項	$	
長期借貸	$	
負債總額		$
資本額（業主權益）	$	
業主往來帳戶	$	
總淨值		$
總負債及資本額		$

 ## 資產負債表

上表為資產負債表的範例。**資產負債表**可以呈現出資產與負債和資本額的對比關係，確切反映餐廳財務的整體狀況。資產負債表中一些常見名詞說明如下：

1. **流動資產**：係指可於短期內轉換成現金的資產，一般包括可用現金、應收帳款、存貨等等。
2. **固定資產**：指的是具有永久特質且無法立即轉換成現金的資產，譬如傢俱和土地。總結資產負債表時，其折舊費用必須計算在內。

3. **流動負債**：係指在資產負債表中，一年內到期的負債，包括短期借款，以及從顧客身上所收取並支付給政府的稅金等等。
4. **固定負債**：指的是長期借款，如設備款或應付票據。從資產負債表製作日期起算一年內不須支付的費用。
5. **淨值**：包括在資產負債表製作日期當時所擁有的投入成本與盈餘。若餐廳有其他合夥人共同經營，最好於資產負債表內個別列出每位合夥人的淨值。

應該注意的是，為了將所有科目放入財務報表中，所有金額必須以貨幣金額表示，例如所有的損毀項目應該轉換為貨幣價值。

比率分析

比率分析是財務比較評估中非常有效的工具，它將有效的比較關係簡化成單一數字。比率所考量的是關係而非「絕對」數字。在商業領域中，比率是評估各種關係非常重要的工具，以幫助做出正確的決策。一般而言，比率在以下的企業管理分析上非常實用：

> **比率分析是財務比較評估中非常有效的工具；它將有效的比較關係簡化成單一數字；比率所考量的是關係而非「絕對」數字。**

1. 比率可以用來比較目前的績效和之前任何的績效。
2. 比率可以用來評估管理效率。
3. 比率可以用來顯示舉債狀況，以便判斷獲利能力。
4. 比率可以顯示重要的趨勢，這在收入報表或是損益報表的數字中無法明顯看出。
5. 比率在各種不同的商業領域中有助於策略發展。

以下將個別說明最常使用的比率及其應用。

1. **流動比率**（**current ratio**，又稱「流動資產比率」、「現金資產比率」或「現金比率」）：其目的是評估償付能力。

   流動比率＝流動資產 ÷ 流動負債

該比率可檢驗一家公司以短期資產（現金、存貨、應收帳款等）償還短期負債（債務及應付帳款）的能力。這些數字在資產負債表中都有。比率愈高，公司的償債能力就愈好。這個比率估算的是每一元流動負債有多少元的流動資產來保障。舉例來說，假如流動比率是 1.87，那麼就表示在該公司每一元的流動負債就有 1.87 元的流動資產可抵償。相反地，若流動比率小於 1，就表示該公司無法正常支付債務。流動比率也顯示一家公司營運週期的效率，或者將產品變現的能力。在應收帳款上有麻煩或是存貨周轉時間較長的餐廳可能遭遇流動資金的問題。

2. 速動比率（**quick ratio**，又稱為「**酸性測驗比率**」或「**速動資產比率**」）：指一家公司短期的資產流動性，用以衡量一家公司以其大部分的流動資產履行其短期債務的能力。因為這個原因，該比率將存貨從現有資產排除。這些數字在資產負債表中都有。計算方式有好幾種，譬如：

   速動比率＝（流動資產－庫存）÷ 流動負債，或
   速動比率＝（現金＋應收帳款）÷ 流動負債

   這個比率估算的是每一元流動負債有多少元的流動資產來抵償。舉例來說，1.75 的流動比率表示在該公司每一元的流動負債就有 1.75 元的流動資產可抵償。速動比率愈高，公司的資產流動性愈佳。

3. 毛利率（**gross margin**）：一家公司的總營業收入減去其銷售成本，再除以總營業收入，得出的百分比即為毛利率，計算公式如下：

   毛利率（%）＝（收入－銷售成本）÷ 收入，或
   毛利率（%）＝毛利 ÷ 營業額

   毛利率係指公司在發生與生產其銷售的商品與服務相關的直接成本之後，公司所保有的總營業收入的百分比。百分比愈高，公司每一元營業額可支付的成本與負債就愈多。它顯示公司每一元營業收入所保留的比例，這就是毛利率。舉例來說，如果一家公司的毛利率是 38%，那麼它每賺進 1 元就能保留 0.38 元。這些計算的數字可從收入報表取得。

4. 淨利率（**net margin**）：以百分比表示淨利與收入的比率，這個數字顯示公司所賺的每一塊錢有多少轉換成獲利。

它所評估的是淨利階段的獲利能力。在收入報表中可獲得數據。計算公式如下：

淨利率＝淨利 ÷ 收入，或
淨利率＝稅前淨利 ÷ 營業額

其中，淨利＝收入－銷貨成本－經營費用－利息和稅金

舉例來說，15% 的淨利率意指公司每一元營業額可產生 15 分錢的淨利。

5. **資產周轉率**（**sales to assets ratio**）：這是營業額與總資產的比率，它也被納入財務報表的比率分析中。可以用下列公式計算：

資產周轉率＝營業額 ÷ 總資產

這是一種估算效率的比例，因為它可評估總資產的營運效率。得出的數字表示投資在總資產中的每一元所產生的銷售金額。舉例來說，資產周轉率 2.68 意指公司每投資一元在總資產中，就會產生 2.68 元的營業額。

6. **資產報酬率**（**return on assets ratio**）：即一家公司的淨收入除以平均總資產。這個公式是用來檢視一家公司利用其資產獲取淨利的能力。淨收入是一家公司在減去支出（包括折舊與稅金）後所賺得的錢。該比率可用來評估總資產獲取淨利的效率，亦即投資在總資產中的每一元所產生的淨利金額。舉例來說，資產報酬率 8.9% 即表示公司每投資一元在總資產中，就會產生 8.9 分錢的淨利。

7. **投資報酬率**（**return on investment, ROI**）：計算方式有好幾種，可用以下公式計算：

投資報酬率（%）＝（淨利÷投資）×100%；或
淨利＝毛利－費用

投資報酬率也可以評估淨值產生淨利的效益，亦即投資在淨值中的每一元所產生的淨利金額。舉例來說，17% 的投資報酬率意指公司投資在淨值中的每一元，可產生 17 分錢的淨利。

8. **存貨週轉率**（**inventory turnover ratio**）：該比率對於餐飲業而言非常重要，因為當其存貨週轉率非常快速時，代表該數字顯示一家公司在一段時間內

的存貨銷售和更換的次數偏高。以一段時間的天數除以存貨周轉率便可計算出欲銷售現有存貨要花多少天或是「存貨周轉天數」。存貨週轉率可以用下列兩種方式計算：

存貨週轉率＝營業額 ÷ 存貨；或
存貨週轉率＝銷貨成本 ÷ 平均存貨

在第一種計算方式中，使用的是營業額，它是被記錄在市場價值中，而在第二種方式中，則是使用銷貨成本，因為存貨通常被記錄在成本中。另外，為了將季節因素的影響減至最低，因此使用平均存貨計算，而不是期末的存貨量。

該比率是用來跟產業平均值比較。低存貨週轉率意味著營業額不佳，因此存貨過多，然而高存貨週轉率則意味著營業額高或是採買效率不佳。以一家餐廳而言，低存貨週轉率通常是一個不好的警訊，因為食材放在儲藏室中容易變質。一般來說，餐廳都有高存貨週轉率。為了得到比較精確的存貨週轉數字，計算時使用的是平均存貨（期初存貨＋期末存貨÷2）。使用平均存貨是考量到季節性對存貨週轉率的影響。

9. **應收帳款週轉率**（**accounts receivable turnover**）：這是用來衡量一家公司延展信用及收回賒銷帳款的績效。應收帳款週轉率是資產管理的比率，可衡量一家公司運用其資產的效能。公式如下：

應收帳款週轉率＝賒銷淨額 ÷ 應收帳款平均值

10. **應付帳款周轉率**（**accounts payable turnover**）：這是一個短期的流動資產估算，用來衡量公司付款給供應商的速度。應付帳款周轉率的計算是在一段特定時間內向供應商購買的總採購額除以應付帳款平均值。公式如下：

應付帳款周轉率＝總採購額 ÷ 應付帳款平均值；或
應付帳款周轉率＝銷貨成本 ÷ 應付帳款。

損益平衡分析

損益平衡分析是用來決定所獲得的收益與付出的相關成本達到損益兩平的情

況。計算出來的結果就是所謂的安全邊際（margin of safety），也就是收入大於損益平衡點的金額。當維持在損益平衡點之上時，收入可能會減少。舉例來說，假如生產一件商品所花費的成本為 25 美元，固定成本為 1,000 美元，那麼銷售這項商品的損益平衡點為：

假如售價為 50 美元＝ 1000÷(50-25)=40（達到損益平衡點需賣出的商品件數）

假如售價為 75 美元＝ 1000÷(75-25)=20（達到損益平衡點需賣出的商品件數）

很顯然的，假如該公司以較高的售價販售商品，那麼很快就能達到損益平衡。

→ 個案研究

斯巴羅（Sbarro）：財務調整

斯巴羅創立於 1956 年，當時是在紐約州布魯克林市一家由家族經營的義大利雜貨店，販售自家製的莫札瑞拉起司、進口起司、香腸及義大利臘腸。他們所販售的新鮮食品和義大利食物相當受歡迎，後來也成為一家非常成功的連鎖店。斯巴羅官網上說道：「當斯巴羅家族從拿坡里移民過來時，他們把義大利最好的東西也帶出來了。位於布魯克林的這家熟食店裡自家製的菜餚遠近馳名，客人遠道而來尋找道地的義大利口味。超過 50 年後，我們在美國已有超過 600 個據點，全世界則有 1,100 家以上的門市。」

這家店快速擴展到整個紐約區。1967 年，他們第一家在商場裡的門市開幕，接著它就成為商場、購物中心，以及機場的固定店家。這家公司是由斯巴羅家族所擁有和經營，最主要是馬力歐（Mario）、安東尼（Anthony）和約瑟夫（Joseph），到 1985 年時，該公司已有 83 家直營店以及 53 家加盟連鎖的門市，於是在這一年公開發行股票。該品牌公開股票交易到 1999 年為止，斯巴羅家族在這一年再度將公司私有化。2006 年底，斯巴羅公司在全世界已有大約 975 家快速服務的門市，同年被私募資本營運公司「海中央夥伴有限合夥公司」（MidOcean Partners III LP）

收購。不過，到了 2011 年 4 月時，負債累累的斯巴羅公司申請破產，在其破產文件中指出，他們被經濟局勢拖垮。當時，他們說像起司和麵粉這類商品價格上漲形成一大困境，尤其經濟衰退使得情況雪上加霜。但是後來，該公司又表示，因為購物商場前所未有的人潮銳減使他們蒙受其害，他們有許多門市都開在這些場所（Frumkin, 2012）。

有幾家餐飲公司被列在穆迪投資人服務公司（Moody's Investors Services）的「後段班」（Bottom Rung）名單，亦即這家債務評比機構指名具有債務違約高風險的公司。有些名單中的餐飲公司並不同意這份名單，辯駁這並不能代表他們實際的財務狀況。餐飲業正經歷一段艱苦的時期，營業額低，負債程度高。在如此環境下，遵守合同或還款政策就更顯必要。此外，在凍結的信用市場中，要取得融資並不容易（Ruggless, 2009）。

斯巴羅原本經營得有聲有色，但是在購物商場人潮銳減以及消費者轉而造訪競爭對手的店家（例如福來雞）後便開始走下坡。斯巴羅的分店開始一一關門，於是公司開始虧損。斯巴羅在 2007 和 2008 年時因為起司和麵粉等商品價格上漲而受到重創，這是繼經濟衰退之後的一大困境。根據法院文件，在 2008 年底和 2009 年將近全年的時間，該公司又因為購物商場空前的人潮銳減而再度受創，因為他們的許多門市皆設置在購物商場中。在 2011 年 3 月底，該公司在全世界 42 個國家擁有據點，其中有 475 間直營門市，以及 555 間加盟連鎖門市，並保有另外 18 家的合資企業（Ruggless & Frumkin, 2011）。

2011 年時，斯巴羅為調整其資產負債表尋求法律建議。但聘請法律顧問並不表示一家公司將申請破產保護。公司請來顧問調整負債是為了其他目的，而不是申請破產，一般是要展開融資計畫或者以現有負債交換新股份。斯巴羅將積欠各家銀行和債券持有者的債務予以分散，並簽訂了一個所謂的「債務延期協議」，以防止債權人取消他們贖回資產的權利，或者因為拖欠債務而引發債權人行使其他權利（Spector, 2011a）。

2011 年 4 月，斯巴羅申請破產，為了擺脫破產陰影，斯巴羅開始努力地以新的食譜和翻新餐廳來振興財務。計畫包括大舉更新店面和爐具，並使用不同的原料，將原本油滋滋的紐約薄片披薩變成精緻版的拿坡里派餅。這些改變的目的是要改變消費者的經驗和印象。隨著商場人潮和航空旅遊業的蕭條，這家公司關掉了 150 間店面，使得他們流失了大量的核心顧客。雖然有這些財務問題，但斯巴羅仍然設法維持主要地點的餐廳，例如紐約市的時代廣場。對於斯巴羅的批評從財務問題到乏善可陳的食物都有。斯巴羅打算模仿達美樂重振旗鼓的方式，展開一個致歉

式的行銷活動，承認他們的披薩吃起來像「厚紙板」，並推出新的原料（Rappeport, 2012）。

斯巴羅公司的總裁兼執行長吉姆‧葛雷科，為這個義大利快速服務的品牌制定了大型的計畫。新的策略方案包括短期計畫，例如重新設計披薩配方以及客製化的餐點。店裡以深炒鍋和電磁爐來供應客製化的義大利麵。長期的計畫則是將該品牌從快速服務的根基轉換到速食休閒的競技場中，這是斯巴羅的主管們在過去 6、7 年的時間裡關注已久的市場區塊。葛雷科表示，管理階層已經與美國各地的團隊成員舉行座談會，介紹「一種餐飲業的新文化，他們希望每一位斯巴羅人都能細細思量。」公司著手訓練資深的經營團隊——副總、訓練師、區經理及總經理——來執行他們的餐飲業新文化。在斯巴羅的 1,025 間門市中，有 625 間由公司直營——主要在美國和加拿大——另外 400 家為加盟連鎖店。」斯巴羅計畫在 2012 年再開 50 至 60 家新門市（Frumkin, 2012）。斯巴羅強調更新鮮的產品，努力將自己重新定位為休閒快餐店。該公司推出以新食譜製作的披薩，所需要的醬汁包含了直接在餐廳裡去皮、壓碎的番茄，而不是之前所使用的濃縮醬汁。而且，製作披薩所使用的莫札瑞拉起司是直接在餐廳裡磨碎，而不是用冷凍、預先磨好的老起司（Jargon, 2012）。

在上任差不多一年後，吉姆‧葛雷科辭職，換成大衛‧卡蘭（David Karam）接手。大約在 14 個月前，斯巴羅靠財務重組顧問才脫離破產保護。為了在不到三年的時間內透過第二次申請破產保護加速連鎖餐廳的展店，在獲得債權轉股權的支持後，斯巴羅股份有限公司於 2014 年 3 月申請破產保護。執行長大衛‧卡蘭表示，與債權人達成的交易表明了由這家連鎖餐廳的新管理團隊在過去 9 個月裡所研發出來的「成長策略」獲得他們的支持和信心。該公司將其財務狀況歸咎於在法院文件上所陳述的原因——「購物商場空前的人潮銳減」，這個因素對餐廳和零售商傷害甚鉅，因此使得這家連鎖餐廳很難償還債務。關店策略加上資產負債表的重組已經在預先整理的破產計畫中設想好，目的是要增進公司的獲利能力，並減少超過 80% 的高額負債。這家連鎖店在全球超過 40 個國家擁有 800 家店。最近的申請並不影響全球 600 家的加盟連鎖店（Fitzgerald, 2014）。斯巴羅期盼很快就會從破產中東山再起。

2014 年 6 月 4 日，斯巴羅脫離破產危機，有不同的經營者、債務變少，而且也有新的計畫。該公司的總部將從紐約遷至俄亥俄州的哥倫布市（Columbus），這個決定可能意味著該公司將會有更多的改變。

結論

　　本個案研究說明了一家發展成熟的加盟連鎖公司由於生意轉清淡，也可能遭遇財務問題。就像我們在本例中所看到的，即使像在購物商場和機場這類的地點也會受到不景氣的影響。本個案研究的目的就是要告訴讀者，在經濟壓力沉重的情況下，為什麼申請破產保護變成唯一的選擇。我們也看到了一家企業如何適應各種環境的變化。菜單選擇也變得很重要，因為目標族群改變了，而且一個熱門產品過了一段時間後可能就不再具有吸引力。顯然，破產保護也是更新菜單和服務的機會。不過，小心謹慎地發展和執行策略才是成功的關鍵。

Chapter
9

加盟總部與加盟者的關係

「溫蒂漢堡於 1971 年開始加盟連鎖體系，現在我們在全球各地擁有
超過 400 位加盟者。我們的加盟者經營一個數百萬美元的生意，擁有
房地產，並且在非傳統的地點經營餐廳，因此有許多成功的機會。我
們有一個實力堅強的公司和加盟連鎖文化。有些加盟者在溫蒂漢堡家
族已經很多年，而且也將他們的事業傳承給他們的子女。加盟者的
第二代延續相同的傳統，並且專注在品質上，這也是溫蒂漢堡在今日
成為業界龍頭的主因。」

——溫蒂漢堡事業發展部資深副總裁 Kris Kaffenbarger

 前言

對於任何加盟連鎖系統的成功而言，在加盟總部與加盟者之間擁有無懈可擊的關係將可創造雙贏的局面。加盟連鎖的關係是從簽訂合約開始，並持續進展直到合約終止。這些關係必須在信任、溝通、相互尊重、合作、誠信，以及專業素養上發展而成。加盟總部和加盟者的問題可能源自於兩種不同的考量：(1) 與加盟連鎖制度的經營面向相關的關係問題； (2) 誤解或是不實陳述雙方的承諾或法定事項。關係問題可以被修正，然而其他的動機問題則需要費心去改變，因為加盟者這方可能會有不切實際的期待，而加盟總部可能做了不準確的陳述。為了加盟總部和加盟者雙方的利益著想，一發現這些問題就要立刻導正；事實上，預防措施更加重要。我們將在下列各節討論這些議題。

對加盟連鎖制度的運作方式有清楚的瞭解將有助於減少摩擦和誤解。

 關係的開始

一旦加盟者與加盟總部在網路上或是在電話中與一位業務人員聯繫，那麼一段關係便於焉展開。這種互動的本質在一段關係中可能是個起點。加盟者在此刻開始建立期望。業務人員熱切地想要銷售產品，所以他們可能會給人有壓力的印象。誤解、不正確的期望，或是錯誤的表述在這個階段可能會發生，而且對於往後的關係可能會造成持續的影響。另一方面，加盟者或許急切地想要爭取這份加盟連鎖事業，因而可能忽略了一些該加盟連鎖事業顯著的特徵。雙方愈是以誠相待，那麼就愈可能擁有長期愉快的關係。清楚、誠實地描繪所有的重點肯定能走得長遠。年輕的加盟總部因為急於銷售更多的加盟連鎖事業，因此比較容易自我吹噓和誇大其詞。對於第一次接觸的加盟者而言，我們建議要耐心、客觀，並且審慎研究。有一些政府出版品、律師、會計師、顧問、加盟者（過去和現在的）、網頁以及協會等等在做決定的過程中都能用來諮詢。加盟者應該要瞭解的面向中，最重要的是要明瞭加盟連鎖體系如何運作。在一名潛在加盟者認真思考是否要加入一個加盟連鎖體系的期

間，應該要進行真實誠信的對話。雙方應該要有共同的價值觀、相互合作與互利。有效的溝通應該包括正確的告知這項事業的必要條件，以及它將如何影響加盟者的個人、專業與財務。而且應該要探究及坦誠地解釋雙方的利益、合作及權益。溝通時使用的語言應該要簡單，而且應該要符合加盟者的理解能力。最好能避免使用任何的行話和可能使人產生錯誤印象的笑話。再者，應該清楚解釋法律名詞，如此一來，將來就不會有誤解。最常被誤會的用詞就是「加盟金」和「權利金」。其他的用詞，譬如「終止」、「續約」、「領域權」和「廣告費」都應該要解釋清楚，並強調它們在執行加盟連鎖合約時的關鍵角色。

　　為了維持長期正向的關係，雙方對於所有的事務都能夠真正地瞭解是極為重要的事。有些業務人員非常熱心，他們或許並未意識到雖然短期將會有源源不斷的收入，但是長期來看最終可能代價不菲。對於一個不適當的加盟者寧可在一開始就說「不」，才不會之後吃到苦頭。成功的加盟者是那些在一開始就清楚知道加盟總部的目的和目標，並密切合作。另外，在加盟者的心中應該要清楚知道從這段關係中要接受的共同利益。

　　一個適合的加盟者要具備符合加盟連鎖體系組織文化所需的人格特質和生活方式。每個加盟連鎖事業都有自己的文化，而且應該要與加盟者的願景一致。應該要瞭解的是，幾乎所有的加盟連鎖事業都是緣自於創業的想法以及努力方能造就出品牌概念。因此，加盟總部會要求加盟者也要具備相同的精神。在市面上有相當多的人格測驗可以用來評估人格特質、價值觀及生活方式。

　　就像在所有面試的過程中，評量是一個雙向的過程。加盟者也在衡量加盟總部。表 9.1 列出了應詢問潛在加盟者的重要問題。

瞭解加盟連鎖制度如何運作

　　對於加盟連鎖制度的運作方式有清楚的瞭解將可減少許多的摩擦，以及在後續階段的重新瞭解。加盟總部誇張的表述及壓力有時可能會導致加盟者產生錯誤的期待。加盟連鎖制度的定義係闡明一種商業關係，這種關係是建立在兩個利益關係方之間的合約上，而這份合約由雙方自由簽訂，最後產生法律上的連結。加盟總部授權讓加盟者使用其品牌、概念、商標、商品外觀及作業系統。另一方面，加盟者同意使用這些權利但不會獲得任何的所有權。雖然有個錯誤觀念是，加盟總部的獲益

表 9.1　詢問潛在加盟者的問題

---

1. 你願意投入全部的時間在餐飲事業上嗎？
2. 你會當個不駐店的加盟者嗎？
3. 你知道經營一家餐廳需要長時間的工作嗎？
4. 你瞭解在前幾年或者很久的時間裡，你可能無法獲利嗎？
5. 你知道我們並不能保證這份事業一定會獲利嗎？
6. 你介意在週末工作嗎？
7. 你知道加盟連鎖體系的共生關係嗎？
8. 你清楚知道權利金與加盟金之間的不同嗎？
9. 你知道總收益與淨收益之間的差別嗎？
10. 你知道加盟總部所要求的費用及應付的費用嗎？
11. 你清楚知道所有的要求都需經過加盟總部的同意嗎？
12. 你知道視察及品質控制的程序嗎？
13. 你願意跟加盟連鎖店所在的社區合作嗎？
14. 你知道經營一家加盟連鎖事業的法律意涵嗎？
15. 你願意在你的某一家餐廳進行實習培訓嗎？
16. 你知道續約和終止的政策嗎？
17. 你知道個人生活任何的改變，譬如生病、離婚，以及其他的家庭問題都可能對於這段關係產生影響嗎？
18. 你知道經濟條件可能對該事業產生正面或負面的影響嗎？
19. 你清楚加盟總部所設定的採購政策嗎？
20. 你同意教育訓練的要求和參與的要求嗎？
21. 你知道在合約期間雖然你可以使用商標、商品外觀、商號，但是你不具所有權嗎？
22. 你知道加盟連鎖制度的基礎就是擴張，你有意願和興趣依照合約要求擴張事業嗎？
23. 你知道一家加盟連鎖體系需要「給與取」才能達到「雙贏」的局面嗎？
24. 如果有必要，你願意而且有興趣承擔其他的責任嗎？

多過加盟者，但是應該要瞭解的是，雙方都有「給與取」。無法冒險以及想要獨立經營，或者不想要遵守指示的人便不適合採用加盟連鎖制度作為做生意的模式。同樣的，總部應該要做好持續經營此概念的準備，以及隨時都要當個企業家。

　　加盟總部授與加盟者各項權利，以及從商號、商標與其他權利的使用中獲得大筆利潤。他們放棄權利單方面強制和監督改變，因為執行工作完全仰賴加盟者。加盟總部可能會設定標準、工作內容及施行教育訓練，但總部無權選擇或是辭退加盟者的員工。他們可能花費相當多的金錢在研發方面，但是跟直營門市相較之下，在執行變更或是引進新產品方面，加盟者可能無法如此快速或是如加盟總部所期望；此外，總部也會提出加盟者可能或可能不參與的宣傳活動。長期來看，這些限制或許有些會阻礙加盟總部順利取得競爭優勢。

> 加盟總部與加盟者間的共生關係是加盟連鎖制度成功的主要基礎。

另一方面，加盟者因為使用了加盟總部所設計的系統，因此得放棄一部分的利潤。無論是否能獲利，若沒有加盟總部的允許，他們無法對於經營或是事業做任何的改變，也沒有能力單方面終止或延長合約，而且也無法銷售或是轉讓合約給其他利益關係人。另外，他們也無權干涉廣告和宣傳，並且只能向核可的供應商購買某些補給品和物資。而且無論盈虧，加盟者都必須支付總營業額一定比例的權利金。

瞭解了雙方的「給與取」後，就能發展出一段關係以規劃出讓事業獲利的方法。這需要加盟者這一方願意冒險、有熱誠、動機以及興趣去承擔這份責任。同樣的，加盟總部必須準備好冒險將他們的概念交給新進而且有時候是未經測試的加盟者。他們的挑戰是要持續創新、設計與改進品牌概念，並且維護品牌權益。他們必須作為楷模，對整個加盟連鎖事業展現支持。

大體說來，穩固的關係乃建立於瞭解上述所有的事實，以及尊重彼此對於加盟連鎖系統的成功所做的貢獻。這段關係是因為合約而成立，在合約中定義了每一方的權利與責任。一段成功的關係是從合約開始，隨著加盟連鎖事業的運作而進展，經歷波折起伏，到最後事業可能擴張或結束，所有的一切都是依據合約中的條款。從合約開始到結束，最重要的連結就是雙方之間的溝通。

> 一段成功的關係是從合約開始，隨著加盟連鎖事業的運作而進展，經歷波折起伏，到最後事業可能擴張或結束，所有的一切都是依據合約中的條款。

1980 年，「美國國會小型企業委員會」（Congressional Committee on Small Business）發表了針對加盟總部與加盟者關係的評論。這份報告的結論陳述如下：

雖然關於加盟連鎖事業營收聲明的揭露問題尚待解決，然而加盟連鎖事業的關鍵問題不再聚焦於加盟連鎖銷售額的欺瞞與虛報。過去十年間，針對進行中的加盟連鎖關係的弊病，各州的取締行為、法令及訴訟的重點已產生改變。從 1960 年代後期至今，國會尚未全面性地處理這些「關係」議題。這樣的考量早就該進行了。

（美國眾議院小型企業委員會，1991）

以上結論說明了加盟總部與加盟者之間的問題。如前面各章所言，加盟連鎖事業是一個獨特且共生的關係，為了達到成功必須運作順利。加盟連鎖的關係常常被人比喻成婚姻。從戀愛再到結婚及蜜月期，與婚姻相同的是，也有困難重重的關係以及離婚的情況發生。加盟總部和加盟者之間主要的摩擦點將在以下各節描述。

引起摩擦的根源似乎是錢——譬如加盟總部聲稱他們沒有拿到權利金，或是加盟者聲稱他們沒有付了錢卻未得到加盟總部允諾的服務。既然加盟連鎖是一個相互的關係，欲維持這段關係，明確的方法之一就是誠實且公平地對待彼此。如果缺乏瞭解，這個體系就會失敗。加盟者與加盟總部的關係若要成功就如同其他成功的關係一般，都是藉由相互尊重與瞭解的方式達成。當關係失去平衡，譬如一方感覺或察覺到另一方貢獻較少時，其關係就開始破裂，甚至瓦解。在理想情況下，加盟連鎖事業應達成雙贏的局面：為該體系帶來豐厚的投資報酬利潤，無論是在金錢上或是實物上。

> **許多衝突點可以歸因於加盟連鎖合約及其解釋。**

 ## 摩擦點

在這段關係中的摩擦可以追溯到加盟總部和加盟者兩方。有時加盟總部好高騖遠，一味地銷售超過體系所能掌控的加盟連鎖事業，甚至容許不合格的加盟者加入。一個野心太大的加盟總部可能沒時間專注於每個加盟者的問題或確保品質的維持。而某個加盟者的疏忽，整個系統都會受影響。一旦簽訂加盟連鎖合約後，一段長期的關係於焉展開，有問題的加盟者一旦被允許進入此系統，將導致長期的問題。加盟連鎖合約的效期可能長達 20 年，假如雙方之間出現不滿就麻煩了。加盟總部的主要功能就是維持加盟連鎖的產品與服務的品質，並遵循指導方針，以達到相互間的瞭解。因此，加盟者與加盟總部之間的合作，是維持高品質關係的關鍵。

其他的問題皆與加盟總部和加盟者之間不當的溝通有關。許多衝突點可以歸因於加盟連鎖合約及其解釋。加盟者無法瞭解加盟總部伸進加盟連鎖事業中的鐵腕手段。合約中許多的條款似乎偏袒加盟總部而不利於加盟者，如果這點在一開始未獲得瞭解，之後可能導致問題發生。

加盟總部費用的分配及使用，可能代表關係中另一個敏感問題。許多加盟者覺

得他們的付出多於所獲得的利益。加盟者可能不同意加盟總部的廣告和促銷活動。有時，廣告對於加盟連鎖店所在區域的銷售額並未發揮任何的影響力，而且有些門市可能不需要任何的廣告，但他們仍須支付總銷售額的一定比例給加盟總部。以下將舉例說明一些衝突點可能的起因及可行的解決方式。

 加盟者關心的事

問題 ▶ **加盟者要做所有的工作，結果錢都是加盟總部在賺。**

起因 ▶ 加盟者不暸解加盟連鎖關係。加盟總部未專注於加盟連鎖事業。加盟總部和加盟者之間可能缺乏溝通。

解決方法 ▶ 加盟總部應在簽訂加盟連鎖合約之前先解釋加盟總部和加盟者之間的關係。加盟總部和加盟者間也應該經常開會，並以業務通訊和其他刊物等形式，進行有效的溝通。當加盟總部和加盟者合理分享利益時，關係運作得最好。商譽卓著的加盟總部通常都是先關心加盟者，然後才是他們自己。假如加盟總部可以向加盟者證明共享的利潤比例是公平合理的，那麼比較可能合作愉快。而且這正好是向加盟者說明加盟連鎖事業互惠利益的好時機。

問題 ▶ **加盟總部沒有提供在簽訂加盟連鎖合約之前允諾的服務，譬如營運中持續的服務以及開幕期間的服務。**

起因 ▶ 加盟總部未專注於加盟連鎖事業的營運面向。加盟者對於加盟總部的服務所抱持的期待須予以澄清。

解決方式 ▶ 加盟總部應注意加盟連鎖事業的營運面向。承諾的服務應謹慎地規劃與執行。有些服務是開幕前的服務，而有些則是營運中的服務。有些加盟者誤以為開幕前的服務範圍同樣也是營運中應提供的服務，總部所提供的服務必須以書面和口頭方式解釋清楚。在開會時經常提醒加盟者將有助於建立信任並減少誤解。

問題 ▶ **採購要求不合理，而且加盟總部藉由強制執行這些要求而賺取過多的利潤。**

起因 ▶ 加盟總部的收費和要求不切實際，因此必須重新評估。加盟者不暸解加盟總部支付的採購成本及價格制定系統。

解決方式 ▶ 加盟總部應重新評估收費、期望及採購要求的需要。交易應該要盡可能的公開透明。如果某些利潤是必要的，那麼加盟總部應向加盟者解釋清楚。加盟總部一切做法的理由應讓加盟者明白。為了公平起見，如果可能，應提供加盟總部的中間商或任何符合規定的供應商等多種採購方式的選擇。加盟總部應向加盟者出示成本和節省費用的比較評估。應與加盟者溝通這類採購要求的特許權和理由。若產品的品質受限於加盟連鎖原料的採購，或是為了使用特別設計的設備，那麼便應向加盟者做清楚的說明。

問題 ▶ **廣告費不合理。廣告和宣傳對加盟者只有些微好處，甚至沒有好處。**

起因 ▶ 廣告費和目標廣告市場可能沒有完整規劃，或者不合適。廣告和促銷的素材不優。

解決方式 ▶ 加盟總部應重新評估廣告費的結構，並規劃對加盟者有好處的廣告與宣傳。規劃廣告時所涵蓋的影響區域應該愈多愈好，廣告或宣傳未涵蓋的店家應該要選擇由第三方保管這筆費用，取代使用這筆錢。我們建議可向外面一流的廣告和宣傳公司尋求協助，他們將針對目標族群和可以使用的適當媒體提供建議。

問題 ▶ **加盟總部的標準和檢查程序不合理。**

起因 ▶ 加盟總部的標準已過時，而且可能未在實施之前先行測試。檢查程序可能不適當，又或者檢查的人員可能不適任或不公正。

解決方式 ▶ 所有標準應重新評估其適用性。對於達成加盟總部的目標無幫助的標準應予以捨棄。檢查員的檢查程序和專業的執行方式也同樣應重新評估。加盟者對於設立標準及檢查程序的意見應具有參考價值。

問題 ▶ **加盟總部接受不合格的加盟者，且沒有經過徹底的調查即簽約。**

起因 ▶ 加盟總部的篩選標準不嚴謹，或加盟總部太熱衷於快速擴張。

解決方式 ▶ 有些加盟總部太熱衷於擴張。這種情況可能是因為需要成長、打敗競爭對手，或是需要取得資金而產生。藉由減緩步調，可以解決一頭熱，但對於資金的急迫需求，則是出問題的嚴重徵兆。僅僅為了集資的目的而擴張，並與加盟連鎖制度的原則背道而馳，因而導致加盟者之間的不滿。為了加盟連鎖系統的成功，仔細地選擇合格的加盟者是必要的。加

盟者的財務能力不應是唯一的標準。加盟連鎖事業是一段長期的關係，接受不合格的加盟者所導致的不良影響將持續一長段時間。一個有問題的加盟者表現不佳會影響其他適任且努力工作的加盟者的業績，而且最後將影響到整個系統。

問題 ▶ **加盟總部擴張太快，導致整個體系不堪重負。**

起因 ▶ 加盟總部的擴展計畫不切實際。

解決方式 ▶ 加盟總部應重新評估擴張計畫。當銷售的加盟連鎖事業增加時，顧問人員也應隨之增加。不應該因為快速擴張而影響加盟者的篩選，更不應該對於標準的維持有所讓步，所提供的服務也不應該因為加盟總部的擴展計畫而受到影響。

問題 ▶ **加盟者對營運程序並不清楚，甚至許多問題在營業數個月後仍未獲得答案或解決。當有需要時，加盟總部的代表卻未出現。**

起因 ▶ 經營手冊未與時俱進，缺乏適當的資訊。加盟總部的訓練課程不佳。缺乏合格的人員對加盟者提供協助。

解決方式 ▶ 必要時應重新評估及修訂經營手冊。當修訂和更新經營手冊時，應徵求加盟者的意見，或召開加盟者諮詢委員會。也應重新評估及加強訓練課程。加盟總部需要加盟者為訓練課程提供意見。有經驗的加盟者，應負責為新進的加盟者提供協助。這種協助可以是志願或是定期指派的任務。加盟總部應提供 24 小時免付費電話，並且由加盟總部的代表迅速地回答所有疑問，特別是處理緊急事件。協助人員的人數比例應按照加盟者的需求來規劃。加盟總部應考慮增加當地代表的人數及設置服務專線。

問題 ▶ **加盟總部的職責不明。加盟總部對於加盟者事業的控制權及所有權似乎超過預期。**

起因 ▶ 加盟者缺乏有關於加盟總部的角色及加盟連鎖準則的資訊。

解決方式 ▶ 加盟總部應向加盟者解釋加盟連鎖制度的概念及總部的控制權。頻繁地藉由業務通訊、小冊子與其他資料，應可增進溝通。加盟總部應讓加盟者清楚瞭解加盟連鎖事業固有的職責分配。

問題 ▶ **加盟總部故意或非故意未符合加盟者的期望。**

起因 ▶ 加盟者未清楚瞭解加盟連鎖合約。

解決方式 ▶ 加盟連鎖合約是一紙法律文件,而且加盟總部和加盟者雙方應徹底地瞭解並遵守。加盟總部應清楚解釋所有的項目,並應詢問加盟者或其合法代理人是否明白所有的條款。加盟總部應清楚解釋其期望及職責。以簡單的文字寫成的合約才符合實用目的。可能的話,一名加盟者應與體系內其他的加盟者相互聯繫,包括那些沒列在加盟總部推薦名單上的其他加盟者,以查證資料,並打聽哪些期望已達成,而哪些尚未實現。

問題 ▶ **領域權不公平,而且導致不公平的競爭。**

起因 ▶ 加盟者未清楚瞭解加盟連鎖合約。

解決方式 ▶ 加盟連鎖是藉由雙方相互的理解而運作。領域權有助於加盟總部和加盟者的擴張。只要充分開發市場,加盟總部和加盟者雙方皆可獲利。加盟總部應體諒加盟者所關心的事物。加盟者也應明白自身的能力與限制,以及這些權利和做法的原因。契約的說明和相互的瞭解將有助於找出解決問題的方法,假如不立即釐清,將使得問題更加複雜。加盟者應瞭解,快速而且過度拓展版圖未必對他們最有利。

問題 ▶ **加盟者將利潤的縮減歸咎於加盟總部。**

起因 ▶ 可能有幾個原因所導致。根源可能源自於加盟者或加盟總部的做法。這個問題有可能是因為加盟總部缺乏策略性的規劃及行銷研究,或者是加盟者管理不當所導致。

解決方式 ▶ 加盟總部和加盟者的財務報表及整體狀況皆應予以評估。財務報表應加以分析,而且在尋求任何解決方案之前,必須先指出問題所在。

問題 ▶ **加盟總部因為其他投資而未能專注於加盟連鎖事業,使加盟者感到被遺棄。**

起因 ▶ 加盟總部擴張得太快,無力承擔,而且未專注在加盟連鎖系統上。

解決方式 ▶ 有些加盟總部很重視在同業中保持一枝獨秀的地位,以跟上市場研發的腳步。若加盟總部因為其他投資而分心,也不應犧牲掉加盟者的需求。加盟總部所採取的每個步驟都應考慮到加盟者。即使是致力於使加盟者獲利的長期研究與發展,都不應使加盟總部忽略加盟者的相關利益。

問題 ▶ 加盟總部的訓練不當，而且後續的訓練也不足。

起因 ▶ 訓練不足及可能過時的訓練方法。

解決方式 ▶ 應設計給予加盟者適當的訓練與技術。應該要有一個不斷進行的訓練課程，包括額外及最新的資訊。加盟者或是其顧問委員會的意見回饋是很重要的，而且有助於更新課程以及在教學與學習課程中的落差。在規劃訓練課程時，應該考慮經過驗證的教學與學習原理。若有需要，可尋求外部顧問的建議。

問題 ▶ 加盟總部的終止合作及續約條款不合理，而且偏袒加盟總部一方。

起因 ▶ 加盟連鎖合約需要重新評估。

解決方式 ▶ 加盟連鎖關係是基於相互瞭解。由於加盟者投入了大量的時間和金錢，加盟總部方面不該未先告知原因就結束合作關係，應澄清並提供充分的理由，使加盟者瞭解終止合約的原因。加盟總部應該要讓加盟者瞭解，加盟總部不會終止與成功的加盟者合作，而有問題的加盟者本來就該結束合作關係。這些面向都應該要考慮。因為終止合約結束營業可能會成為加盟者和加盟總部雙方同感困擾的問題。加盟者也應知道由於合約是長期的，所以在續約時，營業條件有可能已大幅改變，因而在續約時通常會包含許多變更。

問題 ▶ 加盟者感覺加盟連鎖的概念不夠獨特。

起因 ▶ 加盟者太熟悉加盟連鎖概念而可能對其失去興趣。

解決方式 ▶ 加盟連鎖關係的開始，是當加盟者對其觀念有興趣並感到新奇，而且相信此一概念是有前景和獨特的。經過一段時間，加盟者可能認為他們已知道其概念而感到似乎不再獨特了。為了防止這種情形發生，加盟總部應持續增加投入產品及服務的研發，以維持加盟者的興趣及新鮮感。如果可能的話，加盟者也應把握機會擴張加盟連鎖事業。

問題 ▶ 加盟總部未能革新，也未做出改變以順應消費者趨勢。

起因 ▶ 加盟總部缺乏研究和發展的活動。加盟總部和加盟者之間缺乏溝通。

解決方式 ▶ 加盟連鎖是動態的產業，而且需要持續投入研究與發展的工作。加盟總部應有適當的研發計畫。加盟總部應承認研究和發展需要一段相當長的時間。當加盟總部進行研發工作時，應使加盟者知道加盟總部為了在市

場中保持競爭力所做的努力。加盟總部應記住大部分的加盟者都是創業者，希望看到事業保持動態而非靜止不動。這類加盟者永遠歡迎創新的嘗試。

問題 ▶ 加盟總部不想改變，也不願意接受新的系統。

起因 ▶ 加盟總部太過僵化而無法接受任何改變。

解決方式 ▶ 加盟總部有時太過僵化而不願改變其系統。他們可能是因為極度慎重，而不想改變現行的系統。但為了維持長期的競爭力，做一些改變及冒險是必要的。加盟總部應有詳細且經過計算的長期策略計畫。改變並非只是為了改變，在做任何改變之前，應先進行可行性研究及考慮讓加盟者參與。

 關係考量

以上舉例說明了加盟總部和加盟者之間的問題、可能起因及解決方法。每段關係都無可避免會有問題發生。加盟總部應在問題變得嚴重之前，即試著預測及預防，並應定期調查加盟者的滿意度。圖 9.1 為建議之加盟者調查表。得到的結果應予以分析並改正問題。這張調查表包含的主要類別有財務、法律、訓練、廣告、品質控制及一般資訊。這類調查顯示了加盟總部對加盟者的關心，且有助於建立加盟總部的正面形象。

加盟總部應該做出長期看來對整個加盟連鎖系統最有利的決策。經仔細考量後所做的決策對加盟總部和加盟者都會有幫助。成本可能是主要的考量。例如，加盟總部可能為了一致性，而重新整修所有的餐廳，可是某個加盟者可能覺得沒有必要而且也不符合其切身利益。加盟總部應發展對加盟總部和加盟者皆有利的系統。

加盟總部應瞭解加盟者能為其體系帶來重大的貢獻。有些能獲得最大利潤的想法是由加盟者提出的。除了創新的想法之外，加盟者也有助於維持一個分權制衡的制度。加盟者比較可能接受一個已證明有效的系統。例加在某些餐飲連鎖業中，大部分的加盟者對於在菜單中加入早餐項目會感到擔憂。但是如果證明這是可獲利的投資，那麼加盟者便會欣然接受。要證明創新的改變能帶來獲利的方法之一，就是率先在公司的直營店中試行。

請勾選下列敘述中符合的選項。

5＝完全同意　　4＝同意　　3＝有點同意　　2＝不同意　　1＝完全不同意

財務方面

加盟者認為總部索取的加盟金金額合理。　　　　　　　　　　　5 4 3 2 1

加盟者希望加盟總部成立一個信託基金讓他們貸款。　　　　　5 4 3 2 1

加盟者認為總部所提供的服務索價太高。　　　　　　　　　　5 4 3 2 1

加盟者希望總部依據門市業績來收取權利金，而不是總營業額。　5 4 3 2 1

法務方面

加盟者知道加盟總部乃依據法律合同行事。　　　　　　　　　5 4 3 2 1

加盟者在簽訂合約之前已經清楚瞭解當中所有的法律意涵。　　5 4 3 2 1

加盟連鎖合約往往偏向加盟總部的利益。　　　　　　　　　　5 4 3 2 1

加盟者在需要時可獲得總部提供的法務協助。　　　　　　　　5 4 3 2 1

加盟連鎖合約往往限制了加盟者對供應商的選擇。　　　　　　5 4 3 2 1

訓練

加盟者對於訓練課程感到滿意。　　　　　　　　　　　　　　5 4 3 2 1

加盟者瞭解並遵循訓練手冊。　　　　　　　　　　　　　　　5 4 3 2 1

加盟者也可以為訓練手冊的內容提供意見。　　　　　　　　　5 4 3 2 1

在「開幕」期間之後，加盟者就未獲得訓練協助。　　　　　　5 4 3 2 1

廣告

任何主要的廣告宣傳都會跟加盟者商量。　　　　　　　　　　5 4 3 2 1

在廣告宣傳活動之後，加盟者會被要求提供反饋意見。　　　　5 4 3 2 1

全國性的廣告宣傳比地區性的廣告活動更重要。　　　　　　　5 4 3 2 1

全國性的廣告宣傳對於加盟者的成功沒有影響。　　　　　　　5 4 3 2 1

促銷優惠券是廣告宣傳活動的重要工具。　　　　　　　　　　5 4 3 2 1

品質控制／標準

加盟者對於產品品質標準感到滿意。　　　　　　　　　　　　5 4 3 2 1

食品安全標準讓加盟者難以維持。　　　　　　　　　　　　　5 4 3 2 1

加盟者認為不符合檢查標準的結果是嚴重的。　　　　　　　　5 4 3 2 1

品質檢查程序對加盟者而言是可以接受的。　　　　　　　　　5 4 3 2 1

溝通

最常見的溝通是從加盟總部到加盟者。　　　　　　　　　　　5 4 3 2 1

加盟者顧問委員會有助於減少在加盟總部和加盟者之間的衝突。　5 4 3 2 1

與加盟者的溝通是非正式和個人的。　　　　　　　　　　　　5 4 3 2 1

加盟者對於目前的溝通系統感到滿意。　　　　　　　　　　　5 4 3 2 1

圖 9.1　評估加盟總部與加盟者關係的調查工具範例

一般資訊

你認爲跟加盟者之間的關係是令人滿意的嗎？　　　　　5 4 3 2 1

你的品管檢查員多久造訪一次加盟者的門市？

☐ 一個月一次　　☐ 二個月一次　　☐ 一年一次
☐ 一季一次　　　☐ 六個月一次

你跟你的加盟者或他們的代表大約多久見一次面？

☐ 一個月一次　　☐ 二個月一次　　☐ 一年一次
☐ 一季一次　　　☐ 六個月一次

你如何評價你與加盟者整體的關係？

非常好　　5 ☐　　4 ☐　　3 ☐　　2 ☐　　1 ☐　　非常差

你有多少門市是加盟連鎖店？
_____

你有多少門市是直營店？
_____

你有設立加盟者顧問委員會嗎？
_____

列出一個你認爲有助於改善你跟加盟者關係最重要的面向：
_____

你對於跟加盟者之間的關係有哪些其他的看法：
_____

（續）圖 9.1　評估加盟總部與加盟者關係的調查工具範例

　　在選擇加盟者之前謹慎篩選是很重要的。無論如何都不該犧牲掉品質。一個差勁的加盟者可能對整個體系造成無法彌補的傷害。此外，也不應低估適當訓練所帶來的效果。一個健全的訓練課程及有效率的持續溝通將有助於消除加盟總部和加盟者之間許多的摩擦。加盟總部應審慎選擇所提供的服務。沒有必要的服務和不適當的服務一樣，都可能會破壞體系。當加盟總部擴張系統時，應考量不斷改變的需求。

 # 加盟連鎖關係規則

　　目前並沒有聯邦政府的法律來管理加盟連鎖事業的關係或業務，例如終止法規、續約法規或轉讓法規。各州的加盟連鎖法律可能相互抵觸，而且可能無法直接適用於加盟連鎖關係。立法及法規工作通常反映出加盟者或潛在加盟者所關切的兩種情況：(1) 出現在進入加盟連鎖關係之前的問題，譬如在描述、招商或是銷售加

盟連鎖的機會時使用詐欺或不正當的手法；(2) 在進行中的加盟連鎖關係出現的問題，譬如在加盟連鎖協議中的契約執行、終止或續約。雖然聯邦政府及州政府對於揭露的要求和程序可處理大多數第一類的問題，但是關於第二類問題，卻是由不同的法規來處理。

在加盟總部和加盟者之間出現的主要問題包括加盟總部運用權力終止、不續約，或是否認加盟者銷售或轉讓加盟連鎖事業的權利，而導致加盟連鎖關係中斷的情況。加盟者為了許多因為諸如此類的情況所引發的問題而尋求法律上的保護。加盟總部主張，這些權力對於有效經營一個加盟連鎖體系不可或缺。加盟總部認為用來限制這類權力的法律訴訟，無異於是鼓勵不服從、無能及缺乏競爭力的表現。

根據呈交給第101屆美國國會的眾議院小企業委員會報告書，該議題描述如下：

> 該領域的法規關鍵議題為：在加盟總部運用他們最佳的商業判斷來管理加盟連鎖體系的權利，以及加盟者經由他們的努力及投資而獲得最大報酬的權利之間尋找一個平衡點。在必要的情況下，法規必須設法使終止加盟連鎖關係更容易。加盟連鎖關係是基於互信及合作，一起朝共同的目標奮鬥。若失去信任，或者「利益共同體」不復存在，則這層關係將不再對任何一方有利。同時，終止或續約的程序必須加以監督，以避免濫用。

（美國國會小企業委員會，1991）

委員會也在報告中概述了四個擬定規範政策不可或缺的一般政策目標，以平衡加盟總部和加盟者在加盟連鎖事業終止、續約及轉讓等重要層面的利益。這些目標如下：

1. 監督終止和續約的過程以限制濫權，並且只有在理由正當及符合加盟連鎖合約協議的情況下才准予終止。
2. 給予加盟者充分的告知及適當的機會，更正被當作訴訟理由的缺失。
3. 若理由成立，且缺失未更正，則加速終止契約或不續約。
4. 提供保障給已終止或中止契約的加盟者，有機會取回其在加盟連鎖事業中的一些投資。

總而言之,該委員會的報告陳述了:

國會必須率先在加盟總部和加盟者間的利益及聯邦與各州執法機關的
利益與能力之間,建立一個加盟連鎖法規的適當平衡點。這份工作的
重點是發展管理加盟連鎖關係施行的全國標準。就如同聯邦法規已建
立加盟連鎖事業揭露的最低國家標準一樣,聯邦的立法也被要求提供
保護加盟者的法律權利及財務利益的最低標準。

加盟連鎖事業施行的國內標準應符合他們本身的需要,不僅應提供加盟者足夠
的保護,也應鼓勵全國加盟連鎖事業達到統一標準。同時,各州必須保留權利以提
供額外的保護,並持續現有或延伸的執法工作。這些標準應納入下列各項:

1. 擴大公認的誠信原則且公平處理加盟連鎖合約之協商、執行及中止等各個
   面向。
2. 加盟者或潛在加盟者因違反與加盟連鎖事業之銷售、揭露文件及加盟連鎖
   關係經營等相關的聯邦法規,而導致的損失及傷害,應由聯邦法律處理之。
3. 限制加盟總部在加盟連鎖協議中使用程序設計規避法律責任,或禁止加盟
   者行使其法律權利。
4. 擬定關於加盟連鎖事業終止、續約及轉讓之正當理由的聯邦標準。此項標
   準應包括在採取法律訴訟之前,對於通知及提供機會更正缺失的最低要求。
5. 建立聯邦的指導方針,以定義在終止或中止的情況下,加盟總部給予加盟
   者加盟連鎖事業中應得之部分的財務標準。

這些建議是在加盟者與加盟總部關係陷入嚴重的危機時所提出的行動及處理方
案。如果只有一小部分的加盟者不滿意,許多問題都可在惡化之前解決。加盟總部
與加盟者間的共生關係是加盟連鎖制度成功的主要基礎。

加盟者顧問委員會(FAC)

考量到關係脆弱的本質,許多的加盟總部皆設立加盟者顧問委員會。FAC 的成

員皆為遴選或票選出來與經營中的事業相關聯的加盟者團體。委員會的成員在必要時會與不同對象會面。這些成員與每一名加盟者保持聯繫是非常有幫助的。成員通常負責代表他們所來自的區域。再者，成員擔任協調者並代表他們所負責的區域。只要有衝突或爭議出現時，這些委員會可協助加盟總部與加盟者溝通。FAC 為加盟者提供了一個發聲的管道，並協助傳達他們所關心的事務。他們從加盟者的角度收集意見及必要的資訊，並轉達給加盟總部。他們也會傳達對加盟連鎖體系有助益的想法，以協助企業維持競爭優勢。加盟總部比較可能聆聽 FAC 的意見，而不是個別加盟者的聲音。事實上，他們有時也充當協商的第三方，因此從加盟總部的觀點來看，盡早設立 FAC 可顯示出處理各種加盟連鎖事務時的公開透明，而且也可以作為加盟連鎖事業的銷售點。當然，FAC 的規模會以加盟連鎖門市的數量來決定。由於這只是一個顧問委員會，因此所有事務最終的決定權仍在加盟總部身上。

 顧問委員會

在加盟連鎖門市規模較小且因為種種原因無法成立 FAC 的情況下，成立委員會來擔任顧問的角色是一個不錯的方法，無論是永久或臨時性質。委員會優於 FAC 之處在於委員會能夠在有需要時成立，然後在完成特定任務時解散。另外，成員可以被遴選，組成一個跨職能小組，代表企業營運的不同部門。對加盟總部的好處是他們採用顧問委員會的建議以發展出加盟總部與加盟者之間健全的關係。

 地區性合作社

有些加盟總部設立地區性合作社，在加盟者需要特殊協助時可派上用場。原因可能是因為地方上的距離、產品或服務的差異性，或者在特殊狀況下需要技術支援時。這些情況的例子包括特殊地區的宣傳或廣告、購買地方上的產品，或是設計特殊的設備或裝置。特殊需求的例子是餐廳若位於氣候非常冷或非常熱的地方，可能需提供兩道門或是額外的冷卻和加熱裝置。

 ## 會談與年會

　　加盟總部與加盟者之間面對面開會的效果最佳。許多傑出和成功的加盟總部十分重視與加盟者面對面會談,而且在新餐廳的開幕期間可能會出席。每一年無論是地區性或是全國性的會議皆提供了這樣的場合與加盟者和他們的代表會面。加盟者能與生意往來一段時日的總部人員見面,這對於相關的每一方面而言都很有價值。這些會談可以安排在總部,或者在一個地點方便的觀光勝地更佳,因為許多人都想利用這些機會與家人朋友渡個假。此外,由協會所安排的年會提供了與加盟者會面的絕佳機會,譬如國際加盟連鎖協會,以及對於加盟者而言,學習關於一般的加盟連鎖制度以及特別是關於他們的加盟連鎖事業等第一手資料。

　　這類場合在激勵加盟者以及表彰其努力方面非常重要。許多加盟總部都會表揚他們的傑出加盟者。加盟者除了與加盟總部會面之外,他們也有機會與體系內其他的加盟者相互聯繫,以及與為了這個目的而參加年會的其他加盟者組成網絡。來自於其他加盟連鎖事業的供應商及展覽也有助於瞭解加盟連鎖制度的角色與影響力。為了強調這類年會的重要性,有些加盟總部會強制要求加盟者或其代表出席。

 ## 溝通

　　除了上述促進關係的各個面向之外,經常溝通也能維持加盟總部與加盟者之間長久持續的關係。溝通的形式可以是電子郵件、語音信箱、公告、商訊,以及經常性的通知。這些方法形成某種公開透明化和接觸。這些溝通並不一定只限於商務,也可以包含特別有趣的文章、比賽、趣味競賽,以及社交活動。

 ## 遵守法律

　　最後,很重要的是,要瞭解有一些法律約束了總部對待加盟者的方式,反之亦

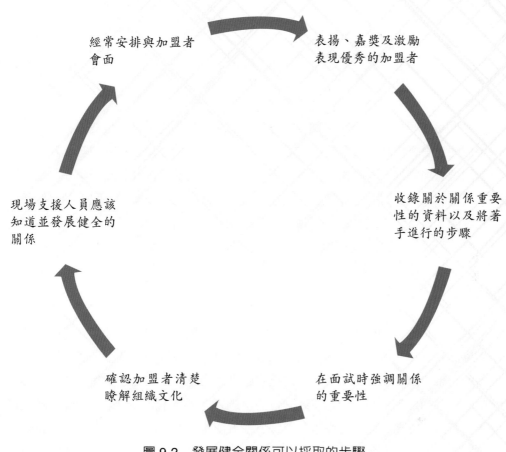

經常安排與加盟者
會面

表揚、嘉獎及激勵
表現優秀的加盟者

現場支援人員應該
知道並發展健全的
關係

收錄關於關係重要
性的資料以及將著
手進行的步驟

確認加盟者清楚
瞭解組織文化

在面試時強調關係
的重要性

圖 9.2　發展健全關係可以採取的步驟

然。有幾個州立的加盟連鎖法律包含了反歧視條款，以禁止加盟總部對加盟者予以
歧視對待。所謂的歧視跟加盟連鎖制度的每一個面向都可能相關，譬如提供加盟連
鎖事業、產品、服務、權利金、設備、租金、廣告，以及其他的商務事宜。根據特
殊的州法，有一些例外。在加盟連鎖法規之外，還有其他的法律掌管所有的商業事
務。熟悉加盟連鎖事業所在地的法律是比較明智的做法。

　　關鍵在於加盟總部與加盟者雙方都能理解有效的工作與獲利有賴健全與強固的
關係。加盟總部可以在一開始即採取幾個步驟以發展出這樣的關係。圖 9.2 說明了
可以啟動及發展這類關係的可能步驟。

 解決紛爭

在關係中可能會遇到因為種種合理的理由而產生的紛爭，只是雙方一時無法解決。這些紛爭可能源自於不公平的處置或是誤解了加盟連鎖的協議內容。許多的紛爭皆圍繞著加盟總部的商標權和所有權。在這樣的情況下，就必須由第三方出面協調。用來解決紛爭的方法最好應該列在加盟連鎖合約上。多數的加盟連鎖合約都會清楚說明，最重要的是，適用哪些司法管轄權。在任何一種紛爭中，有幾個步驟可幫助解決紛爭。雙方皆應該瞭解使用每一步驟的利弊。這些步驟分述如下。

協商

這是可以用來解決紛爭的第一步，也是最普遍用在解決加盟連鎖紛爭的方法。所謂**協商**就是在沒有第三方的介入下，解決雙方的紛爭。在會議中，雙方可以面對面將所有事情攤在陽光下，或是為自己的觀點做辯護，或者只是抱怨或宣洩不滿。多數時候協商是有用的，因為開會的目的可能只是要將不滿說出來，並非要解決實際上的不滿。協商的場所最好是在對雙方都方便的非商業地點。為了不要花時間在不相關的事務上，加盟總部和加盟者雙方應該將不滿的重點列出來。理想狀況下，加盟總部的代表應該是具備合適的性格、權限、能力、知識、經驗以及判斷能力的人。任何協商的最後結果都應該要是雙贏的局面，雙方都覺得解決方式很公平或者至少對於相關的不滿予以慎重考量。假如在這個非常不正式的過程中未能解決紛爭，那麼下一步就是進行其他的方法，這時就需要第三方的介入了。

調解

這是一個由兩方共同挑選的中立第三方的協助下解決雙方爭議的方法。第三方的功能比較像是一個中間人，試著讓雙方達成有共識的解決方案，而無須上法院或交由仲裁處理。調解者對於審查中的加盟連鎖事務應該要熟悉，而且在調解方面也有豐富經驗。一名調解者愈富有創意，結果就愈好。執行時應該是用比較非正式的方式讓雙方說出不滿的地方。假如協商無法奏效，那麼調解會是一個最有效和最符合經濟效益的方法。假如雙方都相信這是一個可接受的選擇，那麼這種方法也會見

效。通常在選定好一位調解者後，雙方就會送出各自的意見書。調解者會研究雙方的立場聲明，並試圖瞭解情況。調解者可以與當事人分別或共同會談。在透徹討論過後，調解者會指出對雙方不利的因素與風險，並提供建議。調解者沒有權利強制執行和解，但是可以建議選擇和解。**調解**過程的優點如下：

1. 相當於非正式的流程，與仲裁或其他司法介入等其他方法相較之下是能維持保密的做法，因為後兩者會公開並且被記錄在加盟連鎖揭露文件中。
2. 這種方法讓每一方都能將各自的觀點告訴調解者，而調解者會保護資料的機密性。這讓雙方當事人有表達各自觀點的自由，在協商法中是不可能的。而且如果決議符合某一方或另一方的利益，調解者的建議可能不會透露。
3. 在解決紛爭之後，會有一份書面的文件，由雙方簽署。萬一將來有不履行的狀況，以及需要進一步的行動的話，這份文件可作為法定訴訟程序的一個步驟。
4. 假如要採取進一步的仲裁或是法律訴訟，那麼不滿的內容描述就要個別考慮。可能有些重點已經解決，因此進一步鎖定在未獲解決的內容上。如此一來將可省下相當多的資源、文書工作、時間和法律費用。
5. 在圓滿解決紛爭後，調解即結束，不像在仲裁或司法解決的情況下有特定的贏家。對於加盟總部和加盟者而言，這可能是一個優點，尤其是當該訊息在新聞媒體的報導上公諸於世時。
6. 由於加盟者可隱密地向調解者宣洩不滿，因此不必擔心加盟總部知道他們有不好的感覺，因為它有可能在之後變成偏見和成見。
7. 調解的好處就是雙方同意解決方案後，可以繼續維持良好的關係，但是其他的處理方式可能難以維持原本的關係，這可能會造成其他問題或不滿。
8. 有些未以書面陳述於契約中的面向可能浮上檯面。加盟總部可藉此機會在合約文件中修改或是增加條款。
9. 調解不會像仲裁或法律訴訟般造成雙方的對立。而且較高層級所做的裁決，可能會使得整個加盟連鎖體系受到影響。假如該情事與其他加盟者相關，將有可能衍生更多的案例。
10. 在調解中，由於雙方有足夠的隱密性及共識，因此不會傷害感情。
11. 假如加盟總部和加盟者想要維持長期的關係，調解是優先選擇的方法。

仲裁

　　有些紛爭的性質需要仲裁解決，譬如加盟者不願意遵守版權或商標保護措施，或者解決的結果可能對於整個加盟連鎖體系產生影響。**仲裁**意指將紛爭交由中立的第三方做最後以及有約束力的紛爭解決。在某些情況下，加盟總部可能決定將所有的紛爭均交由仲裁處理，尤其是與加盟連鎖合約相關的部分。特定的爭論也可以交由仲裁處理。合約條款可能會詳細說明仲裁須遵守的流程。在仲裁的過程中，或許會要求各種的書面證詞、訊問、見證人及文件。在過程終結時，仲裁者必須在特定的時限內裁決。仲裁者的報告必須是一份書面決議，但是未強制要求對於做成的決定予以解釋。假若採取仲裁行動，那麼所有的文件都應該要收集與保留。有些情況可能非常棘手，譬如終止合約或是無合約續約。

　　總而言之，加盟總部和加盟者都必須考量是否需要仲裁或是進一步的司法訴訟。在終止合約的情況下，謹慎行事變得格外重要。加盟總部應該要審慎判斷該事件是否能夠在不交由調解與仲裁的情況下解決。終止合約的條款是爭辯最激烈的議題。加盟總部應該要仔細考量，因為這類紛爭可能對於整個加盟連鎖體系產生影響。

　　最後，如果爭議未能解決，那麼就要採取法律訴訟了。假如紛爭最後變成一場官司，那麼法官的裁決便不可更改且必須強制執行。此時法律協助和專家建議就變得非常重要了。

→ 個案研究

溫蒂漢堡：識別標誌與宣傳標語

　　溫蒂漢堡公司（Wendy's Co.）在 2012 年更新了識別標誌，這是將近 30 年來第一次的改變。簡化版的年輕女孩頭像，底下 Wendy's 的字樣代表了明顯的現代風格。這個雀斑女孩看起來比之前的雀斑女孩年紀稍大，而且底下不會再用「傳統式漢堡」的標語。公司改變識別標誌，目的是宣告在行銷策略上將有所改變。溫蒂漢堡的名稱和女孩頭像出自它的創始人戴夫・湯瑪斯（Dave Thomas）之手，1969 年當他開設第一家餐廳時，他幫他的 8 歲女兒所繪的肖像。在賦予新識別標誌更誘人、更現代化的風格的同時，溫蒂漢堡仍希望保留最初的識別標誌中所有重要的圖像元素。在新標誌中，溫蒂從一個圓圈裡蹦出來，使她的臉看起來更醒目，而不是被侷限在圓圈中。底下的手寫字看起來也更人性化（Gasparro & Chaudhuri, 2012）。

　　企業的視覺識別有助於建立和維持一家公司的企業形象。一家公司識別標誌的顏色與設計可以造就這種視覺識別。有一份研究報告的結果指出（Hynes, 2009），消費者從識別標誌設計可以清楚地判斷一家公司的形象，並對於哪種顏色適合不同的企業形象有強烈的看法。識別標誌具有重要的功能：一個品牌的視覺呈現，以及傳達一個品牌提供給消費者的好處。它們具有傳播與強化品牌核心價值和基本原理的潛力。識別標誌可能只是由一個品牌名稱或只是一個視覺圖案所組成。有報告指出，單一個別的視覺符號譬如識別標誌的使用在與消費者形成一種情感連結的感覺上，會比品牌名稱來得更具成效。圖像符號的優點就是它們克服了語言障礙，而且較容易呈現（Park, Eisingerich, & Pol, 2014）。

　　根據 Ries（2013）的說法，絕大部分的識別系統採用的形狀都不適宜，因為有些識別標誌的設計師認為用圓形或正方形比橫的長方形來得好。10 家最大型的餐飲

溫蒂漢堡的紀念性標誌。

於 2012 年推出的溫蒂漢
堡新識別標誌。

連鎖，有 7 家在商標識別設計上採用圓形或方形來做變化。只有 3 家使用橫長方形，達到一個識別標誌最佳的設計。就最大能見度而言，一個識別標誌應該是約 1 個單位高及 2.25 單位寬。這是符合一般人視野範圍的形狀。這就是為什麼廣告招牌幾乎都不是正方形或直立長方形的原因——他們就是不會像橫長方形廣告招牌那般吸引目光。事實上，典型的廣告招牌是 14 英呎 × 48 英呎，或是大約 1：3.4 的比例。原因是當車子行駛在高速公路上時，駕駛人的視線幾乎不可能直視廣告招牌；人們看廣告招牌的角度是垂直高度維持不變，但是水平寬度卻縮短了。基本上，駕駛人目視廣告招牌的平均視線範圍接近 1：2.25 的理想比例。能見度減少的正方形或是環狀的識別標誌可以將該標誌置於某一地點，並將連鎖店的名稱放在建築物上，好比麥當勞餐廳所用的方式。或者，可以將一個大型識別標誌放在窗戶上或建築物的側邊，連鎖店的名稱要放在店面正中央，就像星巴克餐廳那樣。一開始就設計一個橫式的識別標誌能夠讓一家連鎖店在所有的地點都能擁有一致的外觀（Ries, 2013）。

溫蒂測試了幾個版本的新識別標誌，發現消費者非常喜歡溫蒂的頭像。溫蒂漢堡移除了長年的宣傳標語「傳統式漢堡」，因為它已經擴大範圍到提供沙拉、雞肉，以及其他的菜單項目。根據一份新聞稿的說法，創造出這個識別標誌，進一步強調溫蒂的角色，同時仍保留大家熟悉的「翹髮」溫蒂的設計。新的商標識別出現在包裝袋、制服、招牌、菜單，還有網路上。

這家公司也表示，在 2015 年之前，目標是將 50% 的店家轉型成「形象啟動」餐廳。這些店的特色是「壁爐邊的沙發座位、平面螢幕電視、無線網路以及數位菜單看板。」形象啟動的形象改造計畫被設計成品牌轉型的關鍵要素。在奇異融資（GE Capital）的資助下，加盟者可貸得整修的資金。

早期的溫蒂漢堡店。

（照片由溫蒂漢堡國際餐廳提供）

一家溫蒂漢堡店的外觀。

（照片由溫蒂漢堡國際餐廳提供）

超現代溫蒂漢堡餐廳

（照片由溫蒂漢堡國際餐廳提供）

　　新識別標誌顯著的基本特色就是以「形象啟動」原型重新整修現有餐廳和打造新餐廳，因此溫蒂漢堡的定位升級為速食休閒餐廳的競爭者。「超現代」的原型主要內容有數位菜單看板和招牌、平面螢幕電視、壁爐，和一個無線網路的吧台，鼓勵客人多花點時間在用餐區。他們的轉型包含大膽的餐廳設計，還有創新的食物與顧客服務（Brandau, 2013a）。為了努力更新已有 43 年歷史的品牌，在 2013 年時，有 80 間店增加了壁爐，周邊更設置了沙發式的人造皮椅。此外，在北美有超過 200 家溫蒂漢堡餐廳也規劃要裝設壁爐，在 2015 年底之前，該連鎖事業計畫翻修超過 600 家的直營店。溫蒂漢堡的總指導原則是壁爐（每座造價 4,000 至 6000 美元，包含施工費）全天候都要開著，即使在夏季和炎熱的氣候也不例外，不過這項原則可以留給每家店的總經理自行斟酌決定（Wong, 2013）。溫蒂漢堡餐廳設計的改變

也反映出他們提供一個比較休閒餐廳式的用餐經驗作為對於食品連鎖店搶攻市場所採取的因應措施，譬如潘娜拉麵包公司和奇波雷墨西哥捲餅店（Chipotle Mexican Grill）。

　　除了識別標誌明顯的改變外，菜單也一併改變，而且銷售「更勝一籌」。新產品大獲成功，溫蒂漢堡在偌大的漢堡與雞肉三明治市場中開始占有一席之地。整修門面也提升了營業額。

結論

　　識別標誌設計的重要性對於企業的能見度而言非常重要。顧客忠誠度以及品牌認同是任何一家企業兩個重要的成功要素。同時，識別標誌的設計應該考量消費者敏感度。一個知名的識別標誌若要做改變應該保留不可或缺的圖像。就像在本例中，識別標誌連帶其他一些同步的改變是明智的做法，例如菜單改變以及在溫蒂漢堡餐廳的例子中所看到的裝潢設計。

Chapter
10

加盟連鎖事業概念的發展
與餐廳設計

> 「加盟連鎖制度已經為我們成千上百名團隊成員達成擁有自己事業的
> 夢想。在美國，我們有 90% 的業主是從外送披薩員或是內勤人員開
> 始做起。我們提供「品牌」的影響力，但是他們提供更重要的事物：
> 時間、承諾、心力，以及在服務客人的地方（門市外場）充當『電眼』
> 。」

——達美樂披薩執行長 Patrick Doyle

 前言

　　雖說加盟連鎖制度有許多的優點，但是並非各種類型的餐飲事業都適合這種制度。某些餐廳型態並不適合採用加盟連鎖制度，但是有些類型只有採用加盟連鎖制度才會運作成功。許多經營餐廳成功的業主，錯誤地低估了加盟連鎖有其困難之處。

　　加盟連鎖制度是從一個概念開始，它就是成功的核心關鍵。假若簡單定義，所謂的概念就是創業家心中的想法，而概念的形成就是將特殊的經驗整理出通則或一般類別。在概念形成時有兩個過程：第一是找出最重要的特徵；第二是找出這些特徵有哪些邏輯相關性。因此理論上來說，概念可以作為準則或是模型，用以說明某些事物在某些方面起變化但是在其他方面卻維持不變的可能性。將這些基本概念應用在加盟連鎖制度中，一個想法或是概念就變成其他商業面向建立的起點。這個基本的概念因此成為一個可以加盟連鎖的模式。

　　為了要獲得成功，這個「概念」或「想法」應該以將會走向加盟連鎖制度的獨特性和正確的原理為基礎。因此，一個概念在適用於加盟連鎖制度之前，必須先一試再試。一家餐廳在獨立擁有和經營時可能是鎮上最受歡迎和成功的餐廳，可是一旦做成加盟連鎖店就失敗。因此在踏入加盟連鎖事業之前，必須先瞭解該制度的錯綜複雜性。當人們想到授權給其他經營者以及藉由其他人的投資建立起自己的企業王國，聽起來非常具有吸引力；然而事實上，並非如此簡單。

　　由於大部分的連鎖餐廳都是採用營利公式的加盟連鎖制度（business-format franchising），因此本章的討論將著重在營利公式加盟連鎖的概念。另外，對於餐廳加盟者而言，成功的概念基本要素須同時從產品和服務的觀點來考慮。因此，加盟連鎖制度的商業概念可以從菜單、格局與硬體設施、服務、市場性及管理等方面來評估。以下我們將分別敘述這些面向。

> 所謂的概念就是創業家心中的想法，而概念的形成就是將特殊的經驗整理出通則或一般類別。

餐廳概念

　　如**圖 10.1** 所示，就加盟連鎖制度而言，任何概念最重要的部分就是必須「獨一無二」。概念應該以能夠滿足消費者需求的一些面向為基礎，而且也應該能夠吸引消費者並鼓勵他們再度上門。這個概念可能是在口味、快速服務、餐廳氣氛，以及在招待上帶有獨特性的特殊食物，像是炸雞、漢堡和披薩等等。舉例來說，麥當勞的概念基礎為 QVSC（品質、價值、服務、便利）；達美樂披薩強調外送服務；福客雞則是家庭服務；賽百味是新鮮現做的三明治。雖然這些餐廳主打的都是菜單項目，但是在產品和服務中加入獨特性後，就會使得他們跟其他餐廳有所區別。這就是在選擇一個概念時必須做的事。同時，這種獨特性不應輕易被複製。例如肯德基炸雞所使用的香料不易被複製，或是漢堡王所做的漢堡採用該餐廳所獨有的特殊烹調工序。因此如**圖 10.1** 所示，像是工序、硬體設施、服務和品質都應該以基本概念為中心。假如概念是根據某一主題或是民族風味食物，那麼所有周圍的因素都應該要與這個概念融為一體。舉例來說，塔可鐘餐廳是以墨西哥食物為主，所以菜

圖 10.1　與菜單概念相關的面向

單的類型和特質、製備過程,以及餐廳氛圍的設計皆能襯托出其基本概念。重點在於此概念的「獨特性」。許多潛在的加盟總部存在最大的錯誤觀念就是他們複製其他的面向,結果卻未納入任何獨特性在內;這樣的概念便無法維持長久。成功的概念包含其他的決定因素,我們將在本章討論。另一個錯誤的假設是所有成功的概念都被用光了,但事實並非如此。目前大約有超過 200 種不同的餐廳概念在營業中,而且都經營得相當成功,而新的概念仍然不斷出現。在好幾年前,根本沒有星巴克咖啡店,但是現在事實證明它們是非常受到歡迎的概念。創新和創業永遠都有機會,這些是成功的投資事業最基本的推動力。想法可以是來自於敏銳的觀察和留心消費者的需求。例如達美樂披薩最初是開在大學校園中,所以瞭解到住宿生有外送食物的需求。另外,很有趣且值得注意的一點是,大多數成功的概念一開始都只有微不足道的資源。假如這個概念行得通,那麼錢不會是問題。一旦此概念證實可行,財務支援自然會從許多不同的來源進入。

> 就加盟連鎖制度而言,任何概念最重要的部分就是必須「獨一無二」。概念應該以能夠滿足消費者需求的一些面向為基礎、能夠吸引消費者並鼓勵他們再度上門。

成功的加盟連鎖餐廳概念

為了讓餐廳概念在加盟連鎖制度中獲得成功,以下所討論的項目以及如圖 10.2 中所列出的項目應該要列入考慮。五個基本的必要條件為:(1) 簡單;(2) 可複製性;(3) 方便取得;(4) 品質;(5) 可服務性。

簡單

大部分經營得很成功的加盟連鎖餐廳,菜單概念都非常簡單。漢堡連鎖店就是一個很好的例子;菜單就是由一片夾在麵包中的牛肉餅所組成。麥當勞即是以此非常簡單的概念起家。使用簡化的菜單比使用複雜的菜單要容易得多,因為製備工作和服務都更簡便。「複雜性」就是高檔的桌邊服務餐廳無法套用加盟連鎖制度的主要原因。太複雜的菜式和多樣的製備方法不容易複製。而且,複雜的菜單品項和繁複的服務流程也會使得訓練變得較困難。

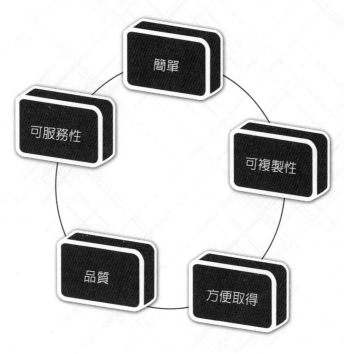

圖 10.2　成功的菜單概念要素

　　試想，某一菜單上，若有必須從頭做起的卡士達醬或是起士蛋糕，那麼加盟總部得要教會 50 名加盟者製備過程，然後這些加盟者要再教會 100 名的員工。如此一來，這項產品的一致性容易維持嗎？假如菜單上所有的品項都這麼繁瑣，那麼訓練將是一場惡夢，而且不太可能維持產品的一致性。

　　將這些基本概念應用在加盟連鎖制度中，一個想法或是概念就變成其他商業面向建立的起點。

可複製性

　　加盟連鎖餐廳的整體營運概念，從產品到服務，應隨時能夠複製，但又不危及品質。在加州從一家加盟連鎖餐廳購買的三明治，在外觀和口味上應該跟從紐約或其他地方同品牌的加盟連鎖餐廳購得的三明治一模一樣。加盟連鎖制度的整體概念倚賴的是品質與服務的一致性。餐廳設計、所提供的菜單以及服務在一個體系內所有的加盟連鎖店都應該要一致。無論一項菜式有多精緻和受歡迎，假如不能始終如一的複製，它就不適合加盟連鎖制度。大部分的民族風味菜單和其他製備繁複的菜

單無法被成功地用在加盟連鎖餐廳中，無論它們在當地有多受歡迎。消費者可分辨出其差異性，之後便失去信任。這些種類的菜式比較適合獨立餐廳。除了能夠完全複製外，另一個須考慮的面向是該產品能夠大量製備。

方便取得

倘若菜單概念簡單而且容易被複製，下一個準則就是應該在需要的時候可立即取得。在加盟連鎖餐廳裡，可能會有一大批人走進來，而且必須在合理時間內服務他們，並維持一貫的品質，這時餐廳就必須在最短的時間內做出需供應的產品。現代化進步的科技，譬如微波爐以及紅外線加熱法使得這項要求得以達成。製備流程應該要簡單，讓所有的員工都容易瞭解。

下一個相關的面向就是準備的菜單項目所需的產品／原料容易取得。一項產品可能很受歡迎而且符合所有其他的標準，但是假如這項產品／原料不容易取得，那麼在需要時可能就做不出來。產品／原料不僅必須容易取得，它們也必須符合規格。例如，薯條所使用的馬鈴薯必須是某一品種，而且有特定的特徵。產品的完成度大致上取決於使用精確的產品和精準的數量。生產過程所需要的大量原物料是不可或缺的。季節和區域的變化不應對於產品／原料的取得造成不利的影響。麥當勞在擴展到其他國家時，最主要的限制之一就是蔬菜產品的短缺。當需要一些特別的香料時，這個情況就會變得更不穩定。

品質

餐廳所提供的產品和服務應終年保持穩定。在製備過程之後，產品的品質應該維持一致。舉凡工序、季節變化和不同的地點，均不應對於完成品的品質造成負面影響。許多菜單項目在不同的溫度和濕度下會產生變化而無法維持一致性。品質包括物理、化學、感官、營養和微生物等面向。當我們在檢視各種品質的決定因素時，食品安全應該是最主要的考量。消費者對於產品及服務的品質非常敏銳，因此應該要非常謹慎看待。從製備、保存，到送餐的過程皆應考量到品質。業主時時刻刻都應該想到消費者在享用產品的那一刻。

可服務性

一項產品或許包含了以上所有的特點，但是如果在需要時無法供應，那它就無

法成功。服務會因為不同的概念而有所變化。好比說在店內用餐、外帶或外送的服務就各異。當產品到達消費者手上時，上述所有的決定因素都應維持不變。譬如外送披薩的品質應該要跟在餐廳裡吃到的披薩一樣新鮮，因此必須非常仔細地去測試產品。與可服務性相關的是在所使用的加熱設備上的包裝形式。在餐廳內用所使用的包裝材料跟外送使用的就會不同。所有的面向都應該要考慮到，如此一來，餐廳概念的各個層面才會獲得良好的協調。

 # 食物的特性

既然食物是加盟連鎖餐廳生意興隆的主因，因此在設計一個加盟連鎖概念時，瞭解食物的各種特性至關重要。可被接受的產品應該美味且吸引人，而且應被大多數的目標群眾所喜愛，因此保證了合理的市場規模。有一些人會特別喜歡多數人不喜歡的產品，例如羊肉或肝臟，這類產品比較不易普及化。食物的特性，包括它們的感官屬性，在人們的接受度上扮演一個重要的角色。以下將討論最重要的食物特性。另外，也應該考慮到最後的成品應該要調整到無論國內外不同國家的人都會喜愛，但卻又不需改變該產品的風味或是訴求。

顏色

有趣和協調的色彩有助於食物的接受度，並有助於刺激食慾。顏色的組合對於平面、電視和網頁上的行銷和廣告也助益良多。謹慎的規劃和調配顏色很重要，這樣消費者從袋子裡拿出食物時或者當食物放在托盤、點購食物的櫃台、盤子或是沙拉吧上都會讓人覺得垂涎欲滴。裝飾菜對於食物的外觀也可能造成很大的不同。色彩豐富的食物可吸引人們的目光，因而受到喜愛。顏色也有助於凸顯食物的種類以及在一個擺盤中不同食物的類別呈現。鮮豔和多彩的組合增加了食物的吸引力，但沉悶或單調的顏色則讓人感到乏味。請記住，消費者往往選擇第一眼就吸引他們的食物；所以，食物色彩的協調性是很重要的考量。

色彩對於消費者的食慾也具有心理上的影響。紅色、橘色、水蜜桃色、粉色、棕色、黃色和淺綠色都被認為是討喜的食物顏色。紫色、藍紫色、深綠色、灰色，甚至橄欖色，則是比較不受歡迎的顏色。雖然可添加人工色素使得食物的顏色更豐富，然而仍以食物天然的顏色為佳。各式各樣的水果和蔬菜也能為菜單增添顏色。

質地與形狀

食物的質地和形狀亦會影響消費者的偏好。不管質地是硬的或是軟的食物，均有愛好者。因此，菜單中將軟硬質地的菜式做適當的搭配是必要的安排。一個特別的食物在被人品嚐之前，給人的第一印象就是其質地與形狀。質地經由口感來測試最準確。舉凡柔軟、堅硬、酥脆、鬆脆、有嚼勁、順口、粗糙等等都是用來描述食物質地的形容詞。有些食物質地的組合搭配起來很對味。

濃度

濃度是指產品的黏稠度及密度。就像質地一樣，濃度決定了各種菜單項目。最常用來形容濃度的形容詞包括：黏糊狀的、膠狀的、泥狀的、稀薄的、濃厚的等等。菜單食物應該要有讓人喜愛的濃度。食物內所含的水分會直接影響食物的濃度。食物所包含的原料若濃度低可能較難包裝、處理和外帶使用。消費者可能會覺得不方便處理他們，因為怕弄得亂七八糟。當使用美乃滋、肉汁、醬料、咖哩，以及番茄醬（ketchup）時，要考量到濃度。

風味

很顯然的，食物的風味應該是選擇菜單內容時首先要考慮到的因素。食物可以有酸、甜、苦、鹹或綜合的口味。在創造一道成功的創新食物時，讓人喜歡的口味組合是重點。任何一種口味太過強烈，通常不會太受歡迎。口味的類型和強度也是影響菜單菜式接受度的因素。所以較清淡的食物不妨加些較辛辣的醬汁，或者可以嘗試用糖醋口味使其更開胃。烤肉醬風味在某些類型的食物中也很受歡迎。放些適量的醃黃瓜和芥末醬也能增添食物的風味。餐飲研究公司 Technomic 所做的調查顯示（Scarpa, 2013），有 73% 的受訪者表示他們喜歡有創新風味的餐點，而且非常有可能再回到這家餐廳點相同的菜。有 54% 的受訪者說他們偏好辣味醬汁和調味料，而 37% 的人說他們愈來愈有興趣嘗試新的口味。大多數（67%）的受訪者表示，鹹味料理最讓人食指大動；另外，有 41% 的消費者表示，新口味可以左右他們是否造訪一家餐廳。

所以，應該要做充分的測試，唯有如此，這些輔助的口味才能增加菜式的風味而不是掩蓋它。為了調製出適當的風味，適當地將香料和調味料組合是必須的。為

了做到受歡迎的口味組合，必須進行經常性的口味測試和標準化。人工增味劑應盡可能少用，因為可能引起過敏的反應。當烹飪蔬菜時，可將風味強烈的蔬菜和風味淡的蔬菜一齊混合烹調。舉例來說，洋蔥、甘藍菜、花椰菜和青椒等風味強烈的蔬菜應與口味較淡的蔬菜一起烹飪。另外我們也建議這些蔬菜是增加而不是掩蓋主要食材的天然風味。從營養的觀點來看，蔬菜富含纖維質，這點應該列入考慮。風味強烈的醬料和肉汁應搭配味道清淡的食物，例如馬鈴薯泥、烤馬鈴薯或義大利麵條。當然，某些人覺得清淡的食物對其他人而言可能會覺得是重口味。所以，口味應該針對目標群眾做調整，或者產品應該根據其所規劃的區域做修正。

最後，但同樣重要的是，食物的氣味也要列入考量。食物應具備令人喜愛的香味，特別是指製備的方法。舉例來說，有些食物若帶有烤肉或煙燻的香味，就會變得可笑。氣味本身也可當做是一項行銷工具。在購物中心裡，剛出爐的肉桂餅乾香味就會吸引經過餐廳的消費者。

製備方法

食物製備的方式應仔細考量。由於製備食物的方式有許多種，因此必須選擇一種可以讓完成品得以銷售的製備方法。所選擇的菜式決定所需器材的種類以及所需要的空間大小。選擇一個可以用來做多種菜式的製備方法是明智的做法。製備的方法包括油炸、烘烤、煮、燉、蒸、燒烤、燜煮或是綜合的烹飪方式。這幾種類型的製備方法，每一種都可能做出多種變化。例如提供油炸、燒烤和烘烤的食物供消費者選擇。隨著加盟連鎖餐廳的競爭日趨激烈，提供多樣選擇對於消費者來說就變得非常的重要。它也有助於帶來回頭客。從管理的觀點而言，為了能充分利用員工的技術和設備，製備方法的一致性不可或缺。所選擇的方法，工序也不應太複雜，而且不需花太長的時間準備。簡單明瞭的方法比較容易讓員工理解，而且也比較容易訓練他們。

許多加盟連鎖餐廳甚至將製備方法當作是店家的特色，並示範食物製備的過程給顧客觀看。在客人面前火烤牛排或漢堡，可馬上吸引顧客的注意力。許多糖果店、烘焙店也可讓顧客全程觀賞製作過程。這類表演增加了產品的賣點。另一個應該考慮的面向是人們對健康餐點的偏好，因此有一些製備方法並不適用，譬如油炸。

上菜溫度

上菜的溫度應該要做好控制。一份餐點可能在餐廳內用、使用「得來速」外帶稍候才吃，或是外送。所選擇的食物應盡可能保持理想溫度至顧客享用時。油脂多的菜式冷掉就不可口了。並沒有強烈的證據顯示季節或天氣會影響選擇特定溫度的食物，但是同時包含熱食和冷食是比較好的做法。例如，除了熱的主餐外，可供應低溫的奶昔、冰淇淋或沙拉來搭配。另外，也應該考慮時間和食用的方法。

擺盤

食物最後完成時的外觀很重要——不管是在餐盤上、在自助餐的餐檯上、在托盤上、在包裝盒裡、袋子裡、在展示櫃或外帶包裝裡。將食物擺放整齊自然就有吸引力。擺盤應該要仔細地規劃，如此才能確保當每道菜送抵顧客手中時，仍保持最佳品質。送餐到府的菜式外觀不應被忽略。另一個應該要考慮的面向是食物的包裝，無論是在餐廳享用或者是外送到府皆然。

營養品質

對顧客而言，食物所含的營養品質愈來愈重要。在概念發展的初期就應規劃好提供充分的營養品質，如此一來，日後才可避免一些不必要的批評和擔憂。為提供所有的營養成分，一般的餐點應該要包含各式各樣常見的食物。營養成分的標籤列印在食品包裝上，顯示平均每一份量所含的卡路里及蛋白質、油脂、碳水化合物的含量，以及該食物特定的正常份量中所包含的營養成分的百分比。

現代人日益重視餐廳所提供的營養標籤或是原料清單。因此應該在測試階段即執行營養成分的分析，並調整至提供充分數量的營養成分。營養成分的分析可以藉由使用美國農業部（USDA）所制定的營養價值表所設計的電腦程式來計算。或者也可僱用外面的諮詢機構來製作營養標籤。應該特別強調的是份量大小、鹽、糖、纖維，以及其他營養成分的數量。至於特定的營養成分，譬如鈉（sodium）的含量，其安全攝取量均有標準可查。適當地食用不同的食物，能提供大部分所需的營養。營養標籤所顯示的菜單菜式裡的營養內容物本身就是一個行銷工具。在規劃菜單時，與食物的營養成分相關的是消費者的飲食偏好，我們將於下一段討論。

飲食偏好

　　任何菜單概念的成功乃基於消費者的飲食偏好和接受度。對食物的好惡是習慣造成的。目標群眾應該對於菜單菜式會有某種偏好或接受度。在一份菜單菜式測試之前或測試期間，可使用食物偏好表做調查（**圖 10.3**）。**圖 10.3** 為食物偏好問卷調查表的範例。

餐廳名稱： 日期： 使用以下的量尺，圈選最適合描述你喜歡或不喜歡下列菜式的號碼。請盡可能正確地回答。謝謝您！									
0	1	2	3	4	5	6	7	8	9
從未嚐試	最不喜歡	很不喜歡	不喜歡	有點不喜歡	沒意見	有點喜歡	喜歡	很喜歡	最喜歡
對菜式的意見　　　　你有多喜歡或多不喜歡？									

1. 原味炸雞		0　1　2　3　4　5　6　7　8　9
2. 烤雞		0　1　2　3　4　5　6　7　8　9
3. 專業披薩		0　1　2　3　4　5　6　7　8　9
4. 黑安格斯牛肉堡		0　1　2　3　4　5　6　7　8　9
5. 雞肉義大利麵		0　1　2　3　4　5　6　7　8　9
6. 烤鮭魚		0　1　2　3　4　5　6　7　8　9
7. 克里奧爾菜		0　1　2　3　4　5　6　7　8　9
8. 咖哩雞		0　1　2　3　4　5　6　7　8　9
9. 焦黑鯰魚		0　1　2　3　4　5　6　7　8　9
10. 洛林鹹派		0　1　2　3　4　5　6　7　8　9
11. 花園沙拉		0　1　2　3　4　5　6　7　8　9
12. 經典義大利麵		0　1　2　3　4　5　6　7　8　9
13. 麻辣肉串		0　1　2　3　4　5　6　7　8　9
14. 起司舒芙蕾		0　1　2　3　4　5　6　7　8　9

圖 10.3　食物偏好問卷調查表範例

包裝及外送

　　無論是用於外送或從得來速窗口購買的餐點，其食物的大小、形狀、內容和濃度等均應便於包裝及供應。包裝使用的材質不應對於食物的品質與安全造成任何不

良的影響。外送的包裝材質應該盡可能長時間維持食物的理想溫度。假如食物需要重新加熱,那麼應該提供可微波加熱的包裝,像是沒有金屬釘書針或是提把的紙盒。另外,從環保的角度來看,包裝材質應該要方便處理,而且適合回收。

成本效益

最後,菜單菜式的成本效益應予以評估。一項產品可能符合上述各項屬性,但是當考慮到食物與人事成本時卻不具成本效益。加盟連鎖制度的目的是在有限的時間裡大量生產,因此應小心的評估相關的成本。像是牛排和蝦子等菜色肯定受歡迎,但是它們的高成本可能使得售價過高而讓消費者卻步。此外,所使用的原料不應該有太大的價格波動,否則難以維持穩定的售價。最重要的一點是菜單菜色應該要能夠獲利而且具備既有的獲利率。

 食譜的測試與標準化

用來測試品質、份量、工序、時間、溫度、使用的烹調器材和產量的食譜稱為**標準化食譜**(standardized recipe)。由於在加盟連鎖餐廳裡,所有的菜式都必須標準化,因此在營業之前將所有的食譜標準化非常重要。食譜標準化的程度必須是只要遵守特定的原料、環境與工序,結果必定是可預期的產品,而且是預期中一致的品質。標準化食譜可確保品質的控制,同時也是有效的管理工具。在最後決定採用標準化食譜之前,需要經過謹慎評估與測試。

> **用來測試品質、份量、工序、時間、溫度、使用的烹調器材和產量的食譜稱為標準化食譜。**

標準化食譜具有下列優點:

1. 食譜裡包含使用的原料、作法和設備等相關的詳細資料,因此即使人員變動也不會影響食物的品質或數量。
2. 有助於食譜的成本分析。
3. 提供可預測的食物品質。

4. 方便採購食物，知道使用的食材與原料的確切數量。

5. 假如菜單有列出供應的份量，製作時較容易控制份量。

6. 有助於菜單定價以及當原料成本變動時，方便更改價格。

7. 時間和工序的標準化有助於工作班表的安排。有效的工作班表才能分配均衡的工作量及增加員工的工作滿意度。

8. 食物的品質和份量大小統一，可增加顧客的滿意度。

9. 避免混淆並減少不當處理及食物製備過程中的失誤，以節省經營成本。

10. 有助於訓練員工做出好的產品及掌握流程。

標準化流程

食譜的標準化需要經過謹慎評估與測試。為了製造出接受度最高的品質，菜式的原料及比例需做多次的調整，以符合標準化。這裡包括了主觀和客觀的評估。菜式的口味測試，應該多次進行，直到能確保預期的產品品質為止。標準化食譜往往是從較少量的食譜擴大和測試得來。以下步驟說明菜單擴大和標準化的流程：

步驟 1：第一步就是準備最低限度的數量，然後評估完成品。較少量的食譜應先評估製備方法、原料比例以及原料是否方便取得、成本、產量、設備、技術及員工能力，以及做生意的整體適用性。在這個階段仔細篩選，將減少在後續做大規模測試時花大錢。

步驟 2：原始食譜應該要多樣變化，並且確切測試。在擴大食譜時，原料比例扮演重要的角色。例如糖與麵粉的比例，以及麵粉和酥油的比例就非常關鍵。原料的外觀型態應該要仔細評估。現切的洋蔥碎可能因為產品的不同而影響風味；任何的數量變化都可能改變完成品的口味。鹽巴和調味料需要非常細心斟酌，因為不僅僅是數量加乘這麼簡單。假如經營上需要更大的數量，食譜也要能夠擴大和標準化。

消費者意見調查與口味評估

食譜評估應該被視為最重要的工作，因為餐廳的獲利都要靠它。有好幾家加盟總部在他們的研究和發展部門均設有測試廚房，他們會進行經常性和持續性的測試並評估食譜。當食物送到消費者面前時，有好幾個因素會造成影響，這些評估會提供寶貴的意見回饋。在總部辦公室，可挑選一些有經驗的人組成測試小組，在準備好的產品要送交消費者測試小組之前先做評估。因為最後端出的菜式可能會有所改

變（品牌名稱和佐料變更等），因此重複測試和謹慎評估是必要的。圖 10.4 即為此類評估表。每當推出新產品，甚至產品已上市一段時間後，執行消費者意見調查也是明智的做法。也可以在餐廳門市所在地的指定測試市場中發送或銷售樣品。試吃可以引起消費者的興趣，並將意見反映給加盟總部。它也可以當作一個行銷機會。消費者評估應愈簡單愈好，而且問題不應太多。只要包含相關而且能夠提供有用資訊的問題即可。總部應該小心的計算並運用適當的統計方法分析和研究調查結果。在謹慎評估完這些意見調查後，應該採取行動和做出決策。

空間規劃與硬體設施

　　整個營利公式加盟連鎖事業主要的面向就是餐廳的空間規劃與硬體設施。一間餐廳一般的運作包含進貨、倉儲、製備、服務和衛生。這些運作又可分成更多細項。在規劃一間餐廳時，基本的原則就是去瞭解和設想在這家店裡會發生的每項工作。每項工作都要執行若干任務，所以要將每項任務也考慮進去。接下來，就是要安排硬體設施，好讓這些任務在每個區域內順利及按部就班完成。為了規劃每個功能區

食譜：		日期：
我們很感謝您在這份食物測試相關研究計畫中的協助。請在下列劃線處，將您認為最能代表食物屬性的部分打 ✓。		
外觀		
不吸引人	有點吸引人	非常吸引人
顏色		
不吸引人	有點吸引人	非常吸引人
質地		
不吸引人	有點吸引人	非常吸引人
風味		
不吸引人	有點吸引人	非常吸引人
整體的接受度		
非常糟糕	尚可	非常好

圖 10.4　測試小組評分卡範例

的硬體設施和空間配置，設計一張動線圖勢在必行。一些常見功能的空間配置說明
如下。

進貨區

為了達到最大的效率，一定要規劃食物、飲料和日用品的**進貨區**。運送型式及
頻率在規劃時扮演了一個重要的角色。運送的次數是由銷售額、可用人力、倉庫空
間大小和其他相關因素所決定。舉凡進貨、檢查、搬運、堆疊和輸送收到的物品，
皆需要足夠的空間。此外也應該規劃擺放必要設備的空間，例如磅秤和檢查檯。

卸貨區的規劃應視運送的方式而定。卡車的載貨板高度應該讓貨物能夠有效
地以推車或其他移動工具從卡車轉移到倉儲區。運送平台應該設計成方便使用的高
度，8 英呎高最佳。最好是可移動的平台，那麼高度即可隨時調整。重力滑行機、
輸送帶、電動車、電梯、升降機皆可用於進貨區運送貨物。驗收區的位置應遠離主
要的顧客入口處或遠離用餐區，最後是客人看不到的地方。它應該容易找到但是又
遠離人來人往的區域。用來處理丟棄的桶子、盒子或其他廢棄物的設施是必須的。
有些進貨區備有暫時儲存的設施也不錯。

儲貨區

儲貨區須儲存的食物和飲品的型態以及儲存物品所需溫度而有不同的規劃。
在規劃所有的儲貨區時，應注意清潔和安全。因為在倉庫裡物品必須快速且容易取
用，所以應以合乎邏輯的順序來放置。我們建議在儲貨區裡採用規格化安排的標準
模式。堆疊時應該整齊排列及容易移動。一處規劃良好的儲貨區可減少移動次數，
並且減少人力和物料成本。

儲貨所需要的空間取決於：(1) 菜單類型；(2) 溫度與濕度要求；(3) 運送的頻率；
(4) 需要儲存的最大數量；(5) 儲存所需的時間。此外，為了有效移動食物及方便人
員行動，寬敞的走道空間有其必要。

乾貨儲存區

乾貨儲存區是用來存放必須放置於 10℃至 21℃的食物和各式各樣日用品的區
域。這一區理想的相對濕度應維持在大約 50%。乾貨儲存區最好不要位於地下室或
鄰近發熱設備的地方，例如馬達或壓縮機，或是靠近蒸氣管。因為上列地點的溫度

可能對於儲存的食物或用品造成不良影響。同時，任何漏水或水氣的滲出，都有可能導致儲存貨品的毀損。對於根莖類的蔬菜或未成熟的水果，適當的通風是必要的。一些日用品，例如布巾類、紙製品、玻璃器皿、銀器和桌椅也應該放置於此區域。但是，清潔劑和其他清潔用品應與食品隔離。

冷藏儲存區

冷藏儲存區適用於必須保持在 1.7℃到 4.4℃的產品。這個溫度範圍適合儲存新鮮肉類、水果、蔬菜、乳製品、剩菜和飲料。同時，冷藏區也是肉類解凍的區域。大型的冷藏間適用於每日供應 300 份至 400 份餐的餐廳所使用。

一般而言，每供應 100 份餐就需要 15 到 20 立方英呎的冷藏空間。至於置物架的寬度，應有 2 至 3 英呎寬。走道寬度至少應該要有 3 英呎寬。總之，冷藏區的空間要求端視儲存的產品類別、數量和每天的供餐份數而定。

冷凍儲存區

冷凍儲存區適用於儲存任何須在零下 23℃至 28℃保存的食物，主要是儲存冷凍食品。因為預估冷凍食品的使用會大量增加，因此應謹慎規劃冷凍區域的設施。如同冷藏區一般，冷凍區可能是大型的冷凍庫，也可能是小型的冷凍櫃。一間每天供餐 300 份至 400 份的餐廳需要一個大型的冷凍庫。冷凍區所需要的空間比冷藏區來得少。通常，大型的冷凍庫和冷藏間是規劃在一起的，一扇門通往大型的冷藏庫，另有一扇獨立的門通往設置在冷藏間的冷凍庫。這樣做有助於節約能源，因為每開一次冷凍庫的門，冷空氣就會飄進冷藏間。另外也應規劃寬敞的走道空間和開門空間。為了節約能源，在入口處裝設塑膠製的門簾或是一片片的風簾也是個好方法。

製備區

許多餐廳都有**製備區**，以進行某些餐點的初步準備工作，譬如蔬菜的削皮去籽、肉類的解凍或修整。這個區域的大小應以供餐份量及所需準備工作量來決定。在某些餐廳，這個區域同時用來作為量稱原料以及醃製和混合作料等初步準備工作的場所，所以這裡應裝設流理台、水管，以及其他所需的設備。對於任何餐廳而言，製備區是主要的活動中心，一般具備多種功能。通常會分配各自獨立的空間來準備不同的食物。這些工作區所需的空間大小端視菜單以及需供應的數量而定。根據可使用的空間，這些工作區可能會做結合。許多餐廳必須使用現有而且往往有限的

照片為供應速食餐廳使用的雞肉加工過程。

（照片由沙烏地阿拉伯的 Aquat 食品工廠提供。）

設施來執行所有的功能。因此空間分配應該以不同功能的優先順序及重要性來決定。

製備區所需的空間是根據以下因素來決定：(1) 菜單的類型和供應的菜式；(2) 準備工作的類型和所需準備的程度；(3) 準備菜式的數量及份量；(4) 服務的型式；(5) 製備的餐廚設備。

很顯然，不同類型的餐廳設施所需要的空間要求取決於許多因素。一旦選定準備區域的類型，接下來就要設計工作空間，不僅要考量工作工程的原則，同時也要兼顧人的因素，譬如高度和容易取用。

對一般人而言，4 至 6 英呎長的工作區域是方便的；工作檯的寬度大約是 20 至 30 英呎寬，長度約 34 至 36 英呎長就夠用。然而，可能的話，設計可調整的檯面高度是最理想的。在規劃時，這些因素都應列入考慮，因為他們會直接影響員工的生產力和減少他們的疲憊感。

走道的空間應有 36 至 42 英呎寬，足以讓推車通過，而不至於影響工作。走道的空間最好與工作區域垂直，而且維持最低限度即可，因為從服務的觀點來看，這些都是非生產區域。走道應該只用於與服務相關的走動或是與食物製備相關的生產之用。工作區域應該禁止通行。

一般而言，在製備區的設備最多只能占總區域的 30%。規劃安裝製備區的餐廚設備跟規劃工作空間一樣重要。所有的設備應該要放在容易使用的地方，不需讓廚房工作的人員經常移動。通常，製備區應緊鄰服務區域。

縮小的模型或是比例尺縮圖的樣板在規劃設施的空間位置與設計時很有用。

送餐及用餐區域

送餐及用餐區域依特定餐廳所採用的服務風格來決定。因為服務風格有很多種，所以有各式各樣的空間規劃可搭配。大多數的服務區在設計時會考慮用餐客人的好惡，並特別強調用餐氛圍。

在大多數的餐廳裡服務區域會緊鄰製備區，兩區中間有一個取餐中心，從這裡將食物送到顧客面前。規劃時要特別注意用餐區不可受到製備區的油煙、熱氣或噪音的影響。在設計上，製備區的門不要直接對著用餐區。另外也要預留放置像薯條和蘋果派等熱食的空間，或是展示冷盤，譬如沙拉的空間。

欲估計用餐區域所需的空間不是一件容易的事情，因為不同類型的餐廳需要不同的空間大小。一般而言，用餐區域所需的空間由下列因素決定：

1. 服務型態。
2. 每餐所供應的人數。
3. 一次可服務的顧客數最上限。
4. 菜單的型態及選項的數目。
5. 翻桌率。每小時的翻桌率係指一小時內一個座位換了幾次客人的數值。而每小時的翻桌率乘以餐廳內所有座位數，即可計算出每小時所服務的來客數。
6. 座位安排的型態和模式。
7. 座位之間的走道空間。
8. 桌椅的大小、形狀和數量。
9. 服務台的數量和位置。
10. 飲料、紙巾、調味品、吸管及垃圾桶等所需的特別空間。

送餐和用餐區應該利用上述因素來做規劃。用餐區最佳的規劃應該要考慮最多能容納的顧客人數，同時不會干擾服務或造成顧客的不便。在這一區域，每個人的安全性都應列入考慮。可讓人活動自如的出口區及走道空間是必要的；每排座位之間的空間也不可太過狹窄。服務用的走道應保持大約 3 英呎寬，顧客所使用的通道則應保持 1.5 至 2 英呎寬。至少要有一條供客人行走的走道，且寬度足夠讓輪椅進出。

總而言之，顧客的舒適與否是最重要的。就舒適度而言，一名成人需要大約 12 平方英尺的空間。不過，這可能會隨餐廳的型態不同而有所調整。在某些餐廳，必須要有快速的翻桌率，因此可能不適合規劃太舒適的座位。例如在機場，因為旅客可能必須花相當長的時間等待轉機，所以人們或許會在機場裡的餐飲店坐下來消磨時間。因此機場裡的餐廳常常會設計沒有座位的小吃區，或較不舒服的座椅，因為店家不希望顧客將餐廳當作是候機室。某些速食餐廳也是一樣，店內的座位規劃是為了促進快速翻桌率。不過，為了顧客的舒適以及服務人員的工作順暢，還是要預留足夠的活動空間。

用餐區的座位應該周詳規劃，那麼即便服務最大量的客人也不會造成任何不便。服務台應該要安排在方便的位置，如此才能在最短的時間內服務最多的客人。這些區域應該要備有服務前和服務中存放食物和設備的空間。另外也應該要有暫時放置未清洗碗盤的空間。

清潔區

清潔區包括了洗碗和清洗鍋具的設施。空間的需求依下列因素而定：(1) 一次需要清洗的鍋碗瓢盆以及其他餐具的數量；(2) 有存放乾淨碗盤或餐具的空間；(3) 洗碗機和清洗設施的類型；(4) 清潔和消毒的方法；(5) 可支配使用的員工人數。

清潔區應好好的規劃，才有空間擺放乾淨的碗盤及餐具。除了清洗鍋碗瓢盆之外，此區域應將放置垃圾的區域及放置掃把、拖把等打掃用具的地方做一完整的規劃。清潔區須配置多少空間視餐廳的型態而定。當規劃這個區域時，要符合公共衛生當局的規定。

除了上述的區域外，也別忘了分配給員工使用的空間，譬如員工更衣室、休息室、沐浴間、廁所和辦公室。這些設施的空間大小端視幾項因素而定，包括餐廳的類型。

設備的選擇與規劃

選擇合適的設備極為重要。所選擇的設備類型依照使用區域來決定。由於設備屬於餐廳固定資產的一部分，而且從購買和安裝完成那一刻起，它就開始折舊，因此設備的選擇需要小心的規劃和決定。如果選擇不當，設備可能會占用亟需週轉的現金而導致經營失敗。市面上有各式各樣的餐廚設備，有不同程度的改良，價差也很大。加盟總部在採購之前，要審慎的思考一件特殊的設備是否確實需要以及是否為必要的投資。在做決策之前必須仔細計算。舉凡食物的處理和產量、員工的生產力和餐廳的獲利率，均直接取決於餐廳內可使用的餐廚設備型態而定。選擇設備時要考慮的因素討論如下。

需求

很顯然地，任何設備的購買均應以需求來決定。評估需求和設備的規劃使用應該要根據購買或添購該特殊設備是否能達成以下結果：(1) 食物品質令人滿意或改善；(2) 大幅節省人力和物料成本；(3) 增加食物成品的數量；(4) 對一家餐廳整體的獲利率有所貢獻。

基本的器具設備應列入優先考慮，所以初步選擇應以餐廳的基本需求為主。若需要特殊的設備，則應該從以下幾個觀點來評估：(1) 該設備是否耐用；(2) 該設備

是否有可能符合餐廳未來的需求；(3) 該設備是否需要保養；(4) 有無其他替代的選擇，亦即類似但較便宜的機種，同時又能充分符合餐廳的需求； (5) 該設備是否能夠按照多種目的的使用做變更；(6) 當急迫需要時，是否能取得備用零件和找到服務商。換言之，應該要精打細算和確定有此需求。從財務的角度而言，我們並不建議購買一些昂貴，或是超過餐廳需求的大型、複雜的器材設備。

成本

　　每一間餐廳在採購、安裝，以及保養設備方面都會有一些成本產生。採購設備時主要發生的成本有：(1) 採購或初期成本；(2) 安裝成本；(3) 保險成本；(4) 維修成本；(5) 折舊成本；(6) 貸款、利息及其他費用；(7) 營運成本；(8) 添購該設備所產生的損益成本。安裝設備可能需要先花一筆錢整修建物，而這筆錢有可能比設備本身的成本還要來得多。

　　設備的市價是根據設備的型態、製造商，以及用途而有所不同。在決定採購設備前，進行成本的比較評估是必要的。有些製造商會幫買方計算好這些成本，供買方在購買或下決定之前考慮用。像洗碗機等一些較昂貴的器材，就需要更審慎的評估。有好幾種根據成本來計算設備獲利率的方法。

　　因為加盟連鎖餐廳或許需要一些特殊的設備，因此委託廠商「量身訂做」不失為理想的辦法。製造商對於設計設備及其空間配置會感興趣，因為該設計可以用在好幾家加盟連鎖門市。

> 　　因為所挑選的設備是為了執行一家餐廳特定的功能，因此從預期需求的觀點來看，有必要根據其功能屬性評估每一件設備。

功能屬性

　　因為所挑選的設備是為了執行一家餐廳特定的功能，因此從預期需求的觀點來看，有必要根據其功能屬性評估每一件設備。設備的效能應該根據成本以及是否可取得其他替代設備來評定。設備能夠發揮的最大功能要比成本來得重要許多。以附件或其他變更來改良設備的可能性應被視為是一項有利條件。預期中的菜單變化也會影響所選擇的設備型態。其他的考量包括該設備運作所需要的能源類型，以及使用的程度。有好幾種建材可供使用。在規劃作業設備的工程之前，此處所提到的屬性均應列入考慮。

衛生及安全

一家餐廳在採購設備時最主要的考慮因素就是衛生和安全。在挑選設備時，應該優先考慮清洗的難易度和衛生。不管任何一件設備有多精密，假若無法適當清理，那麼它就不適用於餐飲業。設備製造時所使用的所有材料，尤其是與食物接觸的表面，都應該用無毒的材質。用來製作食物的設備應該要方便且隨時維持安全的溫度。像是燈光和刻度盤等配件是不可或缺的部分，如此才能確保設備達到及維持適當的溫度。所有的零件應該要能方便清洗。在必要時，設備應該要能夠輕鬆快速地拆卸和重組，以方便清潔。自行清潔式的設備是不錯的選擇。 美國衛生基金會（NSF）會頒發認證給符合衛生標準規定的餐飲設備。可能的話，應優先採用由 NSF 所核准的設備。

一家餐廳所選用的所有器材設備，應該具備內建的安全功能。電子設備應使用正確的伏特電壓而且不具有危險性。所有可移動和尖銳的零件都應該加以適當保護。任何的設備都不應有粗糙或尖銳的邊緣。可能的話，所有設備應該使用安全鎖或安全裝置，例如蒸氣鍋、蒸氣壺、推車。有任何裂縫或破洞的設備可能會藏有昆蟲或微生物，而且不利清潔和衛生。在做出採購決定之前，所有與衛生和安全相關的因素都應該要確認。

大小、外觀和設計

餐廚器具設備的大小應以餐廳的空間規劃與設計可輕易容納為原則。要將設備放置在一個未事先規劃的空間裡是不太容易的事。不當放置的設備會造成持續的不便，甚至災害。器材設備的門和開口應該經過設計，而且以不會造成問題或危害的方式製造。

設備的外觀與設計應該吸引人，同時應發揮最大效能，而且產生最少的問題。在設計上，應考慮耐用性，因為餐廳所使用的設備使用頻率相當高，甚至使用過度。雖然功能性比設計重要，但是好的設計也有利於設備順暢的運作。可能的話，設備的外觀應符合餐廳型態，有相配的顏色等等。如果顧客看得見餐廚設備的話，那麼其大小、外觀和設計就更形重要，假如是刻意設計成展示用，那就更加重要了。

整體效能

餐廚設備的選擇應考慮其整體的效能，包括靜音運轉、容易移動、遙控操作、

電腦化控制、功能多樣化、零件易取得及維修方便。一些性能優越的設備，即便價格不菲，仍應優先考慮。與其選購不曾有人使用過的新產品，我們比較建議購買確知為高效能的設備。設備的節約能源功能也是考量的重點。

規劃整體的氛圍

一旦決定了空間規劃和設計後，接下來就是規劃餐廳的氛圍，而且要同時考慮到未來的用餐顧客和員工。氛圍乃餐廳整體形象的表現，應將建築師、工程師、室內設計師和餐廳經理的集體創意納入規劃中。加盟連鎖餐廳的氛圍事實上是其商標的表徵，而且有助於建立形象。顧客再度上門的意願是由顧客感受到的氣氛好壞來決定。規劃餐廳氛圍時，應考慮下列因素。

> 送餐及用餐區域依特定餐廳所採用的服務風格來決定。大多數的服務區在設計時會考慮用餐客人的好惡，並特別強調用餐氛圍。

外觀

一間餐廳整體的視覺效果包括外部設計、室內設計、室內及室外燈光和顏色。

顏色

這是餐廳裝潢最重要的部分，同時也會讓顧客立即產生反應。有效的運用色彩能創造出不同的感覺，而且顏色對比比單一色彩本身更重要。基本色（紅、藍、黃）和合成色（綠、橘、藍紫）可以搭配組合形成中間色。紅色、橘色、黃色是暖色系；綠色、藍色和紫色則是冷色系。規劃時應該要考量到有效的顏色組合。無論是自然光或燈光，對顏色都會造成影響，兩者應該要相輔相成。有些暖色調可以讓送上的餐點看起來更可口誘人。因此在選擇顏色時，應該要考量整體概念和菜單。太黯淡的色彩，或者是會反光的顏色應盡量避免，因為會使得員工和顧客的眼睛感到疲累。

在提供快速服務的餐廳，例如速食店，應使用暖色系色彩及明亮的光線。至於位於炎熱氣候地區的餐廳，則適合使用冷色系色彩。員工工作的區域則使用淡色和明亮的光線較佳。深色和昏暗的光線可能會造成員工疲勞。藍色和綠色被認為是讓人精神煥發的顏色，建議可用於工作區。

雖然和諧的對比色彩是較討喜的，但要注意在同一區域，不要使用太多色彩或複雜的設計。餐廳的氛圍應該以吸引人的方式呈現出店家的概念。不論是室內光線

或是顏色的選擇，重點都應放在需要強調的標的物上，例如商標、服務標誌、展示櫃、藝術品和裝飾用的標示牌。照明的程度和安裝位置，應該以不發出刺眼光線為原則。假如使用彩色燈光，應該要與該區域所使用的顏色互補。

氣味

餐廳應使用有效的抽風系統以利室內空氣循環，並且能迅速去除令人不快的氣味、煙味或氣體。在餐廳裡，良好的空氣循環尤其重要，特別是供應富含香料的餐點或民族風味食物的餐廳。食物的香味也是吸引顧客點菜的重要因素之一。從燒烤和烘焙的食物及海鮮所散發出的誘人香味就是一個很好的例子。經常消除用餐區的異味及有效的抽風設備乃為上策。

聲響

聲響可能來自於清洗碗盤、托盤及器皿的碰撞聲，或者是所播放的背景音樂所造成。在規劃餐廳氛圍時，應該考慮所有聲響的來源。為了避免從廚房或清潔區域傳來聲響，應裝設合適的隔音設備。通往用餐區的門不應該在每次打開時就讓聲音穿透，宜使用安靜和自動關閉的門為佳。

適合餐廳概念的音樂對消費者的心情會造成直接的影響，所以應該被視為是整體氣氛的一部分。同時，音樂也可以用來掩蓋從其他區域傳來的不悅聲響。因此，聲音的強度和品質特別重要。播放的音樂不應使人心煩意亂，而是要能突顯出餐廳的概念。

舒適度

規劃良好的氛圍應能塑造出舒適的感覺，客人會感受到受歡迎和愉悅。用餐區的理想溫度應該介於攝氏 21 至 24 度之間，相對濕度則應大約維持在 50%。室溫會隨著外面的氣候與溫度而變化，而且可能低一點或高一點。不過，用餐區的溫度必須根據室內佈置、季節變化及顧客數做調整。

簡而言之，綜合上述所有的因素才能打造出一個餐廳概念所希望的氛圍——唯有細心規劃才能達成。餐廳的外部設計應與室內裝潢搭配。停車區、入口處及得來速的設計應吸引人，並且盡可能讓消費者感到方便。景觀美化顯然可增加吸引力並增添餐廳的室內氣氛。再次重申，加盟連鎖餐廳的氛圍應該要能夠複製，而且可應用於許許多多其他的門市，但是又不會過度複雜和產生問題。

服務

　　服務永遠是一家加盟連鎖餐廳最重要的部分。消費者總是把便利性及服務列為願意去一間加盟連鎖餐廳消費的主要原因。事實上，速食（fast food）所要表達的意義就是這些餐廳提供快速的服務。概念是根據服務的類型而來，譬如餐桌服務、得來速、外送服務等等。所選擇的服務類型應該要反映出餐廳的概念以及所提供的菜單。隨著科技的進步，較新的服務型態也愈來愈普及。舉例來說，消費者可使用網路或是傳真機訂購食物，然後再去餐廳取餐或外送。使用創新方法的送餐到府服務愈來愈流行。紐約有一家餐廳即為搭乘某一班特定列車的通勤者提供特別服務。顧客只要在離開辦公室之前，將其晚餐的訂單傳真至餐廳，那麼等他們自地鐵出來時，晚餐即送達其手中。如此一來，消費者就可以將即食餐點帶回家享用。

市場性

　　整體的生意概念應該具備其獨特的市場利基，才能贏過競爭對手。這只能由夠多的消費者及實地測試來驗證。加盟總部在推出一個概念之前為了確認市場利基和競爭優勢通常要花好幾年的時間。也應不斷使用不同的概念做試驗，因為概念會隨趨勢改變。有些概念持續很長的時間，有些則無疾而終。不過，無論是哪一種事業，概念也有其保存期限。餐廳必須隨時調整、改良、修正，以及改變，才能讓這個概念一直受到歡迎。例如，當漢堡連鎖店的生意達到鼎盛期，而且當競爭變得愈來愈激烈的情況下，這時就要加進新的菜單概念。

　　概念本身應該要有明顯的辨識度。這可能與產品或服務有關，譬如強調賣義大利麵的餐廳或僅提供得來速服務的餐廳。另一個建立辨識度的方法就是使用商標、服務標誌、企業識別，或是其他可以表示這個概念的識別符號，以及加盟者在他們的事業中所使用的標誌。這些識別符號必須經過授權方可使用，並盡可能用在廣告宣傳中。這個識別符號必須審慎規劃，因為加盟連鎖事業所仰賴的就是消費者所感受到的形象。

管理

　　從企業管理的觀點來看，事業概念的整體適用性應予以評估。整個事業概念應該要能夠轉移至國內外的其他加盟連鎖門市。現有的餐廳概念或是獨立經營的餐廳

可能適合也可能不適合加盟連鎖制度。一家餐廳的成功,可能是因為其地點、經理的人脈關係或其管理團隊的績效所致。而且,在某一地區受歡迎的概念或許在其他地區就變得不受歡迎。這些因素都應該列入考慮。

另外要考量的是提供加盟者教育訓練和發展一套經營手冊的可能性。該體系是否能夠提供充分的訓練計畫以及簡單易懂的訓練手冊?在適當的訓練之後,該事業概念應該能自行運作。整間店的營運不能仰賴特定的管理人員在現場。訓練課程本身應該簡單易懂。

從財務管理的觀點來看,整個概念應該要有既定的獲利率,而且採用此概念的每一間餐廳都能夠實現該獲利。然而,應理解的是,每一家店的獲利率不盡相同,但是加盟者應該要有足夠的獲利率,才能夠支付權利金及其他費用。加盟者同時也希望得到相當的投資報酬,這也要列入考慮。在一個概念的各個面向接受測試和最終敲定之前,這是一個重要考量。

加盟總部在著手進行加盟連鎖事業之前,也應該先評估本身的資源。首先是評估一個事業概念要成功所需的財務資源。建造一間概念示範店也是必要的。經營這家示範店、提供訓練的設施與課程、支付創業成本、提供整間店的人事開銷,以及行銷此概念等等都需要有充裕的資金。倚賴加盟金作為這些開銷的資金來源是不聰明的做法。倘若潛在加盟者發現總部資金來源不足的狀況,那麼總部的信用度就會受到影響。因此,維持這個概念和整個體系的充裕資金應該要到位。許多創新的想法就是因為缺乏資金而無法實現。另外要考慮的是發展一個加盟連鎖計畫所需要的行政管理、教育訓練、財務、商業、法律,以及電腦方面的技術。

倘若此事業概念是現有概念的修正或延伸,那麼當擴大測試時,加盟者應該要參與評估新產品、設備及整個系統。

當上述所有的屬性都經過測試之後,並證明此概念前景看好,那麼就應該擴大規模,規劃一間示範店。裝修、包裝、挑選供應商、訓練與管理都應該交由總部的特定人員來負責。所提供的計畫書內容在規劃時,應考慮所有相關的法律層面。這份計畫書應該由行銷人員非常審慎地擬定,而且應該納入揭露文件、初步申請表、菜單內容、服務內容、相關成本、應付款項、事業概念的發展史、相關的重要人員名單以及其他的宣傳物件。新的事業概念尤其需要規劃完整的企劃書和行銷工作。

示範店

　　一個測試通過的商業新概念應先行在試驗餐廳內實施。這類示範餐廳應該位於方便的地點，並且完整呈現整個概念。示範店可以設置於不同的地點，所以可能不只一家。在這些示範店，可測試顧客對產品及服務的反應。在規劃示範店時，本章提到的所有屬性都應列入考慮，該店也是給潛在加盟者觀摩的範型。同時，亦可被用做加盟者進行實務訓練的場所。

　　發展示範店要考慮的因素包括：地點的選擇、設計及空間規劃、設備的選購、訓練、行銷、經營和整個加盟連鎖體系的管理。從進貨、倉儲、生產、服務到品質控制，整套經營方式均應被測試與評估。在示範店裡所執行的流程、工序、設計和管理，若發生問題，應予以修正和調整。品質控制標準也應該在這些門市加以測試。同時，也可以從事整個概念的實際成本分析。加盟總部的所有相關人員應該參與示範店的發展與營運。就經營和訓練課程的實施而言，示範店也是很好的測試。

　　示範店也是總部表露其事業興趣及財務能力的地方。這些門市應該展現對整個商業概念真正的興趣及其可行性。而且，示範店對於加盟總部的擴張計畫也是一大助力。未來的發展與展店策略應該根據在示範店所獲得的經驗來規劃。一般來說，姑且不論所投入的成本及付出的心力，長期來看，示範店是值回票價的投資。

　　成功的示範店是開展一個新加盟連鎖事業的重要因素，而且也是引起加盟者興趣的行銷工具。示範店所有的作業應該要無懈可擊，而且所有的面向都應該作為其他的加盟連鎖門市運作的典範。假如把示範店做得太誇張反而有壞處，因為它不能呈現加盟連鎖餐廳的實際概念與運作。示範店應該是餐廳的翻版，以及呈現其工作效能。因此重點是，在規劃示範店時應測試所有的作業問題，譬如選擇適當的設備、合宜設計、展現品牌辨識度，以及最重要的是，證明可持續獲利。總而言之，潛在加盟者應該能夠瞭解該加盟連鎖事業、對它感興趣，並且覺得有把握能夠複製整個概念，而且有利可圖。

個案研究

達美樂披薩：企業故事與數據資料

以下描述詳盡的文章標題為「披薩業中的加盟連鎖制度」，是由達美樂披薩公司的前董事長兼執行長大衛‧布蘭登（David A. Brandon）專為本書所撰寫。

在美國有 70,000 家披薩店，披薩業競爭如此激烈有一個原因：它是一門好生意！我們的門市營收比大多數的速食餐廳來得好，因為開第一家店所需要的資金比其他品牌要低很多。低門檻的成本以及高現金收益率創造了一個極佳的生意機會。

其風險報酬率跟內用的餐廳相當不同，尤其是在第一年。你建造一間內用的速食漢堡餐廳所花的成本就已經可以蓋 4 至 5 家達美樂披薩店了。

達美樂披薩將員工變成成功的事業經營者由來已久。事實上，在美國有將近 90% 的門市經營者（有 1,250 家！）一開始只是披薩外送員。達美樂披薩於 1960 年創立，並且在 1983 年開始在國際上開疆拓土，因為我們的加盟者，而使得達美樂披薩成為全球領導品牌。到 2008 年時，已經在 60 個國家裡有超過 8,600 家達美樂披薩店。由於身處在一個競爭激烈的領域，我們與眾不同之處在於我們是披薩外送專家。外送是我們的專業，而且我們也是全世界做得最好的。

大多數的零售品牌並不知道他們的消費者是誰。在達美樂披薩，我們知道每個消費者的姓名、電話號碼和地址，還有他們的訂購紀錄。在以家戶為單位的基礎上，知道你的客人是誰，這是一個相當驚人的行銷優勢。這就是我們的品牌和公司與眾不同的關鍵之處。

位於內華達州拉斯維加斯的達美樂披薩餐廳
（照片由達美樂披薩提供）

　　未來的目標是結合科技與外送。舊時的方式是使用店家牆上的地圖，消費者打電話訂餐，只能付現，然後剩下的就是呆呆地等待他們的批薩送達。我們現在所生活的世界讓我們可以列出每一張訂單的地圖，顧客可以選擇以信用卡或是現金付費，讓顧客以電話、網路或是手持行動裝置來訂購。我們也推出「達美樂披薩催客」（Domino's Pizza Tracker），因此我們的客人不必擔心他們訂的披薩流落何方，他們透過網際網路就可以追蹤從訂購到送達的進度。

　　美國商業蓬勃發展是因為擁有和經營公司的創業者，這些具有創意、積極進取的人們投入地區性和全國性的加盟連鎖事業。我強烈鼓勵所有想要擁有和經營一項事業的人們利用這個加盟連鎖制度獲得經營權的機會。

達美樂披薩的基本數據資料

一、從 1960 年開始做披薩……

　　就像大多數的企業成功故事般，達美樂也是萬丈高樓平地起，在 1960 年時，它只是一家小店。但是，到了 1978 年，第 200 家達美樂披薩店開幕，而且好戲才正要上場；到了 1983 年，有 1,000 家達美樂店；到 1989 年時達到 5,000 家；今天，已經有超過 10,000 家店──包括有 5,000 家海外店。當然這是經過 50 年的時間才達到的成果，然而卻是一趟有價值的旅程。

二、披薩、產品與菜單

1. 從 2008 年開始，達美樂披薩的菜單有 85% 的項目是新的。
2. 有超過 3,400 萬種方法製作一個達美樂披薩。
3. 一個中型義大利辣腸披薩有 30 片義大利辣腸（大型義大利辣腸有 40 片）。
4. 義大利辣腸是最受歡迎的美國披薩配料，再加上蘑菇、香腸、火腿和青椒。
5. 1992 年，達美樂披薩推出第一個全國性的非披薩菜單項目──麵包棒。
6. 達美樂披薩有世界最快的披薩機 Pali Grewal，只要花 39.17 秒就可以做出 3 個大披薩。

三、店家與加盟連鎖經營者的數據

1. 95% 的達美樂披薩店都是加盟連鎖事業。
2. 達美樂在美國大約有 1,100 位獨立加盟連鎖經營者。
3. 90% 以上都是從外送員或是助理經理開始他們的事業。
4. 光是在美國，達美樂的外送專家每週要跑 1,000 萬英哩的路程。

四、國際與全球數據資料

1. 達美樂在全世界一天外送超過 100 萬片披薩。
2. 達美樂在全世界超過 70 個國家經營 10,566 家店（2013 年第 3 季）。
3. 現在超過一半的營業額來自於美國以外的國家。
4. 2012 年全球零售營業額：74 億美元（美國國內 35 億，美國以外 39 億）。
5. 達美樂國際公司連續 19 年同店營業額達到正成長（2013 年第 3 季）。
6. 達美樂目前在 38 個國家披薩外送與外帶市場穩坐第一名的的寶座，包括 10 個最大市場中的 7 個國家：英國、印度、墨西哥、澳洲、南韓、土耳其和法國。

7. 達美樂最大的市場如下（依照 2013 年第 3 季的店家數排列）：

1	美國	4,939 家	5	澳洲	484 家	9	日本	267 家
2	英國	742 家	6	南韓	383 家	10	法國	224 家
3	印度	619 家	7	加拿大	376 家	11	荷蘭	138 家
4	墨西哥	585 家	8	土耳其	325 家			

五、外送最忙的日子

達美樂披薩在超級盃星期天（Super Bowl Sunday）賣出了超過 1,100 萬片的披薩，比一般星期天多出 80%。除了超級盃之外，最忙的時候還有萬聖節、除夕／元旦，以及感恩節前夕。

六、科技與網路

1. 以網路交易而言，達美樂披薩一直都是前五大公司之一，僅次於亞馬遜（Amazon）和蘋果（Apple）公司。
2. 95% 的智慧型手機均可下載訂購 app（iPhone, Android, Windows Phone 8）。
3. 在美國，達美樂披薩大約有 40% 的營業額來自於我們的數位訂購管道。
4. 有 32 個達美樂披薩國際市場均推出網路訂購服務。

七、披薩催客（Pizza Tracker™）

達美樂披薩的外送專家特別設計了達美樂披薩催客讓顧客即時掌握他們所訂購的披薩的進度，從製作到離開店家外送那一刻都包含在內。消費者只要輸入電話號碼就能在網路上追蹤外送的進度。

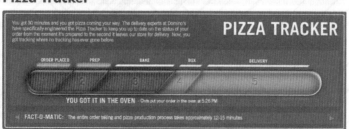

八、達美樂披薩歷史上的大事

1960 年：湯姆・摩納罕（Tom Monaghan）與弟弟詹姆士（James）買下密西根州伊斯蘭提市（Ypsilanti, Michigan）一家名為「達美尼克」（DomiNick's）的披薩店。摩納罕借了 500 美元買下這家店。

1961 年：湯姆用自己的福斯金龜車交換詹姆士手上另一半的股份。

1965 年：湯姆・摩納罕是公司唯一的所有人，他將公司重新命名為「達美樂披薩公司」（Domino's Pizza, Inc.）。

1967 年：第一家達美樂披薩加盟店於密西根州伊斯蘭提市開幕營業。

1978 年：第 200 家達美樂披薩店開幕。

1983 年：達美樂第一家跨國店面在加拿大溫尼泊市（Winnipeg）開幕營業。

1989 年：推出鐵盤披薩（Pan Pizza），它是這家公司的第一項新產品。

1998 年：達美樂發布另一波產業革新：熱波（HeatWave®），一種採用專利技術的保溫袋，可以讓披薩在送達客人門口時，仍然保持剛出爐的溫度。

2000 年：達美樂披薩國際公司在美國以外的地區開設第 2,000 家店面。

2001 年：達美樂發布「去開門，是達美樂」（Get the door, It's Domina's.）的廣告宣傳。

2004 年：達美樂披薩股份有限公司從 7 月份開始在紐約證券交易所（NYSE）買賣普通股。

2006 年：達美樂慶祝第 8,000 間店開幕：同步慶祝美國第 5,000 家店在伊利諾州杭特利市（Huntley）開幕，第 3,000 家跨國連鎖店在巴拿馬的巴拿馬市開幕。

2007 年：達美樂推出 OREO 點心披薩──它是裝飾甜點式紋路的薄皮披薩，先鋪上香草醬，上面覆蓋一層 OREO 碎餅乾，最後塗上糖衣裝飾。

2012 年：達美樂推出安卓（Android）手機的訂購應用程式。因此，除了在 2011 年即已推出的 iPhone 應用程式外，如今更為超過 80% 的智慧型手機提供了達美樂的行動訂購應用程式。達美樂公布它的新識別標誌以及「披薩劇院」的店面設計──讓消費者在達美樂披薩的用餐經驗產生大幅改變！

Chapter 11

位址選擇與房地產

當你購買一家加盟連鎖店時，你便開始經營一個事業，並以其品牌知名度販售商品或服務。你購買一個由加盟總部所發展出來的模式或系統，以及訓練與支援。但是投資一個加盟連鎖事業，就像所有的投資一樣，也包含了財務風險。加盟者必須投入金錢與時間，而且必須按照加盟總部的腳本來操作。

——美國聯邦貿易協會

 前言

位址選擇與餐廳設計

建立一家餐廳的第一步就是地點。位址選擇很重要，因為一家餐廳的成敗在很大的程度上取決於地點。由一位有經驗的專家謹慎評估餐廳的位址是有必要的。商譽卓著的加盟總部會聘僱專業的房地產發展人員，並提供對加盟者的協助。一份完整的市場可行性研究應包含以下的資料：整體市場、人口特性統計、交通結構、場地大小和成本、收支平衡的銷售額及競爭對手。在選擇位址之前必須先做好完整的行銷計畫，在一個具有需求性或者該市場適合發展一個位址的地區圈定出可利用的商圈，一旦確認了這些因素，接著就應該確認場址特徵。位址很有可能已經是現成的，譬如就在現有的餐廳附近。就位址選擇而言，應該要尋求有經驗的商業房地產經紀人或是代表的協助。這個人必須嚴格篩選，因為並非每一個位址都符合所需要的餐廳概念。

在位址選好後，餐廳設計是下一個重要的事。就像在發給潛在加盟者的加盟連鎖事業資料包以及招募手冊中所說明的，設計服務由加盟總部提供。舉例來說，麥當勞企業在他們的招募手冊中提到「公司採用與選擇位址相同的分析方法在設計其建築物。經驗豐富的建築團隊、建設和工程人員保證麥當勞餐廳的設施在餐飲服務業中是技術最進步和最有效率的，而且有各種尺寸和設計可供選擇，以符合特定的市場需求。」有些加盟連鎖事業有不同類型的位址，以提供位址選擇的彈性以及配合各種市場區域。例如，蘋果蜂國際餐飲公司提供從較小型市場中的 161 個座位到較大需求市場的 250 個座位不等的藍圖。黃金畜牧場（Golden Corral）餐廳則有從 5,000 到 10,000 平方英呎的藍圖。哈帝（Hardee's）漢堡在位址選擇上的考量因素則是大略的地點和鄰近街坊、交通結構、通道、競爭對手、能見度、匯集點、地點的方便性及位址規模。教堂炸雞在評估由加盟者提出的位址時會考量以下特性：人口結構特徵（譬如該社區的家戶數、平均收入及家庭規模）、交通結構、與現有餐廳的距離，以及所提議的營業場所的大小和現況。肯德基炸雞在核准加盟者所選擇的位址時所考量的因素包括大略的地點和鄰近街坊、交通結構、停車設施、場地大小、出入口、能見度、人口結構，以及競爭對手的地點。

> 完整的建議計畫是使得加盟連鎖事業對潛在加盟者深具吸引力的地方，包括位址選擇、建築設計、室內格局與裝潢。

完整的建議計畫是使得加盟連鎖事業對潛在加盟者深具吸引力的地方，包括位址選擇、建築設計、室內格局與裝潢。室外與室內的設計變成加盟連鎖事業辨識的符號，而且也是行銷的特點。除了視覺外觀外，在規劃一間加盟連鎖餐廳時，有效率的經營也要被考慮在內。因為餐廳的設計是在不同的地點複製，因此像是氣候、土質，以及地下水位等因素都要考慮。另外還要考慮到許多的加盟連鎖餐廳都位於昂貴的精華地段，所以有效的空間利用就變得格外重要。因此，建築物與設備的計畫組合是為客戶量身打造，並提供所有詳細的規格說明。就商譽卓著的加盟總部而言，餐廳的設計與功能已經經過測試，因此加盟者拿到的是確實可行的設計平面圖。以人們熟知且證實可行的規格進行，比較容易符合建築法規，以及申請許可證和獲得租賃合約。在整個錯綜複雜的建造過程中，透過加盟總部經驗豐富的指導可獲得這層重要的協助。

工程可能是因為要建造一家新餐廳或是將現有的結構改造以符合加盟連鎖事業的標準。它可能是獨立的一家店、設置在購物商場的美食街裡，或是在一個作為其他事業目的的現有設施裡的多概念門市，譬如加油站和便利商店。許多加盟總部都有好幾款設計圖和室內裝潢圖讓加盟者挑選。加盟總部對於餐廳的地點、發展和工程的標準都是根據其整體的國內行銷計畫來制定。許多加盟總部保留餐廳設施的所有權，並將它們租給加盟者。雖然加盟者支付了所有的費用，但是卻必須遵守嚴格的規格要求。因此，廣告招牌、燈光、座位、裝潢，以及整體的建築都必須符合加盟總部的規格。加盟連鎖合約授予必要的權利和許可，准予加盟者使用由加盟總部所提供的服務。加盟總部也會徵求加盟者的創意、功能考量以及意見提供，這些都有助於經常性的加強和修正服務。

加盟連鎖事業的地理分布

由於企業政策的緣故，加盟總部決定了加盟連鎖店的地理分布。並非在每一個地區或每一州都要有加盟連鎖店。選擇加盟連鎖店的地區有各種原因，但獲利是首要考量。篩選的方法之一是根據控制數據企業（Control Data Corporation）的研究部門阿比創公司（Arbitron Company）所設計的主要影響區域（ADIs）法。ADIs 常

被用在規劃廣告與宣傳。ADIs 法將美國區分為幾個主要的電視市場地區。主要依據其電視觀眾群，將每一個郡分配到一個 ADIs。有些加盟總部採用 ADIs 來做加盟連鎖事業的決策。消費者的購買力指數也被用來決定所需要的加盟連鎖門市數量。其他關於人口特徵的數據也可能用來做出成立餐廳的決策。一旦選定好目標區域，加盟總部就會開始招募加盟者並加以分配。然後下一步就是進行位址及各個市場的可行性研究。

位址分析的考量因素

在位址分析中經常要考量的因素如**表 11.1** 的檢核表所示，並於以下段落中詳加說明。這些因素共分成四大部分：人口特徵、環境特徵、活動匯集點，以及競爭對手。

表 11.1　評估加盟連鎖餐廳位址品質的檢核表

位址特性	評價		百分點（%）
	正面	反面	
人口特徵			
環境特徵			
活動匯集點			
競爭對手			
總平均百分比			

人口特徵

潛在消費者的人口特徵是很重要的考量因素，因為任何事業的成功均取決於是否準確地蒐集資料並加以研究。有很多地方可以取得這些第二手的數據，譬如戶口普查資料、商會、貿易期刊及商業出版品等。另外這些數據也可以從販售資料的商業來源取得。可以顯示資料的地圖會告訴你哪一類別的人群會步行、開車或是搭乘大眾運輸工具到你的餐廳，以及花多少時間可到達。除了年齡、性別，以及生活型態這類基本的人口特徵資料外，收集每一市場區塊的購物型態也很重要。這也要看個人的就業狀況而定。根據生活型態區隔所得到的資料也可以從多種來源獲得。所

購買的商品與服務的類型將與生活型態區隔一致。應該注意的是，這類資料會隨著事業型態而不同，因此適用於同類型事業的資料或許並不適合所選定的事業型態。至於需收集的人口特徵資料的類型有：

1. 人口總數
2. 年齡、性別、種族
3. 就業情況
4. 家戶人數
5. 生命週期階段
6. 教育程度
7. 住宅特徵
8. 心理統計／生活型態市場區隔
9. 收入／財富總值
10. 人口密度
11. 人口趨勢（成長、停滯、縮減、改變）

環境特徵

位址的環境特徵與人口特徵一樣重要，因為它決定了該地點是否適合以及這個事業吸引顧客上門的能力。謹慎評估每一點非常重要，因為這關係到一個事業的獲利與否。需要考量的面向如下。

區域劃分

區域劃分是商業餐廳最重要的考量之一。每個地區都有特定的區域劃分法規，各有不同的定義和解釋。確切瞭解現有區域劃分的許可範圍至關重要。一個位址的許多面向都受到法律的規範，譬如結構的高度，以及後院與側院的規定。從餐廳的觀點來看，區域劃分法規也管理其他兩個重要的面向：停車位及招牌的使用。法律根據一間餐廳可以服務的來客數規定所需要的停車位最低數量。有些地區在可使用的招牌尺寸、高度和類型上有所限制，無論是展示商標或是廣告。酒類販售許可執照有時也根據該地區的區域劃分法而定。

地區特徵

　　一家餐廳的獲利能力在某種程度上取決於地區特徵。地點的型態,譬如州際高速公路、校園、商場,或是美食街,都提供了可預期消費者型態的第一手資料。其中一個要考量的因素就是該地區的成長潛力和成長模式。在選擇加盟連鎖餐廳的地點時,工業大樓、購物中心、主要的高速公路、旅遊勝地,或是娛樂設施的所在地,以及新建的住宅區等未來的發展全都要納入考慮。

> 　　在選擇加盟連鎖餐廳的地點時,工業大樓、購物中心、主要的高速公路、旅遊勝地,或是娛樂設施的所在地,以及新建的住宅區等未來的發展全都要納入考慮。

實質環境特性

　　有些環境特徵可看出是否適合作為建造餐廳的位址。土壤排水性不佳的低窪地區在可能的洪汛期或許會發生問題。同樣的,地下水位的深度也決定了地下室能否用作儲藏或其他目的。景觀美化也極為重要。自然景觀、樹木和湖泊不僅可提升一家餐廳的美感和商業價值,也能夠設置額外的設施,譬如兒童遊戲區。

建築物結構

　　建築物結構包含了餐廳所需要的總空間。如**表 11.2** 所示,一間有得來速的獨立肯德基炸雞餐廳必須要有至少 37,000 平方英呎(約 1,040 坪)的土地面積,寬 140 英呎(42.7 公尺),長 250 英呎(76 公尺)。建築物面積不應低於 2,500 平方英呎(約 70 坪),至少要有 35 個停車位。座位要求需有 60 至 85 個座位。這個例子說明了根據一家餐廳類型的各個面向,如何評估所需要的各種建築物結構。其他的考量包括服務區、走道空間、內縮規定,以及招牌的高度、方向和設置。**表 11.3** 為市場與位址分析表。

成本考量

　　土地成本和裝修成本都是重要的考量。翻新和整修可能所費不貲,因此要精算成本。千萬別忘了餐廳有特殊的規定,而且並非所有現成的建築物都適合作為餐廳使用,有些需要大規模的改建。

表 11.2　百勝餐飲集團的理想位址標準

有得來速的獨立門市（肯德基炸雞）	
環境特徵	理想標準
土地面積	37,000 平方英呎（約 1,040 坪）
長寬尺寸	寬 140 英呎（42.7 公尺）× 長 250 英呎（76 公尺）
建築物面積	2,500 至 3,200 平方英呎（70 至 90 坪）
停車位	35 個以上
座位	60 至 85 個座位
車流量	平均每日車流量有 25,000 輛車經過
人口	在鄰近的目標區域有 20,000 人口
「A 級」首選位址	位於有交通號誌的十字路口一隅、購物中心周邊
位址品質	能見度高、醒目、容易進出、回家順路
取得策略	1. 購買 2. 開放購買的土地租約

（資料來源：根據百勝餐飲集團的資料加以編纂。）

表 11.3　市場與位址分析表

日 期：
餐廳類型：
提議位址：
餐廳名稱：

特徵	評價
區域劃分 　1. 目前的區域劃分 　2. 區域劃分預期的改變 　3. 停車限制 　4. 後院與側院的限制 　5. 招牌限制 　6. 高度限制 　7. 其他限制	

（續）表 11.3　市場與位址分析表

特徵	評價
地點 距離下列地點的車程： 　1. 住宅區 　2. 辦公大樓 　3. 商業區 　4. 教育機構 　5. 主要商場 　6. 運動和休閒活動 　7. 古蹟和觀光景點 　8. 州際高速公路 　9. 工業中心 10. 購物中心	
地區 　1. 人口型態 　2. 未來成長模式 　3. 商業模式 　4. 附近地區的發展 　5. 目標人口群 　6. 勞工概況 　7. 已規劃的發展	
土地丈量 　1. 長度 　2. 寬度 　3. 總面積 　4. 可使用總面積： 　　a. 建築物 　　b. 停車場 　　c. 開放空間	
能見度 　1. 障礙物 　2. 不同方向的能見度 　3. 招牌的能見度 　4. 受地點影響的能見度（譬如在一間購物商場裡或是一棟高樓裡） 　5. 在能見度方面，需要改善之處	

（續）表 11.3　市場與位址分析表

特徵	評價
交通模式與規則 　1. 位址街道上的車流量 　2. 最靠近的主要街道的車流量 　3. 交通尖峰時段 　4. 交通型態 　5. 與最接近的高速公路的距離 　6. 交通規則：單行道、禁行標誌、禁止轉彎、速限 　7. 停車規則 　8. 大眾運輸	
服務 　1. 警察局 　2. 消防局 　3. 垃圾清運 　4. 廢棄物清運 　5. 保全 　6. 其他	
街道 　1. 寬度 　2. 路面 　3. 路邊石 　4. 人行道 　5. 路燈 　6. 斜坡 　7. 危險物品 　8. 整體情況	
公用事業 　1. 自來水 　2. 污水下水道 　3. 雨水排水系統 　4. 電力 　5. 瓦斯 　6. 暖氣 　7. 網際網路 　8. 其他	

（續）表 11.3　市場與位址分析表

特徵	評價
競爭對手 　1. 餐飲機構的數量 　2. 餐廳和菜單類型 　3. 服務型式 　4. 座位數量 　5. 平均銷售額 　6. 競爭對手類型 　7. 競爭對手的影響	
行動與建議 	

公用事業

公用事業在任何一家餐廳都扮演不可或缺的角色，而且使用能源和可取得的能源型態非常重要。事先必須規劃好主要的公用事業所要安裝的位置，譬如電力、瓦斯、電話、自來水及暖氣。同時也必須注意是否有雨水排水系統。一旦公用事業裝設好，可能就會有經常性的成本，因此必須事先確認。排水系統和衛生設備應該根據當地的公共衛生法規加以考量。

通道

通往餐廳的道路很重要，尤其是在天氣條件普遍嚴苛的地區。街道、路邊石、水溝，以及路面的型態與狀態都必須加以研究。可利用的交通運輸類型（亦即公車、火車）也很重要，因為它們不只對顧客和員工不可或缺，對於物流運送也必不可少。此外，也必須考量街道的照明和停車場的光線。

位址位置

餐廳的地點也必須根據往返工業區、住宅區、休閒娛樂、運動、教育和商業中心的行車距離與時間加以考量。餐廳到這些地區的距離可以讓規劃人員對於可預期的消費者人數有些概念，因此謹慎評估位址特徵有其必要。

交通資訊

除了位址特徵外，車流模式也很重要。要記錄車輛數並在位址資料的最後分析中使用。交通模式的調查需指出時間和車流的方向。資料中要包括汽車和行人的流量、速度及鄰近活動。除了交通模式外，也必須測量車流的經常模式。單行道、速限，以及是否方便停車等等都會影響客人是否要造訪餐廳的決定。客人一般使用的交通運輸型態，譬如汽車、巴士和卡車，也必須加以考慮。交通流量預期的改變也應該要加以研究。

可利用的服務

可利用的服務是在資料分析中一個常常被忽略的因素。一間餐廳所需要的服務中，最重要的就是垃圾與廢棄物的清運。餐廳相當需要經常性的廢物清理。此外，像是警察局、保全、消防局、消防栓，以及灑水滅火裝置等這類的服務或是服務機構也都必須要確認。

能見度

一家餐廳可能因為能見度高而大大地提升其價值，這在高速公路旁和偏遠地區尤為重要。在高速公路上高高聳立並打上燈光的廣告牌是吸引顧客的主要手法。廣告牌的地點應該設在對用路人而言距離和反應時間都適當的地方，尤其是在高速公路上。有些州允許業者在路邊適當的間隔處做廣告。有時候，除了餐廳的曝光率高之外，也可以將林木茂密或有遮蔭的地方整理成園林景觀。必須檢查看看是否有任何障礙物阻擋廣告牌或能見度。廣告牌的地點、型態、字距和大小都是重要考量。

> 一家餐廳可能因為能見度高而大大地提升其價值，這在高速公路旁和偏遠地區尤為重要。在高速公路上高高聳立並打上燈光的廣告牌是吸引顧客的主要策略。廣告牌的地點應該設在對用路人而言距離和反應時間都適當的地方，尤其是在高速公路上。

競爭對手

很顯然的，一家餐廳如果要經營成功，那麼就不得不考慮到其實際和潛在的競

爭對手。主要競爭對手的數量、座位數、翻桌率、菜單類型、平均消費額,以及年銷售額都必須列入考慮。假如未適當評估潛在競爭對手,那麼一家餐廳最後可能功敗垂成。

市場

另外也必須收集有關於消費者的資料,包括年齡、性別、職業、收入、飲食偏好、通道、交通運輸設施,以及未來成長與發展潛力等數據。

餐廳與服務的類型

餐廳與所提供的服務類型也必須列入考慮。例如,一家披薩餐廳、咖啡店、免下車餐廳、櫃檯服務餐廳,以及漢堡攤全都需要不同類型的作業設計。

 ## 位址標準的範例

百勝餐飲集團在他們的網站上提供了一份位址標準的比較評估,這個絕佳的範例說明了不同的餐廳類型如何改變規定。從**表 11.2、11.4** 和 **11.5** 可以看出,由百勝餐飲集團所經營的餐廳有明顯的差異性。肯德基炸雞的獨立門市土地面積為 37,000 平方英呎(約 1,040 坪),相較之下,必勝客披薩餐廳的外送門市為 15,000 至 25,000 平方英呎(約 420 至 700 坪),免下車門市則為 30,000 至 45,000 平方英呎(約 843 至 1,265 坪)。同樣的,一間外送餐廳的停車位要求標準就會比一間獨立餐廳要少很多。其他所有的面向,譬如理想的屋前空地面積、建築物面積、車流量,以及位址品質都會隨著每一種類型的餐廳所提供的服務類型而有所差異。

 ## 活動匯集點

活動匯集點係指某些地點或該地點舉辦的活動可以創造人潮與車潮。這些地方包括現有的工商企業、辦公室,以及公共和非營利設施。相關資料可以從第一手和第二手的來源取得。一些常見的活動匯集點包括:

表 11.4　百勝餐飲集團的理想位址標準

獨立的休閒餐廳（必勝客披薩）		
環境特徵	外送門市	免下車門市
土地面積	15,000 至 25,000 平方英呎（約 420 至 700 坪）	30,000 至 45,000 平方英呎（約 843 至 1,265 坪）
理想的屋前空地面積	1,100 至 1,500 平方英呎（約 30 至 42 坪）	2,200 至 4,000 平方英呎（約 62 至 112 坪）
停車位	15 至 20 個	30 至 60 個
座位	8 至 12 個	50 至 100 個
交通	ADT 20,000 輛	ADT 20,000 輛
人口	20,000 人以上（3 英哩內）	10,000 人以上（3 英哩內）
位址標準	高能見度、顯眼、在街道交通方便的一邊	出入口、回家順路

（資料來源：根據百勝餐飲集團的資料加以編纂。）

表 11.5　百勝餐飲集團的理想位址標準

有得來速的獨立餐廳（塔可鐘）	
環境特徵	理想標準
土地面積	30,000 平方英呎（約 843 坪）
長寬尺寸	寬 120 英呎（36.5 公尺）× 長 250 英呎（76 公尺）
建築物面積	2,600 平方英呎（73 坪）
停車位	30 個以上
座位	50 至 70 個座位
交通	平均每日車流量超過 25,000 輛車
人口	在鄰近的目標區域有 20,000 人口
「A 級」首選位址	位於有交通號誌的十字路口一隅、購物中心周邊
位址品質	能見度高、醒目、容易進出、回家順路
取得策略	1. 購買 2. 開放購買的土地租約

（資料來源：根據百勝餐飲集團的資料加以編纂。）

1. **商場與中心**：包括大型零售店、商店街、市中心，以及其他零售事業等等，由於經常購買的必要性而創造了人潮和車潮。這些地點的回頭客以及員工增加了在這些位址設置加盟連鎖餐廳的需求性。

2. **教育機構**：中小學學校、大專院校和教學機構在一段持續的時間裡會帶來穩定的人潮車潮。

3. **娛樂中心**：戲院、歌劇院以及電影院經常帶來人潮車潮。

4. **體育館和休閒設施**：足球場和籃球場在賽季期間的活動可吸引大量群眾。

5. **主題樂園和觀光景點**：這些是製造大量人潮的其他來源，尤其是家庭。

6. **醫療機構**：醫院、養老院、健康中心、復健中心，以及診所經常會人來人往。

7. **交通運輸中心**：機場、火車站、公車站、航運與郵輪港口，以及其他路上及空中交通運輸設施也會帶來人潮。

8. **公家機關與民間辦公室**：政府機構、地方性的非政府機構、就業中心，以及企業辦公室經常有人員進出。

9. **集合住宅與公寓**：由集合住宅與公寓組成的大型住宅建築群隨時都有人出入。

 競爭對手

直接相關的競爭對手可能是提供同類型菜單內容的事業，間接相關的競爭對手則是可能造成影響的其他類型的事業。雖然競爭對手通常被視為是一個挑戰，但是在鄰近地區有競爭的商店也是好事，因為他們也可作為活動匯集點。進行競爭對手分析很重要，因為這將有助於發展出迎戰現有或潛在競爭對手的策略。第一步就是分析競爭對手的類別。這個分析包括認識競爭對手所提供的產品或服務以及他們的優缺點。這可能是利用 SWOT（優點、缺點、機會和威脅）分析的結果。**圖 11.1** 顯示不同類型的競爭對手。這些類型包括：

1. **目標市場區塊的競爭對手**：這類對手以相仿的價格販售有類似特徵和利潤的產品與服務給同一市場區塊的顧客。他們也被稱為品牌競爭者。舉例來說，以近似的價格販售漢堡的店家。它可能是距離你最近的競爭對手。

2. **產品類別的競爭對手**：這類對手的產品或服務類型相同但是產品的特徵、利潤和價格並不相同。就餐飲業而言，可能包括供應食品但是卻有不同服

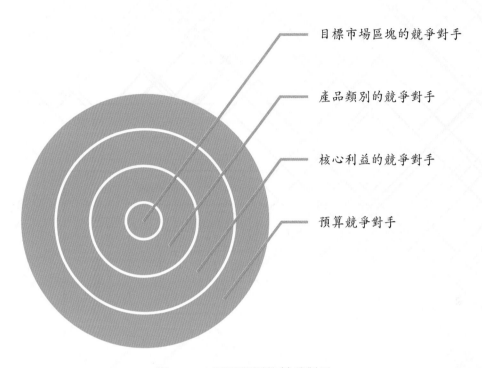

圖 11.1　不同類型的競爭對手

務型態的餐廳，譬如送餐到府或是特別的用餐服務。休閒餐飲市場或許是這類型競爭對手的另一個類別。

3. **核心利益的競爭對手：**這類對手供應不同商品或服務以達到相同目的或是滿足消費者相同的基本需求。這可能包括咖啡館、甜甜圈店，以及冰淇淋店，它們可以滿足類似的顧客需求。

4. **預算競爭對手：**這類對手瓜分經濟資源有限的同一群顧客。在預算有限的情況下，一個顧客或許會傾向從超市買食物回家烹煮而不會上館子。

在評估競爭對手時須研究他們的事業和行銷策略，尋找像是銷售量和市占率這類資料。譬如他們構思和推出新產品或服務的能力、出資研發的能力，以及管理的能力等因素也應該要考慮。

這類資料可從第一手來源篩選出來，譬如執行一項研究。不過這可能是一個非常昂貴的分析方法。另一方面，有幾個第二手來源可提供重要的資料。這些來源包括公開發表的年度報告、專利與商標、商業出版品、專業期刊、供應商、參觀工廠及電子媒體等等。

　　根據四個屬性來選擇位址的檢核表（參閱**表 11.1**）可以用來評估加盟連鎖餐廳的位址特徵。一家餐廳典型的位址平面圖如**圖 11.2** 所示。

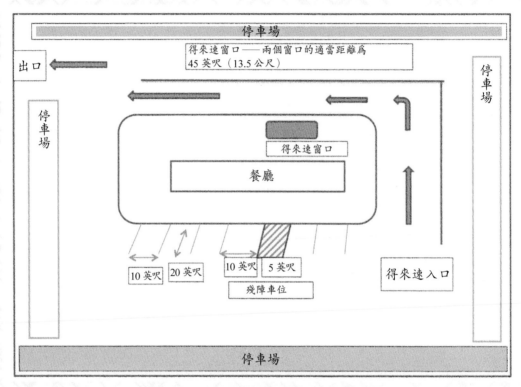

圖 11.2　一家得來速餐廳典型位址的草圖

 餐廳設計

　　在設計一間餐廳時，必須考慮下列重點：

1. 外觀看起來吸引人，並設有該加盟連鎖店的標誌。
2. 室外部分和餐廳入口處必須整齊、乾淨，若加上美術設計更好。
3. 免下車設施必須規劃妥善，不應導致交通堵塞或是危及顧客的安全。
4. 收貨區應該位於遠離大門入口處或是用餐區，最好是顧客看不見的地方。
5. 儲藏區應該整理整齊，並且盡可能接近廚房區。

6. 所有的設備應該按照重要性和每種功能的優先順位來放置。

7. 在裝設和操作設備時必須考量員工安全。

8. 衛生區域和設施必須位於所有員工方便使用的地方。

9. 主色調和次色調必須有效結合，以提供餐廳內明亮、輕鬆的氛圍。

10. 與顧客舒適度相關的室內溫度、聲音、座位，以及氣味程度必須細心規劃。

11. 設計與裝潢必須搭配得宜。規劃餐廳時設定一個主題也是不錯的作法。

室內設計範例（潘娜拉麵包）

潘娜拉麵包的故事要從 1981 年的 Au Bon Pain 有限公司說起，這家公司是由路易士‧肯恩（Louis Kane）和隆恩‧薛奇（Ron Shaich）創立。1993 年，Au Bon Pain 公司買下聖路易麵包公司，並開始經營。後來，Au Bon Pain 將店名改成潘娜拉麵包（Panera 在拉丁文中是「吃麵包時間」之意）。到了 1997 年，潘娜拉成為全美國領導品牌之一。1999 年 5 月，除了潘娜拉麵包外，Au Bon Pain 有限公司所有的營業單位皆售出，這家公司因此更名為潘娜拉麵包。2013 年 12 月，在全美 45 州和加拿大的安大略省共有 1,777 家麵包咖啡坊。這家公司的宗旨是讓麵包店回歸全美國的街坊鄰里中。其目標是與大量生產的速食有所區隔，他們強調自家生產的是新鮮烘焙、無防腐劑的麵包。除了主打烘焙商品外，該公司也強調比傳統的速食餐廳還要高級許多的室內設計，以顯示自己獨樹一格（Steintrager, 2001）。事實上，它就是一間現代版的傳統街坊烘焙坊，飄著新鮮烘焙麵包和甜點的香氣。顧客也可以購買潘娜拉的招牌商品酸麵包外帶回家吃。

潘娜拉將自身打造成一家速食休閒烘焙咖啡坊連鎖店之後，他們又擴增了新的「第二代」店面設計，並開始在加拿大經營加盟連鎖事業。這個升級的裝潢計畫是他們新門市成長的關鍵因素。這個裝潢將餐廳區分成幾個較小的區塊，各有不同的氛圍，並包含較多的隔音建材，以消除在忙碌時段的吵雜聲。所有的潘娜拉餐廳均設有無線網路，如此誘人的環境為他們帶來大量的生意。雖然潘娜拉看起來像是一家給成人用餐的店，但是有小孩的家庭也是常客（Walkup, 2006）。雖然它給餐廳經營者增加了成本，但是這家公司提供高速的無線網路也成了吸引可無線上網的筆電和個人電腦使用者的賣點，他們可以一邊享用烘焙食品和三明治，一邊在便利的環境下工作（Spielberg, 2003）。除了以大地色系為主的色彩配置外，皮沙發和座椅，還有壁爐，提供了一個非常舒適的角落讓客人工作或者只是悠閒地在店裡閱讀。

潘娜拉麵包餐廳的室內設計
（照片由潘娜拉麵包提供）

　　潘娜拉在巴爾的摩市時尚的坎頓（Canton）倉庫區一棟歷史建築裡採用了一個非常特別的設計。這家占地 5,200 平方英呎（約 140 坪）的烘焙咖啡坊位於之前的美國波希米亞啤酒配銷與製瓶總部。在設計上保留了歷史和工業建築，但依然凸顯人們所熟知的潘娜拉麵包品牌元素和標誌。這個創新設計利用開放空間、高聳的天花板、開放式的管道系統，以及暴露在外的磚頭來保留工業建築的原味。這家餐廳於 2008 年 10 月開幕，因為這個位置的起源而變成眾所皆知的「酒瓶屋」。這棟建築物的上部構造特點是 20 英呎高的高聳天花板，其木桁架和磚石牆面均暴露在外。用餐區設置於有高天花板的空間，不過廚房和服務區則設置於非古蹟的區域。雖然有些室內牆面漆上潘娜拉麵包一貫的暖色調，形似加盟連鎖的樣板，然而周邊的牆面仍保留原本外露的磚牆表面。潘娜拉的註冊商標「壁爐」矗立在店內，四周的磚塊依然原封不動暴露在外。它就像是一家融合了歷史風的典型潘娜拉餐廳。店裡仍採用標準的特定燈光設計，不過是從外露的管路和吊架垂掛下來，以維持開放的天花板空間。外露的暖氣、通風、空調設備也讓這家餐廳帶有濃濃的古早味（Field, 2008）。

潘娜拉麵包餐廳的室內設計

（照片由潘娜拉麵包提供）

潘娜拉麵包餐廳的室內設計

（照片由潘娜拉麵包提供）

→ 個案研究

快樂蜂：進軍國際

　　快樂蜂（Jollibee）是一家總部位於在菲律賓的速食連鎖店，事業版圖已經擴展到國際。1975 年，東尼・唐先生（Mr. Tony Tan）和他的家人在奎松市（Cubao）開了一家木蘭（Magnolia）冰淇淋店，這家店後來變成第一家快樂蜂門市。第一家加盟連鎖店在 1979 年開幕。它目前是菲律賓最大的速食連鎖店，在全國開設超過 750 家店。這家店已經成為菲律賓最知名和最受歡迎的品牌之一。該公司開始著手進行積極的國際擴張計畫，包括美國、越南、沙烏地阿拉伯、卡達和汶萊。驅使它擴張的動力也是因為住在世界各地的菲律賓移民社群和僑民想要在鄰近街坊看到家鄉的連鎖餐廳。事實上，對這家連鎖店的批評之一就是它尋找開店的地點都是在大批菲律賓人民聚集的區域。1986 年，它在台灣開了第一家海外店，就在它正式跨足全球市場的一年後，1987 年他們在汶萊也開了一家店。1995 年，快樂蜂在關島、杜拜、阿拉伯聯合大公國、科威特，以及沙烏地阿拉伯也相繼開設了門市。2007 年，快樂蜂在拉斯維加斯市開張，正式踏入美國本土市場。

　　快樂蜂的菜單洋洋灑灑一大串，有各式各樣的口味和種類。它的阿囉哈漢堡別出心裁的在漢堡中夾了一片鳳梨，一推出即大受歡迎。它的成功主要受惠於東南亞地區對速食業的需求日增。

　　由於食物全球化的結果，2008 年快樂蜂成為東南亞最大的速食連鎖店，而且他們積極進軍國際，以減輕國內高漲的農產品價格對其獲利的影響。快樂蜂食品公司在菲律賓是代表性的圖像，在一個熱衷美式速食的國家，他們的銷售額超越麥當勞和百勝餐飲集團的肯德基炸雞（KFC）。快樂蜂在菲律賓約有 1,400 家店，而它在當地最大的對手麥當勞卻只有 280 家店。然而，在 2010 年，菲律賓成為全世界最大的稻米進口國，該年因為歉收、需求增加，以及肥料成本上漲，稻米價格將近全球市場的 3 倍，姑且不論快樂蜂在菲律賓市場的高市占率，由於稻米在快樂蜂許多最受歡迎的品項中（例如炸雞飯）是主要的原料，這使得該公司的虧損加劇。快樂蜂開始放眼海外，思考大約有 100 萬的菲律賓僑民在中東和美國，世世代代的菲律賓移民定居於此。這兩大海外市場都比菲律賓本地更能夠支撐較高的零售價，菲

律賓的人均年收入約為 1,400 美元。另一方面，快樂蜂也減少依賴易受稻米影響的母國菲律賓（Hookway, 2008）。菲律賓速食連鎖店開始供應一半份量的米飯，以此舉協助政府減輕對於該主食的需求，並防止達到 25 年新低的全球稻米存量可能的短缺。快樂蜂的中國速食門市「超群」（Chowking）也設定提供一半份量的米飯，然而在菲律賓有超過 250 家店的麥當勞也考慮將米飯的份量減半。麥當勞和快樂蜂都開始以販售漢堡為主力，但是他們有一些最暢銷的產品都是配飯一起吃的，譬如炸雞、雞排及早餐香腸。10 個菲律賓人有 8 個以米飯為主食，他們早、中、晚餐都要吃米飯（Landingin, 2008）。

　　快樂蜂在美國奮鬥了好長一段時間。它打算在 2015 年時於加拿大的多倫多市開設門市。快樂蜂在海外展店方面顯然速度緩慢，因為它多半侷限在大批菲律賓人聚集的區域。在多倫多的門市開幕後，它希望在加拿大的其他城市也展店，尤其是在大量菲律賓人聚居的地方，譬如溫哥華和溫尼伯。快樂蜂在菲律賓國內採取加盟連鎖模式，但是在北美地區所有的店家都是直營門市（Levinson, 2014）。雖然快樂

位於汶萊的快樂蜂餐廳。

（照片由作者提供）

蜂在菲律賓社區一直都生意興隆,但是要打入主流市場卻非易事,從它有限的成功便知端倪。或許該公司可以改用「逆向離散」(reverse diaspora)的策略(Schumpeter, 2013)。快樂蜂希望在價格、當地產品內容,以及國族認同上跟麥當勞互別苗頭。

快樂蜂食品公司(JFC)以其紅黃相間的大黃蜂圖案著稱,旗下經營了許多家不同品牌的餐廳。該公司有一個叫做「格林威治」(Greenwich)的披薩連鎖餐廳,以及一個叫做「紅絲帶」(Red Ribbon)的烘焙坊連鎖店,還有以中國為主題的「超群」(Chowking)。快樂蜂正在尋找更大的展店機會,打算在新興市場,譬如印度,開設更多家店。雖然快樂蜂在某一段相當短的時間裡經歷了大成功,但是它面臨了許多的挑戰。上漲的食物與燃料成本,消費者的可支配收入減少,還有來自於其他連鎖餐廳的競爭,例如麥當勞,都是快樂蜂在國內以及海外展店計畫中將面臨的一些挑戰(Rarick, Falk, & Barczyk, 2012)。

2011年,當一家快樂蜂餐廳在新澤西州的澤西市開幕時,有一大群的菲律賓人光顧。快樂蜂初登場就讓顧客吃到夢寐以求的家鄉味脆皮炸雞跟甜義大利麵。這家餐廳也是他們社區在澤西市知名度大增的一個象徵,第一位菲律賓籍的市議員就是在這裡宣誓就職的。快樂蜂在紐約州皇后區的伍塞(Woodside)開幕時也經常大排長龍,排隊的隊伍甚至延伸到街角,有許多年輕的用餐者說著菲國的方言。該公司花了兩年的時間規劃位於澤西市的餐廳,花費了100萬美元將一間舊的健身房改建而成。這家連鎖餐廳也計畫在維吉尼亞州的維吉尼亞海灘開設一家分店,成為美國東岸第三家店(Haddon, 2012)。

快樂蜂的門市大多位於市中心,而且他們將目標鎖定在年輕族群和工人。在某些國家,像是越南,他們被定位為在一個有冷氣空調的環境下感覺新潮和放鬆的消費場所。在週末光顧這樣的速食店被認為是一個很棒的家庭聚會活動。以平價供應在地化的菜單有助於打進這類國家。有些消費者因為關心食品標準與衛生,也會尋找國際知名的餐飲連鎖店,因為他們有ISO(國際標準化組織)以及HACCP(危害分析重要管制點)認證(Kok, 2009)。

在經濟不景氣的時期,像快樂蜂這樣以種族為中心的餐廳有特別的吸引力。菲律賓的速食業呈現出一個非常有趣的模式,可以看到西方的市場力量,譬如全球化和新自由主義如何對當地的民眾造成正面的影響。舉例來說,在跨國品牌(麥當勞)與在地的對手品牌(快樂蜂)之間的競爭讓菲律賓人愈來愈意識到文化/政治認同。快樂蜂在菲律賓日益蓬勃發展的速食業中的優勢地位變成國家尊榮的強大來源。創新的菜單項目、積極的行銷,以及巧妙地表達後殖民時代的反抗,全都是快樂蜂在國內市場勝過國外公司的原因,尤其是麥當勞(Matejowsky, 2008)。

結論

　　在國內市場受歡迎的加盟連鎖事業不見得能夠輕易進軍國際市場。就像在本例中所見，即使當快樂蜂在母國凌駕於外國餐廳之上，但是在海外要與同類型的連鎖店競爭卻非常艱難。另外，當一個加盟連鎖事業計劃要擴展版圖時，在品牌中以種族為中心的因素應該要多加考慮。很明顯的，快樂蜂重要的菜單項目原料短缺，譬如稻米，這點有可能削弱企業的獲利或是形成無法克服的挑戰。各式各樣的食物內容應該被規劃在加盟連鎖的概念中，這也有助於獲得競爭優勢，尤其是針對年輕顧客。快樂蜂如何在國際市場擴展值得繼續觀察。

Chapter

12

非傳統加盟連鎖事業

「坦白說，我們認為機場提供了一個通往世界各地的門戶……我想不
到一個比亞特蘭大更好的地方作為起點。」

——IHOP 執行長 Julia Stewart

 前言

　　非傳統加盟連鎖餐廳就是非一般獨立式的餐廳。它們可能是雙車道得來速、雙併或是多家品牌、服務亭、攤位,而且可以與其他的事業結合。因此根據最新的趨勢,非傳統加盟連鎖事業可以被視為是一股潮流。麥當勞、肯德基、哈帝,以及所有其他主要的餐飲加盟連鎖店現在都有若干形式的非傳統加盟連鎖事業。非傳統加盟連鎖事業已經變成許多現有的加盟連鎖事業發展策略最主要的一部分。它們也可以被稱為「特快速」或是「衛星」餐廳,表示快速服務,或者至少是跟原本的店家不同的服務形式。這些門市大多採用縮減版的菜單、非正式的櫃檯服務,員工成本較低,用餐區域和廚房空間有限。它們強調自助式服務的產品和外帶服務。

　　賽百味餐廳的網站上說道:「一個非傳統的地點就是附設在現有的事業或場所的建物上,設置於其中,或者就設立在該地點。大部分的顧客,有時候全部都是來自場地業主現有的顧客群。這些地點可能是半壟斷或是壟斷的市場。有些例子包括在機場裡、便利商店、醫院或是大專院校裡。採用我們彈性的平面配置圖,幾乎任何的地點都能夠變成一家 SUBWAY® 餐廳。我們在全世界許多非傳統的地點設店,包括大學、機場、醫院、便利商店、電影院、旅館、動物園、賭場、博物館、主題樂園及體育場,甚至連教堂也有。」

> 在非傳統加盟連鎖制度中,因為有一個握有相當大權力以及品牌權益的場地業主,還有一個可能也擁有品牌權益的加盟總部,因此關係變得很複雜。

　　在非傳統加盟連鎖制度中,因為有一個握有相當大權力以及品牌權益的場地業主,還有一個可能也擁有品牌權益的加盟總部,因此關係變得很複雜。另外,對於非傳統加盟連鎖制度成長的需求取決於場地業主如何尋找這些加盟連鎖事業。場地業主會尋找在地以及知名的全國品牌,除了考慮客人的需求,還要吸引人潮到他們的地點。此外,與其提供公司內部的產品與服務所發生的成本,以知名品牌取而代之是比較好的做法。這也防止了客人在場地業主的建物以外的地方尋找這些場所,譬如在飯店的同一棟樓裡有一家知名的咖啡店。換言之,這些加盟連鎖事業對客人

而言將被視為是「有附加價值」的營業場所，對場地業主而言，則是可產生額外利潤的金雞母。不僅在飯店的情況下如此，在校園、軍營、醫療院所、運動場皆同。另外一個受惠於非傳統加盟連鎖事業的地點是電影院。他們可以藉由加設餐飲加盟連鎖店在他們的營業場所來增加收入。其他地點則包括賭場、主題樂園觀光景點及辦公大樓。在這些地點提供餐點，包括早餐，為場地業主省下不少要跨足非核心業務的麻煩，那些可能不受歡迎，而且經營起來可能所費不貲。

　　每一個品牌概念都需要一個特定的生存環境，而且這是在尋找主辦場地時應該要考慮的重點之一。那些在校園裡生意很好的門市或許不適合主題樂園。但相反的，如果非傳統加盟連鎖事業在某個特定的場地很成功的話，那麼在類似的場地要展店就很容易了。例如，假若非傳統加盟連鎖事業在某個校園中經營成功，在其他的校園裡要展店就會比較容易。在非傳統加盟連鎖事業裡的關係如**圖 12.1** 所示。與場地業主之間的良好關係有助於非傳統加盟連鎖事業在其他主辦地點進一步的開發。

　　在擴展到非傳統加盟連鎖制度之前應考慮的步驟如**圖 12.2** 所示。謹慎選擇一個主辦場地極為重要。要擁有長期的關係，就應該要有足夠的協同作用。在這種情況下，協同作用是策略性思考、品牌概念的基本原理、所提供的產品或服務的補充，並提供場地業主所無法達成但加盟連鎖事業可以達成的事。他們之間的關係應該是

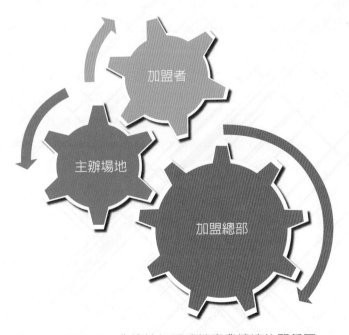

圖 12.1　非傳統加盟連鎖事業情境的關係圖

圖 12.2　在非傳統加盟連鎖制度中應考慮的步驟

加盟總部跟場地業主簽約後，所有的業務就交給場地業主或是加盟者。當然，還是要負責監督品質與品牌形象。應該注意的是，場地業主可能就是加盟者。舉例來說，有些校園裡的餐廳看起來就像是一個加盟者，並且用他們自己的產品來經營該品牌。另一種替代方式是挑選一名足以代表加盟總部的加盟者，經營該門市的業務。在這種情況下，加盟總部應該挑選一名在經營方面表現不錯的現任加盟者，這在一個主辦地點要代表該加盟連鎖事業是非常重要的事，因為客人會去比較品質和一致性。經理人必須有特殊才能，因為除了經營業務之外，他們也必須跟場地業主合作。要轉化傳統業務與非傳統業務之間的差異性需要許多的彈性，如提供的產品、定價結構、空間要求，以及日常的經營都可能大大的不同。

　　在為非傳統加盟連鎖店選擇了正確的加盟者及地點後，接下來應該要考慮品牌概念的修正。即使是相同的場地業主品牌，每一個地點都有可能不同，這點應該要列入考慮。一些常見的修正包括：(1) 營業時間；(2) 設備；(3) 翻桌率；(4) 產品；(5) 流程。在主辦場地的營業時間或許跟一般加盟連鎖店的時間不同。例如在機場裡可能需要深夜或 24 小時營業；同樣的，在辦公室場地的店面營業時間可能就不相同。所需要的設備可能根據可利用的空間而有相當大的差異。多半的情況是可利用的空間會比一般加盟連鎖店所需要的空間小得多。而且根據菜單內容，可能需要特殊的

設備。產品與服務的翻桌率也可能不同。舉例來說，在機場，由於航班時間的緣故，顧客可能會想要快速的整備時間。由於製作和服務的空間有限，因此事情變得更為複雜。產品的修正也可能是必要的。例如，在安養院或是健身俱樂部，可能需要特殊的健康菜單選擇。這需要特殊的庫存管理，而且貯存空間可能也有限。流程修正或許也是必要的。一家加盟連鎖事業既定的流程可能需要修正以符合非傳統的地點的作業。

　　上述所有的修正都需要所有參與經營門市的人員接受特別的訓練。針對場地業主和所挑選的地點必須予以特別的訓練，因為每個場地的條件情況都不同。這個訓練可能需要偏離列在加盟連鎖揭露文件中適用於傳統加盟連鎖事業的內容。必須提供經營手冊並在揭露文件中加上特殊條款，以說明非傳統加盟連鎖事業的需求。場地業主或許也有他們自己的要求，譬如服裝儀容、營業時間、使用廣告、音樂或其他陳列品展示的限制，甚至連招聘員工的規定都有限制。例如醫院或是機場可能對於衛生檢查或是安全檢查會有特殊的要求。

　　最後，當工作開始進行且生意也開始獲利時，假如同一個場地業主有其他相仿的非傳統地點，就應該要考慮進行展店計畫。在某一地點獲得經驗應該對於進一步的展店有幫助。如果這是第一次的經驗，加盟總部可以學習很多，並為非傳統加盟連鎖事業發展他們自己的一套要求條件。獲得的經驗包羅萬象，包括租約協商、付款及分紅。

> 當事業運作順利且生意也開始獲利時，就應該考慮在同一個場地業主其他的地點或是尋找其他相仿的非傳統地點，進行展店計畫。

　　本章將討論一些剛崛起以及正在發展階段的新品牌。非傳統加盟連鎖事業可以被歸類為以下列出的各種類別。

地點

　　非傳統的餐廳地點選擇變得愈來愈普遍，這些主要是在不同地點的簡易型傳統餐廳。地點包括雜貨店、便利商店、公路旁的廉價餐廳、主題樂園、運動場、加油站（服務站）、醫院、學校、大專院校、交通運輸設施、高速公路旅遊服務區、購物中心和零售商場。

　　雙概念係指兩個不同的概念和品牌在同一個地點營運；**多概念**則是指在某一特別的地點有好幾個概念；而**聯合品牌**意指在一個地點同時存在二種以上的品牌。若二種或二種以上的概念有良好的協同作用，則聯合品牌或雙品牌是會成功的。例如兼營早餐和午餐、冷食和熱食、漢堡和墨西哥食物、魚肉和雞肉商品。常見的例子有食物和燃料雙概念，譬如麥當勞與石油公司簽約發展兼營食品與燃料的地點。麥當勞與 Amoco 公司結盟發展的聯合品牌地點遍及美國中西部、東北部、中大西洋沿岸、北部中心地區及東南部各州。之前與 Chevron 公司也有過類似的協議。肯德基與其兄弟品牌塔可鐘則是採雙品牌行銷的方式，銷售額因結盟而提升，因為客戶有更多樣化的選擇。

> 　　若二種或二種以上的概念有良好的協同作用，則聯合品牌或雙品牌是會成功的。例如兼營早餐和午餐、冷食和熱食、漢堡和墨西哥食物、魚肉和雞肉商品。

　　聯合品牌也可以加入其他概念實行。Carlson Hospitality Worldwide 已開辦三品牌複合店，將旗下的 Country Inn & Suites、Italianni's 以及 Country Kitchen 概念齊聚一堂。Del Taco 公司與 Mrs. Winner's Chicken and Biscuits 合作，提供雙品牌的業務。 Blimpie International、Baskin-Robbins 和 Dunkin' Donuts 簽訂聯合品牌測試協議。有幾家漢堡連鎖店正商議與其他企業建立雙品牌合作案，有些則已完成，例如和 Long John Silver's、Lee's Famous Recipe Chicken 和 Captain D's 等公司合作。美國旗星公司（Flagstar）旗下的烤雞名店 El Pollo Loco 和霜淇淋甜點供應連鎖店 Fosters Freeze 建立了雙品牌聯盟。潛艇三明治連鎖店 Blimpie 則與 Uni-Mart 成立聯合品牌。其他大型的加盟連鎖店也朝相同的趨勢發展。

　　這些新的結盟型態是擴大市占率的策略，特別是因為石油公司獨占了最好的地段。這兩大事業的經銷店增加是因為哪裡有消費者就在哪裡設點。這類結盟也會與零售店、便利商店、公路旁的廉價餐廳、教育機構、體育館、機場、醫院及主題公園相結合。

 **餐廳類型**

另一個非傳統餐廳分類法是依照餐廳的類型，例如熟食店、麵包店、快餐亭（kiosk）、攤販式、咖啡館和僅供外送的店家。

咖啡館

極品咖啡館迅速出現在大街小巷。咖啡的需求持續增加。依照這種迅速的發展速度來看，所有的跡象皆顯示在未來幾年內將會有更多的咖啡館出現。咖啡館在各式各樣的餐廳裡提供多種咖啡。舉例來說，Coffee Beanery 的高檔零售咖啡館加盟連鎖店有四種選擇：濃縮咖啡推車、線上商店、快餐亭和店面咖啡館。每個都需要不同的投資等級，菜單的選項也不同，從鬆糕、英式鬆餅到三明治都有。

極品咖啡之所以流行是因為使用特殊的咖啡豆，以及他們用來做出風味咖啡的綜合豆。咖啡豆有二種：羅布斯塔（Robusta）和阿拉比卡（Arabica）。羅布斯塔咖啡豆，一般在雜貨店就能買到，它們生長在低海拔，其濃度、質地和味道都比不上阿拉比卡咖啡豆，這種咖啡豆生長在高海拔，濃度、質地、味道和香氣都較佳。雖然阿拉比卡咖啡豆的口感（滋味）比羅布斯塔更豐富，但是其咖啡因含量卻不到一半。極品咖啡有多種風味。舉例來說，Gloria Jean's Gourmet Coffees 有 75 種極品咖啡。除了咖啡之外，也販售極品進口茶和本地茶、咖啡研磨器、咖啡機和濃縮咖啡機、咖啡器具和茶具、精緻的瓷器和陶器，還有獨家的高級禮品組。他們許多家分店也供應現煮咖啡、濃縮咖啡、以濃縮咖啡為基底的飲料及冰咖啡等。極品咖啡館皆位於車水馬龍的地方，從完整店面、快餐亭到推車各類型都有。優質的極品咖啡 Java Coast 加盟總部與 I Can't Believe It's Yogurt 商店合作，在同一家店裡同時供應冷熱食。

星巴克咖啡公司是首屈一指的精品咖啡零售商和烘豆商，他們宣佈與世界知名的新鮮乳製品製造商「達能」（Danone）達成策略聯盟，共同生產和開發一種健康的優酪乳產品，並經由星巴克和超商管道來銷售。這將有助於達能想在美國擴大優酪乳飲用量的目的，同時也讓星巴克可以提供更多健康的食品給消費者。新系列產品「達能新作，前所未有的新鮮」——知名品牌，帕妮希臘優格即食產品——將由星巴克和達能共同製造，並且只在美國銷售。

椒鹽卷餅

由於消費者對健康食品的意識抬頭，椒鹽卷餅開始流行，尤其是軟椒鹽卷餅。銷售數字持續成長。有好幾種類型的餐廳皆販售低脂商品。例如，Auntie Anne's 最初只是賓州農夫市場裡的一家小店，現在已經是軟椒鹽卷餅連鎖店，而且有超過300 家的加盟店。軟椒鹽卷餅有多種口味，包括原味、大蒜和葡萄乾，還有數種沾醬可以選擇。

貝果

貝果也開始日益受到歡迎，由於健康意識抬頭，它正可滿足市場的需求。在過去幾年裡，每人的貝果消費量大幅增加。貝果種類很多，也可以加入其他食材。舉例來說，Manhattan Bagel 公司供應 18 種紐約式貝果，25 種奶油起司，以及多種三明治和飲料。他們也和 Texaco 加油站、Star Mart 便利商站簽訂聯合品牌協議。爐烤貝果則是 Bruegger's Bagel Bakery 的特色商品。

外帶與外送食物

雖然披薩是最普遍的外送食物，但其他非傳統食物也提供外帶或外送服務。許多餐廳提供預留的停車位給想要外帶食物的客人。Takeout Taxi 的創新概念是將餐廳料理好的餐點送至家中。這種由第三方運送的服務愈來愈受歡迎。

快餐亭

快餐亭使得非傳統地點的調整更加容易。今天許多便利商店和加油站都因為在營業地點增加了快餐亭而獲益。位於高速公路旁、繁忙的十字路口、體育場，以及同質性的其他地點的加油站或便利商店裡或許可以發現一家授權或加盟連鎖的速食店面。愈來愈多的加盟總部在他們的加盟連鎖揭露文件中以較低的費用和限制提供快餐亭或是非傳統地點的選項。

菜單類型

　　非傳統菜單選項也可以當作餐廳分類的另一種方法。例如有些餐廳只提供特色或限量的菜單選項，譬如果汁吧、茶飲咖啡專賣店、冰淇淋與優格專賣店、馬鈴薯吧和素食店。

　　雖然目前還很難明確分類，但是幾年後，隨著業務與菜單內容的發展，將會有清楚的區隔定位。許多的加盟總部都在縮減他們的店面以符合非傳統的地點。精簡版的店面勢必要刪減菜單項目，以及減少需要較多設備、空間或是專門技術人員的項目。在這些地點，服務的速度變得格外重要。以塔可鐘為例，為了在便利商店設點，於是縮減了店面設計。這些店面有些是用「特快速」為名。因此特快速必勝客（Pizza Hut Express）或是特快速塔可鐘（Taco Bell Express）即意指精簡版、較小的店面。

 成長因素

　　在美國，幾乎每一家加油站現在都設有某一型態的餐飲服務，這在十多年前並不常見。從非傳統加盟連鎖店的急速成長不難預測獨立經營餐廳將面臨嚴峻的考驗。因為這種非主流的發展方式通常意味著有合作夥伴，包括前述任何一種營業場地。非傳統連鎖店迅速發展的原因如下：

1. 在非傳統加盟連鎖店的主要構想很簡單。不需要建立一家獨立經營餐廳等著消費者上門，而是將食物送到消費者大量聚集或常去的地方。舉例來說，人們常去大型購物中心，而且大多攜家帶眷。如果能供應容易買到又方便吃喝的食物，那可是大好機會。換言之，那裡本來就有客源。

2. 餐飲業面臨的主要問題之一就是擴大規模時缺乏場地而且所費不貲，尤其是在大城市。許多加盟連鎖店位在精華區，地段昂貴。此外，這些精簡版的店面不需要大坪數，相較於獨立經營的餐廳，容易負擔多了。因此非傳統加盟連鎖事業的成本較低廉。

3. 隨著人口特徵不斷變遷，愈來愈多的人出外旅行或是外出工作，休息時間或午餐時間有限，為了方便起見，顧客大多會在便利的地點購買食物。從另一方面來說，隨著電腦科技的進步，許多大公司讓員工在家工作。這種工作型態助長了就近買現成的食物或外送的需求。

4. 當消費者厭倦吃某種類型的食物時，譬如漢堡，而且正在尋找其他種類或是更健康的選擇時，對於非傳統或是聯合品牌的需求便愈來愈高。最值得注意的是，不同民族的食物以及複合式的菜單。

5. 非傳統加盟連鎖事業快速成長的另一個例子是咖啡現象，精品咖啡就是從這裡開始變得愈來愈風行。這股流行風潮擴展到好幾個大陸，因而促進了這類加盟連鎖事業開設非傳統店面。經營者發現，提供不同種類和口味的咖啡，除了毛利增加之外，店面空間每平方英呎的銷售額也獲得提升。即使知名的加盟連鎖店也都選擇在其傳統和非傳統店面販售咖啡。由於引進不同的沖煮咖啡方法以及相關的產品，因此咖啡的飲用對於設備製造商也產生助益。

非傳統加盟連鎖事業的優點

1. 這類餐廳的建築物較快速簡單，因為是現有的場地。而且比較不會有安全許可、區域性規定、停車場許可證等諸如此類的問題，因為主辦場地已經處理好這些問題了。

2. 如同前文所討論過的，這些場所已經有現成的顧客，他們上門的主要目的可能不是購買食物，例如零售店和加油站。在一些零售店和體育場，許多顧客發現可以就近買到食物，而他們就是可掌握的客源。特別是購物中心，通常是闔家光臨，非傳統加盟連鎖店既有地方能休息又可以順便買東西和吃東西。此外，大型零售店、辦公室和購物中心的員工本身就是現成的客人。建立聯合品牌商店可以為本業帶來更多客戶，特別是和知名的加盟連鎖店合作。舉例來說，設有麥當勞或塔可鐘的加油站可以增加來客數。

3. 因為有主辦單位，因此非傳統加盟連鎖店可以節省許多基本開銷，例如空間、設備、保險和基礎設施。與獨立經營的店家相較之下，這些因素加總起來可節省可觀的開銷。

4. 某些方面的人力也可以共用，亦即主辦企業的員工同時也可以協助餐廳作

業。舉例來說，便利商店的員工可以幫餐廳銷售食物。同樣地，打掃、清理垃圾筒、廁所清潔等都可以共用人力。

5. 安全是非傳統加盟連鎖店重要的有利條件。餐廳周圍都是零售店家，場地明亮，人來人往，不太可能成為犯罪目標。此外，有些購物中心與商店還有攝影機和保全人員／系統，更加安全，而且不需要額外的成本。曾遭遇保全問題的傳統餐廳會覺得非傳統連鎖店的地點有利於發展。

6. 從加盟者的角度來看，非傳統加盟連鎖店的加盟費用便宜許多。此外，期初投資也大幅減少。加盟連鎖總部為了發展這些門市，也會提供各種獎勵計畫給加盟者。有些加盟連鎖總部不收加盟金，而且收取的權利金也比較低，有些則提供其他獎勵以擴展相似的門市。非傳統加盟連鎖店要展店也比較容易。

7. 非傳統加盟連鎖店符合成本效益。因為他們的設備和空間需求有限，因此相關的購買、使用和維護成本是合理的。如果是雙概念模式，這種優勢更是顯著，因為場地和設備可以共用。

8. 更容易取得融資。由於非傳統加盟連鎖店涉及的金額和風險相當低。有些金融機構甚至讓新開張的店家全額貸款。這在獨立經營的餐廳非常少見。

9. 廣告和宣傳費用大幅降低，因為所在位置本來就有顧客群。此外，和主辦單位舉辦聯合促銷活動，可節省大筆的行銷費用。

10. 租賃費用和建造餐廳的費用使得許多有興趣投資餐飲業的人卻步不前。分租空間減少了購買或融資擔保所需的成本。

11. 因為工作人員和營業項目減少，餐廳管理變得容易多了，因此人力和營業成本降低許多。如打掃清潔和垃圾處理都因為費用分攤而減少。在雙概念模式下，共同採購也有助於撙節成本。

12. 可以採用創新的銷售技巧，例如在玻璃櫥窗前展示食物烹調、透過通風口散發食物烘烤的香氣以吸引消費者、提供試吃品給消費者、閃爍的電子訊息、提供特定時段商品折扣，以及使用公共播音裝置播放廣告。

13. 因為許多非傳統加盟連鎖店沒有提供座位，因此購買、清潔和維護成本大幅減少。此外，在某些情況下，餐廳不提供座位，也就不會有相關責任的問題。

14. 可以開發設計外帶食物的特製菜單內容。此舉增加了創新性和創造力，也是許多加盟者在傳統營運中遺失的環節。這些菜單選項可以顯現出在地口味，以滿足希望菜單有些變化的顧客。

15. 停車場、無障礙設施、廁所等對傳統餐廳而言都是主要成本，但是非傳統地點的主辦單位已經處理好，因此無須多支出該筆費用。

16. 如果有個品牌可以讓消費者方便找到他們喜歡的食物，不必僅僅為了買食物就驅車前往，那麼這個品牌就可以贏得消費者的忠誠度。當他們在購物中心或其他商業活動中發現這個品牌的名字，也會自然而然被吸引。

17. 非傳統地點在傳統的途徑之外增加了品牌辨識度。由於目標族群為了各式各樣的理由而前來這個地區，其發展潛力愈來愈大，因此品牌的曝光率也比傳統地點來得更高。

18. 由於地點的緣故，非傳統加盟連鎖店能夠以不同的專業化經營接觸到特定的目標族群。舉例來說，在醫院、教育機構、旅館，以及辦公室設置餐廳，即能鎖定特殊的顧客群。

19. 非傳統加盟連鎖店也為加盟總部提供機會去測試市場概念或是新的菜單內容，而且不需付出大筆的費用。另外，它也可以測試為特定的目標群眾所設計的產品，譬如到健身房或是運動場所、娛樂場所，以及教育場所的客人。因此，不同的人口族群可以用來測試專為這些群體所生產的商品。

20. 最後，非傳統加盟連鎖事業提供一個競爭優勢，即盡早跟主辦企業聯營，即可獲得先進者優勢。

非傳統加盟連鎖事業的缺點

雖然非傳統加盟連鎖店好處多多，但還是有些缺點必須考慮，茲列舉如下：

1. 因為是小規模營運，這些餐廳的菜單選擇有限，因此終究會削減獲利率，所以銷售量必須很大。另外，有限的設備和空間也限制了產出，如果要在短時間內準備大量食物就會是個問題。

2. 大多數非傳統加盟連鎖店都位在車水馬龍的地區。因為空間與人力的限制，服務速度或許不似特快速店面那麼快。結果造成客人大排長龍而感到不耐煩，特別是尖峰時間。另外，大量的人潮也可能造成櫃台和垃圾筒無法及時清理。

3. 因為缺乏足夠的設備、空間和人力，對食物品質可能也會有不良影響。時間／溫度的參數值很難控制，因而對食物品質和安全都有影響。

4. 傳統餐飲業的加盟者面對附近自家體系非傳統加盟連鎖店的不公平競爭，可能會覺得自已居於劣勢。有些加盟者已經經營數年，卻發現對街的運動場或學生中心裡出現較小型的分店，因而瓜分了他們的市占率。有些加盟者因此心生不滿，但是舊的加盟連鎖合約並未含括非傳統加盟連鎖店。有些加油站和便利商店的經營者可能成為新的加盟者，因而使得現有的加盟者更加擔心。換言之，非傳統經銷地點可能吞食同一加盟連鎖體系中傳統餐廳的銷售額。這可能造成加盟總部和加盟者的關係緊張，而且也會讓一些忠誠的加盟者感到灰心。

5. 因為與主辦企業存在共生關係，因此非常依賴其業務狀況。如果人潮消退，餐廳也會跟著遭殃。這個概念是建立在主辦企業有持續的人潮。沒有人會只為了用餐而專程跑到購物中心裡的快餐亭。非傳統加盟連鎖店的業績取決於主體企業生意的好壞。

6. 加盟總部也可能因為合作夥伴而影響其評價，因此加盟連鎖店必須非常小心的選擇地點。形象不佳或業績不好的主辦企業會直接衝擊到餐廳的生意。非傳統加盟連鎖店的概念等於是將自已交付給主辦企業。試想，被油漬、引擎廢氣和吵嘈的汽車修理聲環繞的服務站適合賣甜點嗎？

7. 前述提及非傳統加盟連鎖事業的優點之一是與主辦企業共用人力。然而，這也可能影響食物和服務的品質。有多少人會想要全服務加油站剛幫人加完油的員工為自己端上餐點？誰會喜歡便利商店的收銀員幫自己做墨西哥夾餅。因此，人力共用可能冒著犧牲食物與服務品質的風險。

8. 客戶對加盟連鎖品牌旗下各分店的服務水準有相同的期望，不管是傳統式或非傳統式的場地。任何負面經驗都會影響客戶的期望，如冷掉的漢堡、濕軟的炸玉米餅，不整潔或是得排很長的隊伍。這些觀感可能會持續衝擊，因為客戶不會去區分傳統與非傳統加盟連鎖店有何不同。

9. 以上論及的負面效果可能會快速損害加盟連鎖總部苦心經營的形象。用餐經驗不佳、座位和供應量不足都可能使忠誠的客戶流失。

10. 因為缺少儲藏設備，食物和庫存量短缺的可能性很高。缺貨使得客人無法買到想要的商品，員工也因為工作分身乏術，無法到其他餐廳迅速補貨。

11. 必須小心確認與主辦企業簽訂的契約。租賃費用增加或短期終止合約都可能影響餐廳業績。此外，必須註明相同地點禁止同業進駐。

12. 如果相同地點有超過一家以上的餐廳進駐，不管有沒有名氣，都會使競爭更加激烈。這種狀況會分散顧客群，購物中心的美食廣場和學生中心就是

很好的例子。甚至與主辦企業之間也會有競爭。舉例來說，在某些加油站，飲料也是主要的收入來源。如果餐廳進駐到這些地點，也會互相競爭這類收入來源的菜單選項。

非傳統餐飲加盟連鎖事業實例

1. IHOP（國際鬆餅店）於 2013 年在亞特蘭大開了第一家機場餐廳。IHOP 特快店比一般機場的餐廳還要來得大，有超過 120 個座位，而且每天 24 小時營業。與其他機場餐廳相較之下，它有個不同點就是客人用餐時可以寄放行李。IHOP 是一家來自美國加州的餐廳，他們的早餐項目和鬆餅，以及完整的菜單內容均廣受歡迎。這家新餐廳座落於哈茨菲爾德‧傑克遜亞特蘭大國際機場（Hartsfield-Jackson Atlanta International Airport），這裡也是全世界最繁忙的機場之一。就 IHOP 而言，這確實是一家非傳統的餐廳，因為他們大多數的餐廳皆位於市郊。新餐廳在機場主要的大廳裡占地達 3,000 平方英呎，就在安檢站外面的中央位置，使得這家餐廳可以接觸到每年超過 9,000 萬名來此搭飛機的旅客以及機場內 6 萬名的員工。IHOP 的執行長 Julie Stewart 表示，這是 IHOP 為新餐廳尋找另類地點的大範圍成長策略的一部分，譬如機場或是大學校園。IHOP 的母公司 DineEquity Inc. 也經營蘋果蜂燒烤餐廳（Applebee's Neighborhood Grill and Bar）。DineEquity 在全球 18 個國家擁有超過 3,500 家餐廳。IHOP 供應早、午、晚餐，包括像雞肉鬆餅餐、法國吐司、各式各樣的可麗餅、水果冰沙、燕麥粥、早餐三明治、漢堡、起司三明治與沙拉，以及一些啤酒和紅酒。IHOP 於 1958 年創立，至今在美國及其他國家，例如杜拜、加拿大、瓜地馬拉，以及墨西哥等國擁有共計超過 1,500 家餐廳。第一家 IHOP 特快速店於 2011 年在聖地牙哥開張營業。

2. 其他在亞特蘭大機場供應餐點和購物場所非傳統的合作形式包括：

(1) 亞特蘭大機場的特許經營商 Paradies 於 B 棟大廳開了第一家機場店，店名稱為 11Alive。在其眾多品牌中，這家公司也引進原本開在市區的 Sweet Auburn Market，在新建的 Maynard H. Jackson Jr. 國際航廈也開了一家，並在 E 棟大廳開了第一家 Spanx Inc. 機場店。

(2) 亞特蘭大勇士隊與亞特蘭大的金堡熟食店（Goldberg's Deli）於 2013 年 4 月在 D 棟大廳合作開了一家亞特蘭大勇士隊全明星燒烤店。這家占地 1,500 平方英尺的餐廳是仿照透納球場來設計的。

(3) 一家獲得授權的蘋果代理經銷商 iTravel 在 2012 年 10 月於 B17 登機門 旁開幕。

(4) 亞特蘭大第五集團餐廳將旗下的品牌授權給特許經營商開設四家機場的 新餐廳。當地熱門的餐廳 Ecco 以及 El Taco 的迷你版開設於國際航廈。 在 C 棟大廳則開了第二家 El Taco 和一家叫做 Satchel Bros. Deli 的熟食 店以及 Pickle Bar。

(5) 另外，全球特許經營權公司（Global Concessions Inc.）也在國際航廈開 設了 Jekyll Island Seafood Co. 以及在中庭開了一家 Shane's Rib Shack。

3. 滿洲鑊（Manchu Wok）是中式食物專賣店，從粵菜到川菜都有，他們在 F-2 大廳設有一家餐廳，在其他的非傳統地點，譬如大學和機場也開設了門市。

4. 溫蒂漢堡整體的成長策略因素之一就是非傳統加盟連鎖門市的發展。符合資 格的加盟者可以在特殊的場地開設餐廳，譬如機場、大專院校的校園，高速 公路的休息站、醫院、軍營、辦公大樓及娛樂場所。這些能見度高、人潮 多的地點為顧客提供了方便的管道，而且對加盟者而言，這可能是一個誘 人的投資機會。不同場地的開發商清楚知道網羅溫蒂漢堡加入他們的地點 可提供客人一份不同的菜單，裡頭包含了各式各樣新鮮現做、美味的食物。 溫蒂漢堡的非傳統開發團隊提供支援與經驗給尋求非傳統機會的加盟者，包 括原型餐廳的立面圖和平面圖、廚房設備的設計圖，以及協助撰寫企劃書。

5. 從前述討論可清楚看到，非傳統加盟連鎖事業的發展有大量的機會。不過， 應該要考慮到非傳統加盟連鎖事業可能比傳統的加盟連鎖事業帶來更多獨 特的挑戰。因為有第三方涉及其中，因此增加了餐飲連鎖事業在關係與經 營方面的變數。所面臨的挑戰包括要與一個老字號的企業交涉，有可能是 機構團體，也可能是政府機關。而且情況可能無法預測，並隨著經濟條件 而改變。

表 12.1 列出了非傳統加盟連鎖事業的潛在加盟者應該要考量的問題。

表 12.1　進入非傳統加盟連鎖事業之前須考慮的重點

---

1. 發展非傳統加盟連鎖對於你的加盟連鎖品牌是正確的決定嗎？
2. 非傳統加盟連鎖對於忠實顧客將造成何種影響？
3. 加盟總部能夠同時支援傳統與非傳統的加盟連鎖事業嗎？
4. 讓一家金字招牌的加盟連鎖餐廳以壓縮（密集）的形式出現將營造出何種形象？
5. 就該商號的品質而言，非傳統加盟連鎖事業會予人何種印象？
6. 為非傳統加盟連鎖事業選擇一個業主及地點將營造出何種形象？
7. 加盟者有多看好非傳統加盟連鎖事業的發展？
8. 哪種管道可用來開發和宣傳非傳統加盟連鎖事業呢？
9. 非傳統加盟連鎖事業會與傳統加盟連鎖的店面相互競爭嗎？
10. 店家的業績和財務狀況會影響非傳統加盟連鎖事業的關係與存續嗎？

→ 個案研究

星巴克：非傳統地點

　　第一家星巴克（Starbucks）於 1971 年開幕，當時只是在西雅圖派克市場（Pike Place Market）裡的一間獨立咖啡館。該公司的官網描述：「星巴克從一家窄小的店面起家，它供應了幾種全世界最棒的新鮮烘焙全豆咖啡。取這個名字的靈感是來自於《白鯨記》（*Moby-Dick*），它為品牌注入對於大海以及早期咖啡貿易商航海傳統的傳奇色彩。」1983 年，霍華·休茲（Howard Schultz，星巴克的董事長、總裁兼執行長）到義大利旅行，他對於義式咖啡館和浪漫喝咖啡的經驗深感著迷。他們的使命是「喚醒和培養人文精神——一次一個人、一杯咖啡、一個鄰里。」這個夢想擴展到全球超過 62 個國家 18,000 家以上的門市，在傳統和非傳統的地點提供服務。

　　由於傳統的房地產價格所費不貲，因此一些餐飲加盟總部的開發經理選擇與零售業者、便利超商，以及旅遊中心建立非傳統的合作夥伴關係，因此 2013 年加盟連鎖店大幅成長。沃爾瑪（Walmart）以及其他零售業者，譬如塔吉特（Target）都在他們店裡開設了大型速食業的加盟連鎖門市，譬如麥當勞、賽百味和星巴克（Brandau, 2013b）。

　　從西雅圖發跡的星巴克是西雅圖第二好的品牌，它活躍於各式各樣非傳統的地點，而且也是顧客比較付得起的平價精品咖啡的選擇。523 平方英呎的店面規劃是臨櫃服務但無座位，並提供各種可外帶而且平價的餐飲組合。該公司訓練了大約150 名全職和兼職的員工，為 10 家這類門市同時開幕做準備。其用意是要吸引原本到便利商店和加油站買杯咖啡的消費者。餐點的選擇包括各種以杯子蛋糕和比司吉製作的早餐三明治、包餡起司椒鹽捲餅加薯片，還有美味糕點，譬如焦糖蘋果或是辣味通心粉起司派。這 10 家門市都設在德州的底索托市（DeSoto），並且以平板拖車運送到達拉斯至華茲堡（Dallas-Fort Worth）大都會區內各個不同的地點，包含通勤者的路線、忙碌的十字路口及購物中心（Jennings, 2013a）。

　　除了非傳統的地點外，星巴克所提供的菜單項目也可能是非傳統的。舉例來說，星巴克進入印度，在這個國度，茶是最受歡迎的飲品。然而，在當地一間新的星巴克提供了一個讓消費者可以跟朋友聚會的地方，他們可以邊喝咖啡邊使用免費Wi-Fi。喝咖啡多過喝茶的印度年輕人日益增加。在印度急速增加的咖啡需求驅使跨國公司，例如義大利的 Lavazza SpA、瑞士的雀巢 SA，以及來自美國的星巴克公

位於台灣國立傳統藝術中心的星巴克咖啡館

司在這個以喝茶為傳統的次大陸紛紛開設門市。跟美國每人每年平均飲用 4.1 公斤的咖啡相較之下，估計印度每年的咖啡飲用量每人約 85 公克。而且在印度出門消費已成趨勢，消費者的偏好也有所改變。星巴克於 2013 年 10 月在印度開了第一家店，這是與印度的跨國集團企業塔塔（Tata，總部設於印度孟買）的合資事業。印度眾多的人口意味著即使個人咖啡飲用量只增加一點也可能影響該商品的全球供需（Rai & Nayak, 2013）。

星巴克翻新了在紐約時代廣場區的咖啡館，並加上大型的媒體牆，播放該品牌的臉書、推特和 Instagram 等社群媒體貼文的即時訊息。這面牆從這家高人氣的旗艦店裡面和外面都可以看得見，而且也播放星巴克顧客以時代廣場為主題的紀念照片的貼文。顧客可以用他們的智慧型手機檢索這些照片供個人使用，或者分享到社群媒體網站上。這是一個店家與顧客產生連結，以及讓顧客與其他人連結的創意方法（Liddle, 2012）。

雖然一家非傳統的加盟連鎖店被認為是一個優勢，但是它可能不會對合作的某一方有利。舉例來說，共享空間不會自然而然帶來成功。像位於達拉斯的 PlainsCapital 銀行就不管用。2006 年，他們在某家分行裡開了一家星巴克，就在德州理工大學的對街。這家銀行希望喝咖啡的學生在開了帳戶後會經常上門，但是顯然沒有發揮作用。

許多傳統的零售業者都在規劃店面，以提供消費者一個優質的購物經驗。克羅傑市集（Kroger Marketplace）的規模是一般克羅傑商店的兩倍大，並以星巴克咖啡館和多納多滋披薩（Donato's Pizza）店為號召（Martinez & Kaufman, 2008）。在君悅飯店，管理階層率先決定餐飲服務將會是他們生活品牌的重要成分，並推出 Hyatt Place 連鎖商務旅館，裡面設有星巴克咖啡館提供飲料；到了晚上，它也成為供應紅酒和啤酒的酒吧，同時也供應小吃（DeFranco, 2007）。

其他星巴克非傳統加盟連鎖店的例子包括開在加州的超市 Safeway 裡。在幾個大學校園裡開店是接觸學生的另一個方式，這些學生已培養出高雅的品味，並且會考慮到有質感的餐廳從事社交活動。當評估要讓哪些品牌進駐校園時，大學的餐飲部主任會考慮當地以及區域性的品牌，以及全國知名的商家。在這種情況下，大專院校變成提供餐飲的加盟者，提供給學生們在他們的家鄉耳熟能詳的品牌。星巴克是學生們很開心在校園中可以看見的全國性品牌之一（Blank, 2006）。

結論

在本個案研究中可以明顯看到加盟總部可以從事各種不同型式的非傳統連結。必須要考慮的事實是應該要有共生共存的關係，為加盟總部、加盟者和消費者創造三贏的局面。本研究僅列出一些簡短的例子，但是非傳統連結的選擇其實還有很多。

溝通與公共關係

「美國的商業結構乃由加盟連鎖制度編織而成。這是美國獨特的生意，它提供了一條健全的道路，讓人們去實現美國夢。加盟連鎖制度使得想要經營自己事業的人們實現了擁有自由企業的夢想，他們或許是全家族投入於一家公司，或者是想要提升其生活標準的人們。它讓有商業動機以及創業才能的人有機會投入商業並獲得成功。」

——美國精品國際酒店集團（Choice Hotels International）
總裁兼執行長 Steve Joyce

 前言

所謂**溝通**就是發送訊息者試圖告知、說服,以及提醒接收者某件事物的方法,並預期他們會有直接或間接的反應或是改變。加盟總部持續不斷地與加盟者溝通,反之亦然。另一方面,加盟者不斷與消費者溝通,告知消費者關於他們所提供的產品或服務的訊息。就獲利而言,溝通相當重要。即便有一個架構完善的概念努力讓產品與眾不同,只要未建立有效的溝通方法,那麼花在加盟連鎖事業其他方面的開銷都可能功虧一簣。加盟總部可以藉由溝通與加盟者建立關係,並發展出有效的對話。加盟者利用溝通的方式與消費者接觸,讓他們知道這家加盟連鎖事業提供的產品有哪些。溝通有助於與加盟者、員工、供應商、消費者,以及一般大眾共同發展出品牌形象,

> 隨著科技不斷發展,溝通的性質也產生大幅改變,現在已經可以使用各種不同的溝通方式,這是在過去幾年所意想不到的。

隨著科技不斷發展,溝通的性質也產生大幅改變,現在已經可以使用各種不同的溝通方式,這是在過去幾年意想不到的,包括傳播媒體如何使用以及如何被接收者處理。智慧型手機、寬頻與無線網路,以及若干其他的裝置都使得溝通變得更容易,同時也充滿挑戰。其中一個挑戰就是市場上所產生的雜亂資訊。首先,最重要的就是瞭解溝通的基本概念。**圖 13.1** 顯示了溝通運作的方式及其要素。如圖所示,有效的溝通包含不同的因素。當然,溝通是從發送者送出一則有目的的訊息給接收者開始的。因此有兩個主要的當事人:發送者和接收者;而且有兩個重要的工具:訊息以及用來傳達訊息的媒體。為了加速訊息的傳送,相關的過程包括「編碼」(使用適當的媒體和適當的內容),然後該訊息將由接收者解碼。最重要的元素是反應或意見回饋。有目的的訊息百分之百獲得傳達是很少見的,因為有一些障礙或是「雜訊」會影響訊息的傳送。在餐廳的環境中,有很多的雜訊可能嚴重影響任何有目的的訊息。

有鑒於只有部分的訊息將獲得傳達,因此評估所收到的意見回饋與反應就很重要了。下列步驟有助於發展出有效的溝通。**圖 13.2** 所顯示的步驟說明了加盟總部與加盟者之間的溝通。不過,這些步驟可以用在各種形式有目的性的溝通上。溝通

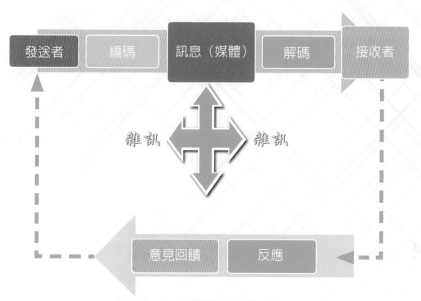

圖 13.1　溝通過程的要素

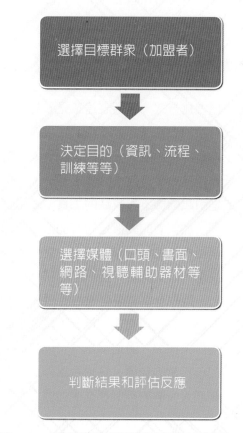

圖 13.2　發展與傳送溝通所包含的步驟

的第一步就是確認目標群眾,就加盟連鎖事業而言,溝通的目標群眾就是加盟者。清楚指明目標群眾,並且勿混淆針對不同族群的訊息是比較理想的做法。切勿使用企業用來跟公司員工、股東,以及其他委員會成員常用的溝通方式與加盟者溝通,因為可能造成資訊混淆或是產生困惑。

一旦選定目標族群之後,就要決定必須完成何種目的。溝通可達成不同的目的,而且發送者心中應該要很清楚必須完成哪個特定的目的。上述所有的面向,無論是加盟總部或加盟者都能採用。在所有的餐旅行業中,在各種情境下,有效的溝通具有幾個重要的功能,茲分述如下。

1. **資訊**:溝通有助於提供組織內部各式各樣的資訊。在一般的餐旅業中,資訊是不斷流通的,因此形成一個複雜的溝通網絡,如加盟總部發送資訊或是更新經營事務、加盟者要求說明、加盟總部提醒繳交權利金、加盟總部回應客訴,以及所有的資訊事務等等。因此對於加盟連鎖系統管理者而言,溝通是無所不在且重要的。不同的媒體被利用來執行這些溝通,從文字到非文字的方式都有。

> **溝通是一種表述方式,包括表達意見、想法、感覺或是情緒。**

2. **表述**:溝通是一種表述方式,包括表達意見、想法、感覺或是情緒。此外,藉由不同的方式有助於表達滿意或不滿。它可能是對一家加盟連鎖門市良好的工作表現給予稱讚,或是因為安全檢查瑕疵或客訴予以關切。它也可以用來徵求關於經營或是其他事務方面的意見。

3. **動機**:溝通可能是引起動機不可或缺的工具。藉由使用有效的溝通方法,可以給予讚揚與認同。加盟者的動機是所有加盟總部所要面對的挑戰之一,而且他們可以利用溝通作為完成目標的工具。此外,譬如清楚的方針、流程、規格要求、目標設定、績效評估、提振團隊精神,以及提供獎勵等面向都能形成組織內的動力。這些全都需要有效的溝通技巧。

4. **控制**:溝通可以作為一家公司有效的控制工具。無論是要控制經營的問題、加強規章制度或是作業標準,溝通都是不可或缺的。利用科技,加盟總部可以瞭解加盟連鎖門市日常的營運。它也可以作為訓練之用及評估有效性。就餐廳門市而言,雖然大多數的控制都是由加盟者來執行,但是加盟總部可以控制管理面向,它能影響整個加盟連鎖體系。

5. **整體管理**：所有的加盟連鎖管理要能夠成功運作非常有賴於有效的溝通。應用管理溝通研究的課程可協助管理者在他們的日常活動中變得更有影響力和更有效率。從問題解決到做出決策，溝通都很重要。許多有好的想法和管理能力的加盟總部無法在餐旅業做出好成績，就是因為他們溝通不良。此外，假如加盟總部或是支援人員缺乏溝通技巧，那麼就會造成誤解和傷害感情。為了獲得成功，加盟總部必須能夠運用外交手腕。這個重要的工作需透過有效的溝通才能達成。溝通在策略執行的每一層面無處不在，而且以一種複雜的方式規劃流程、組織脈絡及實現目標。換言之，有效的溝通是有效執行的基本條件，但是並不保證執行的有效性。

溝通可分成下列幾種形式：(1) 口語溝通；(2) 書面溝通；(3) 非口語溝通。茲分述如下：

1. **口語溝通**：口語溝通很常用於各種加盟連鎖店。口語溝通一般被認為是「自然」或「正常」的溝通模式。口語溝通往往不需花太多時間，而且多數時候被認為是一種有效的溝通方法。然而，各種障礙可能使溝通變得成效不彰。當口語溝通是面對面進行時，好處是可以結合非口語溝通或身體／手勢語言。而且很顯然口語溝通可以克服書面報告所呈現出的一些問題。當：(1) 時間有限；(2) 指示並不複雜；(3) 關於日常例行的作業；(4) 需有快速行動；(5) 平時就經常聯繫的加盟者；(6) 當包含人們常用且熟知的媒介（語言）時，這種溝通非常有效。

2. **書面溝通**：需要額外的技巧與知識。在下列情況中，書面溝通很有用：(1) 記錄要被保留時；(2) 關於政策與程序；(3) 必須傳達複雜的資訊；(4) 加盟者必須擔負責任時；(5) 關於記帳業務；(6) 需接觸更廣大的目標群眾和／或遠距離的溝通時。在任何形式的商業中，主要的書面財務報表均包括資產負債表、收入報表、損益平衡表及現金流量表。

3. **非口語溝通**：有各種不同的形式，譬如身體語言、面部表情、手勢、視覺輔助工具、動作、照片、圖表、卡通、符號、影片，和電影。溝通也會藉由非語言的方式產生，譬如眼神接觸、面部表情、動作、姿勢、辦公室的陳設、服裝，以及其他各種的個人物品。同時，不溝通也是一種溝通方式，例如視而不見或是不對某個人微笑都是漫不經心的訊息傳送。我們很容易就忘了人們總是同時以文字和非語言的方式在溝通。這些非語言的溝通方式經證明非

常有用，而且可以跟其他兩種溝通方式相結合。選擇使用何種溝通方式應該根據需求和可獲得的資源及環境來決定。為了在任何的加盟連鎖事業中都能展現效率，知道使用哪一種溝通方式是溝通者的責任之一。這或許不是加盟總部常用的溝通方法，但是隨著網路視覺溝通的發展，藉由使用 Face Time 或 Skype 或是開線上研討會，非語言的溝通變得愈來愈普遍。

> 當今是電子溝通的時代，網路溝通已經變成日常活動不可或缺的一部分。

 ## 有效的溝通

當今是電子溝通的時代，網路溝通已經變成日常活動不可或缺的一部分。它被大量地使用在個人以及組織的溝通上。網路溝通其中一個主要的問題就是人們被資訊轟炸，有時候因為太過龐雜而導致人們無法消化這些資訊。精準解讀和有效的訊息傳遞取決於信任的關係和共同的背景。科技並不會使得資訊更有用，除非良好的人際關係已經先建立好。換言之，意義是由個人和／或專業關係來決定的。

雖然溝通的技術進步了，而且有各種不同的軟體和硬體，但是在餐旅業的問題中，最常見的相關因素就是關於溝通。另外，過度的溝通或是使用複雜的技術未必能使得溝通有效率。這種缺乏溝通所呈現出的一個理由就是人們並未意識到他們溝通不良。他們認為溝通的問題是因為其他人的缺失，而不是他們的問題。

溝通不良可能導致彼此之間的誤解和反感。加盟總部若被誤解將喪失威信。加盟者會對加盟總部失去信心，而導致雙方產生歧見。這種感受愈多，妨礙有效溝通的阻礙就愈多。當言行一致時，可發揮最大的正面效應。加盟者對於言行一致的感受是建立信任感的關鍵。從業務關係一開始時就應該實行有效的溝通，如此加盟總部就能與其加盟者建立友好關係。「你不會有第二次機會去建立你給人的第一印象」這句話一點也不錯。

有效溝通對於任何組織而言都有好幾個優點。它增進生產力、有助於發展創意、找出問題、導向良好的解決方法、激發新的想法、提升動機，並建立忠誠度和歸屬感。在一個以服務為中心的組織裡，開誠布公的溝通相當重要，因為它是判斷一段關係的有效性最快的方法。除了提供重要的意見反饋外，讓加盟者可以自由公

開地對加盟總部抒發他們所關心的事，那麼與體系成員有效的溝通也能避免花費大筆金額進行法律訴訟。它也能防止第三方介入僱傭關係中。善於傾聽、溝通並且儘早解決問題的加盟總部最有可能獲利，加盟者也比較願意留下，而且也可建立互惠的關係。

 ## 準確溝通的重要性

要做到成功的溝通，傳達清楚、精確無誤的訊息極為重要。因為種種原因，即使是規劃周全的溝通有時也可能非常容易被誤解。應該要注意的是，語言文字本身未必帶有預期的意義，而且對於不同的人具有不同的意義。發送者和接收者兩方應該要相互理解，溝通才能有效。語言是最常使用的溝通方法，但是語言的使用需要對於其最適當的用法有深入的瞭解。任何語言中的文字可能不只有一個涵義。

 ## 有效溝通的障礙

過濾

過濾是為了讓接收者感到滿意而刻意操控溝通的訊息。藉由縮限直接或間接控制傳送訊息的經手人數，便能減少過濾的負面效果。使用安全的電子郵件直接寄送給唯一預定的對象將有助於減少這個問題。另外，將發送的訊息解釋清楚是相當可取的做法。這多半取決於加盟總部的管理風格以及在一家公司裡過濾被容許或認同的程度。由於在加盟連鎖系統中工作的人員具有不同的性質和功能，因此溝通過濾的機會尤為常見。

選擇性認知

選擇性認知係指人們根據他們的興趣、背景、經驗、感覺和態度選擇性地解讀溝通訊息的情況。接收者在解讀訊息時或許也會投射出他們的認知、興趣、觀點、詮釋和／或期待在溝通上。這會造成部分傳送的溝通訊息被不同人根據他們的認知

來解讀。這種情況非常難以避免而且需要密切的監測。有些人根據相關的因素選擇性理解資訊也是有可能的。缺乏與資訊相關的教育或知識也可能形成選擇性認知。

情緒

接收者的情緒對於解讀訊息也會造成影響。心境、快樂、悲傷、拒絕接受等等因素全都可能變成有效溝通的障礙。在這些情況下，理性思考會受到阻礙，而且可能造成扭曲的解讀。在多數情況下，是溝通的人際面向阻礙了有效的訊息傳遞，而不是無法傳遞準確的訊息。假如加盟總部忽略或是未及時修正，可能造成嚴重的後果。情緒也會因為文化差異而改變，以及變得複雜。這是非常難控制的阻礙之一，而且可能對於關係造成莫大的影響。

評價的意向

評價訊息的意圖本身就會成為溝通的障礙。任何出自於發送者的言論常會受到評價，無論是正面或負面。這種評價式的反應在情感和情緒投入太多的情況下會增強。情感愈強烈，溝通愈不可能有效。因此當加盟總部給予指示或是試圖糾正加盟者的作為時，立即的反應就是評估對方身在何處，以及如何根據個人認知做出適當的回應。這將導致溝通不順暢。而且近期的事件對於評估過程也會造成影響。發送者必須謹慎選擇適當的時機發送訊息，並避免重大事件可能對所傳送的訊息造成影響的時間。

資訊超載

假如資訊超過接收者處理能力的範圍，那麼就會產生超載的問題。無論是在週末收到數百封的電子郵件，或是冗長的資訊，都算是**資訊超載**。所有的作業人員，尤其是在餐飲業中，都是在非常緊迫的時間壓力下工作，因此很難找到時間閱讀過長的訊息，或者一次閱讀太多的訊息。資訊超載可能造成選擇性處理、忽略、遺漏、置之不理，或者遺忘溝通訊息的部分或完整內容。管理人員應該要限制溝通的頻率以及內容的多寡，以避免資訊超載。此外，簡單明瞭的資訊將大有幫助。

防衛心理

在面對威脅、責難、究責、偏見或是傲慢的情況下，人們可能會產生**防衛心理**。這可能導致說出嘲諷的話語、帶有批判意味，或是使用言語攻擊。這種防衛心理變成有效溝通的障礙，而且有時可能會造成非預期的負面結果。防衛心理是一種情緒和生理的狀態，當人們覺得受到威脅或是被懲罰時就會產生。自我保護變成阻礙有效溝通的主要機制，它阻擋了訊息和人際關係。而且也可能造成嚴重的後果和關係的緊張。這種情況並不為人所樂見，因此加盟總部應該盡量避免。總部應該要研究加盟連鎖的政策與程序，並且以圓滑的方式採取適當的行動，以避免傷害任何人的情感。

語言與文化

語言與文化對於任何溝通的有效性都會產生重大的影響，無論是口頭或是書面。當推廣海外的加盟連鎖事業或是面對具有不同文化背景的加盟者時，或許也派得上用場。人們說「是」或「否」有各種不同的方式。在某些文化中，水平方向搖頭被認為是表示肯定，但在某些文化中卻是說「不」的意思。在日本文化中握手表示成交。此外，當日本同事說「嗨」時，意思是「是的」，但不見得表示他們同意，它只是表示他們瞭解對方說的話，他們會再考慮。在某些文化中，對某個人說「不」被認為是不禮貌的。有些人可能不會說出他們心裡的想法，於是使得溝通變得困難。訊息在解讀的過程中可能產生大幅的改變。文化和語言可能成為有效溝通的障礙。在僑民工作的國家，特別注意語言問題也很重要。舉例來說，美國的餐旅業中有許多說西班牙文的餐廳老闆，而在中東國家，有成千上萬的餐廳員工來自於南亞和東南亞，教他們說英文可能相當困難，因為他們的工作時數長，不容易找出時間學英文，而且他們的基本教育水準可能不高。語言和文化的障礙在訓練時將更加嚴重。教材與授課必須使用加盟者能夠理解的語言。

支持性溝通

支持性溝通係指在處理手邊問題的同時，亦設法維持溝通者之間正向關係的溝通方式。它有助於強化這段關係，亦有助於在準確和誠實的基礎上發展溝通技巧。支持性溝通所建立的正向關係藉由建立員工與管理人員之間的健全關係而對加盟連

鎖組織有益。這層關係又會轉而正面影響顧客服務，並且可能增加顧客滿意度。此外，它將提高生產力、減少問題，提升產品與服務的品質，減少衝突，並帶來更好的獲利。由於餐廳加盟連鎖事業是在同一個銷售點提供產品與服務，因此採用支持性溝通可望成為巨大的獲利。最重要的是，加盟總部應發展支持性溝通的技巧，如此一來，他們就能每天與加盟者打交道。以下將以實例說明支持性溝通的特徵。

> 支持性溝通係指在處理手邊問題的同時，亦設法維持溝通者之間正向關係的溝通方式。

支持性溝通是以問題為導向，而非以人為導向

餐旅事業是一個以服務為導向的行業，在加盟總部和加盟者之間有許許多多的接觸點。有時候，加盟總部或許未意識到溝通可能對於對方的感受造成負面的影響。改變作法比改變性格來得容易。當人們遭受到人身攻擊時，他們很容易就被激怒，尤其是當加盟者承擔風險投資在該加盟連鎖體系時。盡量用「我們」而不用「你」可以解決許多問題，如此可促進互惠互利的關係。它採用的是問題導向的概念，而且將可避免把焦點放在人的性格上。正面的話語也是如此。「你是我們體系裡最棒的加盟者。」也是以人為導向的陳述。它可能被解讀為浮誇、諷刺，或是有某種隱藏的意涵。「我們很感激你身為加盟者忠誠和努力的表現。」則是一個以問題為導向的陳述。以人為導向的陳述也可能很容易被曲解為是否傳遞了性別偏見或偏好，即使是無意的。因此把焦點放在跟餐廳門市相關的問題或議題上是保險的作法。最適當的用法是把溝通結合標準與期待。「即使天氣狀況不佳，你還是能夠增加餐廳門市的營業額」就是把重點放在問題上，而且指出符合期待。

支持性溝通的基礎是一致性，而非不一致性

一致性係指所溝通的內容，無論是語言和非語言，皆與某個人所想和所感覺的完全相符，然而如果所溝通的內容與實際上所做的事不符合的話，那麼就會產生不一致。餐旅業的加盟總部與加盟者之間的關係建立在一個長期的基礎上，而且是情緒累積的指標。當感覺與情緒經由溝通的形式表達，而且難以隱藏時，這段關係可能就一去不復返了。有時，這種溝通可能會以冷嘲熱諷的形式出現。有些人並未意識到他們的情緒可能會出現在他們的溝通中。溝通的方式、聲音的語調、用字遣詞，以及環境條件全都可能對於聽者造成負面的影響。

　　雖然一致性是指說出來的話與感覺和情緒相符合，但是並不表示溝通就可以惡言相向；相反的，應該要溫和誠實。「我知道你是從哪裡來的」這句話可以依照情境而被認為是誠實或不友善的。它也留下很多遐想和臆測的空間。「當你不客氣地回應我的建議時，我覺得很受傷」是一種以坦白直接的方式表達感受。

支持性溝通是說明而不是評價

　　加盟總部習慣做出評價，因為他們一直在評估加盟連鎖體系的每一個面向。他們評鑑每家餐廳門市的銷售額、權利金等等。這些評價有時可能會變得比較明確，或是在緊要關頭變得更有針對性。「許多顧客都在抱怨你們的服務，而且你們的態度令人反感。」就像在先前的討論中所見，任何的人身攻擊都將造成訊息接收者防衛性的反應。這個人可能為自己的行為設想一個理由或是會說：「你憑什麼這樣批評我？」

　　當雙方處在防衛心理的模式中，有效溝通將被犧牲。評價式的語句要在適合的時機講，它不應該被當作是溝通的方法。在這種溝通障礙的情境下，將危害關係的品質。而且由於評價式的語句非常明確，所以它們對於評價的理由並未提供任何解釋。這就是為什麼必須要運用說明而不是利用評價式溝通的原因。把溝通變成說明的主要原因是要減少接收方防衛的態度。此外，它也提供了一個減少評價式語句負面影響的機會。

支持性溝通是肯定對方的價值而不是否定對方

　　肯定對方的價值係指正在進行中的溝通重視、認可、瞭解和接受對方。相反的，當一個人跟他人比較，但是卻不被認同、支持和重視時，就變成否定對方價值的溝通。由於發送訊息者抱著優越感、驕傲、冷漠或是剛愎自用的態度，就會發生否定對方價值的情況。這個人會否定訊息接收者，認為他們無知、不適任、能力差或是缺乏影響力。這種感覺自然而然就會製造出有效溝通的阻礙。

支持性溝通是特定的（有用的）而不是籠統的（不實用）

　　支持性溝通是專指有用的範圍。這些溝通應該是接收者容易瞭解，而且應該產生有用的行動。加盟總部的意圖應該是要促進適當的行動；此外，假如是要引起加盟者的動機，那麼溝通應該要達到實用的目的。舉例來說，「你不知道如何管理你的餐廳」是一個籠統的陳述，而且不會引起有用的反應。這句話比較像是評價而不

是描述。一般說來，最具傷害性的語句之一是「不是……就是……」的句子：「你最好讓我看到獲利，否則後果自負。」這種語句一點幫助也沒有，而且通常會招致防衛性的反應。「我們可以做哪些事來幫助你管理你的加盟店？」是比較溫和而且有用的語句。應該注意的是，假如可以做些什麼來處理問題，那麼特定的溝通將有所成效。

支持性溝通是連貫的而不是不連貫的

就像「連貫」這個詞的意思一樣，**連貫溝通**是先前溝通的延續。這表示跟先前的溝通有某種連結。溝通中應該會有一致性和流暢性，可藉由連貫溝通產生。它的相反就是不連貫的溝通，不連貫的溝通可能是多個原因所造成。舉例來說，在溝通時被一通電話或是其他人打斷可能會使得整個過程解離。有時候溝通可能沒有結果，而可能造成接收方過度的焦慮和感覺。有些人有「張冠李戴」的習慣，因而使得訊息雜亂無章，並且跟其他不必要的部分混合在一起。為了要達到有效的溝通，在說的話和與主題的關聯性之間必須要有某種連結。從連貫到不連貫的陳述之間的範圍可能從某一句話到所說的話完全不相關。

支持性溝通是爲己所有而不是斷絕關係

發送溝通的加盟總部為了讓溝通有效，應該負責所溝通的內容。一般而言，使用第一人稱，譬如「我」、「我的」是表示與自己相關的語句，然而否認與自己有關的語句可能非常籠統，譬如「大家」、「人們」、「顧客」，以及「其他人」都表示把責任推到他人身上。許多人習慣否認溝通過程與自己有關。或許這麼做是為了明哲保身或是政治正確；然而，這並未顯示這個正在溝通的人會負起責任。舉例來說，「很多顧客覺得他們應該得到最好的服務。」這個陳述並未顯示加盟總部將負責改善服務。

支持性溝通需要傾聽，而不是單向的訊息傳遞

傾聽是支持性溝通的重要成分。只是單向的訊息傳遞，溝通是不可能成功的。就如同在溝通過程中所見，假如聽者未採取行動，那麼這個溝通便是無效。同樣的，反應率端視加盟總部聆聽的程度而定。在某些情況中，加盟總部被訓練成「全神貫注聆聽」，以強調聆聽的需求。許多上述支持性溝通的特徵都是原本就跟聆聽的要素密切相關。更好的關係與反應要靠充分的聆聽才能達成。聆聽的有效性可以用動作來表現，譬如身體語言、微笑、點頭等等。

溝通與資訊科技

　　最常用來溝通的資訊科技包括**網際網路**、網路應用及電子商務。網際網路可以簡單的將其想像成電腦與電腦之間所連結成的網絡。有好幾個資訊和服務的單位散布在網際網路的網絡中。成千上百萬的用戶可以使用在網路網路上所提供的資訊。網際網路可以被用來聯絡顧客或其他相關人士。當通路受限於特定的電腦時，這就是所謂的內部網路。**內部網路**可以被一個組織專門用來進行內部溝通或是針對個人和加盟者。網路應用包括網站，它是資訊提供來源與全球資訊網（www）的使用者之間的平台。這些是非常重要的廣告和促銷的來源。使用網際網路溝通可以帶來不少優點，如**表 13.1** 所示。事實上，餐旅業跟其他的行業一樣，也從資訊科技的使用中獲得莫大的好處。

　　科技也可以被用來評估一大群人的觀點。有一些企業會邀請行政主管參加年度會議，而且他們會利用個人筆電來表達他們所關心的事，然後這就變成進一步討論的依據。而且利用手持的電腦裝置也能夠很容易的收集即時意見調查的結果，然後製表、分析，並且呈現在眾人面前。

跨文化溝通

　　隨著全球競爭日益劇烈，假如加盟總部現在已經國際化或者意圖國際化，那麼

表 13.1　在餐旅業的溝通中使用科技的好處

優點	範例
溝通便利	在短時間內接觸一大群人
根據市場變化快速反應	與加盟者、顧客、員工，以及其他的客戶溝通
提升服務品質	提供高效率的服務，並回應加盟者的需求
提高生產力	利用資訊科技有效溝通
好控制	利用設定好的規則和規定
接收資訊	在營業地點進行資訊交流
獲取及評估意見反饋	從多方來源獲得意見反饋

建立穩固的跨文化關係勢在必行。這些關係適用於擁有來自世界各地不同文化的加盟者和管理人員、組織間的夥伴以及顧客的加盟總部。為了有效管理這些關係，加盟總部必須設法瞭解和改善全球的**跨文化溝通**。當試圖與具有獨特的民族和組織文化的各種夥伴溝通時，跨文化溝通的複雜性有賴加盟總部去瞭解全球關係的性質以及複雜性的程度。在全球快速成長的麥當勞公司必須與不同文化背景的加盟者、員工、合作夥伴、供應商和顧客溝通。任何企業的成功取決於它是否能善用跨文化溝通技巧來溝通。在跨文化溝通中若無法有效溝通——無論是跟加盟者或是組織間的夥伴——都可能阻礙關係的發展，因而縮減獲利和競爭力。全球性的跨文化溝通過程會受到許多因素的影響，譬如動機因素、當地的風俗習慣及文化的相容性等。

> 快速崛起的市場，譬如在大多數人口稠密的國家，像是中國和印度，加上世界各地人口的遷移，使得全球溝通在服務業中不僅深具價值，同時也是一項挑戰。

快速崛起的市場，譬如在大多數人口稠密的國家，像是中國和印度，加上世界各地人口的遷移，使得全球溝通在服務業中不僅深具價值，同時也是一項挑戰。在這些新興市場之間的文化與社會距離更加凸顯健全溝通連結的需要。在這些市場中所遭遇到的問題是由許多原因所造成，包括快速擴張的人口、人均所得偏低、加速的都市化、經濟不穩定、政治不穩定，以及陳舊／低度發展的基礎建設。全球擴張的原因可以總結如下：

1. 事業擴張，譬如麥當勞和肯德基餐廳隨著需求快速增加，在世界不同的地區展店。事業擴張可能是因為在某個目標市場區域的需求或飽和狀態所致。
2. 相對廉價的勞動力市場以及較低的生產與服務成本。
3. 不侷限在世界的某個地區，以減少做生意的風險。
4. 運用在某些國家現有的技術和專業知識。另外，容易找到受過訓練或是可以被訓練的人員。
5. 藉由擴張或是最早進軍海外市場以確保競爭優勢。
6. 介紹關於產品與服務的餐廳新概念。

跨文化溝通的連結可能發生在三個不同的層級上：(1) 組織內部的關係；(2) 組織與組織間的關係；(3) 組織對顧客的關係。

組織內部的關係

組織內部的關係是處理與組織內部的議題相關的溝通，譬如加盟總部對加盟者。因為加盟者可能會面對感覺上或實際上在他們自己與加盟總部之間的文化差距，因此透過溝通發展出連結關係是很重要的。這種內部關係發展對於事業的成功不可或缺。

所使用的溝通策略應該適用於特定國家和文化並且相關聯。這個層級的溝通重點應該放在消除文化隔閡、發展信任，並且徵詢希望獲得的承諾。此外，還有發展機密性與團隊合作的需求。在加盟連鎖餐旅業中，機密性相當重要，因為有若干商業面向必須被控制在經營的範圍內。在獲得基本的溝通需求之後，應該將心力轉向資訊交換、數據、技術轉移，以及商業秘訣的整體轉移。藉由雙方之間有效的溝通，許許多多的問題皆可避免。經由直接與加盟者溝通，或者透過加盟者顧問委員會（FAC）或是獨立的加盟者協會，即可達成此目的。除了讓日常營運更順暢，當加盟者基於其需求與觀點影響加盟者而受惠的同時，溝通也能幫助加盟總部從營運商加盟者的經驗中獲益。如果應用得宜，這將會是一個雙贏的局面。它也有助於做出有效的決策，而且最重要的是，有助於根據加盟者所做的意見反饋來設計產品與服務。

加盟者的服務經歷在任何一種溝通裡也很重要。這些經歷是跟加盟連鎖事業總部裡的人或是部門接觸的經驗。這些內部的顧客理應得到特別的重視，因為整體的滿意度取決於每一次的經歷。影響這些經歷的因素包括服務提供者的專業素養、可靠性、認真負責及溝通技巧。加盟總部另一個間接認可這些加盟者的方式就是擴大獎賞。獎賞與認可不僅可當作動機工具，而且也是一個讓加盟者知道一個組織對他們的賞識有多少的方法。

組織與組織間的關係

這類關係是處理組織與組織間的外部關係，譬如在配銷通路中的成員之間的關係。舉例來說，加盟總部必須跟不同產品與服務的供應商和承辦商打交道。這些成員可能在一個國家或者他們可能在不同國家。這表示溝通將會更複雜。一家海外的餐廳可能必須獲得來自供應商、廣告公司、財務公司、環保團體、法律機構，以及製造商的服務。面對這些成員，需要溝通技巧，而且可能在每個地方會有很大的差異。溝通的有效性會影響可信度的觀感。很顯然，餐旅業的供應商若展現出清楚和

直接的溝通，以及願意傾聽買方的需求，他們將被認為比對手更值得信賴。有了有效的溝通和高度的信任，買方就會覺得他們是坦率和開誠布公的，即使他們並不同意。因此這類關係的發展應該是任何有效溝通的主要目標。

組織對顧客的關係

在任何一個服務組織中，這種關係至為重要。這包含了加盟總部與個人或團體顧客之間的關係。就服務行銷而言，這個類型的關係對於發展出一個平台來說明所提供的產品價值和服務品質方面很重要。例如，這可能包括加盟總部直接與顧客溝通，譬如提供直接的促銷和廣告宣傳。另一個發展顧客關係的方法就是跟加盟總部之間有一個直接、暢通的溝通管道，譬如提出關於一個加盟連鎖事業的意見。這可能包括在聯絡點利用不同類型的溝通與顧客交流，譬如透過每一家加盟連鎖門市，在菜單上提供營養標籤以及顧客會想知道的其他相關資訊。

危機溝通

危機是一個重大事件，它對於一個組織、公司或產業，以及它的公眾、產品、服務或品牌形象會產生潛在負面的結果。危機是實際影響一個系統的完整性和威脅其存在的混亂局面。危機是一個重大、無法預期的事件，而且會產生潛在負面結果。這是一個可能性低但是影響力大的事件，它威脅組織的存活，而且特點是因果關係模糊不清。

餐飲事業可能遭遇許多危機，譬如意外、火災、污染、漏水、裁員、收購、黑函、併購、縮小規模、恐怖攻擊、搶劫，以及故意破壞。就如同一般管理功能的其他面向一樣，在任何類型的危機中，事情會突然劇烈變化。在危機時期，加盟總部應該要有完善的準則與加盟者、員工、供應商、技術人員、承包商、公用事業公司、維修人員、顧客、一般大眾，以及媒體進行溝通。

加盟總部／加盟者的溝通技巧以及道德標準在危機期間即會展現，而且可獲得的溝通資源在危機期間可能無法發揮作用或是取得。舉例來說，手機、電話、電力、機器，以及其他的小型裝置可能因為過度使用、蓄意破壞、毀損或是火災而無法使用。這對於加盟總部和加盟者的創意思考將會形成一種挑戰。危機的主要影響可能是立即的，但是次級影響可能是長期的。顧客服務需求、中斷的運送服務、受損的基礎建設、無法上班的員工、交通運輸故障——這些全都可能對於溝通產生影響。

加盟者、員工以及顧客全部優先處理

在極度危機時期，內部的溝通須優先處理。處理公眾、家庭以及員工的溝通應該是任何應變計畫中一個重要和不可或缺的成分。在任何其他的建設性行動進行之前，必須考慮加盟者的士氣以及以下建議步驟：(1) 獲得第一手資料，而且所有負責的相關人員應該盡早到達現場；(2) 謹慎選擇溝通管道；(3) 專注在事業上；(4) 已經有腹案；(5) 從危機中學習。

當必須採取防衛行動時，處理過程要盡量專業。有時候，採取先發制人的行動並控制到臨的危機是必要的。在這種情況下，所採取的行動應該要鎖定在有效處理危機的可能性上。有時候為所採取的行為辯護也是必要的，尤其是在危機潛藏的情況下。在大多數的危機中，損害控制變得非常必要。這些行動全都需要有效和適時的溝通。在危機溝通期間，組織的代表應掌控局勢。將重點放在工作上不僅有助於讓生產持續進行，而且也建立了在危機期間迫切需要的人際關係。

所有的危機都是在無預警的情況下來臨，而且許多公司都明瞭應變計畫以及災後復元計畫的重要性。為了執行這些計畫，準備好一個溝通計畫，而且有不同的溝通方式是必須的。在危機期間建立一個穩固的基礎，並強調公司的價值非常有幫助。公司的信條或是經營宗旨應該包括關於危機處理的內容。對加盟總部而言，與加盟者溝通並且獲得他們的支持是成功處理危機情況的關鍵因素（**表 13.2**）。

表 13.2　在危機情況下的行動與溝通

策略行動	溝通目標
責任	以明確、簡潔、提供事證和合乎道德倫理的方式拒絕或接受責任。時間至關重要。
防衛	澄清謠言；更正錯誤消息；提供證明／證據。
攻擊	先發制人的行動；準確；切入核心的行動；簡潔；避免衝突、嚴屬的言詞或是對立；採取有節制的行動。
辯護	提出適當的理由；明確簡潔；適時捍衛你的員工。
損害控制	將實際或察覺到的傷害減至最小；解釋矯正的措施；詳盡說明預防行動；補救損害。
未來計畫	根據從危機中所學到的經驗擬定計畫和預防行動；與所有相關的人士和媒體溝通。

公共關係

從加盟者和加盟總部兩方的觀點來看，**公共關係**非常重要。這些關係與溝通所討論的內容並不相同。**公眾**係指對於加盟總部達到目標的能力有實際或潛在興趣或是影響力的任何團體。這些目標可能包括發展和維持品牌形象、領域擴張，以及在一個社區或是地區造成流行。因此，公共關係包括各式各樣的活動和計畫，目的是提升或保護一個加盟連鎖事業有關於產品、服務和經營管理的形象。在公共關係中，有些活動包括發布新聞稿以及媒體關係、遊說及社區參與。

公共關係可能也聚焦在行銷活動以及建立社區關係上。當大宗廣告效果不佳，而且品牌資訊必須引起一般大眾的注意時，行銷公共關係會變得更有效率。行銷公共關係超出一般的廣告與宣傳，並包含下列一個以上的特點：

1. 發布新產品的新概念。
2. 重新定位現有的產品。
3. 瞄準特殊的目標族群。
4. 展現競爭優勢。
5. 建立消費者的興趣。
6. 為公司或加盟連鎖事業的缺點辯護。
7. 建立公司形象。
8. 發展社區關係。

發布新聞稿及媒體關係

這是相當重要的公共關係活動。由於有愈來愈多的媒體管道可以接觸到消費者，因此發展健全的媒體關係勢在必行。大多數大型的加盟總部確實經常會舉辦關於重大活動、菜單變更、管理階層異動、股利發放，以及幾乎每一項重大成就的新聞稿發布。跟自我宣傳相較之下，第三方對於活動的評估和報導會產生重要的影響力。新聞資料袋和媒體資料袋是一項重要的工具，應該備妥，在需要時隨時可取用。這個資料袋應包括一張簡要資料表，上面印有加盟連鎖事業的所有聯絡資料、聯絡人的姓名及網址。

所有其他的媒體來源，包括平面媒體、社區報紙、廣播媒體，以及社交媒體都應該被列入考慮。與媒體建立一個健全的關係是很重要的。在發展、維持和回應媒體時，有一些要點列述如下。

1. 養成讀新聞和看新聞的習慣。觀察商業環境因素對你的事業所造成的影響。

2. 歡迎記者，不管是大或小的媒體公司。不要拒絕採訪。在適當的時候邀請記者蒞臨。

3. 每一件事都可能被斷章取義，所以要謹慎使用最適當的文字，並提供確實的資訊。

4. 勿承攬不屬於自己職務範圍內過度的責任或是邀功。

5. 準備一張簡要資料表發給媒體。要確定上面是最新的資料。

6. 當難堪的事件被媒體公諸於世時，要準備好事證。無須針鋒相對，但是可以提出合理且正確的辯護。要合乎道德規範並承認錯誤。

7. 尊重媒體人士的時間表和條件，因為他們從事的工作時間緊湊、列印空間有限，資源也有限。

8. 在回應社群媒體時要具備耐性和體諒。在閱讀顧客評語時，別讓自己情緒失控。

9. 保持專注，並避免行話。盡量使用一般人可以容易理解的語言。

10. 勿以負面言詞攻擊你的競爭對手或個人。

遊說

這部分涉及到與政府和立法人士打交道，以推動可能影響加盟連鎖系統立法的觀點。它可能需要避開或減低任何可能造成削弱原定的目標和獲利的立法，譬如最低薪資要求或是營養成分標示。有時候在遊說行動中加入專業組織將富有成效。

社區參與

社區參與是加盟連鎖組織想要成功不可或缺的一個要素。實際的社區參與應該出自公司的宗旨與目標。社區參與一次又一次地證明它對於建立品牌和公司形象以及加盟連鎖事業的接受度很有幫助。一個帶有無私動機的創造性方法可帶來相當大的利益。企業應該謹慎選擇符合社區居民利益的方案與活動。藉由社區參與建立正面的形象和忠實的顧客證實比廣告與宣傳來得更有效。社區參與的優點包括：

1. 在社區中建立商譽並吸引顧客。

2. 幫助正在支持公益的事業以及社區發展方案的組織。

3. 擴大勢力範圍，並名正言順進行領域擴張。

4. 增加有限的廣告和宣傳預算的價值。

5. 營造成社區和週邊商圈的一份子。

6. 協助非營利組織，此舉有助於建立品牌形象。

在投入社區活動之前，加盟總部和／或加盟者應該考慮的重點有：

1. 活動對於該社區合適嗎？社區是否會全力支持？

2. 社區對於此活動的認同程度如何？

3. 哪些因素對於當地的事業以及社區內的競爭對手會造成影響？

4. 這些活動將對現有的事業造成不當的競爭嗎？

5. 接受幫助的組織在社區內是結構良好而且獲得認同的嗎？

6. 社區領袖同意該活動，而且會幫忙宣傳嗎？

7. 規劃的活動對社區而言很重要而且是必須優先考慮的嗎？

8. 這些活動有沒有可能使得你的顧客兩極分化？

以下列出一些獨特的社區參與和支持性活動的實例。

1. 潘娜拉麵包公司在一段特定的時間裡在他們的 48 家麵包咖啡坊推出「隨意付」（pay-what-you-can）火雞辣豆醬餐。火雞辣豆醬是裝在一個麵包碗裡，然後放在隨意付的檯面上。零售價為 5.89 美元，顧客可以在現金櫃檯付更多或更少的錢。他們在測試如果這種宣傳放在較大的市場中會有什麼樣的結果。目的是要看看它能否有效率的餵飽需要的人。這種「共同責任餐」的測試跟潘娜拉麵包基金會在麻州的波士頓、伊利諾州的芝加哥、密蘇里州的克萊頓、密西根州的第爾本，以及奧勒岡州的波特蘭所設立的 5 家潘娜拉愛心咖啡坊不同，這五家店完全是靠捐款在經營。在測試活動期間，大約賣出了 15,000 個火雞辣豆醬麵包碗，據報導非常成功。

2. 「兒童幸福生活」（Kids LiveWell）是一個由美國餐廳協會贊助的兒童營養行動計畫，目的是協助父母親在全家外出用餐時為他們的子女做出更好、更健康的選擇，該計畫在 2011 年 7 月展開。這個計畫的創始會員有 19 家餐飲公司，到了 2013 年 7 月已增至 135 家餐廳。該計畫包括在兒童菜單上提供更多選擇給孩子，而且證明有愈來愈多的顧客群對健康食物感興趣，亦即產業與其消費者站在同一陣線。該計畫的目的是要對抗肥胖的問題，以及處理教育和體適能的議題。這個計劃獲得家樂氏、卡夫食品、雅比漢堡

（Arby's）、紅辣椒燒烤啤酒屋、溫蒂漢堡、冰雪皇后、紅羅賓美味漢堡，以及 Moe's 西南燒烤等公司的支持。在「兒童幸福生活」計畫中的會員提供和提升健康的兒童餐，內容包含更多的水果和蔬菜、精益蛋白質、全穀物及低脂乳品，同時限用不健康的脂肪、醣類和鈉鹽，而且依然讓菜單項目美味可口且吸引兒童。美國西斯科配銷公司（Sysco Corp.）是另一個合作夥伴，他們共同擬定符合計畫準則的菜單項目，並且配銷至全美國的獨立餐廳。

→ 個案研究

班尼根餐廳：重生與成長

　　班尼根餐廳（Bennigan's）的執行長曼賈梅萊先生（Mr. Mangiamele）表示：「重生、品牌再造、復甦，隨便你怎麼說，能夠撐到中年的強力品牌無可避免地要面臨一段必須徹底改革的時期。」這句話千真萬確，而且正好應用在這家休閒餐廳新典範的復甦上。

　　1976 年，許多有才幹的加盟者和高層主管，包括公司的象徵性人物諾曼・布林克（Norman Brinker）共同慶祝第一家班尼根餐廳開幕，並且秉持最大的誠信建立一個品牌。在 1980 年代初期，班尼根就已經在美國成為新型態的中階休閒餐飲加盟連鎖事業。大都會傳媒集團（Metromedia）的休閒餐飲品牌都有悠久的歷史，班尼根餐廳創始於 1976 年，而 Ale 牛排館（Steak and Ale）則創立於 1966 年。許多餐飲服務業的主管跟上述的一家或兩家連鎖店合作開始他們的事業。

　　約莫過了 20 年之後，班尼根餐廳管理階層無法跟上時代，該餐廳品牌概念未能與時俱進，而導致營業額下滑，來客數也減少。班尼根餐廳一直跟不上時代，於是宣告破產，門市也一家家關閉。雖然加盟總部聲請「直接破產」，並且要關閉旗下的班尼根餐廳和 Ale 牛排館，但這家 30 年品牌的加盟者誓言要堅守下去。大都會傳媒集團關閉了大約 200 家餐廳，不過仍然有 138 間加盟連鎖的班尼根餐廳仍在營業中。當許多人在經濟不景氣時經歷營業額節節下滑，有些人推測在此時減少供過於求的餐館將有助於產業的供需平衡。

　　根據 Frumkin（2008）的說法，「餐廳通常不只是部分的總和。許多的餐廳經驗跟一個人生活的事件或階段緊密相關，而且再次造訪一個特別的地方可以很快地喚起記憶，就跟一首歌或是一部電影一樣——或許在最後關頭，我們會發現班尼根餐廳適合生存——只是變成不同的化身。」班尼根餐廳在忠實顧客心中是一個傳統，有著悠久的歷史以及許多的回憶。帶有回憶的品牌並不容易消失，而且他們的遺風將會留存很長一段時間。

　　班尼根餐廳加盟連鎖公司（Bennigan's Franchising Co.）在 2008 年取得班尼根的品牌，進行若干改造以重振班尼根的傳統。轉型包括了菜單最佳化，並提高營運標準重新擦亮原來的招牌。加盟者開始著手翻新計畫，並且在國內外開設新餐廳。主要的目標是與加盟者共同重新定位該品牌，並利用能夠創造營業額以及門市獲利的地點。在某些情況下，加盟連鎖的合約和租賃合約都過期失效了。這家公司開設了採用新裝潢設計的餐廳，一家在阿肯色州的費耶特維爾市（Fayetteville），另一家在德州的伍德蘭市（Woodlands）。較新的 5,200 平方英呎的餐廳大約有 180 個座位，包括吧台，還有另外 30 個座位在露台。班尼根餐廳引進一個新的招牌愛爾蘭咖啡，剛好符合它的愛爾蘭主題。值得注意的是，他們把重點放在訊息溝通上，例如他們把每日特餐寫在一個特製的手持黑板上以獨特有趣的方式拿給客人看。愛爾蘭的好客呈現在經營的各個層面，從服務到收拾餐桌。有一名顧客服務協調員專門在用餐區為客人服務，因此更增進了顧客經驗和建立忠實顧客群。

　　另一項創新則是在非傳統的地點開設一個叫做「極速班尼根」（Bennigan's On the Fly）的休閒速食新選擇。除了 2013 年在美國開了幾家新餐廳外，該公司也在杜拜、賽普勒斯的拉納卡（Larnaca），以及墨西哥的維拉克魯斯（Veracruz）開設加盟連鎖海外店（Ruggless, 2013）。新的維拉克魯斯店可以眺望大海，並且融合了許多的新班尼根餐廳原型設計元素。

　　2013 年，有 20 家正在發展階段的餐廳加入美國國內 34 家以及海外 48 家餐廳的行列。公司現在的作法是給加盟者許多可改編的想法以配合硬體條件。最新的藍本有一個現代的外觀和感覺，建立了新一代的班尼根餐廳，但同時也保留了其歷史與傳統。由主廚推薦的經典食譜和新菜單項目也加入了創新的原料（Mangiamele, 2013）。2007 年時，大都會傳媒餐飲集團計劃開設一家以運動為主題的門市，這是班尼根運動餐廳的延伸。加盟者非常興奮，將它視為成長的潛力。公司打算以現有的地點來改造，雖說是品牌名稱的延伸，但卻是完全改頭換面。從菜單、制服到建築物都被規劃成加盟連鎖和直營店成長的工具。重點放在吧台和運動，它將自己定

位為酒館和愛爾蘭傳統。它的目的是吸引較年輕的族群，而且比較偏向是看運動比賽的場所（Ruggless, 2007）。

　　班尼根餐廳加盟連鎖公司在印度達成交易，設立新據點。它與位於佛羅里達州奧蘭多市的蘇利餐旅國際（Suri Hospitality International）簽訂一份主開發合約，將在印度設立 50 家門市，第一家餐廳在孟買開幕營業。這份開發合約包括該品牌傳統的休閒餐廳形式以及非傳統的休閒速食型態「極速班尼根」。目前「極速班尼根」共有 45 家海外店和 30 家國內店。在南韓也有類似的門市。在佛羅里達州的帕納瑪市（Panama City）有一名加盟者以餐車的形式來經營，主要是服務附近的陸軍基地，這是他們非傳統地點的另一新創意。

結論

　　正如同我們在班尼根餐廳的案例中所見，加盟連鎖制度有獨特的能力在世界不同的地方建立品牌忠誠度。另外，一個老字號的品牌也可能恢復活力，並禁得起不利的影響，甚至是破產。創新、重新定位，以及更改品牌概念都是抵擋不可預期的環境必要的措施。我們應該要瞭解，忠實的顧客在情感上依附某些品牌，而加盟連鎖店應該在任何未預期的轉換跑道時要將其顧客納入考慮。

國際性加盟連鎖

「阿拜克餐廳一直以來都努力秉持一個目標：在一個乾淨和吸引人的環境，以值回票價的價格提供高品質的雞肉與海鮮，並且以快速親切的服務給我們一代接一代的忠實顧客。今天，我很自豪地說現在已經有超過 50 間的阿拜克餐廳，而且我們承諾只要哪裡的顧客需要我們，我們就會繼續擴張。」

—— 阿拜克餐廳董事長 Ihsan AbuGhazalah

 前言

在國際市場上的加盟連鎖體系正快速地擴展，尤其是餐飲加盟連鎖業在近年來有驚人的成長。美國餐飲加盟連鎖店現在幾乎遍布於全世界每個角落。

美國身為該制度的先驅，繼續領導全球的餐飲加盟連鎖業，目前已經有超過200家全球營運的餐飲服務公司。在餐廳產業中，快速服務這一領域是國外市場成長最迅速的一部分。麥當勞誇口說他們在全世界平均每4小時就有一家新餐廳開幕。他們試圖在競爭者建立穩固地位之前就獨霸市場。他們聲稱大多數的成長仍然來自既有的市場，尤其是擁有大多數餐廳的六大市場：日本、加拿大、德國、英國、澳洲和法國。據報導，超值餐在上述以及其他已成熟的市場助長了麥當勞的銷售量，其中有一些市場銷售的超值餐比在美國銷售的比例更高。

美國企業最快速和最成功的擴張之一可以說就是餐飲加盟連鎖。

有些加盟連鎖企業正計畫在美國以外的海外市場建立更多的門市。營利公式加盟連鎖是目前用在國際餐廳市場的擴張中最常見的加盟連鎖類型。美國企業最快速和最成功的擴張之一可以說就是餐飲加盟連鎖。因為這個原因，本章的討論將著重在美國的加盟連鎖餐廳產業，不過所討論的大多數因素都是放諸四海皆準。許多進入國外市場的加盟總部在美國已經非常成功，而且也具備在國際加盟連鎖事業中成功所需的專業知識。雖然有些人將拓展國際市場歸因於國內市場飽和，不過還有許多其他的理由吸引美國的加盟連鎖餐廳進入國外市場。美國餐廳海外加盟者明顯增加的原因之一就是他們所提供的產品和服務的標準品質。多數加盟連鎖的產品與服務皆以此作為主要的賣點。

對於國際性加盟連鎖事業在國外市場的成長有利的顯著趨勢包括：(1) 當地人口的教育水準提升；(2) 科技進步、促進旅遊、跨文化合作，以及快速傳播資訊；(3) 接觸不同的食物，譬如年輕人願意嘗試新產品和非傳統類型的食物；(4) 偏鄉地區的快速發展、高速公路的建設、運輸方式的進步，以及整體的企業發展；(5) 經濟繁榮，家庭可支配所得增加；(6) 職業婦女以及雙薪家庭的數量增加，(7) 由於上述某個因素或更多因素而使得便利性愈形重要；(8) 外帶或送餐到府的服務日益普及。

國際擴展的相關因素

拓展市場

　　國際市場提供了餐飲加盟連鎖事業拓展的新領域。增加的人口（在某些國家是各色人種）和可支配收入的增加，創造了一個業已拓展的市場。根據人口增加的規模，加盟連鎖餐廳的市場規模和潛在需求，在其他地區比在美國還要來得大。諸如中國、韓國、馬來西亞、印度和印尼等國家的人口結構即快速改變。

　　海外人口的經濟狀況已好轉。由於原料和成品的出口日增，因此人們擁有較多的經濟資源。在許多國家，未開發的人口成長以及工業擴張正在同時發生。這種榮景造成許多人想要藉由開餐廳來致富。一家股票公開上市公司的股東價值會隨著它在國際市場的參與而增加。如果國內市場已經飽和，進入國際市場可能是個不錯的主意。假如一家餐飲加盟連鎖已經聲譽卓著，而且其商業模式在美國運作得非常好，那麼就值得在國際市場上也嘗試看看。如果成功，那麼將有助於增加這家餐飲公司的總收入與淨利潤。事實上，有些餐飲加盟連鎖店在海外門市的獲益比國內市場還要高。在母國經濟困難的時期，加盟總部可以從國際市場中經濟影響較不嚴重的國家所開設的門市獲益。

可口可樂和百事可樂將當地餐廳的標誌附加在瓶身上的實例。

（照片由阿拜克餐廳提供）

　　沒有其他國家像美國一樣有如此悠久傳統和成功的加盟連鎖門市模式。當其他國家採用這個經證實有用的模式，他們就會從創新中受益。這為美國國內外的加盟連鎖企業提供了競爭優勢。在一個國家經營成功的品牌也會激勵其他國家投入加盟連鎖事業。

經濟和人口統計的趨勢

　　有助於國外市場餐飲加盟連鎖業增加的經濟和人口統計趨勢包括了下列因素：

1. 全世界當地人口教育水準的提升促進了對於不同文化、食物、傳統、地理位置等等的認識。教育發展的提升也擴大了技術與技能。
2. 科技的進步使得電腦、電子設備以及其他的設施廣泛使用。這種進步也加速了觀光與旅遊，讓大家更認識不同的國家以及接觸不同類型加盟連鎖事業的機會。
3. 年輕一代愈來愈有意願嘗試新的產品和非傳統類型的食物。拜科技發展之賜，青少年知道有各種類型的食物，而他們也比較容易去嘗試這些食物。
4. 偏鄉地區的快速發展以及在都市和工業區人口的集中使得外食人口增加。這也間接造成加盟連鎖餐廳的發展。
5. 隨著經濟的發展，家庭的可支配收入也跟著增加。這種增加的消費力有助於加盟連鎖餐廳的成長。
6. 隨著全世界的工業發展，有相當大量的婦女進入職場。雙薪家庭的增加也使得許多人的午餐和晚餐選擇在外解決。
7. 由於上述許多的因素，因此便利性益顯重要。加盟連鎖餐廳提供了現今的消費者所需要的便利性。科技的進步將電腦和影片帶進家家戶戶，因此增加了下班後對家的眷戀；它也進而促進人們吃現成的食物和／或外送的餐點。

　　這也是外帶或外送菜單項目風行的原因。

　　這些因素就是加盟連鎖事業在美國發展的原因，現在相同的現象在全世界的場域中都可看見。

> 商務旅遊或觀光旅遊的增加，讓來自於其他國家的遊客正面接觸了成功且快速發展的美國餐飲加盟連鎖產業。

觀光旅遊的增加

商務旅遊或觀光旅遊的增加，讓來自於其他國家的遊客正面接觸了成功且快速發展的美國餐飲加盟連鎖產業。外國旅客不僅接觸到速食業以及其食物產品，同時激勵了外國商人有興趣來投資餐飲加盟連鎖事業。

產品及服務的品質

美國餐廳加盟者以其提供的產品及服務品質著稱，在許多國家都備受好評，而且被當作是加盟連鎖產品的賣點。事實上，許多人覺得到一間美式體系的加盟連鎖餐館用餐，比到其他不確定安全標準或是食物品質的餐廳要來得安全。跟一些其他國家所供應的類似食物產品相較之下，美國加盟連鎖餐廳所提供的食物品質比較標準化，因此美式食物愈來愈受到歡迎。

就許多國家而言，他們對於美式加盟連鎖餐廳的需求，比我們所想像的還要大。雖然可能不是所有的國家都一樣。有許多美國的加盟連鎖餐廳在海外的營業額比美國的任一門市都來得大。有一些營業額最大的美國速食餐廳加盟者是在海外。這將隨著國際加盟連鎖事業的成長而增加。有一個很好的例子是海外對於漢堡、炸雞、披薩、百事可樂及可口可樂的需求。有許多產品在美國以外的地方比較沒沒無聞。另一個是日本的例子，過去在日本沒有人知道義大利辣香腸這項商品，然而現在它卻是最受歡迎的一項產品。對於任何食物品項的接受度有很大部分有賴於經常接觸並經過相當長時間口味的發展。一旦發展出口味，而且該產品也被接受，它可能會變成熱門商品。許多在美國受歡迎的菜單品項在海外可能要花點時間才能夠被接受。在全世界總是會有一些人口族群可能無法欣然接受或甚至永遠無法接受某些產品。因此，餐廳加盟總部必須仔細規劃他們的策略以及在世界上的目標市場，確保當地的人們可能接受、熟悉他們的菜單內容並且變得受歡迎。

美國餐廳加盟者擁有受到許多人喜愛的標準和標誌。在某些國家，到源自於美國的加盟連鎖餐廳用餐被認為是一種身分地位的象徵。舉例來說，在台灣，年輕人覺得在美式連鎖餐廳用餐是一項特別的社交活動。由美式加盟連鎖餐廳設定的安全及品質標準，提供了產品及服務一致性的品質。最重要的是，它是一個安全用餐的環境。再者，漢堡和薯條被認為是西方經驗，而且已經成為美國文化的象徵。人們可以預期有標準化的產品、快速服務、燈光明亮以及冷氣開放的用餐區域，還有

乾淨的洗手間，這些都跟加盟連鎖餐廳息息相關。遵循品質、服務、價值和清潔（QVSC）所展現出來的品質標準是他們接受美式餐廳的主要原因。這些品質標準在許多國家都被廣為宣傳。例如在台灣，業者即大力推廣並向消費者說明 QVSC 的觀念。另外，為了建立消費者信心，麥當勞會向顧客徵求問題，然後以大字報將回覆張貼在餐廳裡櫃檯附近的布告欄上。美國加盟者所設定的品質和安全標準使得他們的產品和服務品質一致，而且最重要的是，安全無虞。

> 年輕人似乎較有意願嚐試新穎和非傳統的食物。

年輕人似乎較有意願嚐試新穎和非傳統的食物。現今，美式加盟連鎖餐廳所提供的食物較以前更能為人們所接受，尤其是全球的新新人類。有趣的是，相對於美國國內，關於速食的營養問題在其他國家未必適用，因為在這些地方，營養不良是主要的問題，而不是營養過剩。

美國加盟者的擴張並非沒有爭議。有些人主張這種擴張是利用在地的料理、當地的企業以及民族文化來牟利。不過，有鑑於美國加盟連鎖餐廳的菜單內容大受歡迎，而使得這種批評的論點有點缺乏說服力。

科技的進步

科技的進步有助於管理技術的發展，並使得加盟連鎖系統更易於在世界各地實行。同時，科技的進步亦導致愈來愈多的人口朝都市和工業區移動，因而導致對便利食物需求的增加。電腦、影片以及其他電子產品也在創造人類歷史上空前的需求。

網路科技亦增加了一個有助於許多活動的互動式電腦環境。麥當勞開發了「麥克家庭」的軟體，這是一個友善、線上的互動式公司環境，親子可以共同探索。該程式內容包括趣味活動以及有關親職的資訊。它被認為是與他們的消費者交流和建立穩固關係的絕佳方法。外食、得來速或訂購外送餐的概念愈來愈普遍。加盟連鎖餐廳亦設計成符合這些概念，因此在全世界許多地方也適用。

企業管理

許多國家均借用美國經營生意的模式，而加盟連鎖在其中扮演了一個重要的角色。美國的創業家精神以及在美國經濟體中占了數百億美元的速食產業吸引了國外的創業者試圖在他們自己的國家複製該模式。在計畫國際擴張時，有些重要的因素

要考慮，包括確保在國外市場可以比較容易取得而且以較低的成本獲得人力資源、原料和產品。要達到收支平衡或是要抵消可能的損失所需要的銷售量可能比預期的要來得小。諸如廣告、訓練的成本均相對地較低。因此可增進獲利能力。

　　此時必須提出一個小忠告：上述的正面因素可能在某些國家剛好相反。以東京為例，高昂的開辦成本、土地使用成本、人力成本及食物成本，都可能使得獲利延緩，甚至無法獲利。在印尼、印度或是菲律賓，找員工可能很容易，但是一般人民平均可支配所得卻可能低到無法買得起美式餐飲。因此，需要研發人員小心地平衡正面與負面的因素。雖然找到這個平衡點可能很困難，但是並非不可能，而且值得努力。由餐飲加盟連鎖店及其設計目的所提供的產品在美國已成功經過測試，因此推廣至其他國家合情合理。

　　隨著許多國家科技的進步，教育水準的提高和經濟成長，有愈來愈多管理導向的企業家在加盟連鎖餐廳的經營與管理方面頗具成功的潛力。多媒體的教學工具、出版品、網際網路以及各項電腦化的課程均可有效的被用在管理訓練上。

　　國際貿易和金融收支在近幾年有大幅的改變。這些改變使得美元投資於國外市場，或是在某些情況下其他國家投資於美國，均獲利可觀。貨幣價值的波動一直是投資者最關心的事，而且無論在國內和國外的投資決策上也占有舉足輕重的地位。舉例來說，許多國家所面臨的財政危機影響了很多美國的加盟總部海外擴張或是進入市場的計畫。

政治氛圍

　　東歐集團日趨開放，以及東南亞國家的政治變化使得當地人們對於加盟連鎖餐廳感到新奇，因此那裡的加盟連鎖餐廳成長潛力也很驚人。這種政治變化如果有利而且維持長久，那麼將可提供過去未知的機會。一個加盟總部在一個尚未有其他競爭對手的地方生意興隆的機會非常大，而且應該會被所有正在考慮國際擴張的加盟總部開發到最大。

　　當麥當勞成為蘇聯集團第一家開幕的速食連鎖餐廳，人們要排三小時的隊，才能品嚐到美式漢堡！類似的情景之後在其他國家也可見到。除了麥當勞和肯德基之外，必勝客（Pizza Hut）和 31 冰淇淋（Baskin-Robbins）等店也都已經進駐新市場。隨著許多國家政治氣候的轉變，創造了對於美式加盟連鎖事業有利的環境。一個國家的政治穩定有益於商業。全世界不同地方政治體系的改變造就了國際舞台的重大變化。

政治與地理上的改變，就如同歐盟（European Union）的形成所見證的，有助於商品、服務、人員、資本自由移動、採購和配銷功能的集中、人力資源的聚合，及統一的章程、規格、規定等。這些改變全都對於未來考慮擴張或已經規劃中的加盟連鎖事業產生深遠的影響。

國際性加盟連鎖事業須考量的因素

國際性加盟連鎖事業的重要性與潛力不容小覷。但是，在進入國外市場之前，必須事前先考慮下列因素。以下我們將一一討論這些因素，並以特定地區現有的加盟者為例加以說明。

政治環境和法律的考量

在計劃進入任何國外市場之前，應徹底研究當地政治的穩定性和法律規定。對於加盟連鎖事業或某一特定加盟連鎖企業有利的政府可能會被一個不友善的政府所取代。要評估穩定性或許不容易，但是過去的歷史及政治環境或許是不錯的指標。除了不利的政治情勢之外，有些國家有法律限制，這些可能使得美國的加盟連鎖事業不易運作。

國外政府可能會設下規定，造成加盟連鎖事業在某一城市或地區難以發展。舉例來說，法國政府為了保護法國餐廳傳統的裝潢和氣氛，於是獨創了一個有歷史背景的類別。譬如它會限制速食餐廳一般常使用的明亮燈光及氛圍。因此，契約的內容和條款必須載明，以作為加盟者退出或調適不利情況的依據。

和政治環境相關的就是一國的貨幣限制。假如複雜的官僚體制涉入其中或者錢不易匯出國外，那麼加盟總部可能陷入不利的情況中。倘若幣值變動明顯，也可能會影響營運的獲利情況。對於加盟連鎖事業有相當影響的世界貨幣包括歐元、英鎊及日幣。中國貨幣在世界的金融圈也愈來愈具有重要性。這些貨幣的波動將影響國外投資的獲利與虧損。麥當勞即採用當地貨幣購買商品與服務、以當地貨幣融資，以及減少外國勢力主導的現金流所造成的損失等等，以減少短期的現金曝險。

反之，有些國家則提供誘因給國外投資者並給予特殊考量。這些資訊或許可至大使館中的貿易代表團處或是各個國家的顧問辦事處獲得。加盟總部應該釐清在一個特定國家做生意當地相關的稅制及關稅。

　　進口法規在加盟連鎖餐廳也扮演了重要的角色。許多國家都有限制商品進口的規定，如此可確保國內食品安全，以免含有某種原料或添加物的產品輸入國內。舉例來說，當「國際冰雪皇后公司」想要在韓國設立一家餐廳，韓國政府即提供給該公司一份可進口的產品清單。但是當他們嘗試進口聖代的配料時，該公司發現他們無法進口任何含有防腐劑的食材。這類問題就易腐壞的產品而言相當麻煩。因此尋找替代商品或是設法修改配方成為棘手的問題，同時也引發難題。

　　因為餐廳與房地產有連帶關係，因此不動產的法規對於加盟連鎖事業也會產生重大的影響。在有些國家，並未保護或賠償因為個人或政府的決策所造成的不動產損失。而且，有時候某些行動連解釋或理由都沒有。這種不確定性是許多加盟總部猶豫不決的主要原因。另外，各國的租賃合約也不相同。在此種情況下，加盟連鎖的續約也變得充滿不確定性。在某些國家，譬如越南，人們無法獲得房地產的所有權，所有的房地產皆為政府持有。這類法規在許多國家都很普遍。此外，也可能會有來自當地政府和市政府的問題與差異，因而對於放在加盟連鎖餐廳上的投資形成風險。據報導，肯德基在印度就面臨了當地衛生官員和市政府的刁難，他們強加限制，甚至強迫餐廳關閉。根據當地的報紙報導，有一家餐廳門市被發現有兩隻蒼蠅，因此導致它關門大吉。不過，其他的門市卻被指控產品中含有致癌的化學物質，而同時關閉。這些行動背後都隱藏著政治目的，當地政府有時會使用不講理的手段。

　　有些國家設有必須由國外投資來填補的配額，這也應該要列入考慮。在文書作業的過程中，可能會徵收額外的費用，而且有些國家可能會設限或是禁運來自其他國家的特定產品。所有相關的文書作業都應該要徹底檢查。政治經濟情勢穩定的開發中國家是美國餐廳加盟者理想的考慮對象。政治與經濟的穩定性很重要，因為匯率的波動以及匯款的可行性對於任何一家跨國的加盟連鎖事業的成功都有相當大的影響。有時候必須設想一些富有創意的解決方式或替代方案來克服這些困境。

　　在國際加盟連鎖事業中，政治扮演了重要的角色，而被稱為「連坐入罪」的現象也必須加以考慮。無論一個加盟連鎖事業對於某特定國家的經濟重要性為何，美國的加盟者總是被視為等同於美國。無論加盟者是不是該國當地人民都一樣，均有可能會發生加盟連鎖餐廳成為政府或一般大眾攻擊目標的事件。這種情況曾經發生在中國、貝魯特，以及尼加拉瓜的美國餐廳加盟者身上，因此生意必須終止。在過去，肯德基在北京的兩家店不得不暫時關閉，其中一家位於天安門廣場，基於保障員工的安全而關門。在台灣的麥當勞曾發生炸彈恐嚇事件，還有為數不少的餐廳在政治動盪的時期遭遇到問題。在國外，很難購得涵蓋這類風險的保險。

語言、文化和傳統

一個加盟連鎖系統能否在國外經營成功,語言扮演了重要的角色。能熟悉當國所使用的語言至為關鍵,原因有三:(1) 與加盟者有效溝通,並且完整轉移加盟連鎖系統的原理、策略和運作;(2) 為員工和管理階層設計與執行成功的訓練計畫;(3) 為加盟者提供經營的細節以及設計經營手冊給加盟者使用。

> **一個加盟連鎖系統能否在國外經營成功,語言扮演了重要的角色。**

語言障礙有時會對於擴張造成很大的遏止作用。有時候在翻譯時會產生溝通不良的情況。就連某些商標名稱的發音也會變成麻煩或是無意義。譬如,在阿拉伯語中沒有「p」的音,所以「Pepsi」(百事可樂)就會被唸成「bebsi」,而「Popeye's」(卜派炸雞)則被唸成「bobeyes」。但是這還沒有字義或語意被誤解來得令人難堪。據說當百事可樂將廣告標語「跟百事一起生龍活虎」("Come alive with Pepsi")翻譯成德文,結果變成「跟百事一起從墳墓裡爬出來」。在中國,同一句標語變成「百事讓你的祖先死而復生」。當肯德基把「吮指美味」("Finger lickin' good")翻譯成中文後竟然變成了「把手指啃掉」。這個問題不只出現在美國以外的地方,甚至同樣是講英語的國家,用詞也有不同的含意。一些富有人情味且通用英語的國家,譬如英國、澳洲、香港、馬來西亞、印度及新加坡,則沒有這類的問題。

然而,語言不應該是一個完全的障礙,在一些非英語系國家,例如日本、台灣、美式加盟連鎖事業也經營得相當成功。舉例來說,除了美國國內的麥當勞漢堡大學之外,在 1971 年,東京亦成立了麥當勞大學;1975 年,慕尼黑也跟進;1982年,倫敦亦成立該所學校。在不同國家的漢堡大學裡的訓練課程內容與美國本部皆相同,但是也會隨著每個國家個別的需求和文化差異進行調整。

在美國可以被接受且極受歡迎的產品,在其他國家裡不見得能夠容易被接受。1985 年,當達美樂披薩進軍日本時,該公司發現日文中沒有「義大利辣腸」的對應字,而且日本人也沒有吃過義大利辣腸。直到教會日本人製作這項產品,達美樂才進口義大利辣腸。在超過十年後,義大利辣腸披薩成為達美樂日本門市銷售第一名的商品。

在許多國家,很難進口在該國原本就可取得的產品或是原料。譬如在南韓,無法進口義大利辣腸,因為政府不允許豬肉產品進口。同樣的,在許多國家,包括歐

盟在內，要進口穀類食物並不容易，因為它們含有高糖成分以及使用人口添加劑。在某個國家被認為無關緊要的某些加盟連鎖元素，在其他的國家可能會是極大的絆腳石。舉例說明，有些商號和商標在另一個語言裡可能帶有不雅或是不可被接受的意義。

　　文化以及飲食習慣對於食物的選擇及偏好具有很大的影響。某些國家對於某些食物，諸如豬肉及豬肉產品、牛肉，甚至是酒精飲料，是不予接受的。其他的動物產品或是特定原料的組合在其他國家或許無法被接受。以馬來西亞為例，當地的美國加盟連鎖餐廳都會在菜單和櫃檯加上告示，說明所有的肉類產品都是按照伊斯蘭教律法屠宰的牲畜，這在該區域的各國以及中東國家是很重要的考量。禁食豬肉產品會造成早餐菜單設計內容選擇方面的問題。因此，在美國風行的早餐品項，到了其他國家未必也能獲利。不同國家的用餐時間差異性也很大。在許多國家，外出用早餐並非是一項常事。有時候店名會跟某些地區的信仰產生牴觸。當 AFC（美國人最愛炸雞公司）想要在諸如台灣和沙烏地阿拉伯等國家註冊「教堂」的商標時，卻遭到當地政府駁回，原因是名稱帶有宗教意涵。因此，在這些國家，教堂炸雞改用「德州炸雞」的名稱。

　　各國的飲食風格也有明顯的不同。為數不少的人們並不喜歡用手取代刀叉，大口大口地拿著三明治咬！這就是為什麼在某些國家常見到人們用刀子切開漢堡或披薩，然後用叉子叉起來吃。有意進軍國際的加盟總部均應瞭解並且研究各種飲食習慣及文化規範，這些對於一間餐廳的事業成功與否具有極重大的影響。

菜單項目及服務

　　在不同的國家不僅要挑選菜單項目，而且也應考慮任一項目的差異變化。口感會隨不同的人口族群而有差異。舉例來說，肯德基在台灣和馬來西亞販賣的炸雞，就比美國境內的口味要來得辛辣。在墨西哥和南美洲國家，買炸雞會隨附辣椒醬。這些調整的目的是要讓產品更適合當地居民的味蕾。

　　菜單選擇很重要，因為在美國受歡迎的食物不見得在其他國家也是。有些品項，譬如熱狗、椒鹽捲餅，以及烤馬鈴薯對於許多外國人而言是新奇的東西。事實上，在葡萄牙和一些其他歐洲國家的本國語中甚至沒有「爆米花」的對應字。

　　在許多國家，雞肉漢堡是最受歡迎的商品。有趣的是，在某些國家，加盟連鎖餐廳努力去吸引同時熱愛漢堡和雞肉的消費群。在許多亞太國家，肯德基炸雞也賣漢堡；麥當勞店亦販賣炸雞。然而在許多國家，沙拉的銷售並不如在美國那樣受歡

迎。在不同國家，菜單項目是否受歡迎跟飲食習慣有非常密切的關連。在環太平洋地區，鮮魚和魚肉產品方便取得而且很普遍，因此冷凍魚肉產品或許不會太受歡迎。在菜單上做一些修改或是增加可能是必要的。譬如在馬來西亞的麥當勞，在漢堡中放入一種當地普遍使用的肉乾，並且在飲料單上增加甘蔗汁的品項。在這裡必須考慮在菜單中加入在美國未提供的熱帶果汁及配料。

在印度，麥當勞供應素食漢堡，因為大多數的人們因為宗教因素不吃牛肉。在許多國家，雞肉比牛肉更受歡迎。在日本，米漢堡大受歡迎。在台灣，麥當勞以飲料杯供應熱湯，並且把大杯濃湯當作可以跟菜單品項一起購買的促銷商品組合；除了湯品之外，麥當勞在菜單上也加入了照燒漢堡。德州炸雞的特殊菜單品項則包括有鮮蝦三明治、雞湯、玉米巧達濃湯、優酪乳、派餅和玉米布丁酥。台灣的必勝客供應各式各樣的披薩口味，包括海鮮、義大利、海陸雙拼、鮪魚、蔬食、燻雞、蘑菇、墨西哥及鮮蝦鳳梨。在必勝客餐廳裡擺設美觀的新鮮沙拉吧是額外的賣點。

食物受歡迎程度的重要因素之一，即針對某一特殊產品發展出愛好。在美國，漢堡很流行，但在許多國家，人們對於漢堡可能一無所知。在中東國家，雞肉是用烤的；在某些亞洲和遠東國家，雞肉會混合咖哩粉一起使用。油炸和裹粉酥炸的雞肉或許需要時間才能發展出愛好。在美國，逐步發展出對披薩的愛好說明了要完全接受一項新產品是需要時間的。在日本，許多的美式菜單項目也是一樣。因此，餐廳加盟總部應該鎖定世界上在合理的時間內很有可能讓他們的產品被接受或受歡迎的地區。在許多國家，很常見到年輕世代在速食餐廳用餐。不過，這種趨勢正在快速改變，許多年長者也開始光顧這些餐廳，尤其是當他們帶著幼童外出用餐時。

就不同國家而言，服務也有顯著的不同。在不習慣外食的國家，外帶和外送系統或許能被接受。有些國家習慣使用瓷器和銀製餐具，而不喜歡用紙製或保麗龍產品。同時，在某些國家消費者用餐完後會將餐盤和髒盤子留在餐桌上，之後才由服務生清理，甚至在速食餐廳也一樣。在美國以外的國家，消費者偏愛美式速食餐廳，乃因其標榜乾淨和舒適，譬如有空調設備，而且因為美國餐廳本身的新鮮感就能吸引許多的青少年消費者。商業倫理、禮節及習慣會因國家而異，從菜單設計到服務都應該要將其列入考慮；這些層面對於一個加盟連鎖事業的成功不可或缺。

文化差異對於哪些產品可以被銷售以及人們偏好哪些服務具有影響力。舉例來說，在中東和遠東的許多國家，人們不在外面吃早餐，而且吃的也不是美國流行的食物。因此，供應早餐或是在早餐時間開店營業就不適合。例如在泰國，人們在早上習慣喝湯，其他亞洲國家的早餐則包含了精緻的食物，包括米飯、咖哩和水果。

偏好的服務類型也會受到一國文化規範的影響。在沙烏地阿拉伯，女性與男性外出時不能隨意在餐廳用餐，這種情況非常罕見。在餐廳裡，家庭用餐區必須與單身男子用餐區分開，在某些速食餐廳甚至會以分隔線將男性與女性分隔兩邊。在許多國家，站著排隊點餐的觀念是不被接受的。在台北街頭，看到一大群人在一家在地的餐廳門口大排長龍等著購買食物是司空見慣的事。這就是為什麼位於台北的美式加盟連鎖餐廳會派一名服務生在門口先幫客人點餐，然後將菜單卡交給排隊中的客人的原因。如果顧客對這家餐廳所提供的餐點不熟悉，那麼這種方式有助於節省顧客選擇菜單項目的時間。另外在某些國家，男性與女性不能排在同一列隊伍中。

在許多國家，外送服務也面臨嚴重的問題，不像在美國那般容易；在這些地方往往難以確定地址所在，而且道路複雜，特別是連路標和公路號碼都沒有。在一些亞洲國家和前蘇維埃集團國家，家用電話依然不是非常普及，不過有愈來愈多人擁有行動電話，這方面的改變倒是非常迅速。在地址或電話難以取得的地方，類似像達美樂這樣的餐廳就不得不開設有座位區的餐廳。此外，在某些國家的交通經常打結，譬如在泰國要準時將餐點送達幾乎是不可能的任務。在這些情況下，店家會改用摩托車外送食物，因為摩托車可以穿梭在車輛之間，而且也方便鑽小巷子。在摩托車的後方裝設一個隔熱箱可以維持披薩和其他食物的熱度。

由於房地產費用高昂，而且空地也不容易找到，因此在許多國家，加盟連鎖餐廳就座落在擁擠的大樓中間，或者本身擁有好幾層樓。

由於房地產費用高昂，而且空地也不容易找到，因此在許多國家，加盟連鎖餐廳就座落在擁擠的大樓中間，或者本身擁有好幾層樓。例如在台北有一家麥當勞共有四層樓，兒童遊樂區就設置在四樓。這也是因為少了得來速車道的緣故。在開發中國家，因為汽油花費不利於汽車大量使用，所以比較不常見。

謹慎選擇地點很重要，欲擴張的加盟總部應該要研究所有相關的因素。舉例來說，對其他國家而言，高速公路的交通使用也許不如在美國那樣普及，火車和巴士的運輸或許更普及。在許多市中心，由於缺乏交通運輸和停車設施，因此過路客很常見。另外，餐廳的建築設計和顏色的使用等方面也非常重要。高度與照明的限制對於加盟連鎖餐廳而言會造成相當大的問題。在巴黎，餐廳業有地點、高度和招牌的限制。在缺乏空間的情況下，也會面臨類似的限制；或許不可能像在美國一樣使用大型的廣告招牌。同時，在大城市的市中心比較不容易看到獨立式的餐廳，主要是因為空間不足。在人口密集的都會區，尖峰時間可能對於飲食有高度的需求，因

此極需要快速服務，譬如東京。同樣的，地鐵站在尖峰時間裡對於食物的需求也很高，因此保持有效率的服務速度就變得相當具有挑戰性。

人口統計和經濟學數據

到國外開設加盟連鎖餐廳之前及期間，針對目標人口做一份精確的研究不可或缺，而且應該將其納入可行性研究的一部分。研究中應該評估年齡、性別和目標家庭的可支配收入，並特別著重在未來近期的變化上。這類研究有助於規劃和管理這家店。美國以外地區的人口統計變化或許會更顯著且快速。

目標國家發展的階段也必須列入考慮。有些國家因為自然資源而在短時間內致富，而且具備宏遠的發展計畫。隨著愈來愈多教育機構的出現，識字程度和工作條件也可能跟著改變。此外，也可能發生大量人口外移或流亡國外的情況，尤其是在中東或一些遠東國家。上述所有的改變都會使得餐廳設施規劃的需求更加重要。

海外的美軍基地所在地是開設加盟連鎖餐廳的好地點。簡言之，愈多人口集中在某一地區，餐飲業開店的機會就愈大。許多賺錢的餐廳皆位於工業區或購物中心以及複合式商場。在許多國家，一旦開設了加盟連鎖餐廳，生意就蓬勃發展。事實上，有些加盟連鎖餐廳店家的銷售額甚至超越所在國家和區域的任何一家餐廳。所以，對於一個國家的人口統計和經濟情況精心研究，對於美國加盟連鎖餐廳的規劃與未來的成功至關重要。

菜單訂價及成本控制方法也必須視特殊情況做調整。美元的價值和原料成本有可能使得菜單內容的整體成本過高，而導致一般人敬而遠之。

獲得資源的可能性

國際加盟連鎖事業中有個重要的因素便是獲得所需資源的可能性，而且符合加盟總部設定標準的可行性。舉例來說，符合總部規定標準的雞塊或番茄也許在當地並無生產，或者產量太少，無法應付公司龐大的需求。當麥當勞在莫斯科開店時，他們第一次要負責肉類、馬鈴薯以及其他的加工作業，而不能將其交給供應商來做。為了讓加盟連鎖事業能夠經營下去，這種模式在某些國家可能是必要的。

除了這些因素之外，食材商品以及原料在調製後或許不如預期，也可能反而破壞了成品的品質。例如，假如要準備新鮮的英式鬆餅，麵粉和其他的食材（從當地貨源取得）混合後或許成品無法達到預期的品質。季節的變化、品種特徵的差異（特別是蔬菜類），以及獲得所有貨品的可能性都應該要考慮進去。

當地餐廚設備、器材的可得性及性能可能不同，對產品的品質將造成顯著的影響。有些國家對於電力或水的供應是有管制的，這點對於產品或服務的品質將會造成影響。儲藏設備以及空氣溫度可能影響產品被貯存的程度。總之，應詳細地評估是否能符合加盟總部的標準與規定。由於缺乏空間，餐廳前後的部分可能必須重新整修，而使得店面看起來跟美國同品牌的餐廳外觀有所差異。為了遷就最理想的空間使用，或許會限制大型儲藏與生產設備的使用。這對於可以保存的存貨數量與種類也會造成影響。另外，在廚房區的食物及進出的人員流量也必須要修正。

為了保護商標的配方與規定的智慧財產權，應該採用可靠的供貨來源。在若干國家，只有少數供應商可以同時供應多家餐廳。為了維持產品的競爭優勢，有些加盟總部或許必須考慮發展他們自己的採購和加工處理能力。

為了克服在本章中所描述的種種差異與問題，美國的加盟連鎖事業往往傾向加入合資企業或是區域加盟連鎖。在地的合作夥伴熟悉當地的情況，而且可以提供其他的解決方案。此外，在許多國家，他們也比較熟悉當地的官僚制度，而且能夠比一個完全的外國人處理得更好。對許多美國企業而言，在海外市場若要成功，必須具備極大的耐性和容忍度。彈性、修改、適應，以及富有新意的調整都是必要的。

技術轉移

在國際市場上，加盟連鎖餐廳的成長有助於海外加盟連鎖系統的技術與知識的引進。加盟連鎖系統本身的知識不只提供一個做生意的方法，而且可以作為在全世界新興的民主國家自由事業體的絕佳範本。加盟連鎖體系的使用，刺激了一國的經濟以及基礎建設的發展。同時，加盟連鎖事業本身的概念就是一個賣點，因為它證明了一家餐廳能夠有助於國家經濟發展的連鎖效應。這些餐廳從當地的貨源購買食物商品，更有助於農業、食品加工，以及商業漁捕的發展。此外，加盟連鎖事業創造了就業機會，也幫助了當地社區，提供的教育訓練也很珍貴。換言之，加盟連鎖制度以它自己的方式協助發展新的市場經濟，進而有助於技術和資訊的交流。

上述所有的因素都迫使加盟總部重新評估他們的策略、作業標準，以及利用可獲得的技術來做生意的方式。技術的轉移是美國與其他國家之間雙向的交流。從海外經驗獲得的知識有助於重新塑造和重新定義需求，它將變成加盟總部的優勢，在美國的加盟連鎖事業中也可以使用這個修正後的技術與流程。

在美國的加盟總部嚴格規定須遵守菜單和服務概念。海外的經驗讓他們體會到菜單修正的重要性和實用性。總部允許菜單內容修正以及為加盟者提供經營上的彈

性，從中學到的許多經驗都很有用。在其他國家所使用的新菜單內容或許在美國也相當適用。另外，隨著美國人口特徵的改變，文化愈來愈多元，因此愈來愈需要國際性的菜單內容或是國際與國內品項的結合。

　　加盟連鎖以不只一種方式加速了技術轉移。在加盟連鎖餐廳的情況中，同時具有有形和無形的面向。前者與產品有關，後者則關於服務。因為餐廳涉及到產品與服務，因此兩者都會發生技術轉移。無形面向的轉移與教育訓練以及在一個加盟連鎖事業中所形成的工作倫理和習慣有關。

　　加盟連鎖餐廳中，技術轉移的有形面向包括教育訓練、經營方法、經營手冊、設備技術、流程資訊，以及選擇性的服務標準。無形的面向包括無法測量的服務執行。這兩個面向都會隨著加盟連鎖體系轉移。甚至連如何以加盟連鎖制度做生意的知識都是一個重要的技術轉移部分。加盟連鎖制度營造出的創業精神，使它成為快速成長的做生意方法。這種創業精神也在引起全世界欲從商者的興趣。在許多國家，由於技術、教育水準及經濟情況的進步，有愈來愈多以管理為導向的創業者在現有的加盟連鎖體系中可能獲得成功。另外，多媒體的教學工具、出版品、電腦程式，以及網路連結皆可有效應用於管理訓練的目的上。

　　有個知名的範例就是麥當勞，他們間接訓練了數百萬名的高中生有關於工作倫理、顧客互動、服務價值，以及如何自力更生，這是這些年輕學子在麥當勞餐廳裡工作可獲得的額外好處。這對於一個世代產生了巨大的影響。其他類型的加盟連鎖事業也做了類似的貢獻。當加盟連鎖事業擴展到海外時，其他國家的員工也會獲得這個好處。它們在不同文化情境中所發揮的影響力本身就是一個有趣的研究，在加盟連鎖體系進入某一國家幾年後，結果將顯而易見。

篩選國外加盟者

　　在國外，由於文化和動機因素不同，因此必須以些微不同的一組特質來篩選加盟者。無論是加盟連鎖事業或是次級加盟者，謹慎篩選加盟者對於任何加盟連鎖事業的成功皆有其必要。**表 14.1** 是溫蒂漢堡公司所列出的一些必要特質。

表 14.1　溫蒂漢堡公司針對國際加盟者設定的要求與流程

雖然特定的要求因國家而異，但是合格的加盟連鎖候選人至少都會擁有下列特質：

1. 對於食物和餐飲業具有熱情。
2. 對於目標市場的當地文化、基礎建設，以及如何做生意有全盤的瞭解。
3. 以餐廳、零售業或餐旅相關事業的多家門市來證明事業的成功。之前的加盟連鎖事業經歷會是一大加分。
4. 在目標地理區域有足夠的流動資產與資金來支持一個餐廳網絡的成長，以一定的進度創造高能見度、支持一個持續的廣告計畫，並且達到規模經濟。具有開發全區域的能力與意願尤佳。
5. 有發展房地產的管道和經驗。
6. 現有的事業基礎建設在你的溫蒂漢堡餐廳網絡的經營與管理中發揮功效。
7. 能夠致力於積極的展店計畫。

達到上述這些基本要求並不保證能獲得許可成為加盟者或是獲得獨家加盟連鎖權。

流程
作為溫蒂漢堡的潛在加盟者，你將會參與一個有系統的流程，其目的是確保你已做好充分準備來代表我們的品牌，並且具備必要的知識和工具可以成為成功的經營者。以下是我們的流程的重要階段。

申請及資格審核
1. 請完成我們的加盟連鎖事業申請表，以幫助我們瞭解你的願景、偏好的地理區域及興趣範疇。這是你有可能開設溫蒂漢堡餐廳的第一步。
2. 我們的開發團隊將審核你的申請表，假如你符合基本標準，我們將與你聯繫，進一步討論合作機會。
3. 我們將請你完成一份正式的加盟連鎖申請書。在此階段，我們將執行背景審查，並安排一個面對面的面試，我們將針對你所提出的商業計畫發展概述總部的要求。

觀摩日及商業計畫發展
1. 身為一名慎重的候選者，你將安排一天觀摩日，讓自己有機會與管理階層一起到一家溫蒂漢堡餐廳觀摩店內的營運，讓你自己更熟悉我們的菜單，並且跟一名溫蒂漢堡的加盟者開誠布公地談論他們的事業。當你開始準備你的商業企劃時，這將讓你更全盤瞭解你可能投入的溫蒂漢堡事業。
2. 在商業企劃書中，請概述在你的目標市場中，你打算如何發展溫蒂漢堡餐廳。在面談時則要更詳細地描述必要條件。

國際團隊市場訪問
在初步審查過你的商業企劃案後，我們的國際領導團隊的成員將造訪你的市場，以進一步評估合作機會，並開始討論我們該如何將你的計畫從願景變成現實。

簽訂加盟連鎖合約
如果我們同意授權讓你開設溫蒂漢堡餐廳，我們將請你簽署一份加盟連鎖合約，以及你所負責的市場店面開發時程表。

（資料來源：溫蒂國際股份有限公司）

→ 個案研究

阿拜克：成功的國際品牌

阿拜克（Albaik）的故事始於 1974 年，沙烏地阿拉伯王國的吉達市。已故的薛庫爾·阿布嘎扎拉（Shakour AbuGhazalah）在當時發現當地的人們需要高品質且負擔得起的食物，送餐快速、有禮貌，並且在乾淨和賓至如歸的環境裡用餐。他將辛苦掙來的存款全部投入該事業中，薛庫爾與一家海外公司簽訂獨家代理合約，可使用其獨家的炸雞香料配方與設備，成為在全沙烏地阿拉伯第一個在市場上引進「烤」雞品牌的店家。該公司的歷史告訴我們，該品牌如何從沒沒無聞的小店變成最成功的連鎖店。

1974 年：在吉達的夏拉菲亞區（Sharafiyah）開了第一家燒烤餐廳

1974 年 9 月，薛庫爾·阿布嘎扎拉在沙烏地阿拉伯王國夏拉菲亞區的機場路上，將一間舊倉庫加以整修，在這裡開設第一家燒烤餐廳。

1976 年：向已故的薛庫爾·阿布嘎扎拉致敬

薛庫爾·阿布嘎扎拉的目標即將達成，但是 5 個月後，他卻英年早逝；1976 年 8 月 14 日，他不敵癌症病魔而辭世，享年 48 歲。「我們跟父親學到了每一件事。」阿拜克食品組織集團公司董事長伊珊·阿布嘎扎拉（Ihsan AbuGhazalah）說道。「他的決心、毅力和努力工作是驅使我們成功的動力，大家都喜歡我們的父親。他風趣、謙和……是一個很棒的人。」

1978 年：轉捩點

薛庫爾過世後，剛從大學畢業的伊珊為了不讓這家餐廳結束營業，便回到吉達繼承父業，並協助他的弟弟瑞米（Rami）完成學業。「由於我父親過世，我們失去

創始人薛庫爾‧阿布嘎扎拉

（照片由阿拜克餐廳提供）

了代理權，而且必須從頭開始。我們必須清算資產、清償債務、簡化經營，並降低成本。」伊珊說道。「在我接手事業之際，光是在吉達就有超過 400 家的山寨餐廳販售『烤』雞。我們必須設法讓自己從競爭中脫穎而出，而且我們知道最終的答案就是品質與價值。」

1982 年：學習餐飲管理的要領

1982 年，瑞米從大學畢業，他也回到吉達與哥哥伊珊一起經營餐廳。在過程中，兩兄弟完成了一件特別的事。這對年輕的兄弟工程師徹底再造了他們的事業。

「一開始的時候我們並不瞭解食物，」瑞米解釋。「我們並不是餐廳老闆，而是工程師，所以我們必須從頭學習餐飲事業。當伊珊到巴黎學習食品科技的期間，我效法我的父親，站在櫃檯後面、料理食物、服務客人、清理店面，什麼事都做。一旦我們學習到基本的原理，我們就會開始利用制度來確保品質與增加效率。」

1984 年：阿拜克的獨門秘方

當伊珊從巴黎學成歸國時，他研發了著名的 18 種神秘香草秘方，然後這兩兄弟在接下來的三年裡，每天晚上都挑燈夜戰在一個不知名的地點製作該秘方，再把它運送到中央廚房做進一步的準備工作。

1988 年：從烤雞到阿拜克

在此期間，餐廳的形象大幅提升，包裝改進了、經營與生產系統也發展完成，訓練團隊成為他們的活動日程。兩兄弟知道他們必須跟競爭對手有所不同，而且必須想出新的品牌名稱與識別標誌。伊珊和他已故的妻子萊拉（Laila）設計了一個新的識別標誌，然後在全家族的討論下想出了「阿拜克」這個品牌名稱。1986 年，「阿

阿拜克餐廳

（照片由阿拜克餐廳提供）

拜克」這個名稱正式推出。「才沒多久，顧客就開始蜂擁而至我們掛上新招牌和重新裝潢的門市；『阿拜克』成為一個標記——一家與眾不同、供應最高品質的食物、快速又親切的服務、乾淨明亮的餐廳，以最優惠的價格提供給消費者。」前區域經營講師寇莫·帕拉沃帝（Komo Paravati）說道。

1990 年：阿拜克在神聖的麥加開店營業

阿拜克在吉達大獲成功，於是便開始規劃擴張行動，最引人注目的第一步就是在不到 1 小時車程的聖城麥加（Makkah Al Mukarama）開設門市。

「我們在整個快速發展的城市尋覓了一遍，發現一個開店的絕佳地點，」瑞米說道。「我們將門市開在進入該城的入口——烏姆艾爾古拉街（Umm Al-Qura Street）上。1990 年，阿拜克在神聖的麥加開店營業。

1994 年：阿拜克推出新菜色

「我們傾聽顧客的聲音，」當時的營運長賈伯·索維列（Jaber Sowaileh）說道。「我們會考量顧客的建議，這有助於我們在這幾年發展出許多受歡迎的新餐點——辣味雞、雞柳條，以及炸蝦——這些菜色至今依然在我們的菜單中。」

1996 年：回饋鄉里

在 1990 年代，阿拜克已經成為知名的國產品牌，而且已經在當地社會占有一席之地。伊珊和瑞米衷心希望能夠回饋國家和人民。

「這一切都要歸功於我們的客人；是他們成就了阿拜克這個品牌。」瑞米說道。「我們回饋鄉里，而且我們的企業社會責任就是我們對於社會、鄰里與顧客的致謝——這是一種阿拜克式的感謝。」

阿拜克也贊助了由吉達科技中心所主辦的瘋狂科學展（Mad Science Show），並推動青年科學家計畫，這是由阿拜克所發起的企業社會責任計畫，目的為促進科學教育。

1998 年：阿拜克在朝功季節於米納提供服務

1998 年，阿拜克受到沙烏地阿拉伯政府的請託，在朝功（Hajj）季節於聖地米納服務朝聖者，這項任務一直持續到今日。從那時起，朝功的工作就被定位為非營利的活動，提供最高品質和最優價格的食物給朝聖者。

2000 年：阿拜克的姐妹公司－阿奎特食品工業

為了支援公司的擴張，阿拜克的姐妹公司——阿奎特食品工業（符合阿拜克食品標準的授權製造商）在 2000 年時於吉達的工業城成立了最新進的食品加工廠。

2001 年：聖城麥地納（Medina）分店

2001 年阿拜克進一步擴大事業版圖，在聖城麥地納（Medina, Al Madinah Al Munawwarah）開了一家占地 1,500 平方米的餐廳，可容納 500 名顧客。目前在麥地納共有三家阿拜克餐廳。

2002 年：阿拜克開設第一家快餐分店

阿拜克快餐分店的菜單項目較少，面積約 50 平方公尺，主要都是開在購物商場內。目前在 4 個城市共有 9 家快餐餐廳。

2005 年：阿拜克設立環保策略

阿拜克推出兩個獨特的卡通人物納茲（Nazeeh）和瓦湯（Wartan）以推動其環保意識計畫。他們加入由聯合國環境規劃署（UNEP）所贊助的全球最大環保運動「清潔地球」（Clean Up The World），這兩個卡通人物有助於將這個概念散播得更廣更遠，敦促民眾不亂丟垃圾以及幫助維持全國的清潔，以行動表現關心我們所深愛的環境。

阿拜克在沙烏地阿拉伯西部的米納（Mina）朝功季節供應餐點。

（照片由阿拜克餐飲組織提供）

阿拜克在沙烏地阿拉伯西部的米納（Mina）朝功季節供應餐點。

（照片由阿拜克餐飲組織提供）

2009 年：阿拜克打造第一座公園

作為企業社會責任計畫的一部分，阿拜克與吉達公園組織之友以及吉達市政當局合作規劃「100 週建立 100 座公園」的行動方案，在 2011 年擴展到 52 所以上的學校。

2012 年：阿拜克計劃在夸新區開店

阿拜克持續擴張，以合理的價格提供最高品質、快速的安全食物，並且讓客人在親切、舒適、安全和安心的環境下用餐。

2013 年：關鍵在於承諾

阿拜克有一個願景，從創店以來數十年未曾改變：透過食物與服務帶給客人愉悅和營養。當他們看到心滿意足的顧客臉上愉快的表情，他們就會覺得達成目標了。該公司的執行長表示：「這麼多年來我們所做的一切讓我們達到今日的榮景，當顧客品嚐我們的食物並且喜愛阿拜克的用餐經驗而發出歡樂的驚嘆聲，像是『嗯～』和『哇～』時，對我們來說就是最好的回饋了。」

阿拜克餐廳

（照片由阿拜克餐廳提供）

結論

　　這則歷史故事顯示一個品牌如何發展成一個有無限發展潛力的全球知名餐廳。值得特別注意的是,該品牌一開始從一間平凡無奇的小店努力地使自己展翅高飛。這家餐廳因為注入該品牌的元素而使得它具有競爭優勢。這家品牌的核心理念在於誠信、大眾服務、環境永續性,以及人類的福祉。

進軍國際

「身為加盟者，你是一名企業主，但是你並不是獨立經營。你是網絡中的一份子，你必須遵守一致性要求的規則。加盟總部可能限制你選擇的銷售地區、訓練課程、供應商或是你所販售的商品。你可能要支付廣告費，並且向加盟總部所指定的供應商購買或租用商品與設備。如果發揮創意對你而言很重要，那麼你必須思考在加盟總部的控管下做事，你是否能感到輕鬆自在。」

——美國聯邦貿易委員會

 前言

在進軍國際之前，必須先考量益處、風險、挑戰及機會。已經進入國際市場的企業都曾經遭遇不同和獨特的狀況。舉例來說，中國人的飲食習慣與印度人是迥然不同的。所以當餐飲加盟連鎖事業進入任何國家時，必須對於所有的情況深思熟慮。「全球在地化」（Glocalization）這個名詞的誕生緣起於全球化是一個現況，而在地化則是無法避免的事實。《美國全國餐廳新聞報》（*National Restaurant News*）追蹤了全球成長競賽主要的參與者，並出版了頂尖國際餐廳列表。下述內容就是從這份公開資料中擷取出來，這些頂尖餐廳是根據區域劃分，從該資料中可以看出國際間餐飲連鎖成長的程度。2012 年，全世界餐飲業的營業額為 2 兆 6,000 億美元，而且預估可達到 3 兆 4,000 億美元。亞太地區 1 兆 1,000 億美元的餐飲業營業額占比最高。預估未來 5 年的成長率以拉丁美洲的 62.1%，以及中東與非洲的 58.2% 名列前茅。2012 年世界各地其他地區性的餐飲業營業額分別為美加地區 5,173 億美元、拉丁美洲 2,825 億美元、西歐 5,248 億美元、東歐 596 億美元、中東與非洲 754 億美元，以及亞太地區的 1 兆 1,000 億美元。圖 15.1 顯示各區比較的營業額；圖 15.2 則是預估未來 5 年的成長率。

> 「全球在地化」這個名詞的誕生緣起於全球化是一個現況，而在地化則是無法避免的事實。

如表 15.1 所見，成長最快的前五大連鎖店包含了各式各樣的餐廳，包括有限服務餐廳（LSR）、咖啡館及便利商店。7-Eleven 雖然性質比較偏向便利商店，但卻是全球主要的餐飲提供者之一，因為他們擁有全世界最大數量的門市。大多數成長快速的連鎖店似乎都在太平洋地區。

在亞太地區（表 15.2），大多數成長中的門市都在日本，主要是便利商店。在此也可以看到，7-Eleven 的門市數成長最快速。表 15.3 顯示東歐的區域性餐飲門市數。這是一個仍在成長中的區域，可能需要花點時間讓餐飲業成長。

在拉丁美洲地區的餐飲服務業門市如表 15.4 所示。大多數的門市總部均設於巴西，接下來是墨西哥。該地區深具發展潛力，從門市數的百分比成長即可看出。與其他地區相較之下，本地區似乎有更多的 LSR。應該注意的是，本地區也供應牛

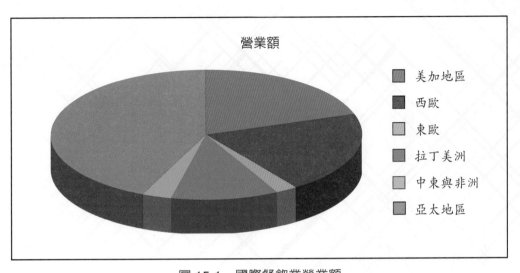

圖 15.1　國際餐飲業營業額

（資料來源：《美國全國餐廳新聞報》）

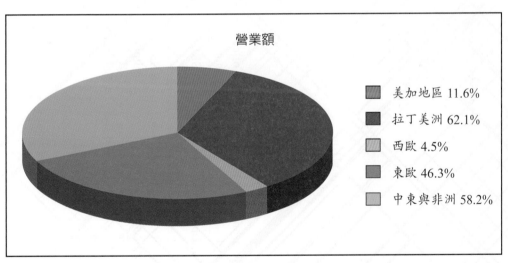

圖 15.2　預估 2017 年國際餐飲業營業額

（資料來源：《美國全國餐廳新聞報》）

肉和雞肉給全球大多數的加盟連鎖事業。表 15.5 顯示在中東和非洲地區的區域門市數。這裡也是一個有發展潛力的區域。除了咖啡館之外，炸雞和漢堡連鎖店也仍有成長的空間。符合種族飲食習慣的菜單品項似乎較受喜愛。加盟連鎖總部從沙烏地阿拉伯到南非都有。有許多美國的加盟連鎖事業正鎖定於中東地區展店，尤其是

表 15.1　成長最快的前五大連鎖店，根據 2012 年 vs. 2011 年全球整體餐飲服務營業額百分比變化之比較數據

2012 年排名	連鎖店名	總部	母公司	概念型態	2012 年全球營業額	2012 年全球門市數	營業額成長率	每家門市估計營業額
1	Dicos	Changhua, Taiwan	Ting Hsin International Group	Chicken	$1.5 billion	1,596	+35.00%	$1.1 million
2	7-Eleven	Tokyo	Seven and i Holdings Co. Ltd	C-Store	$18 billion	49,085	+10.48%	$387,600
3	Costa Coffee	Bedfordshire, England	Whitbread PLC	Coffee Shop	$1.4 Billion	2,433	+10.04%	$632,300
4	Akindo Sushiro	Osaka, Japan	Akindo Sushiro Co. Ltd	LSR/Asian	$1.3 Billion	341	+10.00%	$3.8 million
5	Jollibee	Pasig City, Philippines	Jollibee Foods Corp.	LSR/Filipino	$1.1 billion	821	+9.79%	$1.4 million

（資料來源：《美國全國餐廳新聞報》）

表 15.2 亞太地區前五大連鎖店，根據 2012 年底區域門市數的地區排名

2012 年排名	連鎖店名	總部	母公司	概念型態	2012 年全球門市數	2012 年 vs. 2011 年的百分比變化
1	7-Eleven	Tokyo	Seven and i Holdings Co. Ltd.	C-Store	38,506	+12.25%
2	FamilyMart	Tokyo	FamilyMart Co. Ltd.	C-Store	13,848	-29.77%
3	Lawson	Tokyo	Lawson Inc.	C-Store	11,496	+6.63%
4	Hotto Motto	Fukuoka, Tokyo	Plenus Co. Ltd.	Delivery/Takeaway	2,663	+4.27%
5	Sukiya	Tokyo	Zensho Holdings Co. Ltd.	LSR/Asian	1,888	+8.01%

（資料來源：《美國全國餐廳新聞報》）

表 15.3 東歐地區前五大連鎖店，根據 2012 年底區域門市數的地區排名

2012 年排名	連鎖店名	總部	母公司	概念型態	2012 年全球門市數	2012 年 vs. 2011 年的百分比變化
1	Fornetti	Varosfold, Hungary	Fornetti Kft.	LSR/Bakery	3,569	-2.06%
2	Shokoladnitsa	Moscow	Gallery Alex OOO	Coffee Shop	337	+29.12%
3	Kroshka-Kartoshka	Moscow	Teknologiya and Pitanie OOO	LSR/Baked Potato	276	+4.55%
4	Coffee House	Moscow	Coffee House ZAO	Coffee Shop	206	+1.48%
5	Teremok	Moscow	Teremok-Russkie Bliny OOO	LSR/Blini	201	+7.49%

（資料來源：《美國全國餐廳新聞報》）

表 15.4 拉丁美洲地區前五大連鎖店，根據 2012 年底區域門市數的地區排名

2012 年排名	連鎖店名	總部	母公司	概念型態	2012 年全球門市數	2012 年 vs. 2011 年的百分比變化
1	○××○	Monterrey, Mexico	Fomento Economico Mexicano S.A. de C.V.（FEMSA）	C-Store	10,167	+6.59%
2	Bob's	Rio development Janeiro, Brazil	Brazil Fast Food Corp.	LSR/Burger	872	+12.37%
3	Habib's	Sao Paulo, Brazil	Al Saraiva Empreendimentos Imobiliarios e Participacoes Ltda.	LSR/Middle Eastern	407	+27.99%
4	Giraffas	Sao Paulo, Brazil	Restpar Alimentos Ltda.	LSR/Burger and Steak	388	+7.78%
5	Vips	Mexico City, Mexico	Alsea S.A.B. de C.V.	Full Service	266	-0.37%

（資料來源：《美國全國餐廳新聞報》）

表 15.5 中東和非洲地區前五大連鎖店，根據 2012 年底區域門市數的地區排名

2012 年排名	連鎖店名	總部	母公司	概念型態	2012 年全球門市數	2012 年 vs. 2011 年的百分比變化
1	Wimpy	Midrand, South Africa	Famous Brands Ltd.	LSR/Burger	703	-1.13%
2	Costa Coffee	Bedfordshire, England	Whitbread PLC	Coffee Shop	435	+9.30%
3	Nando's	Johannesburg, South Africa	Nando's Group Holdings Ltd.	Chicken	354	+1.43%
4	Herfy	Riyadh, Saudi Arabia	Savola Group	LSR/Burger	203	+7.41%
5	Aroma Espresso Bar（Israel）	Ramat Gan, Israel	Sheaf Franchises Ltd.	Coffee Shop	114	+6.54%

（資料來源：《美國全國餐廳新聞報》）

表 15.6 西歐地區前五大連鎖店，根據 2012 年底區域門市數的地區排名

2012 年排名	連鎖店名	總部	母公司	概念型態	2012 年全球門市數	2012 年 vs. 2011 年的百分比變化
1	Enterprise Inns	Solihull, England	Enterprise Inns PLC	Bar/Pub	5,900	-4.17%
2	Greggs	Newcastle Upon Tyne, England	Greggs PLC	LSR/Bakery	1,671	+6.37%
3	Costa Coffee	Bedfordshire, England	Whitbread PLC	Coffee Shop	1,581	+14.57%
4	JD Wetherspoon	Wathord, England	JD Wetherspoon PLC	Bar/Pub	845	+5.23%
5	Quick	Berchem, Belgium	Quick Restaurants S.A.	LSR/Burger	468	+1.52%

（資料來源：《美國全國餐廳新聞報》）

表 15.7　美加地區前五大連鎖店，根據 2012 年底區域門市數的地區排名

2012 年排名	連鎖店名	總部	母公司	概念型態	2012 年全球門市數	2012 年 vs. 2011 年的百分比變化
1	McDonald's	Oakbrook, Illinois	McDonald's Corp.	LSR/Burger	20,323	+4.69%
2	KFC	Louisville, Kentucky	Yum! Brands Inc.	Chicken	13,580	+7.60%
3	Subway	Milford, Connecticut	Doctor's Associates Inc.	LSR/Sandwich	12,669	+13.14%
4	Pizza Hut	Dallas, Texas	Yum! Brands Inc.	Pizza	6,637	+7.97%
5	Burger King	Miami, Florida	3G Capital Partners Ltd.	LSR/Burger	5,814	+9.53%

（資料來源：《美國全國餐廳新聞報》）

波斯灣周圍的國家。大多數西歐門市的加盟總部皆設立於英國（**表 15.6**）。值得注意的是，在這個地區，酒吧型態似乎是主流，或許是受到英國文化的影響。麵包店在英國和歐洲也很受歡迎，在這些地區似乎有較多的門市。最後，**表 15.7** 列出在美加地區的門市數。不出所料，大多數的加盟連鎖門市及其總部皆集中於本區。不過，應該注意的是，所有列出的加盟連鎖事業在全世界許多地方也都具有優勢地位。

> 加盟連鎖事業的基本特色就是擴張。進軍國際提供一個發展新市場的機會。

 # 進軍國際的理由

基於所有的因素考量，加盟總部為什麼應該考慮進軍國際，理由歸結如下：

1. 加盟連鎖事業的基本特色就是擴張。進軍國際提供一個發展新市場的機會。加盟連鎖門市數量穩定成長對於進入新市場是有利的。因此為了增加市占率，進入國際市場是相當明智的決定。
2. 增加的門市數量將增加加盟總部的收入，如此也可增加新的門市。每個新門市將是加盟總部額外的收入來源。假如加盟連鎖模式在國內是成功的，它在國際市場上也能增加新的收入來源。
3. 隨著收入的增加，加盟總部所屬的公司將會受到投資者與股東的青睞。
4. 假如房市飽和，國際加盟連鎖提供一個新的成長與發展場地。同時加盟總部不需只依賴房市。
5. 由於加盟連鎖體系已經發展和建立，因此更容易進軍到國際。如果需要的話，營運手冊和訓練課程花點心力翻譯即可轉移到國外。如此一來，經營流程將比較容易向加盟者解釋。由於原型已經存在，可作為有興趣的海外加盟者的範本。
6. 進入海外市場將提供品牌曝光率以及有助於在附近地區擴張。再者，由於品牌信心提升，國際能見度將有利於加盟連鎖事業的國內行銷。
7. 假如在海外國家沒有競爭者，加盟總部可享有「先行者優勢」。品牌認同以及經驗學習將具有長期的利益。

8. 投入國際貿易可增加品牌價值,因此也增加股東利益。對於在國內市場已證實成功的公司而言,進軍國際是受到股東支持的。

9. 加盟總部投入相當多的人力物力在發展一個品牌概念以及持續不斷的研發。將成果拓展到國際市場可獲利更多。

10. 已經進軍國際市場的加盟連鎖事業被歸類在一個不同的類別中,因此在國內市場中具有競爭優勢。

> 假如在海外國家沒有競爭者,加盟總部可享有「先行者優勢」。品牌認同以及經驗學習將具有長期的利益。

考量國際加盟連鎖事業的重點

1. 在進入國際市場之前,企業內部的高層管理人員應該要有信心,並完全支持進軍海外市場。加盟連鎖事業是一個複雜的長期承諾,而且管理人員應該要策略性地為展店行動做準備。三心二意的行動只會製造問題。

2. 潛在的海外加盟者應該具備能力、智識和專業以準備學習加盟總部所執行的流程和其他商業方法。

3. 加盟連鎖概念的發展所必需的資源應該要方便取得。

4. 在指定的海外市場應該要有足夠的人才、技能和必要的技術可供運用。

5. 在潛在加盟者心中應該要清楚加盟連鎖的方法。

6. 應該要有當地的生意人參與決策、規劃以及加盟連鎖事業的經營。

7. 在規劃菜單和其他相關設施時應該考慮當地人口的喜好、飲食習慣及文化規範。

8. 加盟總部應該對當地人口的需求有所認識,並尊重其信仰和習慣,無論是政治或宗教。

9. 須具備耐性與容忍度來遵守必要的法律步驟,盡可能不要挑戰現行的法規。

10. 加盟總部應該執行一個好的環境審查,考量該國的社會、政治與經濟環境。

11. 必須仔細檢視外匯兌換的情況,以及允許進出該國的金額。

12. 應該要考慮人口統計與財務資料,譬如該國人均國內生產毛額及目標族群。

13. 可找到有經驗的人深入瞭解當地企業,在進入一個海外市場之前和之後是非常重要的。

14. 應該謹慎考慮一個國家的人口統計資料,尤其是中等收入和比較年輕的族

群日益增加的人口。

15. 菜單內容應該要謹慎挑選，加盟總部應該具備彈性，並隨時準備好調整及修改菜單。

16. 加盟總部應該考量他們進入海外市場的競爭優勢。他們也應該評估現在與未來的市場競爭力。

17. 經營的可轉換性、訓練方法、支持系統以及概念的可銷售性都應經過評估。

18. 加盟總部應該評估智慧財產權的保障，它是因國家而異。商標的保護、經營流程，以及其他法律層面都應該列入考慮。

19. 加盟總部應該在國內或國際市場建立良好的成功紀錄，作為加盟連鎖事業的文件和其他紀錄的證明。

20. 在進入任何國家前，應該要先遞送特定國家的商標和著作權申請，並獲得批准。這是最重要的考量之一。

 ## 陷阱與常見的錯誤

1. 僅根據網路上可取得的資訊來做決策。網路上所提供的資料可能並不相關或不適用於該加盟連鎖的概念型態。

2. 在目標國家缺乏做生意的清楚計畫與策略。

3. 跟隨其他類似加盟連鎖事業的腳步，但卻沒有進行仔細的研究。文化挑戰，甚至國籍或公司商標識別都可能對一間加盟連鎖事業的接受度產生影響力。

4. 根據當地文化和飲食習慣來設想受歡迎程度。舉例來說，一家供應魚肉三明治的知名加盟連鎖事業認為在東南亞習慣吃魚的族群中會成功，但是他們沒有考慮到因為當地新鮮魚貨容易取得，人們並不喜歡冷凍的鱈魚排。

5. 無法註冊商標以及其他智慧財產權。老字號的加盟總部也曾經必須應付商標保護和商業機密的長期戰爭。

6. 未審核潛在加盟者的背景和／或憑藉口頭的財務承諾。或者憑藉加盟者在非餐飲事業目前的商業表現。

7. 只在電話中或是只到該國一次初步的造訪後便執行業務。在某些國家，局勢變化莫測，一次的造訪或許並不足以規劃進入。

8. 不瞭解基礎建設與設施的便利性。譬如在某些國家，水、電並非隨時供應。

9. 無法確認潛在加盟者或區域加盟者的資格證明，並根據該國特有的法令取得確定承銷。

 展店策略

展店策略應該使用 SWOT（優勢、劣勢、機會與威脅）來做完整的評估。正常的成長策略可分成四種不同的可能情境：

1. **市場滲透**：進入一個市場以獲得市占率或是建立知名度。若非提供特價就是使用發展顧客忠誠度的方法。
2. **市場發展**：獨自進入或是與當地企業合作以開發市場。
3. **產品發展**：為一個考量消費者偏好的特定市場開發產品的策略。
4. **多元化經營**：為新市場開發新產品的策略。

一個成功的加盟總部很清楚必須遵守哪些策略，以及應該對於該國的商業環境要有深入的瞭解。最後，必須謹慎執行這些策略。關於展店策略的結果，則應該思考以下四個問題的答案：

1. 在目標國家，你有可行銷的商品或服務嗎？
2. 你能夠在目標國家與類似概念或是相似類別的商家競爭嗎？
3. 你在目標國家有能幹的員工、訓練教材、營運手冊及行銷計畫嗎？
4. 你是否深入瞭解目標國家的文化、語言和商業工作條件呢？

如果所有問題的答案都是肯定的，那麼就應該做計畫選擇最適當的進入模式。放慢步調並選擇一些國家，而不是整個大陸或區域是比較可取的作法。

進入的方法與模式

直營加盟連鎖

直營加盟連鎖往往指的就是「授權」，亦即允許一加盟總部使用其體系的商標、產品和服務，在另一個國家設立一個加盟連鎖事業，並且跟在美國的運作方式相同。加盟總部直接把加盟連鎖事業賣給國外有興趣的對象，而不需要第三方的協助。有些餐廳加盟連鎖事業即採取這種加盟連鎖形式，尤其是信譽卓著的大型加盟總部。加盟總部會負責訓練加盟者，並在創業和經營上給予協助。

一般而言，有些餐飲加盟連鎖事業擁有國外的子公司，由美國境內的企業所經營。有些是由公司、子公司，或是一個已經在國外公司設立的附屬機構授予加盟連鎖事業的加盟者。一個附屬機構可能是加盟總部有一些股本的一家公司，一般是低於 50%，其他的股本則是由所在地國家所持有。有些國家強制規定所在地國家參與加盟連鎖事業。這是最常見的進入模式，當地已經有實質的目標族群，尤其是新興市場。

其他已經在海外經營成功的國際加盟連鎖企業，無論他們販售的是產品或服務，都應該加以仔細的研究。以下這個評估提供了國際商業環境的全貌以及比較的基礎。

直營加盟連鎖可以採取以下其中一種形式：

1. **直營店加盟連鎖**（**direct unit franchising**）：加盟總部將加盟連鎖事業授權給直接來自於創始國的某個人或某團體，與在他們自己國家授權加盟連鎖事業的方式相同。因此，在國內或國際上授權加盟連鎖事業並無不同。
2. **成立一家分公司**（**establishing a branch**）：加盟總部於所在國成立一家分公司。這家分公司的功能與加盟總部相同，目的是在該國或該地區授權加盟連鎖事業。
3. **開發協議**（**development agreement**）：加盟總部直接與一名開發者訂定協議，這名開發者必須是所在國的居民，負責開發和經營該地區所有的加盟連鎖店。

加盟連鎖事業的管理人員列出加入直營加盟連鎖應該要考慮的條件，包括：

1. 有效執行並遵守公司的標準。
2. 管理品牌滲透與品牌形象。
3. 對於加盟者有較大的管理權。
4. 目標國家的規模。
5. 加盟總部承諾提供的資源不多。
6. 在語言、文化與法律系統有顯著差異。
7. 對於加盟總部成立一家分公司或是子公司沒有要求條件。
8. 當地的稅務問題。

在有些國家，要維持品質並不容易，很難確保品牌概念的機密，而且不易獲得物資與人才。舉例來說，麥當勞在中國、蘇聯，以及其他歐洲國家採用直營加盟連鎖，而 KFC 也在中國採用直營加盟連鎖的方法。

直營加盟連鎖對於加盟總部的好處包括對於加盟連鎖體系與商標的整體控制，並且對於加盟連鎖事業的功能保有控制權，譬如廣告和促銷。此舉有很大的機會增加利潤。

但是距離可能對於管理與控制造成不利影響。就加盟總部而言，它不容易從母公司所在地提供適當的服務與訓練給加盟者。同時，需要採取快速行動的事務不易做出決定。若再加進文化與政治議題那就更複雜了。從法律觀點來看，由於司法管轄權的限制，非在地的加盟總部可能很難對於在地的加盟者採取法律行動。這種方法與其他的進入模式相較之下，風險最高。以上的缺點也可能所費不貲。

區域加盟連鎖

區域加盟連鎖是餐飲加盟總部最常使用的作法。區域加盟者在其他國家扮演類似迷你加盟總部的角色。加盟總部直接與次級加盟總部簽訂區域加盟連鎖合約，通常是居住在當地的外國僑民，根據該合約，區域加盟者可以展店和／或在該國家負責管理加盟連鎖店家。**區域加盟者**可以是個人、公司，或是企業集團，在指定的國家或區域負有建立加盟連鎖事業的責任與義務。潛在加盟者直接與區域加盟者處理所有的手續。區域加盟者可能有兩種形式：(1) 全國性的區域加盟連鎖事業是授權給某一個國家裡的某一家公司；(2) 地區性的區域加盟連鎖事業則是授權給該國家或地區的某部分地區。

　　區域加盟者可以開自己的餐廳或是將加盟連鎖事業授權給其他人。他們也收取加盟費和權利金，然後他們再轉手付給加盟總部。區域加盟者執行加盟總部大多數的職務，而他們可獲得部分所收取的加盟費和權利金，依照合約而定。在加盟總部與區域加盟者之間的合約清楚描述每一方的期待，並設定區域加盟者必須在特定時間內達到規定目標。區域加盟者須負責在特定地理區域與次級加盟者簽約，同時也要提供他們訓練與支援，通常這是加盟總部所直接提供的服務。由於區域加盟者等於是加盟總部的代表，根據他們長期有效率執行任務的潛力以及他們挑選次級加盟者的能力，慎選區域加盟者是很重要的。在加盟總部與區域加盟者之間需要堅固的關係與相互依賴。考慮採行區域加盟連鎖制度的情況如下所示：

1. 由區域加盟連鎖支援加盟連鎖制度的難易度。
2. 加盟總部想要以較快的腳步擴張。
3. 加盟總部不需要付出相當大筆的資金。
4. 被考慮的國家或區域在語言、文化和法律制度上有顯著和複雜的差異。
5. 符合資格的人至少能像加盟總部般經營該事業。
6. 當地的稅務問題和政治官僚是複雜的。

　　區域加盟連鎖事業的優點是區域加盟者瞭解當地文化、政治、經濟與市場條件。他們也清楚會成功的加盟者所需具備的條件。次級加盟者的竅門、動機和創業技能可以降低經營成本，並根據當地情況快速做出決定。與其他方法相較之下，加盟總部的進入成本也最低。許多主要的餐飲加盟總部選擇採用區域加盟連鎖制度，因為它符合成本效益，而且也是進入國際加盟連鎖事業最快的一條路。

　　區域加盟連鎖事業的缺點包括在必要情況下，不易強制執行合約終止，而且加盟總部失去控制權。區域加盟者的事業失敗可能影響整個加盟連鎖體系並造成難以挽回的名譽損害。另外，多了一個中間人，加盟總部也會少收權利金和其他款項。

　　隨著科技的進步、教育水準的提升，以及在許多國家經濟條件的改善下，有愈來愈多以管理為導向、能夠擔任區域加盟者或是負責區域性連鎖店的企業出現。多媒體的教學工具和其他訓練方法可以有效地作為訓練用途。

　　合資企業漸漸成為到海外國家做生意的一種熱門方法。在一個合資企業中，加盟總部與當地的投資者一起合作開餐廳或連鎖餐廳。

合資企業

合資企業漸漸成為到海外國家做生意流行的方法。在一個合資企業中，加盟總部與當地的投資者一起合作開餐廳或連鎖餐廳。這種方式較區域加盟連鎖事業讓加盟總部擁有更多的控制權。與區域加盟連鎖合約不同的是，加盟者並不具有在一個特定國家或區域授予次級加盟連鎖或是成立門市的權利。在一個國家裡，可能會有好幾個合資夥伴，但是在一個國家或地區只能有一個區域加盟者。舉例來說，漢堡王與他們最大的墨西哥加盟者 Alsea SAB de C.V. 簽訂合資協議，以達到在墨西哥拓展品牌的目標。這份合約將導致 Alsea 購得在該國 97 家由漢堡王直營的門市，並且獲得在接下來的 20 年在墨西哥的獨家開發權。Alsea 是墨西哥最大的速食業與休閒餐飲品牌經營者，該公司的投資組合包括漢堡王、達美樂披薩、星巴克、華館（P.F. Chang's China Bistro）和紅辣椒燒烤啤酒吧（*Nation's Restaurant News*, 2013）。

合資企業必須謹慎評估和選擇擁有必要經驗且商譽卓著的個人或企業。就如同上例，漢堡王與一家擁有數家餐廳投資組合的公司簽訂合資協議，因此可確保他們具有在墨西哥經營該品牌的經驗。由於加盟總部比較不瞭解也比較難掌握當地的政經情勢，因此合資企業在大多數國家皆可達到互惠的目的。加盟總部可能因為某一特定國家的要求條件而簽訂合資協議，或是作為發展對該地區熟悉度的方法。

合資企業特別可能存在於經濟繁榮的發展中國家，這些國家不乏雄心勃勃的企業家。加盟總部應該要明白，在某些國家需要與對於當地的官僚體系有深刻瞭解以及在政治圈具有影響力的人士合作。如果無法掌握內幕消息，加盟總部可能連次要的許可證都會被拖延數個月，甚至不保證能取得許可的狀況。

考慮採取合資企業的情況如下：

1. 政府對於國外投資者的經營權有所限制。
2. 有機會運用區域加盟者的專業知識與資源。
3. 保有加盟連鎖事業股份的風險較低。
4. 在目標國家或區域廣泛使用英語。

在國際市場中，合資企業的優點包括降低商業風險、增加生產效率、克服進入障礙，以及更高的當地接受度。其他的優點包括容易取得資源、機動性高、執行業務成本較低，以及較少的投資擔保。在政府高度控制的情況下或是一個國家的必要

條件，合資企業有時是必須的。優點還包括當地人比較瞭解和懂得處理當地的政治環境、經濟情況及法規。再者，生意失敗的風險是由雙方共同承擔。這也是發展加盟連鎖事業最快的方法之一。

缺點則是許多國家要求在合資企業的結構中，當地居民的參與必須超過 50%，因此握有較多股權的一方能擁有較多的經營控制權。在意見不合或是生意失敗的情況下，這種方式可能造成很大的問題。與其他的加盟連鎖方法比較起來，合資企業的潛在衝突更大，原因可能是不同的管理型態、多變的經商環境，以及對事業的控制所導致。比起區域加盟連鎖制度，加盟總部在合資企業中有更多的控制權，因為他們是夥伴關係；對加盟總部而言，主要的缺點是所獲得的利潤較低，而且必須投入的資金較高。

國際加盟連鎖制度的決策過程

一般的決策模式（**表 15.8**、**圖 15.3**）包含六大步驟。第一步是規劃國際加盟連鎖。在著手分析加盟連鎖方法之前，環境因素的徹底檢視是決策過程中不可或缺的第二步。在這個步驟中，要收集關於目標位址的政治、經濟、社會文化，以及與加盟連鎖相關的環境數據。第三步包括考量不同的加盟連鎖方法。下一步則是根據加盟總部的商業目標分析和評估加盟連鎖方法。在本步驟中，將每一種備選的加盟連鎖方法的好處列出排名，並分析選定位址的環境數據。必須考量的重要因素包括所在國裡：(1) 可獲得人力資源；(2) 加盟者的訓練需求；(3) 該國的政治穩定性；(4) 經濟活動的程度，以及加盟總部財務資源的可得性／可近性；以及 (5) 文化差異／隔閡。下一步是根據資料分析選擇最符合加盟總部需求的加盟連鎖方法。執行是決策過程的最後一步。進行環境審查以及職責的分派皆包含在最後一步。這種模式可以作為規劃與決策以及選擇進行國際加盟連鎖方法的指導方針。

環境因素評估

接下來的檢核表（**表 15.9 至 15.11**）列出在一個海外國家進行加盟連鎖之前應該要評估的環境因素。這些因素是由知名的加盟連鎖管理階層所選出，我們將它們製成檢核表或評分表。這些因素是由這些管理階層的人員根據重要性依序排出。這些表格的設計讓使用者可以選擇使用「✓」記號或是評分以及加入評註。

上述所有的因素都必須要根據所選定國家加以考慮。在根據企業目標謹慎評估完環境後，便必須要決定加盟連鎖的方法。可能跟一國的文化或宗教層面有關的因

表 15.8　政治因素評估檢核表／評分表

打勾✓	需考量因素	分數／評註
	商標的註冊與執行	
	國外加盟連鎖事業權利金的稅務事宜	
	外幣兌換的限制	
	關於加盟連鎖的政府法規	
	貨物與供應品進口的控管	
	政府的不穩定性與不確定性	
	政府干預商業的風險	
	進口關稅的限制	
	公平貿易以及與當地企業競爭的限制	
	在餐飲服務業缺乏有組織的勞工工會	
	缺乏政府社會計畫	
	國外公司可擁有土地	
	潛在加盟者成功的機率	
	房地產的成本與取得便利性	
	能夠找到當地的供貨來源	
	原物料的成本與取得便利性	
	處理外匯的波動	
	高度的經濟穩定性與經濟成長	
	影響加盟連鎖事業的商業氛圍	
	高稅率	
	薪資水準和最低薪資	
	與其他國家相比，通貨膨脹和利率的範圍	
	自然資源及財富增長	
	主要由出口所帶動的 GNP 快速成長	
	海外負債	

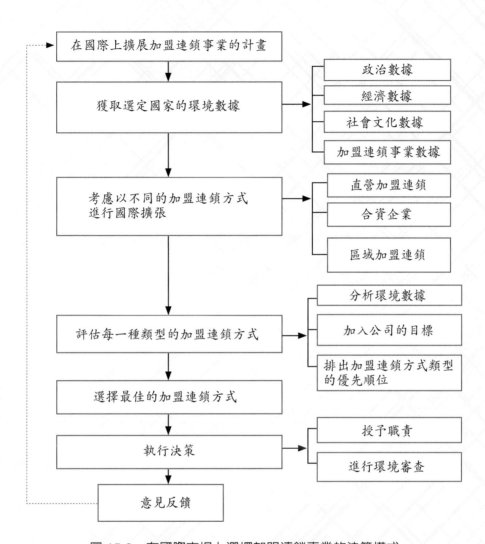

圖 15.3　在國際市場上選擇加盟連鎖事業的決策模式

素應該要列入考慮。就像本書之前所討論的，文化／宗教面向在海外的餐飲業扮演重要的角色。在決定要進入一個國家之後所需收集的實證資料有：

1. 人口成長的趨勢，尤其是目標族群。
2. 僑民人數眾多的國家有多少僑民人口。
3. 人口統計資料。
4. 該國的經濟狀況。
5. 來自當地與國外企業的競爭。

表 15.9　社會文化因素評估檢核表 / 評分表

打勾 ✓	需考量因素	分數 / 評註
	飲食限制（禁食牛肉、豬肉等等）	
	當地勞工的可得性	
	年輕族群的成長	
	有強烈的工作倫理與傳統價值觀的國家	
	克服文化 / 語言障礙的可能性	
	餐廳作為社會化場所的文化接受度	
	對英文和美國慣用語的熟悉度	
	高識字率與教育程度	
	進口關稅的限制	
	職業婦女人數增加	
	工作日 / 假日 / 假期的趨勢	
	快速成長的中產階級	
	個人可支配收入的增加程度	
	花在奢侈品上的金錢 vs. 花在必需品上的金錢	

6. 食物與菜單偏好的趨勢。
7. 行銷與促銷方式。
8. 法律層面以及當地與國際法令。
9. 日用品與設備的可得性。
10. 科技進步。
11. 基礎建設的變化。
12. 特殊的國際活動與節慶。

專利、商標與著作權

　　專利、商標與著作權會因國家而不同。加盟總部應該確認在他們計畫擴展加盟連鎖事業的所有國家和地區皆已註冊他們的商標。**專利**是一份正式的法律文件，賦予創造者在一段特定時間內製作、使用及販售一項發明的排他權。**商標**是一個獨特的標誌、箴言、圖樣、徽章，製造商將其附加在一個特定產品或包裝上，使它與其他製造商所生產的商品有所區別。**著作權**創設了書寫、錄製、演出或拍攝等創作的

表 15.10　加盟連鎖相關因素評估檢核表／評分表

打勾✓	需考量因素	分數／評註
	潛在加盟者的能力（專業知識與財務）	
	當地人口對於餐廳概念／產品的接受度	
	權利金匯回國的難易度	
	加盟者的可訓練性	
	支援加盟者的能力	
	專利權的保護	
	合理成本供應品的可得性	
	合格加盟者的可得性	
	控制加盟連鎖權的法律支持	
	財務誘因	
	目標市場的可能規模	
	其他美國加盟連鎖事業在該國的成功程度	
	菜單的適應性	
	觀光客人數的增加	
	國內的創業精神以及加盟連鎖事業的興趣	

所有權。在美國，一旦專利、商標和著作權在聯邦專利局註冊後，專利權人即享有法定專利期間內所有的權利，無論獲得專利權之產品是否生產或銷售。在其他國家，可能情況又不同。在歐洲，於歐洲專利局註冊專利比較容易，可以一次就完成指定國家的專利註冊。

　　我們建議最好事先就在欲展店的國家註冊商標和著作權。在某些國家，程序繁瑣且曠日費時。由於品牌名稱在餐飲加盟連鎖事業中非常重要，因此這項保護措施絕對有必要。提早註冊將有助於發現在該國是否已經有其他人有權使用該品牌名稱或是類似的品牌名稱。例如，馬來西亞在麥當勞進入該國之前，麥咖哩（McCurry）的品牌名稱就已經有人使用了。

　　假如希望採用區域加盟連鎖的方式，那麼加盟者應該要非常清楚該品牌的商標與著作權的保護。與區域加盟者所簽訂的合約是不同的，而且比跟國內的加盟者所簽的合約更廣泛，因為職責不同。我們非常建議向各國當地的律師尋求法律協助。保密與機密協議應該考慮該國法令所有的法律涵義後加以周密制定。

表 15.11　一個國家對於加盟連鎖事業之關鍵因素快速檢核表

打勾✓	因素	評註
	智慧財產權保護 對於商標、著作權，以及其他商業權利有無相關保護法規？	
	政府法令 1. 政府法令是否對加盟連鎖事業有利？ 2. 重要的法律適當嗎？ 3. 與人力資源相關的法律、關於加盟費、權利金等等的規定適合嗎？	
	政治穩定度 1. 現在與未來的政治穩定度如何。 2. 該國政治情勢對於商業有助益嗎？ 3. 該國的政治變化頻繁嗎？	
	貪腐與賄賂 在該國符合道德的行事做法普遍嗎？	
	政府介入 該國政府是否友善對待境外公司，尤其是加盟連鎖事業？	

經營議題

　　無論是否有區域加盟者，偶爾追蹤國際加盟連鎖事業是非常重要的。即便在某個國家的門市不斷增長，加盟總部都必須在新的區域發展新市場。這些都需要經常謹慎評估並且邊開發邊學習。持續不斷的監督、溝通、強化、訓練和輔導是不可或缺的。同時也應該考慮長期的策略與收益來源。進軍國際是一個長時間的決策，因此必須有效的規劃。

菜單策略

　　在國際上食物受到歡迎，有個重要因素就是某一特別的菜單項目的口味開發。不只是選定菜單品項，也要考慮每個品項的變化。麥當勞成功地做到這點，我們看到這家餐廳在不同國家發展出各式各樣修正過的菜單品項。菜單的修正必須經過細

心規劃以符合目標族群的口味。此外，菜單項目必須以標準化的品質穩定供應。消費者應該獲得與創始品牌相同的品質、口味及標準。策略性決策包括維持母國所使用的標準菜單，或是加以修正，以符合目標國家的消費者偏好，但不會改變品牌經驗。在菜單規劃時要考慮的重點包括：(1) 社會文化、宗教、飲食偏好，以及環境因素的考量；(2) 瞭解可能影響消費者選擇菜單項目的因素有哪些複雜的本質；(3) 認識不同國家民族之間的多樣性；(4) 調整菜單以符合不同的口味與偏好，但是仍保有品牌形象；(5) 瞭解影響因素會隨國家而異，即使是在同一地區；(6) 根據當地的競爭與市場擬定策略。在規劃菜單和發展菜單策略時所要考量的因素總結如**圖 15.4** 所示。

定價策略

菜單商品的定價策略會隨國家而異。事實上，菜單價格並沒有足夠的獲利空間。不過，考量到資源的成本及生活成本，價格必須要調整。舉例來說，由於生活開銷的差異以及當地幣值等因素，使得美國的菜單內容的價格無法在許多國家也一體適用。如果資源必須跨越國界長途運送的話，價格也一定會隨著特定國家的競爭情況以及運輸成本而不同。

一般而言，企業會使用兩種定價策略。一種是**吸脂定價法**（skimming price），源起於刻意試圖進入願意付出溢價的市場。在許多國家，美國餐廳品牌較受青睞，消費者也願意付出較高的價格。當一個受歡迎的加盟連鎖事業第一次進入某一個國家時，也會出現這種情況。**滲透定價法**（penetration pricing）即設定夠低的價格以

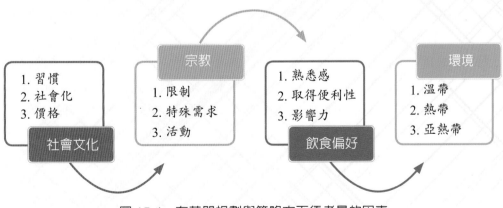

圖 15.4　在菜單規劃與策略方面須考量的因素

快速搶攻市占率。在餐飲業中不常使用這種方式，因為低價可能被解讀為虧錢。**價格搭售**（price bundling）意指提供指定的菜單品項，以一種套裝一種價格的方式供應。而**超值定價法**（value pricing）在餐飲業中很常見。超值定價法的做法是菜單上的高價商品只索取相當低的價格，以物美價廉的方式帶來忠實的顧客。換言之，它是以較低的價格銷售相同品質的商品來吸引大量具有價值意識的顧客。

大麥克指數是根據不同國家的大麥克價錢計算而得，用來比較價格平價（price parity），以及粗估一國幣值的強弱。這個指數的基本假設是任何國家的大麥克價格在轉換幣值後，應該要等於美國的大麥克價格。假如大麥克的價格（換成美元計價）高於美國的價格，那麼這個國家的幣值就是被高估了。相反的，假如換算後的大麥克價格低於美國的價格，那麼這個國家的幣值就被認為是低估了。該指數被經濟學家用來比較購買力平價（purchasing power parity, PPP）。**圖 15.5** 列出一些特定國家的大麥克指數。舉例來說，瑞士的大麥克價格是 6.8608 法朗或是 7.12 美元，然而在美國，一個大麥克的價格是 4.37 美元，因此法朗的幣值被高估了。與美國的大麥克價格比較後所產生的價差以百分比表示。瑞士的價差在本圖中顯示為正值。以印度為例，使用的是一個大君麥香堡的價格，因為在印度禁賣牛肉。在印度，一個大君麥香堡的價格是 100 盧比，相當於 1.67 美元，然而在美國，一個大麥克的價格是 4.37 美元。由於價格低於美國的定價，因此印度的幣值被低估了。值得注意的是，大麥克指數是以每日的幣值波動所計算出來的。

幣值波動

在全球市場，幣值波動是無法預期的現象。這些波動使得設定價格或是預期獲利變得困難。每個加盟連鎖事業受到幣值波動的影響程度各不相同。這要看跨越國界所進口的資源和商品而定。舉例來說，有些加盟總部需要特定型態的原料，從某一特定國家進口，譬如起司。另外，在該國當地的產品或許不能夠符合加盟連鎖事業的需求。另一個幣值波動的問題是將資金轉入企業。有時候某些國家限制將貨幣轉出境可能是個問題。另外物價上漲是個嚴重的問題，尤其是當大幅攀升的物價變成常態時。食物價格的飆漲很常見，因此餐飲業一直要去面對成本波動的影響。另外，在菜單項目中要使用許多原料，而且有幾種容易變質的產品必須成批購買。

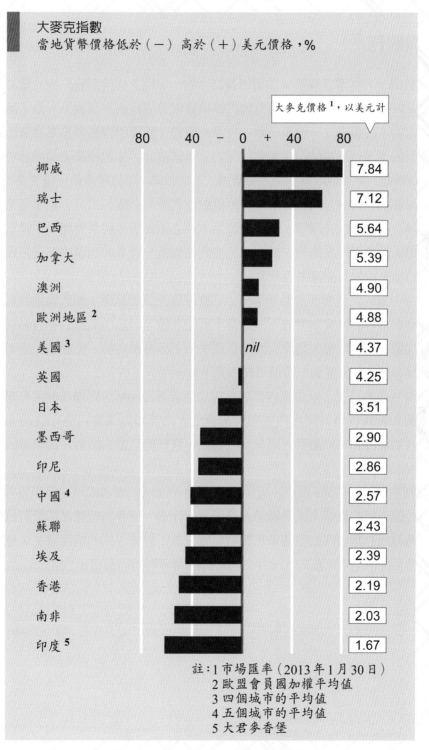

圖 15.5　在特定國家的大麥克指數

資料來源：McDonald's; The Economist

支援與服務

　　一旦跟一名加盟者或區域加盟者簽訂合約,提供支援與服務的模式就必須被執行。作業流程、訓練,以及行銷有效的轉換變成首要任務。事實上,為了讓加盟連鎖事業成功,必須建立一連串有效、持續的溝通。國際加盟連鎖事業需要比國內或是區域型加盟連鎖事業付出更多的注意力。有鑑於此,加盟總部必須細心規劃,尤其是訓練課程。在不是以英語為主要傳播工具的地區,語言變成是一個主要的擔憂。如果採用區域加盟的方式,那麼應該提供給他們所有必要的工具,那麼從第一天開始就能執行有效的訓練課程。區域加盟者本身必須先學習經營管理,並購買這家公司的股份,然後應該要能夠安排訓練其他的加盟者。許多的加盟總部在拓展加盟連鎖事業的地區皆設有訓練中心。

　　需要考量的其他層面是營運手冊。它應該要先經過翻譯,如此當地的加盟者才能夠遵守指示。而且文字對於不同人有不同的意義,因此所使用的專有名詞應該要讓國外加盟者容易理解。翻譯有助於營運手冊更容易被理解。由區域加盟者來執行這項任務可能比較有幫助,否則可能所費不貲。

　　隨著科技的進步,以企業內部網路跟加盟者溝通和解決問題是非常有幫助的。營運手冊和影片也可以使用內部網路來傳送。內部網路確實可強化立即支援的感覺,以及加盟總部和加盟者之間有效的溝通。良好的互動網絡對於加盟連鎖事業的成功不可或缺。

　　在初步階段,由總公司派一組專業團隊參訪區域加盟者或是次級加盟者有其必要。有一個直接的聯絡人或是聯絡處是明智的作法。許多加盟總部都設有國際關係主任來處理所有跟國際加盟連鎖相關的問題。為了避免混亂的情況發生,應該要有見識廣博且瞭解國際商務的人士作為與海外加盟者聯絡的窗口。

→ 個案研究

紅辣椒美式餐廳：美國國內與海外

美國國內

　　有些休閒餐廳連鎖店，譬如擁有 1,557 家門市的紅辣椒燒烤啤酒屋（Chili's Grill & Bar）將科技的應用視為變得「比休閒速食店更快速」的一種方法。紅辣椒所預想的技術包括顧客在網路上下單，並且知道客人什麼時候會到達餐廳，當客人一到餐廳，他們就會把食物送到車上。他們現在的營業額大約有 10% 是外帶，而且該品牌預計外送和外帶營業額都會增加。紅辣椒的外送服務至少要滿 125 美元，而且主要是針對公司行號、教會或是學校活動。這家公司將外送訂單視為附加的收入來源，而且是利用廚房在離峰時段的「閒置產能」，譬如在早上 10:30 到 11:15，或是下午 4:30 到 6 點（Ruggless, 2014）。

　　另外，該品牌推出以桌上型的平板電腦點餐和付費，因此使得這家連鎖餐廳比休閒餐廳和休閒速食業的競爭對手更具優勢。有 35 至 40% 的加盟連鎖餐廳也開始使用平板，後續可能還有更多餐廳開始仿效。紅辣椒估計 10 個客人中有 8 至 9 個會使用這項裝置，而且將近 60% 的客人使用平板電腦來付費。愈來愈多顧客使用也使得餐廳的翻桌率更加快速。平板可以讓員工更快獲得顧客的回應，並增加電子郵件的註冊，因此這家連鎖店能夠更直接對顧客做行銷（Jennings, 2014）。桌上的電腦螢幕接受信用卡付款，也可以讓用餐者玩電動遊戲。在紅辣椒餐廳，這些螢幕基本上是將平板電腦嵌入一個堅固的基座上，並載入圖片和菜單，以及信用卡刷卡裝置和遊戲，只要付 99 美分就可以玩。到餐廳用餐的人坐在這張科技桌前往往會花更多錢，因為當螢幕出現甜點和咖啡時，他們通常會加點。甜點的圖片會在他們吃主餐的中途從螢幕上冒出來，這時人們正開始思考他們接下來要吃什麼。在試驗期間也發現到甜點的銷售量增加了將近 20%（Nassaeur, 2013）。

位於美國的紅辣椒燒烤啤酒屋。

（照片由布林克國際有限公司提供）

位於中東的紅辣椒快餐店。

（照片由布林克國際有限公司提供）

2013 年，紅辣椒趁勝追擊，再推出新的烤焗餅以及促銷新口味的披薩。該公司發覺到消費者對於新產品烤焗餅的反應相當正面。在試驗期間，該公司發現跟披薩比起來，烤焗餅受到更多女性的青睞。只要修改全連鎖店的「未來廚房」程式就能讓客人看到這兩種新的菜單選項，為紅辣椒提供了很好的邊際利益（Ruggless, 2013c）。

海外

就國際商務而言，瞭解加盟者和他們的市場是非常重要的事。2013 年，紅辣椒有 285 個國際據點。紅辣椒對於每個市場都有不同的行銷時間表，因為不同的國家有不同的目標族群和時間分段。譬如在沙烏地阿拉伯，紅辣椒服務的對象是高端的消費者，而不是像在美國，服務中產階級的客人。國際據點的出現也用來生產與測試在美國出現的想法。「未來廚房」的概念在美國的餐廳正式推出之前，已經在海外餐廳「玩」了好幾年（Ruggless, 2013c）。2013 年，紅辣椒已經跨足國際市場超過 20 年，他們繼續尋找房地產和勞工成本較低但供應鏈完善的地區。紅辣椒的全球門市集中在墨西哥，有 91 家門市，而在中東有 78 家。他們現在計劃進軍巴西與哥倫比亞。紅辣椒在國際市場仍有許多成長的機會，因為在金磚四國（BRIC）只有 7 家門市，1 家在巴西，2 家在蘇聯，4 家在印度，中國並無分店。該公司著眼於高成長的新興市場，譬如印尼、哥倫比亞、南韓、越南，以及土耳其（Ruggless, 2013d）。

當加盟連鎖企業進軍海外時，有各種不同的合作方式，包括產品與服務在內。舉例來說，總部設於沙烏地阿拉伯的冰淇淋公司 Freshi 簽署了一份協議，將在中東和北非各地展店。Freshi 在吉達（Jeddah）開設了第一家工廠，並且跟 Amer 集團簽訂區域加盟連鎖合約，在埃及、阿拉伯聯合大公國、卡達和巴林發展「冰棒」品牌。根據本合約，大約有 65 家 Freshi 分店開在這些國家。根據本合約所開設的第一家店位於埃及。Amer 集團在埃及、沙烏地阿拉伯和敘利亞共經營了 54 家不同品牌的餐廳，其中也包括紅辣椒在內（Sambidge, 2012）。

布林克國際公司（Brinker International）是一家休閒餐飲公司，掌管紅辣椒餐廳的海外加盟連鎖授權事宜。他們一般的國際核准流程（Brinker.com）包括以下步驟：

1. 資格預審：完成加盟意向表。
2. 資格審查：完成申請書、經營企畫書、背景調查及財務審查。
3. 經營面談與市場考察：布林克將視察現有的營運，經營經驗並分析市場。
4. 參訪布林克總部：來到布林克總部與支援的公司人員面談。
5. 簽訂發展與加盟連鎖合約。
6. 加盟連鎖經營支援培訓、品牌定位與品牌融合：深入檢視每一家餐廳如何獲得支援，以及瞭解該品牌連鎖事業各方面的資訊。

結論

　　本個案研究目的是證明在經營、產品介紹，以及科技應用的差異性。在此要特別強調國際市場有時候也被用來測試和嘗試新產品。另外，有些在海外市場賣不好的產品或許在國內市場會大賣。市場與消費者的型態會隨著國家而有所不同。就像本案例中所提到的，紅辣椒在海外將目標鎖定在高收入的消費者，但是在美國市場就未必相同。

行銷與廣告：管理品牌權益

購買一個加盟連鎖事業讓你獲得使用這家公司的名稱或品牌的權利。
這個名稱知名度愈高，愈可能吸引顧客上門。

 前言

　　隨著人們對於餐飲連鎖事業的興趣日增，加上餐飲連鎖事業的數量愈來愈多，行銷顯現出至關重要的角色。行銷背後最基本的概念就是人類的需求與慾望，而食物是滿足基本生活需求不可或缺的要素。顧客的需求與慾望透過市場提供的食物獲得滿足，其中餐飲加盟連鎖事業扮演一個主要的角色。餐廳的行銷與其他產品或服務的行銷完全不同。餐廳提供一個具體和抽象層面的獨特組合，這兩者必須要同時被銷售。銷售產品相對較容易，但是銷售服務則極度困難。除了要富有創意提供產品與服務外，餐廳行銷人員必須建立營利的顧客關係。因此顧客忠誠度與維繫變成行銷中基本的一環。如同前幾章所述，服務行銷的特徵包括抽象性、不可分割性、易變性及不可儲存性。將這些因素全部加總起來，加盟總部不只必須向外部顧客銷售，也要向內部顧客銷售，譬如加盟者。由於在管理品牌權益時，行銷與廣告扮演重要的角色，因此有必要先瞭解關於行銷最重要的定義。

 定義

行銷

　　根據美國行銷協會（American Marketing Association）的定義，行銷就是創造、溝通、傳送，和交換對顧客、客戶、合夥人以及整個社會有價值之提供物的活動、機制與流程。

行銷研究

　　根據美國行銷協會的說法，行銷研究是透過資料將消費者、顧客、大眾與行銷人員產生連結的功能。這些資料是用來確認和定義行銷機會與問題；啟動、改善和評量行銷行為；監督行銷績效，以及更加瞭解行銷是一個過程。行銷研究詳細說明處理這些問題所需要的資訊、設計收集資料的方法、管理和實施資料收集的過程、

分析結果，以及傳遞研究發現及其意涵。

行銷學的 7P

　　傳統的行銷組合是由產品、通路、推廣與價格所組成。數十年來，行銷專家使用這些要素來做決策和行銷企劃。這個行銷組合意味著所有的要素之間存在著相關性和相依性。顯然，在服務領域中，有一些要素同樣相互依存，而且更為重要，但是並未被包含在這些要素中。雖然這四個要素極為重要，但是當考量到服務領域時，則有必要修正這個行銷組合。由於服務是無形的，有時會由服務的人員同時生產和遞送，因此還有其他重要的因素。舉例來說，餐廳裡的櫃檯人員或是服務生也參與行銷。同樣的，食物製備和服務的過程藉由它們所展現的方式也成為行銷工具。此外，餐廳的氛圍以及服務的風格也是行銷要素。有鑒於以上種種因素，行銷研究人員建議一套適用於服務的延伸組合。這個組合經過測試發現，在傳統的行銷組合之外有用的擴展。因此，行銷組合從原來的 4P 變成 7P。另外加入的三個要素為人員、流程及有形展示。**表 16.1** 顯示適用於餐廳服務的延伸行銷組合，並舉例說明每一個要素所包含的內容。

表 16.1　適用於餐廳的 7P 模型及內容範例

產品： 食物、包裝、生產、品牌推廣、品質、配件		通路： 地點、曝光、門市、倉儲、交通運輸、收貨	推廣： 廣告、促銷、宣傳、網路應用、誘因	價格： 價格水準、折扣、折讓、彈性、期限、差異性
人員： 員工、人資、顧客、訓練、教育	有形展示： 餐廳設計、菜單板、招牌、氛圍、制服		流程： 活動流程、服務程序、顧客管理、輸送系統、展現	

> **這個行銷組合意味著所有的要素之間存在著相關性和相依性。**

產品

　　產品是實際銷售的商品。在加盟連鎖體系中，產品是由加盟總部根據餐廳的概念來設計與定義。然後將這個產品提供給加盟者，再由加盟者將其提供給消費者。

通路

通路係指消費者在何處以及如何買到銷售的產品或服務。加盟總部會協助加盟者選擇餐廳地點或是核准加盟者所選擇的地點，或是至少建議地點選擇的標準。一個方便的地點，若具備高能見度、良好的招牌，以及容易到達等條件的話通常可降低廣告費用。

價格

價格係指終端使用者會花多少錢購買產品。加盟總部會建議售價與特別折扣。建議的價格包括彈性空間、價格搭售、折扣、折讓、期限，以及影響餐廳菜單定價的所有其他面向。

推廣

推廣是讓潛在和現有顧客注意到產品或服務的各種方式。它包括如何影響顧客的選擇，以及如何發展顧客的忠誠度。加盟總部一般會為本身的加盟連鎖事業設計廣告與宣傳活動；不過有些則是由加盟者根據當地的活動與需要來設計宣傳活動。

人員

人員包括在餐廳工作的所有人，也可以將顧客包含在內。員工的態度和行為、訓練、外貌儀容全都變成服務的內容，而且會影響顧客的觀感和滿意度。人員在餐飲業中是非常重要的因素。在提供服務以及顧客滿意度方面，人員因素扮演一個非常關鍵的角色；另一方面，顧客也可能影響其他顧客。

有形展示

有形展示係指提供服務的環境以及用於創造現場環境和呈現氛圍的因素。服務領域的挑戰之一，就是以有形的方式呈現無形的面向，特別是餐飲服務業。因此有形展示在促進這個面向時即派上用場。舉例來說，菜單板、裝潢所使用的色系、座位的安排、員工制服、小冊子、印刷菜單，甚至公司網址都可以提供服務的有形展示。有形展示可以用來傳遞關於品牌以及餐廳所提供的服務品質一致和強烈的訊息。每一個面向 —— 從餐巾紙的設計到座位安排，從洗手間的整潔到設備與招牌的外觀 —— 全都是服務品質的有形展示。

> 服務領域的挑戰之一，特別是餐飲服務，就是以有形的方式呈現無形的面向。

流程

流程包含與餐廳作業相關的所有程序。活動流程以及服務輸送的程序是這個要素的一部分。餐廳裡有些活動是在顧客面前執行的，這是與製造業不同之處，顧客在製造業中可能從未目睹整個過程。一家餐廳的作業流程可能本身即被視為是行銷要素。這就是為什麼許多餐廳的廚房採取開放式或是可看見的原因：如此一來，顧客可以看見食物製備的過程。譬如賣餅乾或是包含特殊流程的加盟連鎖店經常會公開展示流程。

一個成功的加盟連鎖品牌應該要考慮所有的 7P，不只是為了行銷，也為了策略的目的。假如行銷組合所有的要素都規劃完善，那麼品質便顯而易見，顧客滿意度也將跟著提高。假如這些 P 未能謹慎調整，那麼顧客或許不會認為這是個有品質的品牌。這些要素對於加盟總部和加盟者而言都很重要。加盟總部在設計加盟連鎖餐廳的藍本時，應該要仔細考量以上所有的要素。

 # 行銷與加盟連鎖體系

一名潛在加盟者在考慮一個加盟連鎖事業時所尋找的其中一個好處就是利用品牌名稱獲得豐厚投資報酬的可能性。加盟總部依照已設定的標準和商定的規則讓渡使用品牌名稱的權利。另一方面，保護品牌以及提升品牌價值是加盟總部的責任。因此品牌名稱對於加盟總部和加盟者雙方而言都很重要。7P 的成功端視加盟總部和加盟者在共同維護和提升品牌名稱方面合作的程度而定。

服務品質的組成包括可靠性（reliability）、反應性（responsiveness）、保證性（assurance）、同理心（empathy）和有形性（tangibles）。這些變項是服務品質的組成要素。服務品質與餐廳所供應的產品融合在一起。有時候就餐廳的情況而言，很難去區分服務與產品的品質。產品和服務結合的呈現即能給予顧客對於品質的觀感。顧客觀感也會受情境和人員因素的影響。當一名顧客感受到品質，接著又會轉而形成顧客滿意度。令人印象深刻或是持續的顧客滿意度則會造就顧客忠誠度。由於將此過程具象化很重要，因此以圖 **16.1** 來顯示。

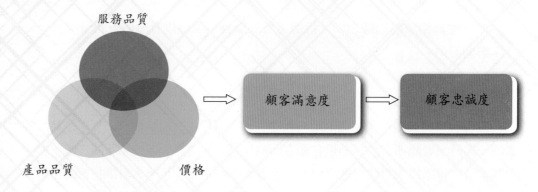

圖 16.1　服務品質、產品品質以及價格如何形成顧客忠誠度

　　為了建立或是維持可形成顧客忠誠度的優質服務，應該將所有的面向都加以考慮。服務也要看所謂「關鍵時刻」的特殊經驗。在餐廳服務中，每一次的接觸都很重要。事實上，服務接觸在顧客出現在實際的服務現場之前就開始了。第一次的接觸或許是在網路上瀏覽該公司網站以瞭解這家餐廳。如果線上接觸操作方便、速度快捷，沒有技術上的小缺失，而且也提供充分的資訊的話，那麼這個經驗便是愉快又正面的。相反的，假如這個接觸的任一面向是困難或是不愉快的，那麼該名顧客或許不會再造訪。顧客可能體驗到的正面接觸包括尋找方便的地點、充裕的停車設施、熱情好客的業者，以及愉悅的氛圍。當規劃一個加盟連鎖概念時，這些類型的經驗全都應該加以考慮。而且一個不愉快的接觸可能或破壞一連串正面的接觸。舉例來說，假如一名顧客在吃完美好的一餐後摔了一跤，那麼這名顧客或許最後會認為整個過程並不是非常的正面。因此業者應該要周全設想一名顧客的接觸點，而且應該要以能促進顧客滿意度的方式來規劃每一步驟。這些接觸可以被稱為遠端接觸（就像造訪網站或是停車的情況中）或是面對面接觸。

有形展示與顧客滿意度

　　服務場景（servicescape）是用來描述提供服務，以及賣家與消費者互動的整個環境，再加上可以有助於促進績效或是傳送服務的有形面向。在設計服務場景時，必須考量有關心理學和人因工程學的人性面。這層考量的對象應該同時包括員工與顧客。服務場景本身是行銷點，而且也具有加強品牌辨識的功能。服務場景就像是

一個產品的包裝：它將這個事業所有的元素包裝起來，呈現在顧客面前。加盟總部和加盟者應該判斷要開發產品的包裝時該考量多少事情。同樣的，整個事業概念的包裝也應該要有一樣多或更多的考量。事實上，服務場景有助於流程；舉例來說，它將有助於顧客、員工以及設備的動線。一間設計周全的餐廳可以讓顧客獲得滿意的服務。事實上，許多消費者都在尋找一個令人愉快的經驗，尤其是對於內用的用餐區。就加盟連鎖事業而言，由於服務場景在很多不同的地點重複出現，因此設計時將與服務相關的各個面向考慮在內就變得加倍重要。就許多加盟連鎖事業而言，大多數的重點都放在設備與設施的規劃上，卻比較少從顧客的觀點用心去營造環境的面向。一個優良的設計會去設想顧客在許許多多的情境和心情下使用這些設施的情境。

> 在設計服務場景時，必須考量有關心理學和人因工程學的人性面。這層考量的對象應該同時包括員工與顧客。服務場景本身是行銷點而且也具有加強品牌辨識的功能。服務場景就像是一個產品的包裝：它將這個事業所有的元素包裝起來，呈現在顧客面前。

根據上述的討論，顧客也會到餐廳從事社交活動，這點也應該要考慮進去。這種社交活動涉及顧客與員工。舒服的沙發椅、餐桌、使用網路，以及可為手機充電的門市都是鼓勵顧客待久一點的服務案例。當然，這些設施要依公司的型態而定，但是只要這種服務有其必要，便應該予以適當考慮。

服務與服務場景也會使得品牌與眾不同，並顯示服務提供者與其競爭者之間的差異性。就算是一個獨特的面向也可能凸顯服務品質。例如，在炎炎夏日提供免費的瓶裝水可能就是與眾不同的服務。即使是免費的無線上網也可能對於品牌和品牌辨識產生正面的影響。同樣的，服務的風格以及容易取用像是餐巾紙、調味料或是飲料等商品，也可以使得服務高出競爭對手一等。

最後，服務場景可能會影響顧客的情緒以及他們的行為。顏色、裝潢、音樂、氣氛，以及服務人員都可能引起客人的情緒反應。有些顧客會因為在特別的餐廳曾經有過令人懷念的經驗而再次上門。這並不代表這些面向只有高級餐廳才具備，只要具有這些特質，即使是加盟連鎖店，人們也會受到感動。有些時候顧客會極度希望在他們所在之處能夠造訪某家他們喜歡的品牌速食餐廳，但是卻找不到。也有些客人可能會不喜歡加盟連鎖餐廳吵雜或是吸菸的環境，或者是他們不喜歡通常會光顧加盟連鎖餐廳的某一特定顧客群。

餐廳設計中人因工程學具有一定的重要性。這個學門是研究人類的行為、能力、限制和其他特性，並依此設計符合人類需求的設施與設備，以達到舒適的目的。舉例來說，椅子和沙發應該要剛好符合一般人平均體型的身材輪廓。這層考量應擴展至座位、燈光、門把、通道、扶手，以及所有其他與人體工學和動作相關的面向。而且也應該考量年齡和身體狀況的差異。此外，品牌名稱、招牌、標誌、人工製品以及顏色均可營造出部分的實體環境，這些元素對顧客而言具有明顯和固有的意涵，它們不只使得出入口和動線更加便利，也是服務品質的展現。

一旦清楚瞭解服務場景的角色，那麼加盟總部在考量所有相關面向時，規劃加盟連鎖事業的概念和原型就變得很重要。事實上，一旦加盟者瞭解在設計他們的服務場景之際所有須考慮的重點時，它便能成為加盟者的一個賣點。

行銷服務

在行銷服務時，應該將服務的屬性和服務品質列入考慮，包括內部與外部的行銷。**內部行銷**與服務提供者有關，而**外部行銷**則涉及顧客以及其他的客人。這兩種行銷在遞送產品與服務方面均不可或缺。多數情況下，內部行銷不如外部行銷那麼受到重視。就如同在前述討論中所見，服務端視服務提供者而定。假如服務提供者本身都不滿意，要如何期望客人會獲得滿足呢？人力資源研究證明，員工滿意度、顧客滿意度以及獲利三者之間有直接關聯。

廣告

根據加盟連鎖合約，加盟者須上繳總營業額某一比例給加盟總部作為廣告之用，或者由加盟總部所成立的基金帳戶中支出。這筆款項被用於設計、開發，以及用於具成效的廣告和宣傳方法。目的是要對於品牌和整個加盟連鎖體系有益。加盟總部運用這些款項來創造和製作廣告素材，譬如平面廣告、廣播廣告、網頁廣告及電視廣告。有了來自於所有加盟者的集資，這筆資金使得企業得以使用最新科技，這可能是個別的加盟者不太可能做到的。加盟總部也盡力採用最佳的媒體來推動廣告，希望能夠傳播得更廣更遠。加盟總部也可以為餐廳製作菜單、小手冊、傳單，

以及其他的展示品。他們也利用價格合理的最新技術來做廣告。由加盟總部所設計的識別標誌必須適當的運用在廣告宣傳中。

加盟總部利用這筆資金所提供的另一個重要的利益是公共關係以及參與社區和慈善活動。加盟總部也要設計譬如常客專案這類的忠誠計畫。同時也要安排像是發送禮物卡以及特別節日的行銷等特殊活動。加盟總部也必須建議以特殊價格作為特別促銷。在貿易展及大型活動中，加盟總部應設立攤位以提高品牌能見度。顧客關係管理是加盟總部負責的另一項活動。

加盟總部受委任將加盟者所提供的資金用在經認可的廣告目的上。為了做到公正客觀，許多加盟總部會組織一個廣告諮詢委員會（advertisement advisory council），該委員會的功能是提供關於如何運用廣告經費的意見，以及針對廣告和宣傳提出有創見的建議。加盟總部必須向加盟者清楚說明這些資金的用途，並且製作財務報表以方便加盟者隨時檢視。

廣告經費往往變成加盟總部和加盟者之間的爭執點。由於加盟店所在地互異，加盟總部所提供的廣告達到的效果可能不如預期。加盟者有時認為加盟總部的廣告並未觸及他們的顧客。另一方面，有些加盟者可能認為他們的生意夠好了，並不需要加盟總部提供的額外廣告。此外，加盟者可能發現他們的顧客需要根據地點和特殊活動所製作的客製化廣告。加盟總部有時會在這類特殊的情況下提供特別的股票型基金給加盟者認購。

有些加盟者為了專注於當地市場的廣告會成立自己的區域計畫或是合作計畫。因為每個地區競爭的狀況可能不同，這樣的安排或許對雙方都有利，而一般會按照地理區域來劃分。某個地區的加盟者可以為了廣告的目的而集資。不過，這類特殊的作業方式必須先經過加盟總部的同意，或者加盟者與加盟總部之間必須先取得共識。無論如何，這裡的重點是加盟者要將經費用在廣告和品牌推廣上。

廣告和宣傳需要加盟者和加盟總部共同來規劃，從而鞏固品牌。幾乎所有的加盟總部均設有行銷部門可提供標準的行銷資料。這些經過專業規劃的資料可供加盟者使用。假如加盟者想要執行自己的行銷計畫，便必須事先取得加盟總部的同意。

行銷企劃

規劃周全的廣告和宣傳對品牌名稱將有所助益。有時候在地的加盟者會將他們的行銷工作與加盟總部全國性的廣告相結合，因此相互補足，並增加行銷工作的效率。一個規劃周詳的行銷企劃不外乎考量季節的變化、在特殊活動期間進行促銷，

以及認真看待競爭對手。行銷企劃對於新的加盟連鎖事業是必要的。這些企劃乃根據市場區隔與市場定位來規劃。傳達產品的好處非常重要，因為這是消費者最關心的事。行銷企劃包括全面性的 SWOT〔優勢（strengths）、劣勢（weaknesses）、競爭市場上的機會（opportunities）和威脅（threats）〕；分析市場定位、定價、配銷，以及其他的策略性議題。所有的行銷工作應該將焦點放在消費者身上，並且以容易理解和可接受的模式傳達給消費者。內部行銷（針對員工）以及外部行銷（針對消費者）都很重要。選擇適當的管道配銷至目標市場也是關鍵要素。隨著科技的進步，可利用的媒體數量不可勝數。就有效性和影響範圍而言，每一種都有其優缺點。

 ## 廣告與宣傳媒體

直接郵件

直接郵件是直接向潛在消費者傳達訊息非常有效的方法。大宗郵件的優點有助於接觸特定的目標市場，並根據人口特徵進行調整。信件可以直接寄給個人，也可以轉換成他們的母語。缺點是大宗郵件所涉及的費用。當銷售特定產品到選定的市場時，可優先考慮採用大宗郵件。郵件名單的質與量會影響此方法的有效性。有一些機構專門販售個人及企業的通訊地址，也有專業的機構根據合同協助規劃郵件。

報紙與雜誌

報紙與雜誌可定期接觸到讀者，因此重複出現的廣告有助於確保廣告可獲得特定讀者群的注意。其優點包括存在好幾種選擇和種類。這類出版品的影響範圍非常廣泛，而且對於品牌辨識度和知名度有所幫助。報章雜誌的廣告可傳達豐富和詳細的訊息。有些出版品鎖定當地市場，因此在地方性的刊物上刊登廣告意味著這是當地和以社區為主的生意。色彩的運用可增添廣告的視覺吸引力。缺點則包括廣告成本高昂，而且廣告可能傳播至不在目標市場內的其他人。廣告的有效性也取決於廣告出現在刊物的什麼地方。隨著網際網路日益普及，許多加盟連鎖業者已不如以往那般普遍使用報紙廣告。

因為出版刊物不計其數，因此選擇可接觸到特定目標群眾的出版品就可能是個挑戰。選擇正確的出版品將省下相當多的時間與金錢，而且應該提供不錯的投資價

值。欲尋找有效的刊登廣告地點，有個方法就是看看競爭對手在哪裡刊登廣告。而且報紙也會提供他們所涵蓋區域的資訊，這些是影響範圍的指標。雜誌仍然受歡迎，它們擁有忠實的讀者群，即便它們不是每日出刊的出版品，也應該考慮將其用作廣告媒介。

報紙廣告是以篇幅大小來計價。費用會隨著刊登時間長短和頻率而有所不同。廣告的位置也會影響可見度。廣告的刊登 —— 在頭版或是末頁、在每頁的左邊或右邊、在新聞版或體育版，以及彩色或黑白 —— 這些因素全都會影響廣告的有效性。另一個普遍的廣告方式是放夾報在報紙或雜誌中。這種方式的費用可能比較高，但是或許效果比較好。當使用夾報時，可以加上折價券和截角。這些摺頁可以設計成詳細傳達品牌以及以吸引人的方式呈現品牌。當報紙被丟棄時，夾報比較可能被保留下來。

路牌與廣告看板

路牌與廣告看板是非常有效且受歡迎的媒體。當消費者開車時，路牌會吸引他們，尤其是在高速公路上。路牌與廣告看板可以規劃設置於店面附近，用以吸引顧客上門。有一些高速公路的路牌會列出好幾個餐飲和住宿地點。由於競爭者可能會被列在這些路牌上，因此一家公司不能錯過出現在這些路牌上的機會。在熱門的公路上，路牌可不斷提示用路人這家公司以及所提供的促銷。這些路牌也可建立品牌形象和忠誠度。基於它們的有效性，可證明是一個非常值得的投資。缺點包括它們可能所費不貲，而且傳達訊息的空間有限。它們也需要適當的設置與可見度，譬如適當的高度和適宜的照明。此外，未行經公路或是不開車的消費者可能看不到路牌廣告。要考慮的重點還有地點、車流量、車流的類型以及車流的方向。路牌與廣告看板的原則是訊息簡短、一目了然，以及能達到預期效果。路牌與廣告看板上的文字與圖案的大小也應該加以考慮，因為它們必須讓開車的人以最低時速駛經招牌位置時能夠看得見。像停止標誌以及公車站牌的位置或許就很合適。天氣狀況也須考慮進去，路牌所使用的材質和油漆應該要持久耐用。

廣播

廣播的優勢是可接觸到「被俘虜的聽眾」（captive audience）。許多人都是在開車時聽廣播。選擇在熱門的電台播放廣告勢在必行。就特定的消費者而言，電台

的評等和受歡迎的程度是重要的考量。由於電台廣告的時間有限，因此訊息必須精準和有效。電台廣告的價格會隨著一天當中不同的時段以及播送的頻率而有所差異。一個電台受歡迎的程度有時要看該電台的特性與立場而定。

電視與有線電視

電視，尤其是當地的有線電視，在全世界都很普及。電視上的影像和廣告可能對觀眾產生長期和持續的影響。色彩的使用、影像、聲音、動作，以及後製都應具有創意，而且在短時間內就能夠傳送到眾多的觀眾面前。當地的有線電視頻道可經常性地接觸特定的目標觀眾。其缺點包括較高的製作成本和置入成本，而且電視廣告的影響範圍也有限，端視選擇的時段而定。這些廣告可能非常有競爭力，而且所費不貲，尤其是在特殊場合，像是超級盃、運動賽事、選舉、節慶和活動期間。選擇電視台可能是一個考驗。有一些評比可以讓人們知道所選擇的頻道受歡迎的程度。將選擇縮小到目標群眾可能有難度。全國性的聯播網通常會提供時段給地方電視台播放當地的廣告。雖然加盟總部可能會採用全國性的聯播網，但購買地方電視台的廣告時段對加盟者會比較有利。

公共關係與宣傳

公共關係與宣傳提供一些最好且惠而不費的廣告形式。因為有客觀第三方的參與而更具可靠性。將具有正面影響力的故事當成一則新聞播出。這些故事可增加企業的商譽、增加來客量、讓目標消費者看到你的事業，而且證明對事業是有益的。加盟連鎖事業開幕前和開幕活動可以因為這類廣告而受惠。加盟總部發布的新聞稿可吸引公共關係媒體的注意。周詳規劃新聞稿，邀請新聞記者到活動現場，並且發展關係是非常重要的考量。推出一個新品牌或是一個現有品牌的改變應引起公共關係媒體的注意，所以要盡力吸引他們的目光。在新聞稿中加入加盟連鎖經營者的發言可能也有助於吸引公關媒體對該餐廳的注意。

> 一個品牌的價值最終會停留在消費者的心中。若消費者的反應良好，那麼我們可以說一個品牌擁有以顧客為本的正面品牌權益。

管理品牌權益

　　加盟連鎖事業最主要的好處之一就是品牌識別、形象及品牌權益。一個加盟連鎖事業的獲利、好評以及支撐力取決於品牌有多強大。創造、維持、增強及保護品牌是行銷以及加盟連鎖事業要成功最重要的面向。加盟總部對於瞭解與品牌相關的所有面向要非常的敏銳。為了獲得成功，加盟總部和加盟者同樣都有責任保護品牌價值。老字號的品牌，譬如麥當勞、肯德基、達美樂披薩，以及許多其他的品牌名稱皆享譽全球。就消費者而言，顧客忠誠度取決於品牌。因此瞭解從品牌的創造到保護、維持和經常性的增強等等每一面向都必須投注心力是非常重要的。

　　美國行銷協會為「**品牌**」所下的定義為（2014）：「品牌為名稱（name）、專有名詞（term）、標誌（sign）、符號（symbol）、設計（design）或是以上的組合；其目的是為了確認一個銷售者或一群銷售者的產品或服務，不至於與競爭者之產品或服務發生混淆。」在餐飲加盟連鎖的情況中，品牌同時代表商品及服務。餐廳品牌同時代表有形和無形的面向。在餐飲加盟連鎖中有些品牌已經營運了數個世紀，而且建立了獨樹一格的商標。全世界的人都認得麥當勞的金色拱門和肯德基的識別標誌。因此，消費者對於一個品牌的認識是視覺的，主要是聯想到識別標誌或商標。雖然品牌對加盟總部或加盟者而言是重要的，但是它所具有的意義卻遠超過消費者的認識。

　　對於消費者而言，品牌等同於產品和／或服務的製造商或是生產者。他們一開始是藉由經驗知道這個品牌，然後重複造訪，最終發展出對一個品牌的忠誠度。品牌也表現出品質、責任和擔當。它們也有助於顧客做決定和減少風險。消費者發現一旦他們對自己的經驗感到滿意，那麼無論是在哪一個地點，在這個品牌消費就會感到安心。享譽國際的餐飲加盟連鎖店所傳遞的是其產品與作業品質，由於一個加盟連鎖體系有形和無形的面向皆大同小異，因此可從品牌來辨識。品牌忠誠度所包含的不只是重複購買產品或服務。如果沒有其他的替代品牌，或者這家餐廳方便到達，客人才有可能重複購買。即使有其他替代品牌，但顧客仍有強烈的購買意願，那就是真正的忠誠度。另外，品牌也變成與其他競爭者相比較的工具。事實上，無論競爭者如何努力要去仿製老字號品牌的某項產品和服務，忠實顧客就是能夠清楚分辨不同的品牌，例如他們能夠分辨不同加盟連鎖店所販售的漢堡口味。忠實顧客願意多花一點錢造訪他們所選擇的品牌，而且常常省略貨比三家的動作。

對加盟總部而言，品牌是非常珍貴又重要的合法財產，在全世界許多地方都受到保護。從經營的角度而言，品牌有助於發展和操控產品與流程。加盟總部可以將菜單內容的名稱以及獨特的特色交由法律保護。同樣的，菜單和作業流程也可以受到專利保護。而設計、用餐環境，以及包裝在法律上也能夠申請著作權或商標權的保護。這些智慧財產權的存在以及可轉讓性讓加盟者確信該加盟連鎖事業可以安心投資，確信這項權益的優勢已經建立於品牌中。加盟總部也可以根據一個品牌的名聲有多響亮和多受歡迎來決定加盟金、權利金及其他費用。因此加盟總部非常保護他們的品牌，因為他們的聲譽與品牌緊密相連。由於加盟者在品牌保護中亦占有一席之地，因此加盟總部對於加盟者必須精挑細選，並且經常監督品質。所以在品牌推廣的過程中要非常謹慎籌備。強勢加盟連鎖品牌的優勢列示於**表 16.2**。

　　品牌推廣係指將一個強勢品牌受歡迎的屬性納入由加盟總部所設計的產品或服務中。這需要許多的創意，因為它是以某種「獨特」的事物融入到產品和服務中，以吸引消費者，並幫助他們做決定。一旦品牌推廣完成，這就是消費者所擁有的整體印象。加盟總部會發現發想一個獨特的概念比複製已經存在的概念在獲利上要多得多。許多長期經營的餐飲加盟連鎖店成功戰勝這項挑戰。因此，品牌推廣應該考慮：(1) 菜單內容的屬性；(2) 所提供的服務屬性；(3) 提供給終端使用者的利益；(4) 與其他現有品牌的差異性（如果有的話）；(5) 提供給顧客的價值。品牌推廣需要徹底瞭解消費者的動機與需求。考慮到所有相關的因素，在消費者心中必須建立關於產品與服務一種吸引人的意象。因此品牌應該傳達在任何時間、任何地點的表現都相符的一貫訊息。

　　品牌權益這個詞是用來表示賦予某一產品或服務的價值。它可能反映在顧客對於價格、市占率以及附加利益營造出的價值所產生的認知上。一個品牌的價值最終會留存在消費者的心中。若消費者的反應良好，那麼我們可以說一個品牌擁有以顧客為本的正面品牌權益；而如果反應不佳，則會被認為是顧客心目中的負面品牌權益。因此品牌權益是根據顧客的認知，從顧客反應的差異所產生。品牌認知包括所有跟品牌相關的想法、感覺、意象、經驗和信念。因此為了發展和維持品牌權益，行銷工作應該朝向確保顧客擁有適合的體驗型態來努力，我們可以稱之為「難忘的經驗」。這些餐飲加盟連鎖店的經驗包括食物、服務、行銷和宣傳。這也是消費者想要獲得的知識，它有助於建立品牌權益。

表 16.2　強勢加盟連鎖品牌的優勢

優勢	範例
提供優質的觀感	消費者與加盟者均以品質和服務來認識品牌。強勢品牌被認為比其他無品牌的產品或服務要來得好。
建立較高的顧客忠誠度	一旦顧客感到滿意，他們就會重複購買，因而成為忠實顧客。而且食物選擇的模式與偏好在體驗後就不易改變，而成為飲食習慣。
排除風險	一旦顧客產生信心，他們就會更常光顧某加盟連鎖餐廳。尤其是在國外，消費者會覺得在一家金字招牌的餐廳用餐比較安心。
比較不受競爭者行銷戰術的影響	一旦消費者成為忠實顧客，他們就不容易被吸引至另一個競爭對手的加盟連鎖店。
吸引與留住加盟者	強勢品牌向來是加盟者的首選。招募與挑選加盟者都比較容易。
較高的加盟金	加盟總部可能要求較高的加盟金、權利金和其他費用。
員工招募與留職情況較佳	對加盟者而言，這是一個主要的優點，因為比較容易招募和留住員工。員工比較願意在一個頗具聲望和強勢的品牌下工作。
比較不容易受競爭對手的影響	競爭者對於進入強勢品牌所占據的領域會有所顧慮。
品牌延伸與擴充的機會	強勢品牌可以推出不同的菜單項目，同樣會被消費者認為具有相同的品質。以星巴克為例，當這個品牌變得受歡迎時，增加不同的品項為它們帶來可觀的獲利。
廣告與宣傳的效益提升	消費者比較願意利用來自知名品牌的廣告與宣傳。
較多的經濟回報	無論一家公司是公營或民營，一個強勢品牌的經濟回報都是較高的。
與供應商較多的合作	供應商將會更願意與強勢品牌合作，並提供優惠費率。
有更多的機會擴展	一個知名品牌無論是在當地和國際的擴展機會皆大大提升。

建立品牌權益的步驟

建立品牌權益是加盟總部和他們的行銷人員的任務，主要方法是藉由建立消費者正確的品牌認知。它可以由企業或是由消費者發起。不過，一個商譽良好的加盟總部會盡其所能建立品牌權益。建立品牌權益時建議遵循以下步驟：

1. 強調獨特而且有助於消費者品牌認知的一些品牌元素。這可能包括特殊的菜單內容、加工方法、提供的服務，以及整體的消費者經驗。
2. 找出有利於品牌的元素。一旦確認獨特的面向，有利於品牌的元素應該要被強調，包括品牌名稱、識別標誌、符號、人物、標語、廣告歌曲、招牌、用色背後的原因，以及識別標誌的設計。例如百勝餐飲集團（Yum Corporation）的名稱即向消費者傳達了風味、品味和偏好。在傳達該品牌所代表的意義方面，它也是簡短、有意義、令人難忘、吸引人和有效的。
3. 專注於行銷企劃，以傳達對於消費者認知很重要的元素給消費者。產品和／或服務應該藉由行銷企劃來傳達。舉例來說，金色拱門傳達了品質、價值、服務和便利給之前體驗過麥當勞餐廳的所有顧客。
4. 發現一些其他相關的原因可以間接被用來轉移顧客的品牌認知。它可能是一些相關的對象，包括一個人、地方或是事物。以塔可鐘為例，在它的名稱中使用「taco」這個字意味著它供應的是墨西哥食物。另一個例子是，看到山德斯上校的肖像就會讓顧客聯想到肯德基炸雞。

選擇品牌的要素

雖說選擇品牌的要素是加盟總部的責任，但加盟者也應該知曉建立品牌的要素有哪些，因此對於品牌權益也能更加瞭解。如同前述，品牌要素有網站、識別標誌、招牌、廣告歌曲、標語、人物、包裝及標識系統。這些品牌要素應該要被非常謹慎挑選，尤其如果該加盟連鎖體系計劃要在全球營運的話。行銷人員一般都會概述選擇品牌要素的六大準則。這些準則可以用以下標題來分類：

1. **好記**：正如這個字所意味的，應該要讓消費者容易記得這個品牌。這種感覺可以從品嚐食物、體驗服務，或只是看見識別標誌而產生。為了使這個品牌容易被記住，我們建議品牌名稱要盡可能簡短。只要一個或更多個要素出現，消費者應該要能夠勾起回憶。因此品牌應該要容易辨識和記住。例如，在一部車上的達美樂披薩招牌會讓人聯想到這是披薩外送服務。

2. **有意義**：品牌的意義不言而喻嗎？會讓人想到是這個加盟連鎖體系所提供的產品或服務嗎？商標名稱應該是描述性且具有說服力的。譬如福來雞（Chick-fil-A）和免下車速食店（Sonic Drive-in）所傳達的意義就會讓人想到他們的品牌要素。

3. **討喜**：品牌應該要受人喜愛並且賞心悅目。它不應該挑起任何敵意或是展現出排他性。這類例子包括 Jack in the Box 和冰雪皇后（Dairy Queen）。

4. **可轉讓**：品牌名稱可轉讓給新的產品或服務嗎？在加盟連鎖體系內是可轉讓的嗎？它對於在跨越地理邊界以及在不同的文化之間建立品牌權益有幫助嗎？例如，Dunkin' Donuts 是一個可以很容易在國內外轉換的品牌名稱。

5. **適應性強**：該品牌隨著不斷變化的環境更新與調整，而且又不喪失任何權益的能力如何？換言之，應該要有足夠的彈性能夠推陳出新，但又不會失去消費者的信心。大多數的品牌形象都需要不時地更新。例如，溫蒂漢堡經過好幾次的改變，最近一次是完全的改頭換面；不過，它依然代表溫蒂漢堡。

6. **受到保護**：該品牌受到法律保護並擁有競爭優勢的能力如何？與產品或品牌名稱變成同義詞的名稱仍然可以保有他們獨有的形象。例如麥當勞餐廳的「Mc」這個字在許多國家均受到法律的保護。

⇨ 個案研究

餐廳識別標誌

　　在設計一個識別標誌或品牌時，不只要考慮它在菜單上或名片上看起來如何，還要考慮它在招牌上看起來會是什麼樣。在一條時速 40 英哩的街道上，識別標誌必須從遠處就能被辨認。從一開始做正確決定很重要，因為新的識別系統相關成本所費不貲。其他須考慮的地方有：菜單、包裝、宣傳資料、桌牌、電子郵件行銷、網站、社交媒體，以及運送貨物的交通工具等（Megan, 2014）。以下的範例將說明識別標誌的重要性、設計，以及它們的優點。

　　當達美樂將旗下餐廳翻修成速食休閒連鎖店時，提供了開放式廚房，營造現代化的環境、便利性，以及相對價值，而且他們也重新設計了識別標誌。「披薩劇院」店面的主要特色包括公開透明，剛好跟達美樂將自己定位為公開透明的品牌相符。根據他們的規劃，從餐廳外面就能更清楚看見更明亮、更現代化的用餐區，有幾個座位是留給等待領取披薩的客人或是決定要在店裡用餐坐的。一旦走到店裡，顧客經由開放式廚房就能夠清楚看見披薩爐。新制服和新的識別標誌也傳達出這種感覺。

　　溫蒂漢堡重新設計了識別標誌，新的標誌包含了創始人戴夫‧湯瑪斯的女兒紅頭髮的溫蒂‧湯瑪斯的肖像。這家公司翻修和建造新餐廳所遵循的「形象啟動」原型，目標是將溫蒂漢堡的定位提升為速食休閒的競爭者。溫蒂漢堡認為，品牌轉型是要為他們與消費者的所有接觸點重新注入活力。「超現代」的原型主要內容有數位菜單看板和招牌、平面螢幕電視、壁爐，和一個無線網路的吧台，鼓勵客人多花點時間待在用餐區（Brandau, 2013a）。

　　水牛城雞翅專賣店（Buffalo Wild Wings Inc.）公司更改了其識別標誌以搭配餐廳的新設計。新的識別標誌並無大幅修改。顏色同樣使用金色和黑色，一隻長了翅膀的水牛依然在正中央。新的識別標誌拿掉了「Grill & Bar」（燒烤與酒吧）的字樣，表示這家連鎖店不只是運動酒吧，更是運動迷們聚會的場所。不過，廣告標語從「Grill & Bar」變成「Wings. Beer. Sports.」（雞翅、啤酒、運動）。新的水牛比舊的那隻更結實、更健壯。這隻水牛有大翅膀、瞇瞇眼、還有向上彎的牛角，因此讓

Popeyes Louisiana Kitchen

Domino's Pizza

餐飲加盟連鎖業識別標誌範例

牠看起來更強壯。在 2013 年開幕的水牛城雞翅專賣店，大多數都開始使用新設計。為了營造出體育館的氛圍，餐廳的外觀和感覺都改變了。改變還包括更新穎的視聽系統。這家公司表示，設計改變不只是美學考量，也使得餐廳服務更快速、更有效率。水牛城雞翅專賣店在美國 48 州和加拿大經營並授權加盟，共計約有 840 家餐廳。2011 年，這家公司在多倫多附近開了第一家國際加盟連鎖店（Brandau, 2012）。

　　從沙烏地阿拉伯國內起家的連鎖店海爾飛（Herfy）名稱是來自於阿拉伯的方言，意思是「當地的小羊」。海爾飛開業前十年用的識別標誌是一隻黑白相間的羔羊。當時，它是與熊貓博士（Dr. Panda）超市的合資案，從 1970 年代晚期開始。Herfy 這個名稱會讓人想到「鮮嫩的肉」。因此識別標誌用了一隻小羔羊頭。但是這個標誌會讓某些消費者心中產生疑惑，以為海爾飛是一家肉鋪，因為它就開在一家超商的隔壁。在沙烏地阿拉伯，海爾飛的品牌概念與位於西北太平洋的海爾飛連鎖店並沒有關聯。1993 年，他們決定更改識別標誌以避免混淆。新的識別標誌類似於阿拉伯文的「h」，利用該字母寫出一個漢堡的形狀，並以紅白相間的識別系統和商業形象作為可區辨的特徵。

　　星巴克原始的識別標誌是根據 15 世紀某個雙尾女妖或美人魚木雕發想而成。在這個木雕中，這個女妖戴了一頂皇冠，袒胸露乳，並張開雙手，一手抓著自己的其中一個尾巴。星巴克的識別標誌把這個形象以圓圈圍住，頂端放上「Starbucks」的字樣，底下則寫了「Coffee・Tea・Spices」（咖啡、茶、情趣）。這個標誌的主色是棕色和白色。創辦人霍華・休茲（Howard Schultz）因為想要把義大利濃縮咖啡館的經驗帶到美國，在星巴克的名氣和資助下開了 II Giornale 咖啡公司。II Giornale 提供深焙精緻咖啡、現場音樂，但是沒有座椅。咖啡豆是向星巴克購買，這家店很快的一炮而紅。II Giornale 與星巴克的商標大異其趣。星巴克的圍裙是棕色的，但 II Giornale 卻選擇用好客的綠色。星巴克帶有跟航海相關的主題，但 II Giornale 的每樣事物皆與義大利有關。星巴克把重點放在販售深焙的全豆咖啡上；II Giornale 的重點則是販售濃縮咖啡或是以濃縮咖啡為基底的飲品。1987 年，星巴克的創始經營者決定賣掉公司的股權。1987 年 8 月，當時擁有 3 家 II Giornale 的休茲買下了星巴克的全部 6 家店，連同他自己的 3 家店，這 9 家店全都採用星巴克的名稱。在併購之後，星巴克的商標識別變成兩個品牌概念的綜合體。這個剛改變的星包客連標誌也改了。它跟原始的星巴克標識類似，但是圍繞著女妖的是「Starbucks Coffee」（星巴克咖啡）的字樣。而且，新版女妖的頭髮比之前更長，蓋住了袒露的胸部，但仍露出肚臍。1992 年，識別標誌又再次修改，女妖的尺寸放大了，而且也去除掉了肚臍（Seaford, Culp, & Brooks, 2012）。不過，這個識別標誌在一些國家就會遇到問題，在這些國家，女性的圖像是不能公開展示的，譬如沙烏地阿拉伯。

　　在麥當勞進入印度 15 年後，它必須對其識別標誌做一些大幅的修改。它改變了人們熟悉的紅色和黃色，改以柔和的色調以配合該企業想吸引更多成年人的全球策略。它的改造還包括拿掉了標誌性的吉祥物，麥當勞叔叔（Ronald McDonald），至少在印度的某些店家是如此，並增加更多可能吸引成人的菜單選項。紅加黃的公

司識別標誌換成白色，室內裝潢也從螢光黃和鮮紅色變成灰白色系。在不同的商店有不同的設計，視地點而定；但是共同的主軸包括柔和的色系、現代化的設計，以及較柔軟的座椅。此外，在營養學者和行動主義者的施壓下，全球的麥當勞餐廳移除了小丑吉祥物，因為它主要是為了吸引兒童上門（Bhushan, 2012a）。

　　披薩快遞（Pizza Express）徹底將其品牌識別改頭換面，這也是該企業 48 年來最大的品牌革新。披薩快遞推出新的黑白相間條紋的識別標誌。行銷公司在決定以條紋作為更新識別的主軸之前，他們考慮到與披薩快遞強烈相關的公平、公正。披薩快遞也想擴大對消費者的服務。為了包含這項改變，他們建議要有適當的識別。例如，位於倫敦市優士墩路（Euston Road）上的披薩快遞即以名作家的肖像進行翻修，好跟附近的大英圖書館（British Library）相得益彰。新的品牌推廣也將被納入新的版面設計中。新的識別必須具有彈性，能夠以許多不同的方式來表現，而且也能夠靈活的隨著時間改變（Joseph, 2011）。

結論

　　本個案研究主要的重點是證明識別標誌在傳達品牌屬性時的重要性。在此選出的範例皆顯示了經營和美學的面向如何將品牌傳達給消費者知道。同時，文化衝擊、重要大事，以及其他面向定義和重新界定了反映出所有的影響因素的識別標誌設計。在規劃識別標誌設計之前應該將所有的環境因素都納入考量，並且在必要時也要能靈活改變。

加盟連鎖商務電子化

「購買一個加盟連鎖事業讓你有權利使用這家公司的名稱和品牌做生意。愈廣為人知的品牌,愈可能吸引消費者上門。」

「有很多、很多方法可以找到加盟連鎖事業的機會。有些加盟總部會在官網公布加盟連鎖的資訊。」

「親自去看看當地的加盟連鎖門市,並與業者聊聊他們與特定加盟總部合作的經驗絕對不會錯。」

—— 美國聯邦貿易委員會

 前言

  很顯然電子商務在任何表現出爆炸性成長的商業形式中都扮演著重要的角色，而且這將改變不久的將來以及可預見的未來做事的方式。利用網際網路做生意是時下非常流行的做法。寬頻與無線網路的發展每天都在刺激新的成長。無論是串流影音、網站的使用、作為訓練目的的網路使用，或是無線網路和許多智慧型手機的應用程式，這個新科技讓商務人士難以招架，隨時都忙個不停。加盟連鎖制度是一個無法逃離這種現實的做生意方法。同樣值得注意的是，網際網路的使用幾乎每年都呈倍數成長，而且在美國以外的國家使用率更加明顯。總而言之，網際網路加速了全球的商務，這是在幾年前人們所想像不到的事。由於加盟連鎖體系有賴於全世界有效的溝通，本章將鎖定在可以被加盟總部和加盟者使用的一些面向上。網際網路以及網路介面的使用對於執行加盟連鎖事業的方法將產生全面的改變。事實上，競爭優勢端視一家公司使用電子商務的效率有多高來決定。科技是不斷變化的，因此人們預期這個基本原則維持不變，而且在這個基礎上才能產生進一步的發展。電子媒體的使用可以用在品牌意識上，以及省下印刷的費用。電子加盟連鎖的小冊子比較便宜，並且可以快速傳遞，而且與其他傳統的方式相比，被閱讀的機會也比較大。電子科技的應用使得追蹤郵件以及測量使用者的統計資料更加方便，而且也更能夠接觸目標群眾。研究發現，網站是招募新加盟者非常有效的方法。

>   網際網路以及網路介面的使用對於執行加盟連鎖事業的方法將產生全面的改變。事實上，競爭優勢端視一家公司使用電子商務的效率有多高來決定。

 定義

  一般而言，電子通訊可以指加盟總部或加盟者使用資訊科技來溝通的管道。電子通訊包括本章稍後將描述的各種管道。隨著資訊科技的增加，虛擬的通訊與組織都能夠獲得支援。因此加盟者和加盟總部可以藉由虛擬管道相互溝通。這些管道可

能是使用者專屬的，這是相當受到推崇的功能。加盟連鎖的組織可以形成一個加盟者的虛擬社群，讓他們單獨或是以群組方式溝通交流。電子通訊的優點就是可以在虛擬的管道上被存檔、記錄和保留一段相當長的時間。舉例來說，內部網路和外部網路可以作為資料存放處，針對許多不同的目的被保護和使用。因此這些通訊可以在組織中以各種方向運作——向上、向下，或是橫向溝通。

 # 對於加盟連鎖商務的影響

加盟連鎖事業的基礎就是在全球各地對地域權的分配。隨著全球網際網路的出現與使用，現在有一個新的管道來執行加盟連鎖事業這個重要的面向。加盟總部使用電子商務來招募加盟者、宣傳他們的加盟連鎖事業，以及進行廣告、促銷或銷售。同樣的，也可以利用網際網路來尋找零售商與經銷商。在網路上也可達成加盟連鎖的協議，並透過電子媒體取得合約書。

對於一個加盟連鎖企業而言，名稱與商標是重要的資產，加盟總部將盡其所能保護它。因此網域名稱也成為非常重要的資訊，對企業可能會產生正反兩面的影響。從法律和應用的觀點來看，域名使用的競爭已經成為一個問題。因此域名的註冊與保護在加盟連鎖系統的行政管理中扮演一個相當重要的角色。對於知名的餐飲加盟連鎖企業而言，譬如麥當勞和肯德基，這點變得非常重要。不僅要註冊同樣的網域名稱，而且為了防止任何的不當使用或冒名詐騙，也要註冊所有可能的類似名稱。加盟總部的域名策略應該包括註冊所有可能的相關域名，以保護他們的商標和品牌名稱。即使是其他語言和俗語的使用也應該加以考慮，譬如麥當勞的兩個別稱「Mickey D」或「Golden Arches」（黃金拱門）。此外，也應該要考量使用所有可能的網域結尾，譬如 .com 或 .net 或是 .org 等等。另外也別忘了每個國家特有的域名，譬如加拿大是 .ca，日本是 .jp，澳洲是 .au。有個實用的策略是架設一個網站，提供一個目錄，引導使用者到位於不同國家的其他網址。在保護域名方面，有各種不同的規定。再者，某些國家在某些情況下，域名可被當作商標。不過，域名和商標依然是獨立的系統。

> 從法律和應用的觀點來看，域名使用的競爭已經成為一個問題。因此域名的註冊與保護在加盟連鎖系統的行政管理中扮演一個相當重要的角色。

反網域名稱搶註消費者保護法（ACPA）

「反網域名稱搶註消費者保護法」（Anticybersquatting Consumer Protection Act, ACPC）於 1999 年頒布；該法案為商標或個人姓名的註冊、非法販售或使用混淆或淡化建立訴訟的依據。藉由修訂一些商標侵權、淡化，以及仿冒等法令來制定該法案，以保護消費者和促進電子商務和其他目的。該法令特別是要嚇阻「**網路蟑螂**」（cybersquatters），他們註冊了包含商標的網際網路域名後，本身並無意架設網站，而是打算將該網域賣給第三方。ACPA 保護的對象包括已註冊和未註冊的商標，不過，註冊域名的商標必須要「與眾不同」或是「名聞遐邇」。根據 ACPA 的規定，商標所有權人在以下情況可以對域名註冊者提出訴訟：(1) 不懷好意，想從商標中謀利；(2) 註冊、非法販售，或使用的網域名稱為：一是與一個獨特的商標相同或是會產生混淆；二是與一個知名的商標相同或是會產生混淆或淡化作用；三是受法律保護的商標。所有權人必須證明「美國一般的消費大眾普遍都認知該名稱為商標所有權人的商品或服務的來源。」該法案最困難的部分就是證明網路蟑螂的動機是「不懷好意」。

根據該法案的規定，商標所有權人必須證明其網域名稱是被「惡意」註冊或是使用。這個規定適用於美國的商標和國外商標。另外，還要證明網路蟑螂註冊、非法販售，或是使用這個造成麻煩的域名。再者，網域名稱應該要跟一個「獨特」的商標「完全相同或是產生混淆」，或者完全相同、產生混淆或淡化一個「知名」商標。拼錯所有權人商標的域名同樣被視為產生混淆。其他類似的名稱，譬如「mykfc.com」或是「drinkcoke.org」也都是產生混淆的例子。

統一域名爭議解決政策（UDRP）

除了 ACPA 之外，與域名不當使用相關的問題也可以用「**統一域名爭議解決政策**」（Uniform Domain Name Dispute Resolution Policy, UDRP）來處理。根據這項政策，大多數以商標為主的域名爭議在註冊管理員取消、延緩，或是轉移一個域名之前必須以協議、法律行動或是仲裁來解決。若要援引這項政策，商標所有權人應

該要： (1) 在具有適當管轄權的法院對域名持有者提出控訴；或 (2) 在濫用註冊的情況下，向一個經核可的爭議調解服務提供單位提出控訴。

　　網際網路名稱與號碼分配組織（Internet Corporation for Assigned Names and Numbers, ICANN）調停爭議的過程是從全球觀點出發，而且可以處理非位於美國的網域註冊者，以及在同意遵守統一域名爭議解決政策的某些國碼頂級網域名稱（country code Top-Level Domain, ccTLD）系統下所註冊的網域名稱。以 UDRP 所處理的訴訟案可能會比較快，而且也較能以急件處理。

　　基於各種法律面向，加盟總部應該在合約中將科技所產生的問題列入考慮。

網站連結

　　網站連結意指從其他網站連結到原始網站。所謂**連結**就是對瀏覽器下一個指令，前往另一個網頁。雖然網路連結聽起來很簡單，但是當連結涉及到經濟考量或者當連結方想要避免任何法律責任時，就應該採用網站連結協議。協議在「**深層連結**」（deep linking）中更是必要。所謂的深層連結是使用超連結連接至某一網站上特定的網頁內容，通常是可搜尋到或是已編入索引。透過這種方式可直接連結到某一網站的內部網頁，而不需經由網站所有者的首頁來連結。

> 　　雖然網路連結聽起來很簡單，但是當連結涉及到經濟考量或者當連結方想要避免任何法律責任時，就應該採用網站連結協議。協議在「深層連結」中更是必要。

　　基於法律考量，有許多網站會提醒使用者他們將離開原企業的網站。這是一個風險管理的技術，因為這些免責聲明免除了網站所有者對於連結網站內容的責任，以及進一步向訪客解釋該連結並不表示他們為透過連結的網站所廣告或傳送的任何商品或服務推薦或背書。假如這個連結是值得取用的，或許必須簽署一份連結協議，以確認在連結時不會使用被禁止的資料。加盟總部可以在跟加盟者簽訂的協議中揭露免責聲明的使用。

網站架設

　　在網路瀏覽器的環境下，**網站框架**是網頁或瀏覽器視窗的一部分，可以獨立顯示內容，亦即能夠獨立地在框架內裝載內容。換言之，一家公司可以在網站建置公

司所規劃的空間裡製作一個網站。放進一個框架中的媒體元素有可能與顯示內容的其他元素來自於相同的網站。網站架設被用在好幾種電子商務的應用上。第三方的內容被納入網站中，因此使用者可能合理地認為所有顯示的資訊均來自於相同的網站。值得注意的是，有一些可能與網站架設相關的法律和版權問題，而且當加盟總部將它規劃為策略的一部分時，就必須注意這些情況。

基本定義標籤

基本定義標籤（metatags）即網路設計師所使用的關鍵字，當使用者發出搜尋要求時，可告知搜尋引擎要連結到哪一個網站。使用者看不到這些標籤，因為它們被嵌入在網站所使用的超文本標識語言（HTML）中。因此使用基本定義標籤在某種程度上讓網站設計者可操控這些關鍵字，進而在回應使用者的要求時，改變搜尋引擎所提供的結果。這些標籤也被用作廣告工具，但是考慮到可能的商標侵權問題以及不實廣告的索賠，使用者應該要謹慎挑選。

科技與智慧財產權

智慧財產權非常重要，而且加盟連鎖事業應該要特別注意這點，因為它們可能造成不同型態的問題。事實上，考慮到與科技發展相關的各個面向，它包括了保護你自己的權利以及尊重其他人的權利。許多人並不瞭解網際網路上也存在智慧財產權。因此它不僅是保護所有權人重要的財產權，也要尊重其他人必要的財產權。無論複製別人的專利資訊有多誘人或多容易，避免做這些事才是上策。這個原則可以避免因為侵害別人的權利所造成的法律責任。

 保護智慧財產權

商業機密

雖然加盟總部不會刻意將商業機密放在網際網路上，但經由網際網路傳播的其他經營層面卻可能傳到不對的人手中。所有被認為機密的商業訊息都應該要以科技的方式加密或保護。這類電子方法包括使用防火牆、監控、偵測與清除病毒、入侵偵測，以及嚴格的網際網路使用政策。公司電腦的使用政策應該要被嚴格遵守，並

追蹤行動電腦設備。另外，有一定限制的密碼使用，如強制要求更改密碼、圖像式密碼，以及生物辨識技術等等，都可以被用來保護專利文件。電子簽名檔、指紋，以及虹膜辨識等技術則是其他的保護措施。

商標

隨著網際網路的使用增加，保護商標變得很重要。仿冒或不當使用商標變得愈來愈容易。無論在網站上多麼頻繁地重複使用商標，採用像是 ® 或 ™ 這類的標誌來保護商標是很重要的。如果所有權人沒有保護的標示，那麼仿冒者輕易就能使用商標。同時，商標應該設計成無法容易在網際網路上假造。更好的做法就是加入電子指紋，以方便追蹤其使用狀況。

專利

在任何的加盟連鎖系統中，有無數的產品、過程以及服務都受到專利保護。隨著網際網路的到來，除非採用了專利保護，否則其他公司要複製創新的想法或甚至是商業模式變得輕而易舉。使用專利技術的網站被要求須標明警示專利機密狀態的資訊。向各個局處及時註冊可減少不當使用的機會以及需要修正的時間與精力。

在加盟連鎖體系中，過程與經營方法也可以申請專利。譬如一家餐廳的氣氛、特殊的服務流程、菜單版型等等項目都可以申請專利。為了保護這些商業模式，獲得專利是很重要的。另一方面，切勿盲目複製一個現有的商業模式才是明智的做法。

著作權

放在網際網路上的資訊可以受到著作權法的保護。據瞭解，無論是否有著作權聲明，一旦資料放上網際網路，皆受到著作權的保護。當資料被製造出來，並由作者附加在實體媒體上的那一刻，著作權即開始生效。由於剪貼資訊非常的便利，所以總是很容易忽略上述的事實。

加盟總部應該要清楚說明在網際網路上可取得的資訊如何使用。應該要讓加盟者或是門市經理／員工清楚知道哪些是可以下載的資料。另外作為餐廳使用、訓練，或是傳播用的下載資料也要詳細說明。如此將可避免往後產生的不當使用和法律問題。這種方式也適用於菜單、工序及經營形式。任何特殊的使用目的都必須獲得版權所有者的許可。

線上隱私權

線上隱私權已經變成一個重大的隱憂，因此政府定期制定法令以保護隱私權。網際網路的隱私權包括將資料儲存、賦予新用途、提供給第三方，以及經由網際網路顯示關於個人資料等等的個人隱私權。隱私權可能涉及**個人身分資料（PII）**，或是非 PII 資料。PII 係指任何可以被用來辨識個人身分的資料。這份資料或許可以從相關的資料取得，例如個人的實體地址。公司行號被要求制定隱私權政策，並告知所有相關的關係人。收集個人資料的加盟總部應該制定隱私權政策以保障個人的權利。美國各州皆制定線上隱私權的法令。因此很重要的是，要瞭解和遵守正在營運的事業或是計劃要營運的事業所在的州制訂的相關法令。

其他附帶的政策也需要考量。例如**健康保險便利與責任法案（Health Insurance Portability and Accountability Act, HIPPA）**，即藉由設定以電子形式收集健康資訊的標準來處理健康保健資訊的私密性。這些條例適用於提供或收集健康保險使用資訊的公司。其他的法令要求，若有任何可能違反安全資料的情事，所有受影響的關係人都要被告知。也有法令規定使用和顯示社會安全碼（身分證字號）與信用卡號碼的準則。因此，對於加盟總部和加盟者而言，時常關注與網際網路使用以及隱私權相關的州法和聯邦法是很重要的。

網路研討會

網路研討會（webinar），亦即「網路」（web）和「研討會」（seminar）的合義字，泛指網際網路上所提供的任何發表會。事實上，利用電話會議的技術就能做到虛擬的研討會。這是不受地點限制以及幾乎在世界各地都能舉行的會議。由於講者、觀眾，或是安排會議場地等等都不需花費，因此減少了相當大的成本。而且也可以透過電話或是網路提供互動的形式。因此網路研討會是提供即時的影音資訊。它的另一個優點是使用預錄的節目。就算是在廣大的地理區域，有大量的觀眾，也能進行雙向式的同步溝通。

加盟總部也可以利用網路研討會來提供教育訓練、更新營運資訊，或是發佈新的技術或產品、散播加盟連鎖銷售訊息以及任何其他形式的企業傳播。好處包括加盟者的成本較少，一次有許多的加盟者參加。而且通訊與授課可以在相當短的時間裡廣泛流傳。網路研討會是否成功端視事前的規劃是否周全以及提供的資訊是否充

分。主要的缺點之一是沒有直接的個人資料，而且要抓住觀眾的注意力和興趣可能是一項挑戰。在加盟者位於世界各地的情況下，網路研討會可能非常有用。

YouTube

YouTube 是一個影片分享的網站（www.youtube.com），加盟總部可以用它來製作、上傳、觀看和分享短片。它也可以被當作提供資訊和消費者參與的極佳工具。公司可以經常上傳有趣的資訊，它可以被當作廣告或是宣傳工具。介紹成功加盟者的短片可以是很好的招募工具，而且對於發展品牌形象很有幫助。當一個加盟總部投入社區服務的活動時，把相關資料放在 YouTube 上可能特別有用。

網誌

網誌（部落格）是網站上的文章發佈，以倒序方式由新到舊排列。在網誌上可以提供與某一特定主題相關的評論或新聞。網誌可以是文字、照片、影片、音樂或是音訊。利用網誌來接觸利基群眾可能非常有幫助，而且針對一個主題或問題可以說明得非常詳細。讀者在一個互動式的格式中留言的功能是許多部落格的重要資產。雖然大多數的部落格均以文字為主，但是有些偏重在照片（照片部落格）、影片（影片部落格）及音訊（播客）上。

加盟總部可以利用部落格來提供資訊給加盟者及潛在加盟者，或者也可用來傳達特別的重要大事，譬如加盟者的個人成功故事。這是一個針對某一特定主題交換意見或溝通的免費方法。部落格也可以被用來提供與品牌廣告相關的線上評論。

播客

「**播客**」（podcast）一詞是「廣播」（broadcast）和「pod」（取自 iPod）的混合字，因為用戶常常是以可攜式媒體播放器來收聽播客。播客是一種數位媒體的型態，由一連串片段的音訊、影片、PDF 或是電子出版（ePub）等檔案組成，可透過網站聚合或是線上串流訂閱或下載到一部電腦或是行動裝置上。播客可以有效地被用在教育訓練中。企業可以使用播客提供加盟者訓練的輔導教材、更新資料，或是經營上的溝通。

加盟連鎖事業與網際網路

　　網際網路為加盟連鎖事業提供了許多進入市場和接觸消費者的機會。使用電子通訊的好處之一就是它可以頻繁的使用。很顯然網際網路的使用比非電子通訊更加頻繁。網際網路提供給建立聯盟的企業（加盟總部）許多接觸中間人（加盟者）以及終端使用者（消費者）的可能性，譬如提供關於經營、銷售、採購、訓練的資訊；發展關係；顧客下訂與接受訂單；確保責任義務，以及其他所有的商業事宜。電子通訊的成功與頻率端視加盟總部希望達到的組織目標而定。在同一系統中，加盟者之間的橫向交流也可能對於加盟連鎖體系的業績產生影響。

　　另一方面，消費者也發現在網際網路上訂餐比用電話下訂單更方便。網路訂餐的優點之一就是可自行決定取餐時間；消費者可以在有需要或是方便的時候下訂單。另外，網路訂餐可能是一時心血來潮，消費者不需開車到一家餐廳就能享用餐點。使用網際網路的偏好度要看是否省時、省錢、服務速度、菜單選擇方便，當然還有資訊安全。假如消費者已經上線，網路下單是輕而易舉的事，無論是在家或在工作場合，網路都已經非常普及。

社群媒體與加盟連鎖事業

　　社群媒體係指人際之間互動的方法，人們在該虛擬的線上社群和網絡中創造、分享和交換資訊與想法。它提供了使用者各種彼此互動的方式，譬如聊天、傳送訊息、電子郵件、影片、檔案分享、網誌，以及形成不同的討論群組。群組可以分享新聞、照片、音樂、影片，以及其他的資訊。與加盟連鎖相關的網站也變得愈來愈熱門，而且對於媒合潛在的加盟者到加盟連鎖事業中很有幫助。當加入互動性中令人期待的面向，社群媒體可以凸顯由其他加盟連鎖入口所創造的好處。社群媒體可以被當作「口碑宣傳」，並有助於營造企業形象以及作為公共關係之用。

與電子商務和加盟連鎖事業相關的問題

1. 地域限制。這是傳統上通用的方式，因為網路在全球各地都可隨意進入而形成問題。舉例來說，如果經銷商獲得授權可在一個指定的地區銷售產品，而且該經銷商擁有全球的經銷網，那麼區域限制並不容易執行。換言之，習慣上用來劃分領域的用詞「獨家」或「非獨家」無法被區分，而且也不易執行。

2. 加盟者在使用域名和使用商標時，變成一個複雜的問題。加盟連鎖的合約書中要求須有加盟總部事先的書面同意才能使用商標以及在規劃的廣告中須使用商標。因此體系中的加盟者會發現若沒有事先獲得書面核准，將難以使用一家企業的商標。加盟者雖然隸屬於該企業，但是在未獲許可的情況下，也不能使用相同或類似的域名。而且消費者習慣看到該品牌名稱。如果加盟連鎖合約中授權使用全球域名或是限制在一定的地理區域使用，就會產生問題。就海外加盟者而言，情況變得更加複雜。因此加盟總部在批准使用其標誌時，採用非常謹慎的授權措辭就變得格外重要。

3. 就電子商務而言，不同國家有不同的規定。有些制定了非常完善的法令，有些法令有限或是並未積極有效。這對於加盟連鎖法律的可執行性以及加盟連鎖事業的運作造成了非常不同的問題。一個加盟總部是否有權利控管網站使用的標準，譬如內容、外觀及商標的使用等等，端視地理區域以及法院對於加盟連鎖合約的解釋。而且誰能進入網站也是一個備受爭議的問題。

4. 在網際網路使用的初期有個嚴重的問題就是「網路蟑螂」，企業對於他們如何以及在哪裡註冊域名必須提高警覺。這種濫用域名註冊的做法或許在美國以外的國家並未受到保護。美國憲法第一修正案（First Amendment）在解決網路蟑螂使用域名的字詞問題方面也扮演重要的角色。

5. 由於現在有許許多多的社群網絡和網際網路的討論群組，加盟連鎖事業很容易得到負評或是「網路抹黑」。任何合作不愉快而終止關係的加盟者、任何不滿的員工，或是任何不滿意的消費者都可能架設一個網站來批評一家公司，或其產品與服務。這些負評也可能批評公司理念或是加盟連鎖業主個人的評論。舉例來說，一家知名的加盟連鎖餐廳老闆發表關於墮胎的評

論被用作負面的評述，因而影響整個加盟連鎖體系。當抱怨來自於海外時，這個問題就變得更加棘手。

6. 深層連結可以讓網站的訪客不須經由網站的首頁而是經由其他方式進入一個網站。這可能會造成使用者忽略了免責聲明、揭露規定，以及相關的協議和使用條約。這點必須謹慎考量以確保所連結的網站並未包含任何侵犯第三方智慧財產權的內容。

7. 使用虛擬、非有形的網際網路來源的問題是很難證明違法者的意圖或是濫用的情事。同時，也很難證明來自於網站內容的使用造成傷害的程度。

8. 在首頁上商標或是著作權標記的使用未必在後續頁面中皆適用。由於網頁是可個別處理的，顯示在首頁上的事物或許不會自動重複出現在所有的頁面上。為了避免這點，我們建議在每一頁都顯示商標。

電子加盟連鎖制度與顧客服務

顧客服務在加盟連鎖或非加盟連鎖餐廳都很重要，因為收益有賴提供的服務。不過，加盟連鎖事業中所主打的服務性商品有兩個相當常見的特徵：抽象性和互動性。抽象性意指它並非有形的物質商品，服務性商品一般包括在這些事業體中的加工產品、以人為訴求，以及虛擬資料等等的變化形式。這類人工製品包括光碟片、報告和信用卡。互動性是指服務流程需要員工，或是顧客的出現和參與。互動性的例子包括在餐廳以及其他餐旅業工作。

許多其他產業也在服務中提供各種不同的活動；不過，若要成功，加盟連鎖產業的服務需要特別用心。在處理這些活動時，資訊科技正好派上用場。餐飲加盟連鎖店的服務包括：(1) 流程；(2) 人；(3) 有形展示。流程包含列在加盟總部所提供的營運手冊中所有的經營面向。人的方面包括供應商、員工、加盟者及顧客。有形展示則是指使得服務的抽象層面變得比較具體的事物，譬如識別標誌、菜單板、員工制服、餐廳的色系等等。在這三個服務屬性之下的所有面向都可以從資訊科技中獲得大量的益處。因此對於加盟總部以及加盟者而言，考慮使用資訊科技增強加盟連鎖系統的多方優勢是很重要的，尤其是為了以下各項理由：

1. 服務提供的形式以及提供服務的人員成為顧客經驗的一部分。因此服務的提

達美樂外帶或外送的訂餐 app。

（資料來源：達美樂）

供者以及他們與顧客的近距離接觸在任何的新制度中都要列入考慮。品牌
忠誠度是每一家加盟連鎖餐廳的重要面向。網際網路的使用、方便使用 Wi-
Fi、利用社群媒體不斷地經營與顧客的關係──這些全都是考量因素。

2. 顧客對服務的偏好和他們對產品的偏好大異其趣。他們的偏好多半是以人
口族群、文化、經濟和社會特性來決定。因此商品與服務同樣重要。

3. 服務的抽象成分應藉由像是有形展示和服務場景等方式，盡量使它變得具
體。這需要豐富的創意和創新性，並利用最新的科技。

4. 服務必須在一個便利的地點或是利用運送的方式提供給顧客，以縮短服務
提供者與顧客之間的距離。藉由網際網路和其他通訊方式的使用，將可縮
短此距離。

5. 品牌推廣、品牌辨識度、品牌保護，以及發展品牌忠誠度對於任何的加盟
連鎖體系都是至關重要的。利用科技安全系統可以做到保護這些商業面向
安全性的目的。

6. 服務的保存期限相當短、機動性高，而且容易受到競爭激烈的影響。根據
顧客的反應與需求提供服務以在市場上維持競爭優勢，科技同樣不可或缺。

顧客與服務關係

　　科技的快速發展在服務顧客方面開啟了不同的機會，圖 17.1 顯示不同的可能性，以及加盟連鎖事業可以如何使用科技來升級和提供服務到顧客偏好接受服務的地點及偏好的方法。以下六個單元是根據顧客與加盟連鎖服務地點的遠近來說明服務與可能的創新。

> 科技的快速發展在顧客服務方面開啟了不同的機會。

單元 1：服務與風格的提升

　　這個類別的服務是為了補強已經存在的服務。在顧客與服務提供者之間有許多

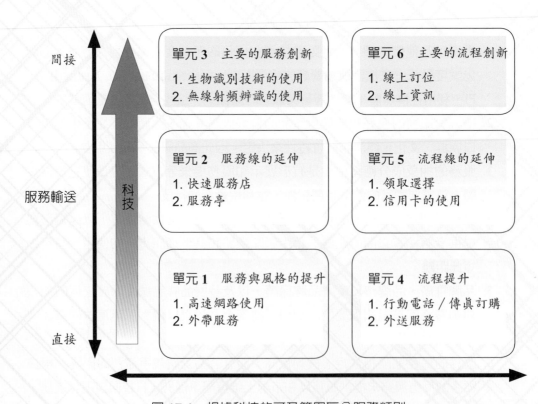

圖 17.1　根據科技的可及範圍區分服務類別

直接的接觸。服務是不可分割的，這些額外的服務多半出現在服務提供者的經營場所中。服務中的創新僅限於服務與風格的提升。例如潘娜拉麵包餐廳提供一個舒適的壁爐和免費的無線網路給顧客使用，這其實營造出一個適合工作以及吃點心或用餐的環境。麥當勞也藉由提供舒服的座椅、高畫質電視，以及免費的無線上網，來改變他們的餐廳氛圍。為了吸引較年輕的消費者，提供 DVD 租片也可以提高非食品類的銷售。澳美客牛排坊（Outback Steakhouse）餐廳為那些想要點外帶餐但是又不想要走進餐廳的顧客提供停車位。服務人員會將預訂的外帶餐拿給車裡的顧客。雙車道得來速窗口在許多快速服務的餐廳也變得愈來愈流行。而且，有各式各樣的科技系統協助消費者和餐廳有效地加速在經營場所內服務的輸送與交易。消費者也可以利用網站上的菜單線上點餐，而且在下訂單時也可以選擇取餐的時間。這份訂單可能會與銷售點（POS）系統直接連結。店家會以創新的外帶包裝袋包裝和備妥食物。消費者在指定的時間抵達，並把車停在保留的外帶停車區。一部室外攝影機可拍攝到客人已抵達，並通知餐廳員工，然後服務人員將食物拿給顧客，並且當場接受信用卡付費。

在這個單元中公司所提供的加強服務值得注意的面向為：(1) 消費者現身在服務的地點，目的是延長他們停留的時間；(2) 調整服務以提供舒適、獨特、愉快和難忘的經驗；(3) 為了顧客的方便，納入獨特的服務成分；(4) 預期會有顧客回流；(5) 額外的服務可增加服務提供者現有的銷售量。這些創新措施是指經營流程中的提升，譬如服務輸送系統、顧客介面，以及創新科技的使用。這些加強的服務對於吸引新的市場也很有用。

單元 2：服務線的延伸

下一個類別，我們稱第二單元，是由服務線的延伸所組成。服務新設施屬於現有服務線的延伸。加入這個中間的單元是必要的，因為服務的性質顯然落在重要的創新與服務／風格提升之間。在此，顧客更接近服務提供者，不過是使用不同的服務輸送模式。這類服務的例子包括由必勝客、漢堡王，以及許多其他的加盟連鎖事業所提供的快速服務店。這些比較小的店面大多都是自助式的門市，使用它們主要經營概念的品牌名稱。例如聯合品牌商店，像是位於同一地點的必勝客、肯德基和塔可鐘門市，各家店提供不同的菜單選擇，但是共用座位以及其他的顧客便利措施。雖然提供的菜單項目有限，但是服務快速又方便。在上述的服務中，服務提供者設有一個聯絡窗口，但是並非完整的一般性服務。雖然好處有限，但是品牌形象可協

助消費者選擇服務。這些服務可藉由以下事實來分辨：(1) 服務提供者設有一個有限的聯絡窗口；(2) 在可應用的地方使用科技，但是不似在主要的服務和流程創新中所使用的程度；(3) 創新的概念是現有服務的衍生物；(4) 本服務的用意是提供一個特別但有限的經驗，並依然維持品牌形象／忠誠度；(5) 市占率可能包含一些現有的市場。這些服務創新主要反映了服務輸送系統的規模。

單元 3：主要的服務創新

本單元描述的創新，目的是要創造新方法來加強服務，吸引新的市場，發展新的輸送方法，並且革新執行服務的方式。值得注意的是，科技在促進客人快速移動以及提供安全保障等服務的發展中是主要的推動力。藉由使用先進的科技，與時間、地點、安全、身分識別以及便利性相關的限制可以大大地降低。雖然顧客是間接體驗服務及對其有益的效果，但是他們與服務提供者更接近了。這個單元的例子包括餐旅業採用生物識別技術和無線射頻辨識（RFID）技術。生物識別技術係指使用生理特徵，譬如指紋分析、面部或聲音辨識，以及視網膜或虹膜掃描。在多數情況中是使用指頭掃描，它是從手指頭的形狀得出運算規則，而不是利用指紋。使用生物識別技術的優點是它可以很容易地與其他系統相連接，譬如銷售點系統。有些校園餐飲服務設施也利用指紋辨識技術，其具有多重目的的優點。它主要減少了在尖峰時間的作業時間，讓客人多了享用餐點的時間。此外，它可以防止欺瞞情事或是其他的弊端。所獲得的資料也可以被用在消費者檔案發展與偏好中。這個新措施對於消費者的行為及其偏好有很大的影響力。這種科技的使用也有助於服務大量的顧客，譬如在學校或是大學裡的餐廳、電影院、地下鐵及會議場合，時間和快速服務在這些地方非常重要。各式各樣的資訊可以被儲存，如此可進一步加強對顧客的服務及管理效率。它可以依照客人的需求來調整空調和燈光，當門沒關好時會發出警示，並記錄客人資料。這種技術除了提供上述優點之外，它也可以減少損耗、能源浪費，並增加管理階層的資源。

在詳細分析本單元中商業應用此創新科技後，顯而易見的是：(1) 提供舒適和便利給消費者，而服務提供者無須與顧客面對面接觸是有可能的；(2) 這個類別中的服務需要高度發展的科技；(3) 利用未來技術的進步達到進一步的創新是有可能的；(4) 大量的資料可以被儲存以及用在顧客服務上；(5) 消費者偏好且習慣快速、可靠、方便以及人性化的核心服務。這些新措施凸顯了科技的提供者以及使用資訊與知識的處理者所形成的服務。

單元 4：流程提升

　　就本類別中的服務而言，創新的面向侷限於方便消費者使用的流程。這些是為了不在服務提供者所在地的顧客所設計的服務。當在設計這類型服務的新措施時，要考慮與顧客需求和便利性相關的層面。達美樂披薩利用保存顧客資料，提供快速且高效率的送到家服務給他們的消費者。並使用機車做外送服務以避免交通阻塞。Mazzio 披薩採用的是利用網際網路打電話給中央服務。使用手機和傳真來訂購也非常普遍。

　　這本單元中，明顯的特徵是：(1) 事業已經在經營中；(2) 新措施主要著重在改善服務流程；(3) 現有品牌知名度高；(4) 服務提供者與顧客距離近；(5) 使用不同的遞送方法。

單元 5：流程線的延伸

　　與服務線的延伸類似的是流程線延伸的新措施。這類創新服務的例子包括在機場使用的自動化服務亭所提供的快速服務。這種方式在繁忙的機場和地鐵系統可紓解人潮壓力。有些旅館也設有服務亭，提供關於餐廳的資料。在星巴克和其他咖啡館也安排了禮賓服務。隨著新科技的發展，這些服務將成倍數擴增。在其他類型的事業中，這類服務的例子包括已經很普及的金融機構流程線延伸，將服務設置在許多餐旅事業中，用來領取現金、兌換外幣、存款，以及其他的交易。這些延伸服務讓顧客隨時都能利用自己的金融機構，而不需到臨櫃找一位銀行行員來辦理。

　　在本單元中的服務值得注意，因為：(1) 與服務提供者的接觸就算有也很有限；(2) 在適當的地方應用科技，但是並未達到在主要流程新措施中的程度；(3) 創新的想法是現有流程或是品牌的衍生物；(4) 市占率可能包括一些既有的市場；(5) 服務的目的是要提供便利性給消費者以及提供管理方面的協助。

單元 6：主要的流程創新

　　本單元包含主要的流程創新，跟單元 3 類似；不過，這些服務是間接獲得，而且可以讓顧客方便隨時隨地使用。它適用於服務提供者與顧客距離遙遠的情況，包含藉由線上預訂或是可協助註冊的網站所提供的所有便利措施。例如使用個人電腦、iPad，或是智慧型手機訂餐廳，可因此避免大排長龍。許多餐廳在網路上都有

提供關於菜單內容的資訊，讓顧客更容易做選擇。而且，透過 Google 也可以獲得關於成分和營養內容的資料；各式各樣的網站和搜尋引擎提供應有盡有的資訊，每天供當地、全國，以及全世界成千上百萬的消費者使用。顯然由於高科技新措施的應用，這類型的服務除了提供技術面向外，也呈現出處理者使用資訊與知識的服務。

檢視了在本單元中提供服務的公司類型後可以發現：(1) 藉由選擇流程，要接觸到與服務提供者距離遙遠的消費者市場是有可能的；(2) 本類別中的服務應用高度發展的科技；(3) 顧客可依照自己方便隨時獲得服務；(4) 服務可以是有效的教育與資訊工具；(5) 藉由採用創新的流程設計，消費者的預訪經驗可以變得非常特別；(6) 科技的使用可以提供競爭優勢，以超越其他公司所提供的服務。

綜上所述，我們可以說假如服務提供者與消費者的距離較短，那麼所涉及的服務範圍包括：(1) 服務與風格的提升；(2) 服務線的延伸；(3) 主要的服務創新。隨著服務提供者與消費者的距離增加，服務流程就變得比較顯著，並包含：(4) 流程提升；(5) 流程線的延伸；(6) 主要的流程創新。隨著科技的日新月異，在服務與服務流程的創新方面，服務也從直接的輸送模式轉變成間接。

加盟連鎖體系中的科技優勢與應用

1. 關於加盟連鎖事業的資料、申請書、線上客服等等的線上服務有助於招募潛在加盟者。
2. 龐大的資料，例如加盟連鎖事業的揭露文件、合約表格等等，皆可利用科技來儲存與傳送。
3. 科技的使用可以大幅降低營運成本，同時增加獲利。人工處理流程的淘汰以及精簡的作業方式甚至可以省下數百萬美元的費用。
4. 總收入與權利金報表的自動化可減少每月費時費力的文書作業。另一個相關的面向是利用電子轉帳系統，它非常的方便、快速，且有效率。
5. 商業情報系統可以用來追蹤銷售量、產品使用、消費者偏好等反饋意見以及其他所有相關資訊。
6. 新產品發展以及菜單調配可以根據消費者的反饋意見和銷售量來設計。
7. 關於加盟連鎖體系內加盟者績效的比較性資料可以利用科技來補強。
8. 藉由有效的溝通與合作，可增進加盟總部與加盟者的關係。在需要時，也

可提供即時的資訊給加盟者。

9. 創造一個線上平台，例如企業內部網路，可有助於提供即時且機密的資料給所有相關的人士。

10. 可發展出幾個不同的資料庫來追蹤顧客檔案、追蹤法規資料，並保存通訊紀錄。

11. 顧客關係管理與行銷可以利用線上聯絡來補強。也可以發展線上廣告與宣傳活動，尤其是建立一個忠誠顧客群。

12. 提供加盟者控制板或其他類似的平台，可幫助他們分析自己的績效，並且能夠與其他的加盟連鎖事業或與同一家公司體系內的門市或相同的市場進行比較研究。

　　有鑑於科技的重要性及其在加盟連鎖體系中廣泛的應用，**表 17.1** 提供了一張檢核表來評估科技的使用情況。這張表的目的是評估與思考科技可以被有效運用的領域。**表 17.2** 則提供一張檢核表，目的是評估在架設一個高效能的網站時須考量的評估重點。

　　表 17.3 所顯示的範例是餐飲加盟連鎖事業使用科技的一些方式。

表 17.1　評估加盟總部應用科技的準備度與使用情形

活動	0%	1-20%	21-40%	41-60%	61-80%	81-100%
加盟連鎖招募： 網頁是否設計完善，並包含加盟者必須知道的所有資訊？在網路上是否可方便取得初步資料和申請表格？						
加盟連鎖文件： 所有必要的資料，例如揭露文件、最終申請表格等等是否隨時可經由線上發送？						
加盟者的業績： 是否可在線上持續評估加盟連鎖事業的業績、獲得最即時的意見反饋、評估重要的業績指標？						

（續）表 17.1　評估加盟總部應用科技的準備度與使用情形

活動	0%	1-20%	21-40%	41-60%	61-80%	81-100%
加盟連鎖報告： 是否使用科技進行各店業績、銷售明細、總銷售額、比較評估、銷售組合分析，以及收支分析？						
加盟者關係： 有沒有企業內部的網路系統與加盟者通訊交流？加盟者是否利用電子媒體有效地分享想法和提供意見？						
加盟連鎖支援： 所有的加盟者是否能夠每天24小時、每週7天都能在線上取得支援工具？當問題發生時，加盟者是否能獲得營運上的支援？						
加盟者訓練： 餐廳裡的訓練課程是否使用科技？是否有線上訓練課程或是利用網路介面的訓練課程？						
加盟連鎖資訊： 線上可取得營運手冊和其他手冊嗎？						
權利金管理： 有沒有自動化的系統作為權利金申報以及收集關於營業額和現金流資料的工具？						
法律資訊： 是否有記錄所有訴訟案、歸檔文件，以及加盟連鎖規章資訊的追蹤系統？						
廣告與宣傳： 是否使用科技來追蹤消費者喜好、忠誠度，以及營業額？是否使用科技進行宣傳與行銷活動？						

（續）表 17.1　評估加盟總部應用科技的準備度與使用情形

活動	0%	1-20%	21-40%	41-60%	61-80%	81-100%
科技應用與管理： 在企業內是否有組織完整的單位在處理所有的科技問題？是否有增進現有科技使用的計畫？						

表 17.2　設計一個網站需做的評估與考量重點

屬性	描述
內容／資訊	提供簡明扼要，且各種教育程度的人都易懂的資訊。資料太多會讓讀者望而卻步。
更新	經常更新，加入最新的資訊，可讓讀者保持興趣。
下載	以最短的時間下載，而且能夠以一般的硬體用途下載。
文字	使用適合各種程度的使用者、清楚易讀、容易理解的語言。利用標題、分類，以及分段。盡量避免使用註腳或是星號。
排版與設計	有效利用空間做簡單的排版。使用不同的版塊、顏色有助於維持注意力和強調重點。
瀏覽	在同一網站或連結網站應該要能夠方便地來回瀏覽。如果不能方便瀏覽，會讓使用者覺得惱火。
圖片	使用與傳達的資料相關而且有正面助益的美觀圖片。
視覺外觀	使用適當的顏色以及讓眼睛看得舒服的顏色，而且比例要適當。避免太繁雜的色彩。使用顏色來區別重點以及強調重點。
顏色	使用品牌的主題色，並以特有的顏色使你的品牌和網站與眾不同，並且在整個網站和選用的連結中巧妙地使用它。
品牌名稱與識別	使用品牌名稱、識別標誌，以及商標，讓你的網站可清楚辨識。
著作權與商標	在每個點上清楚區分有著作權的資料以及商標，以獲得法律保護。

表 17.3　餐飲加盟連鎖事業使用科技的範例

電話應用	大多數熱門的餐飲加盟連鎖店現在都有提供 app 供顧客下載到智慧型手機或平板電腦上，絕大部分都是免費。這些 app 可方便顧客訂餐、尋找餐廳位置，並且可看到菜單細節、價格、營養資訊，以及許多其他選擇的資訊。這些應用會隨著地點不同而使用不同的語言。
服務亭	有些餐廳設有服務亭，提供必要的資訊，並協助客人就座前點菜。事實上，服務亭有助於減少排隊等待的時間或是就座後等待食物的時間或拿到外帶食物的時間。
臉書	這是非常流行的社群媒體網站，大多數的餐廳都會使用。餐廳的臉書粉絲頁為訂閱該網址的會員提供接收資訊的快速管道。除了資訊之外，也可以利用臉書來下單。這有助於加盟連鎖餐廳透過一個流行的平台收到訂單，這是在其他的行銷活動之外，一個低成本的附加項目。這也是與顧客接觸、發展忠誠度，並促進營業額成長最簡便的方式。
數位菜單板	餐廳可選擇使用數位菜單板來顯示他們的菜單、變更菜單內容，並強調特殊的品項。它們也方便餐廳快速更改定價或是提供特別折扣。數位菜單板有助於速食餐廳業者在顧客等待餐點的時間提供娛樂。它們也可以幫助提供特別的資訊，譬如菜單品項的營養價值，以及應用在建議性銷售上。
電子服務生	餐廳可以根據消費者的屬性與偏好挑選菜單，並讓顧客透過網路下單。電子服務生也讓消費者可以使用桌面結帳系統來付款，而不需將信用卡交給他們不認識的餐廳人員。在另一種模式中，電子服務生可以提供 iPad 或其他小裝置讓顧客使用他們的信用卡自行結帳。這種方式也可以減少等待結帳或交還信用卡給顧客的時間。這個程式也可以在顧客離開之前用來建議最後的甜點品項，而且也可以建議特殊的外帶品項。電子服務生在顧客希望快速結帳的場所非常有用，例如機場。
等待時刻的娛樂	當顧客在等待餐點時，餐廳可以提供電動遊戲，尤其是給兒童玩的遊戲。這樣可以讓孩童有事做，而且能增加回頭客。當客人在等待餐點或是在等待特別活動的時間，餐廳甚至也可以在餐桌的桌面上提供其他的娛樂項目、新聞、運動等等。
顧客資料	電腦在收集關於顧客飲食偏好、座位偏好，以及其他細節方面可以非常有幫助。另外，像是顧客的郵遞區號、付款方式，以及其他的偏好的資料也可以很容易儲存，並用做行銷目的。
線上優惠券與折扣	一旦收集到資料後，餐廳便可提供數位優惠券，消費者可以使用他們的智慧型手機來兌現。許多其他的行銷與建議性銷售技巧也可以利用電子優惠券和特別活動促銷來進行。

（續）表 17.3　餐飲加盟連鎖事業使用科技的範例

銷售系統的功能	這個系統有各式各樣的功能，包括訂購、儲存、發放，以及消耗。它可以跟會計系統相連結，而且能夠產生幾乎所有重要的報表，包括損益報表。該系統也能夠與衛星門市相連結。
數位相機	數位相機可以用來觀察製作過程和消費者。餐廳可以將數位相機放在想要錄影的位置，這種做法在做檢討時非常有用。而且它們也可以作為很好的訓練工具。

個案研究

卜派炸雞：加盟連鎖發展

　　卜派炸雞店創始於 1972 年，當時 Alvin C. Copeland 在紐奧良市（New Orleans）的郊區阿拉比（Arabi）開了一家名為「落跑雞」（Chicken on the Run）的餐廳，供應傳統的南方炸雞。經過幾個月平淡的業績，他將這家店重新開幕，並改名為「卜派」〔Popeyes，這個名字是以電影《霹靂神探》（*The French Connection*）中的主角卜派‧朵伊爾（Popeye Doyle）來命名〕。到 1985 年時，卜派炸雞店的連鎖店數量使它躍居美國第三大速食連鎖店。1992 年時，美國當紅炸雞公司（America's Favorite Chicken Company，現在為 AFC Enterprises, Inc.）買下了卜派炸雞和教堂炸雞（Church's Chicken）餐廳。憑著這股氣勢，卜派又新開了 167 家門市，AFC 企業公司公布在 2000 年會計年度的前半年淨收益達 202%，從 1999 年同期的 360 萬增加為 1,080 萬美元。

卜派炸雞餐廳

（照片由卜派炸雞提供）

　　採用肯瓊人（Cajun）的菜單和大無畏的紐奧良風格，卜派炸雞店希望自己與其他的速食餐廳有所區別。這個策略在「我們做好吃的路易西安那餐」的承諾中具體呈現。結果就是我們所看到的傳統形象成為這家餐廳外部和內部醒目的裝飾。

　　2001 年對所有的餐飲加盟連鎖業而言是具有挑戰性的一年，在速食市場中主要的參與者都努力進行更新菜單內容和店面的計畫，以維持他們的價值定位，好讓自己維持居高不墜。卜派炸雞的總裁喬恩・路德（Jon Luther）提出報告說他們在艱困的市場中仍表現亮眼。AFC 企業在 2001 年的營收上升了 34%，而且該公司第一年公開交易的股票所產生的股價收益高達 99%。這家多品牌的速食加盟總部與經營者旗下最大的利潤收益創造者——卜派炸雞與烤餅以及教堂炸雞，總共在全世界再增開 256 間店。AFC 整體的成長策略鎖定紐約的大都會區，要做到大規模的市場成長，同時有幾家餐廳在世界各地的開幕。

　　雖然經濟疲軟，但是在美國全國各地許多主要的有限服務連鎖店都有在 2003 年和之後積極擴張的計畫，他們努力地去滿足對於雞肉愈來愈大的需求，以及在日益擁擠的領域激烈競爭。從 1990 年代初期以來，雞肉已經成為美國最受歡迎的蛋白質，而且有更多市場區塊以外的對手——漢堡和披薩店，以及百貨零售業者——也陸續加入戰局。AFC 企業公司擬定了積極的行動計畫來迎戰競爭對手的大幅折扣和價格促銷活動。卜派炸雞也規劃恢復一些在過去很受歡迎的菜單項目，並增加新

的產品。隨著營業額開始下滑，各家的加盟總部努力設法讓營業額好轉。許多加盟總部尋求廣告商的協助，並開始撒錢做廣告宣傳。

2008 年，卜派炸雞品牌根據它由來已久的源頭──路易西安那風格的家庭料理──把自己重新改造，強調獨特的新產品和新的廣告宣傳「路易西安那速食」（Louisiana Fast）。在 2014 年，AFC 企業公司將名稱改為卜派路易西安那廚房，（Popeyes Louisiana Kitchen），而且其股票掛牌名稱（PLKI）也反映出這是卜派的母公司。該品牌有一個心靈的故鄉，而且對這個品牌也有真實、道地的意味。路易西安那傳統是這家加盟連鎖的品牌支柱。顯然卜派炸雞並不是一家主題餐廳，但是傳統是它真正與眾不同的關鍵點。公司主管瞭解加盟者是冒著極大風險投資在他們的品牌上。卜派炸雞的「傳統形象」對於加盟者而言是最主要的吸引力之一。在 2001 年，這家連鎖餐廳外部和內部醒目的裝飾由於建造和整修成本讓加盟者不願配合。於是 AFC 企業在 2002 年開始試用較省錢的卜派改造計畫，以因應加盟者持續反抗高達 12 萬美元的帳單。

AFC 以「美味滿點、荷包滿滿、人生美滿」（Full Flavor, Full Pockets, Full Life）取代用了 50 年的廣告詞「小小花費、大大滿足」（Big Pieces Little Prices）。加盟者批評公司的這個舉措，包括廣告中無頭的卡通人物。在削減偏離卜派的核心菜單品項的趨勢計畫中，該公司降低了建造新餐廳門市，並重新整修現有餐廳店面的成本，全力鼓勵加盟者擴展並提升營業額。新店面方案的成本減少了 12% 至 15%，形象改造的成本則減少了 25% 至 35%，希望對加盟者而言是刺激餐廳成長的誘因。總之，加盟者對於所有的變更皆是滿腹牢騷。

Cheryl A. Bachelder 上任成為卜派炸雞的執行長和總裁，並帶來改變，這標示了卜派炸雞品牌的重生以及改善的加盟總部與加盟者關係。Bachelder 表示，加盟總部與加盟者之間的關係最大的問題在於雙方的「自我利益」。假如這種自我利益對加盟連鎖系統沒有好處，那麼不滿就會產生。她說她將致力促進一種「僕人式領導」（servant leadership）的文化，讓其他人有能力成功，並做出對品牌有益的決策，而不是個人利得。Bachelder 認為，在營運成果和增能這兩個目標的交會點就是加盟者獲利的重要性。「聽起來簡單到不行，但是它在加盟連鎖制度中是最容易被忽略的環節。」她說道。「我們持續不斷地衡量營運利潤，並根據加盟者是否賺錢來做決策。」Bachelder 帶領公司走過一段經濟困頓的時期，當時募集不到加盟者的資金，食物成本也暴漲。在那段時期的指導原則一直都採取四管齊下的策略計畫，在她上任之後將其命名為「成功指南」，她略述如下：(1) 創造相關的品牌形象；(2) 改善

加盟連鎖店的營運方式；(3) 確保加盟者的利潤；(4) 加速展店。在 Bachelder 的領導下所規劃的精良改造計畫目的是要解決困擾了該品牌 35 年的問題。在 40 周年慶時，Bachelder說道：「這家公司有機會在美國成長雙倍，並推廣到全世界。」而且「接下來的 40 年將會比前 40 年更鼓舞人心和更加穩健。」（Ravneberg, 2012）

結論

本案例顯示了品牌基本理念的重要性以及改變它可能會對生意造成巨大的影響。無論這個加盟連鎖品牌被認為何時能復甦，都應該要把這個事實列入考量。另一個必須考慮的層面是加盟總部與加盟者關係的重要性。任何加盟連鎖事業的成功都必須仰賴加盟總部與加盟者之間良好的關係。

參考書目

American Marketing Association (2014). Dictionary. Retrieved from https:// www.ama.org/resources/Pages/Dictionary.aspx?dLetter=B.

Baron, S., & Schmidt, R. A. (1991). Operational aspects of retail franchises. *International Journal of Retail & Distribution Management, 19*(2), 13.

Beck, K. (2011). Taco Bell's meaty marketing campaign. *Customer Relationship Management, 15*, 12–13.

Bellman, E. (2009). Corporate news: McDonald's plans expansion in India. *Wall Street Journa*l (Eastern Edition), New York, NY. June 30, B4.

Bergen, M., Dutta, S., & Walker, C., Jr. (1992). Agency relationships in marketing: A review of the implications and applications of agency and related theories. *Journal of Marketing, 56*(3), 1.

Bhushan, R. (2012, Oct 11). Domino's, Pizza Hut use delivery and dine-ins to whet the taste buds of demanding Indians. *The Economic Times (Online)*. Retrieved from http://articles.economictimes.indiatimes.com/2012-10-10/ news/34363627_1_dine-in-stores-yum-restaurants-pizza-hut

Bhushan, R. (2012a). McDonald's goes for costliest revamp to attract more adults. *The Economic Times (Online)*. Retrieved from http://articles. economictimes.indiatimes.com/2012-01-20/news/30647182_1_ ronald-mcdonald-mcdonald-s-india-vikram-bakshi

Blank, C. (2006). Big brands on campus. *Restaurants & Institutions, 116*(18), 55.

Boccaccio, K. (2008). Design gives Panera local appeal. *Chain Store Age, 84*(13), 72–73. Retrieved from http://chainstoreage.com/article/design-gives-panera-local-appeal-0

Brandau, M. (2009). Quiznos aims 'torpedo' ads at subway market. *Nation's Restaurant News. 43*(16), 4–4,101.

Brandau, M. (2012). Buffalo Wild Wings unveils new look. *Nation's Restaurant News, 46*(15), 6-n/a. Retrieved from http://nrn.com/latest-headlines/ buffalo-wild-wings-unveils-new-look

Brandau, M. (2013). Pizza Hut to roll out new stuffed-crust pizza. *Nation's Restaurant News.* Retrieved from http://nrn.com/food-trends/pizza-hut-roll-out-new-stuffed-crust-pizza

Brandau, M. (2013a). Wendy's rolls out new logo systemwide. *Nation's Restaurant News.* Retrieved from http://nrn.com/latest-headlines/wend-ys-rolls-out-new-logo-systemwide

Brandau, M. (2013b). Restaurant chains to drive growth through nontraditional locations. *Nation's Restaurant News. Retrieved* from http://nrn.com/latest-headlines/restaurant-chains-drive-growth-through-nontraditional-locations

Brandau, M. (2013c). Leveraging the live stream. *Nation's Restaurant News,* *47*(22), 74–76.

Brandau, M. (2014a). Pizza Hut tests interactive table for ordering, payment. *Nation's Restaurant News. Retrieved* from http://nrn.com/technology/pizza-hut-tests-interactive-table-ordering-payment

Brandau, M. (2014b). QSRs adopt fast-casual traits to compete. *Nation's Restaurant News, 48*(4), 1–28.

Brickley, J. A. & Dark, F. H. (1987). The choice of organizational form The case of franchising. *Journal of Financial Economics, 18*(2), 401–420.

Caldwell, M. (2009). Pizza Hut Tuscani pasta dinners. *Nation's Restaurant News, 43*(16), 52.

Carney, M. & Gedajlovic, E. (1991). Vertical integration in franchise systems: Agency theory and resource explanations. *Strategic Management Journal, 12*(8), 607–629.

Caves, R. E. & Murphy, W. F. (1976). Franchising: firms, markets, and intangible assets. *Southern Economic Journal (Pre-1986), 42*(1–4), 572.

Chick-fil-A, Inc. (2009). Chick-fil-A 'eat mor chikin' cows take Silver Effie award for sustained success campaign. *Marketing Weekly News,* 141. Retrieved from http://www.prnewswire.com/news-releases/chick-fil-a-eat-mor-chikin-cows-take-silver-effie-award-for-sustained-success-campaign-62006377.html

Cline, S. (2012). Chick-fil-A's controversial gay marriage beef. *U.S. News & World Report,* July 27, 2012. Retrieved from http://www.usnews.com/news/articles/2012/07/27/chick-fil-as-controversial-gay-marriage-beef

Combs, J. G, & Castrogiovanni, G. J. (1994). Franchisor strategy: A proposed model and empirical test of franchise versus company ownership. *Journal of Small Business Management, 32*(2), 7.

Combs, J. G. & Ketchen,David J. Jr. (1999). Can capital scarcity help agency theory explain franchising? Revisiting the capital scarcity hypothesis. *Academy of Management Journal, 42*(2), 196–207.

Combs, J. G., Michael, S. C., & Castrogiovanni, G. J. (2009). Institutional influences on the choice of organizational form: The case of franchising. *Journal of Management, 35*(5), 1268–1290.

Dahlstrom, R. & Nygaard, A. (1994). A preliminary investigation of franchised oil distribution in Norway. *Journal of Retailing, 70*(22), 179–191.

DeFranco, D. (2007). Feeding the new breed of traveler. *Lodging Hospitality, 63*(5), 24–26,28.

Duvall, G. R. (2012). Converting a licensee or dealer into a franchisee. *Franchising World, 44*(10), 58.

Engel, E., Fischer, R., & Galetovic, A. (2005). Highway franchising and real estate values. *Journal of Urban Economics, 57*(3), 432–448.

Falbe, C. M. & Welsh, D. H. (1998). NAFTA and franchising: A comparison of franchisor perceptions of characteristics associated with franchisee success and failure in Canada, Mexico, and the United States. *Journal of Business Venturing, 13*(2), 151–171.

Fama, E. F. & Jensen, M. C. (1983). Agency problems and residual claims. *Journal of Law and Economics, 26*(2), 327.

Felstead, A. (1991). The social organization of the franchise: A case of controlled self-employment. *Work, Employment & Society, 5*(1), 37 - 57.

Fitzgerald, P. (2014, Mar 11). Sbarro files for Chapter 11 bankruptcy. *Wall Street Journal*. Retrieved from http://online.wsj.com/article/BT-CO-20140310–705997.html

Frumkin, P. (2008). Sentimental fans remain optimistic that favorite restaurant brands can soldier on post-bankruptcy. *Nation's Restaurant News, 42*(32), 23.

Frumkin, P. (2012). Turnaround time at Sbarro: Quick-service brand gets forward-looking plan under new CEO Greco. *Nation's Restaurant News, 46*(9), 50-n/a. Retrieved from http://nrn.com/archive/turnaround-time-sbarro

Gasparro, A. (2013, Jun 05). Boss talk: A new test for Panera's pay-what-you-can. *Wall Street Journal*. Retrieved from http://online.wsj.com/news/articles/SB10001424127887324423904578525613697549512

Gasparro, A. & Chaudhuri, S. (2012, Oct 12). Wendy's redhead gets a make-over. *Wall Street Journal (Online)*. Retrieved from http://online.wsj.com/news/articles/SB10000872396390444799904578050650293177098

Gerhardt, S., Hazen, S, Dudley, D, & Freed, R. (2013). Franchisor fees & expense requirements base lined to McDonald's corporation. *ASBBS E - Journal, 9*(1), 71–81. Retrieved from http://connection.ebscohost.com/c/articles/90139096/franchisor-fees-expense-requirements-base-lined-mc-donalds-corporation

Grant, C. T. (1985). Blacks hit racial roadblocks climbing up the corporate ladder. *Business and Society Review,* 1985. 52, p56.

Grunhagen, M. & Dorsch, M. J. (2003). Does the franchisor provide value to franchisees? Past, current, and future value assessments of two franchisee types. *Journal of Small Business Management, 41*(4), 366–384.

Grunhagen, M. & Mittelstaedt, R. A. (2005). Entrepreneurs or investors: Do multi-unit franchisees have different philosophical orientations? *Journal of Small Business Management, 43*(3), 207–225.

Haddon, H. (2012, Jun 11). Sweet spaghetti, and a bit of pride. *Wall Street Journal*. Retrieved from http://online.wsj.com/news/articles/SB1000142405270230376810457745888045349864

Hempelmann, B. (2006). Optimal franchise contracts with private cost information. *International Journal of Industrial Organization, 24*(2), 449–465.

Hing, N. (1995). Franchisee satisfaction—contributors and consequences. *Journal of Small Business Management, 33*(2), 12–25.

Hookway, J. (2008, June 06). Philippines's Jollibee goes abroad: Fast-food chain expands in Mideast, Indonesia, U.S. as home market takes hit. *Wall Street Journal*. Retrieved from http://online.wsj.com/news/articles/SB121269251278449415

Hoover, V., Ketchen Jr., D. J., & Combs, J. G. (2003). Why restaurant firms franchise: An analysis of two possible explanations. *The Cornell Hotel and Restaurant Administration Quarterly, 44*(1), 9–16.

Hynes, N. (2009). Colour and meaning in corporate logos: An empirical study. *Journal of Brand Management, 16*(8), 545–555.

Hunt, S. D. (1977). Franchising: promises, Problems, prospects. *Journal of Retailing, 53*(3), 71–84.

Inma, C. (2005). Purposeful franchising: Re-thinking of the franchising rationale. *Singapore Management Review, 27*(1), 27.

International Franchise Association (2012). Economic health of the franchise industry is stronger compared to a year ago. *Economics Week,* 314.

Jargon, J. (2009, Jul 15). Restaurants burned by deep discounts. *Wall Street Journal.* Retrieved from http://online.wsj.com/news/articles/SB124761008720841741

Jargon, J. (2010). Quiznos plans international push. *Wall Street Journal (Online).* Retrieved from http://online.wsj.com/news/articles/SB10001424052748704388504575419393692093032

Jargon, J. (2012, Oct 11). Fast food aspires to 'fast casual.' *Wall Street Journal.* Retrieved from http://online.wsj.com/news/articles/SB10000872396390444657804578048651773669168

Jargon, J., & Spector, M. (2011, Jul 21). LBO, recession singe Quiznos: Sub chain loses 30% of its outlets; the $4 'Torpedo' bested by the $5 footlong. *Wall Street Journal.* Retrieved from http://online.wsj.com/news/articles/SB10001424052702304567604576454284093198552

Joseph, S. (2011, Sep 16). Pizza Express takes inspiration from heritage for new brand identity. *Marketing Week (Online).* Retrieved from http://www.marketingweek.co.uk/pizza-express-takes-inspiration-from-heritage-for-new-brand-identity/3030215.article

Jennings, L. (2013). Quiznos faces new wave of franchisee lawsuits. *Nation's Restaurant News.* Retrieved from http://nrn.com/latest-headlines/quiznos-faces-new-wave-franchisee-lawsuits

Jennings, L. (2013a). Seattle's Best Coffee to open 10 drive-thru-only units in Dallas. *Nation's Restaurant News.* Retrieved from http://nrn.com/quick-service/seattle-s-best-coffee-open-10-drive-thru-only-units-dallas

Jennings, L. (2011). Chains practice franchise diplomacy. *Nation's Restaurant News, 45*(21), 1-n/a. Retrieved from http://connection.ebscohost.com/c/articles/66813448/chains-practice-franchise-diplomacy

Jennings, L. (2014). Restaurants focus on throughput as a growth strategy. *Nation's Restaurant News. Retrieved* from http://nrn.com/technology/restaurants-focus-throughput-growth-strategy

Joseph, S. (2013, Oct 18). Pizza Hut preps personalisation drive to grow online sales. *Marketing Week (Online).* Retrieved from http://www.marketingweek.co.uk/old-in-depth-digital/pizza-hut-preps-personalisation-drive-to-grow-online-sales/4008293.article

Justis, R. T. & Judd, R. J. (1989). *Franchising*. Cincinnati: South-Western Pub. Co.

Justis, R. T. & Judd, R. J. (2004). *Franchising (3rd ed.)*. DAME Publishing.

Kaufmann, D. J. (1992). Mergers, acquisitions and LBOs: Beware the disappearing 'experienced franchisor' exemption from registration. *Franchise Law Journal, 11*(3), 63.

Kaufmann, P. J. (1999). Franchising and the choice of self-employment. *Journal of Business Venturing, 14*(4), 345–362.

Kaufmann, P. J. & Dant, R. P. (1996). Multi-unit franchising: Growth and management issues. *Journal of Business Venturing, 11*(5), 343.

Kaufmann, P. J. & Rangan, K. V. (1990). A model for managing system conflict during franchise expansion. *Journal of Retailing, 66*(2), 155–173.

Khan, M. A. (1999). *Restaurant franchising* (2nd ed.). New York: John Wiley.

Kok, Y. (2009, Feb 26). Analyst comment. *Media*. Retrieved from http://ezproxy.lib.vt.edu:8080/login?url=http://search.proquest.com/docview/206275762?accountid=14826.

LaFontaine, F. (1992). Agency theory and franchising: Some empirical results. *The RAND Journal of Economics, 23*(2), 263–283.

Landingin, R. (2008, Mar 27). Filipino diners face smaller portions of rice. *Financial Times*. Retrieved from http://www.ft.com/cms/s/0/01725c7e-fba0–11dc-8c3e-000077b07658.html#axzz31otclWJ8

Levinson, R. (2014). The Jollibee burger comes to Canada. *Canadian Business, 87*, 13–14.

Liddle, A. J. (2009). Quiznos, franchisees look to settle dispute. *Nation's Restaurant News, 43*(45), 4–4, 53.

Liddle, A. J. (2012). Signs of change. *Nation's Restaurant News, 46*(4), 24.

Liddle, A. J. (2013). TOP 100. *Nation's Restaurant News, 47*(12), 19.

Mangiamele, P. (2013). Rebirth, rebranding, resurgence, renaissance. *Franchising World, 45*(1), 28. Retrieved from http://www.franchise.org/Franchise-News-Detail.aspx?id=59138

Martinez, S. & Kaufman, P. (2008). Twenty years of competition reshape the U.S. food marketing system. *Amber Waves, 6*(2), 28–35. Retrieved from http://www.ers.usda.gov/amber-waves/2008-april/twenty-years-of-competition-reshape-the-us-food-marketing-system.aspx#.U3YvL8bgRnE

Mathewson, G. F. & Winter, R. A. (1985). The economics of franchise contracts. *The Journal of Law and Economics*, *28*(3), 503.

Matejowsky, T. (2008). Jolly dogs and McSpaghetti: Anthropological reflections on global/local fast-food competition in the Philippines. *Journal of Asia-Pacific Business*, *9*(4), 313. Retrieved from http://www.tandfonline.com/doi/abs/10.1080/10599230802453588?journalCode=wapb20#preview

Mendelsohn, M. (1999). European and UK franchise surveys offer useful information. *Franchising World*, *31*(4), 52.

McDonald's Corporation. (2010). *Annual report*. Published by McDonald's Corporation. Oak Brook, IL.

McDonalds India. (2012). *Various*. Retrieved April 5, 2012 from http://www.mcdonaldsindia.com/

McDonalds India. (2012). *Various*. Retrieved April 6, 2012 from http://www.mcdonaldsindia.com

McDonalds Australia. (2012). *Various*. Retrieved April 6. 2012 from http://mcdonalds.com.au/

McDonalds China. (2012). *Various*. Retrieved April 5, 2012 from http://www.mcdonalds.com.cn/

McDonalds France. (2012). Various. Retrieved April 6, 2012 from http://www.mcdonalds.fr/

McDonalds Guatamala. (2012). *Various*. Retrieved April 6, 2012 from http://www.mcdonalds.com.gt/

McDonald's Germany. (2012). *Various*. Retrieved April 6, 2012 from http://www.mcdonalds.de/

McDonalds Japan. (2012). *Various*. Retrieved April 5, 2012 from http://www.mcdonalds.co.jp/

McDonalds KSA. (2012). *Various*. Retrieved April 6, 2012 from http://www.mcdonaldsarabia.com/

McDonalds Malaysia. (2012). *Various*. Retrieved April 6, 2012 from http://www.mcdonalds.com.my/

McDonalds Russia. (2012). *Various*. Retrieved April 6, 2012, from http://www.mcdonalds.ru/?ver=html

McDonalds South Africa. (2012). *Various*. Retrieved April 6, 2012 , from http://www.mcdonalds.co.za/home/home.html

Nassauer, S. (2013). Corporate news: Chili's intends to set its tables with computer screens. Sept 16. *Wall Street Journal*. Retrieved from http://online.wsj.com/news/articles/SB10001424127887323342404579077453886739272

National Restaurant Association (2014). Industry Impact. Retrieved March 21, 2014 from http://www.restaurant.org/industryimpact.

Nation's Restaurant News (2009). Financing insights: News digests. *Nation's Restaurant News, 43*(38), 12.

Nation's Restaurant News (2011a). Briefings, insights & outtakes. 45(26), 4.

Nation's Restaurant News, (2011b). Chick-fil-A creates Cow Museum. *45*(13), 6.

Norton, S. W. (1995). Is franchising a capital structure issue? *Journal of Corporate Finance, 2*(1), 75–101.

Norton, S. W. (1988a). An empirical look at franchising as an organizational form. *The Journal of Business, 61*(2), 197.

Norton, S. W. (1988b). Franchising, brand name capital, and the entrepreneurial capacity problem. *Strategic Management Journal, 9*(S1), 105–114.

Oxenfeldt, A. R. & Kelly, A. O. (1968). Will successful franchise systems ultimately become wholly-owned chains?. *Journal of Retailing, 44*(4), 69–83.

Palank, J. (2014, Mar 15). Corporate news: Quiznos files for bankruptcy. *Wall Street Journal*. Retrieved from Corporate news: Quiznos files for bankruptcy. *Wall Street Journal*.

Park, C. W., Eisingerich, A. B., & Pol, G. (2014). The power of a good logo. *MIT Sloan Management Review, 55*(2), 10–12.

Peterson, A. & Dant, R. P. (1990). Perceived advantages of the franchise option from the franchisee perspective: Empirical insights from a service franchise. *Journal of Small Business Management, 28*(3), 46.

Rai, N. & Nayak, D. (2013, Mar 17). India's taste for coffee to affect bean prices. *Wall Street Journal (Online)*. Retrieved from http://online.wsj.com/news/articles/SB10001424127887324077704578362412457518992

Rappeport, A. (2012, Jun 07). Struggling Sbarro looks to revive fortunes. *Financial Times*. Retrieved from http://www.ft.com/intl/cms/s/0/1438e810-af28–11e1-a8a7–00144feabdc0.html#axzz3 lotclWJ8

Rarick, C., Falk, G., & Barczyk, C. (2012). The little bee that could: Jollibee of the Philippines v. McDonald's. Arden: Jordan Whitney Enterprises, Inc. Retrieved from http://connection.ebscohost.com/c/case-studies/79170600/little-bee-that-could-jollibee-philippines-v-mcdonalds

Ravneberg, C. (2012). Cheryl Bachelder. *Nation's Restaurant News, 46*(20), 64.

Ries, L. (2013). Never overlook the importance of visibility. *Nation's Restaurant News, 47*(11), 31.

Rowe, M. (2014). Why restaurants need a strong brand image. *Restaurant Hospitality*. Retrieved from http://restaurant-hospitality.com/management-tips/why-restaurants-need-strong-brand-image

Rubin, P. H. (1978). The theory of the firm and the structure of the franchise contract. *The Journal of Law and Economics, 22*(1), 223 - 233.

Ruggless, R. (2007). Bennigan's set to debut sports-theme concept. *Nation's Restaurant News, 41*(20), 4, 65.

Ruggless, R. (2008). Bennigan's brand to carry on after parent's bankruptcy. *Nation's Restaurant News, 42*(31), 1, 85.

Ruggless, R. (2009). Moody's debtor list elicits spirited responses from affected chains. *Nation's Restaurant News. 43*(11), 11–12.

Ruggless, R. (2010). Federal judge upholds Quiznos settlement. *Nation's Restaurant News. 44*(18), 6.

Ruggless, R. (2013). New Panera campaign emphasizes values. *Nation's Restaurant News.* Retrieved from http://nrn.com/latest-headlines/new-panera-campaign-emphasizes-values

Ruggless, R. (2013a). Pizza Hut debuts flatbread. *Nation's Restaurant News. Retrieved* from http://nrn.com/food-trends/pizza-hut-debuts-flatbread

Ruggless, R. (2013b). Bennigan's to open restaurants in India. *Nation's Restaurant News. Retrieved* from http://nrn.com/international/bennigan-s-open-restaurants-india

Ruggless, R. (2013c). Chili's begins marketing pizza nationwide. *Nation's Restaurant News.* *Retrieved* from http://nrn.com/latest-headlines/chilis-begins-marketing-pizza-nationwide

Ruggless, R. (2013d). Strategies for taking a restaurant brand abroad. *Nation's Restaurant News. Retrieved* from http://nrn.com/international/strategies-taking-restaurant-brand-abroad

Ruggless, R. (2013c). Brinker reveals new menu, growth plans. *Nation's Restaurant News.* Retrieved from http://nrn.com/latest-headlines/brinker-reveals-new-menu-growth-plans

Ruggless, R. (2014). Chili's aims to become 'faster than fast casual'. *Nation's Restaurant News.* Retrieved from http://nrn.com/service/chilis-aims-become-faster-fast-casual

Ruggless, R. & Frumkin, P. (2010). Panera launches loyalty program. *Nation's Restaurant News, 44*(25), 8.

Ruggless, R. & Frumkin, P. (2011). Sbarro Inc. files for Chapter 11. *Nation's Restaurant News, 45*(8), 8.

Sambidge, A. (2012). Saudi's Freshi eyes expansion across MENA. (2012, Jun 22). Arabianbusiness.com. Retrieved http://www.arabianbusiness.com/saudi-s-freshi-eyes-expansion-across-mena-463027.html

Scarpa, J. (2013). Chains embrace collaborative approach to R&D. *Nation's Restaurant News.* *Retrieved* from http://nrn.com/menu/chains-embrace-collaborative-approach-rd

Schumpeter (2013, Jun 22). The emerging-brand battle. *The Economist, 407*, 70.

Seaford, B. C., Culp, R. C., & Brooks, B. W. (2012). Starbucks: Maintaining a clear position. *Journal of the International Academy for Case Studies, 18*(3), 39. Retrieved from http://connection.ebscohost.com/c/case-studies/79170598/starbucks-maintaining-clear-position

Shane, S., & Hoy, F. (1998). Franchising as an entrepreneurial venture form. *Journal of Business Venturing, 13*(2), 91–94.

Shane, S. A. (1998). Making new franchise systems work. *Strategic Management Journal, 19*(7), 697–707.

Spector, M. (2011, Dec 22). Corporate news: Quiznos unwraps debt plan—tentative deal would give one of sandwich chain's lenders majority ownership. *Wall Street Journal.* Retrieved from http://online.wsj.com/news/articles/SB10001424052970204464404577112551867262744

Spector, M. (2011a, Jan 11). With debt rising, Sbarro hires bankruptcy law-yers. *Wall Street Journal*. Retrieved from http://online.wsj.com/news/articles/SB20001424052748704458204576074214100579944

Spector, M. (2012, Jan 25). Corporate news: Quiznos slices up its debt in restructuring. *Wall Street Journal*. Retrieved from http://online.wsj.com/news/articles/SB10001424052970203806504577181232573598306

Spielberg, S. (2003). Panera: Upgrades, new units way to fuel growth. *Nation's Restaurant News, 37*(34), 4–4,83.

Spinelli, Jr., S.S., Rosenberg, R.M., & Birley, S. (2004). "Franchising as Entrepreneurship," in *Franchising: Pathway to Wealth Creation*, FT Prentice Hall, New York, NY. Chapter 1: 2.

Steintrager, M. (2001). Upscale quickservice: Panera Bread. *Restaurant Business,* 100 (13), 38.

Stern, L. W. & Reve, T. (1980). Distribution channels as political economies: A framework for comparative analysis. *Journal of Marketing, 44*(3), 52.

Strutton, D., Pelton, L., & Lumpkin, J. R. (1995). Psychological climate in franchising system channels and franchisor-franchisee solidarity. *Journal of Business Research, 34*(2), 81–91.

Swimberghe, K. R., Wooldridge, B. R., Ambort-Clark, K., & Rutherford, J. (2014). The influence of religious commitment on consumer perceptions of closed-on-Sunday policies: An exploratory study of Chick-fil-A in the southern United States. *The International Review of Retail, Distribution and Consumer Research, 24*(1), 14.

Tarbutton, L. T. (1986). *Franchising: The How-to Book*. Englewood Cliffs, N.J.: Prentice-Hall.

USDA. (2011). *Food Safety and Inspection Service Fact Sheet*. Retrieved May 2011 from http://www.fsis.usda.gov/factsheets/ground_beef_and_food_safety/index.asp.

Toasted Subs Franchisee Association, Inc. (2008). Federal court gives green light to Quiznos franchisees on all claims in nationwide class action. *Business & Finance Week,* 383. Retrieved from http://www.restaurant-newsresource.com/article31480Federal_Court_Gives_Green_Light_to_Quiznos_Franchisees_on_All_Claims_in_Nationwide_Class_Action.html

Toops, L. M. (March 1, 2012). Panera Bread and the profitability of ethics. *National Underwriter Property & Casualty*. Retrieved from http://www.propertycasualty360.com/2012/03/01/panera-bread-and-the-profitability-of-ethics

United States Congress House Committee on Small Business (1991). *Franchises (Retail trade)*. U.S. Printing Office, 210 pages.

Walkup, C. (2006). Panera Bread to launch dinner menu, push toward 1,000 units. *Nation's Restaurant News, 40*(25), 4–4, 42.

Withane, S. (1991). Franchising and franchisee behavior: An examination of opinions, personal characteristics, and motives of Canadian franchisee entrepreneurs. *Journal of Small Business Management, 29*(1), 22–29.

Wong, V. (2013, Jan 28). Panera doesn't offer a free lunch—It offers caring. *Business Week*, 1.

Wong, V. (2013a, Feb 25). Let's go to Wendy's and cuddle by the fireplace. *Business Week*. Retrieved from http://www.businessweek.com/articles/2013–02–28/lets-go-to-wendys-and-cuddle-by-the-fireplace

York, E. B. (2008). Quiznos franchisees walloped by recession. *Advertising Age, 79*(39), 3–3, 38.

York, E. B. (2009). Quiznos throws Subway curve with 'sexy' $4 foot-long. *Advertising Age, 80*(10), 3–3, 29.

專有名詞與縮寫簡表

一、專有名詞

accounts payable turnover 應付帳款周轉率

這是一個短期的流動資產估算,用來衡量公司付款給供應商的速度。應付帳款周轉率的計算是在一段特定時間內向供應商購買的總採購額除以應付帳款平均值。公式如下:應付帳款周轉率＝總採購額÷應付帳款平均值;或應付帳款周轉率＝銷貨(營業)成本÷應付帳款。

accounts receivable turnover 應收帳款週轉率

這是用來衡量一家公司展延信用及收回賒銷帳款的績效。應收帳款週轉率是資產管理的比率,可衡量一家公司運用其資產的效能。公式如下:應收帳款週轉率＝賒銷收入淨額÷應收帳款平均值。

acid test ratio 酸性測驗比率

指一家公司短期的流動資產,用來衡量一家公司以其流動資產償還短期負債的能力;又稱為速動比率(quick ratio)。計算方式不只一種,例如速動比率＝(流動資產－存貨)÷流動負債;或是速動比率＝(現金＋應收帳款)÷流動負債。

activity generators 活動匯集點

係指因其地點或活動而能夠帶來人潮和車潮的地方,包括現有的商店、辦公室,以及公共和非營利的設施。

administrative and general expenses 行政與總務費用

這是與提供給消費者的服務無關的營業費用,譬如辦公用品、郵資和電話。

advertisement advisory council 廣告諮詢委員會

為了保持中立的立場,許多加盟總部都會組織廣告諮詢委員會,提供關於如何運用廣告經費的意見以及針對廣告和宣傳提出有創見的建議。

advertising and promotion expenses 廣告與促銷費用

包括各種廣告、促銷和折扣的費用。

advertising fee/fund 廣告費／基金

這是付給加盟總部的費用,而且加盟總部只將這筆費用作為廣告和推廣的特定用途,廣告費是根據總收入來訂定,而且通常被放在一個用於全國性和地區性的廣告與宣傳經費中。加盟總部也要挹注經費給直營店。

advertising manual 廣告手冊

廣告手冊中概略描述了廣告、促銷、廣告看板及公共關係。

Americans with Disabilities Act, ADA 美國殘障者法案

這是內容廣泛的美國民權法,禁止在某些情況下對殘障者的歧視。

Anti-cybersquatting Consumer Protection Act, ACPA 反網域名稱搶註消費者保護法

ACPA 於 1999 年開始實施,為註冊、非法販售或使用混淆或淡化某一「商標」或是個人姓名的「域名」建立訴訟的依據。

arbitration 仲裁

要求將爭議移交給一個或多個中立的第三方做出最後的決議並履行之。在某些情況中,一個加盟總部可能會決定將所有的爭議皆交由仲裁處理,尤其是與加盟連鎖合約有關的爭議。特定的爭論也可以提交仲裁。

areas of dominant influence, ADIs 主要影響區域

由阿比創(Arbitron Company)市場研究公司所定義的詞彙。ADIs 法將美國分成主要的電視觀眾市場區域。一些加盟總部也利用 ADIs 來做出他們的加盟連鎖決策。ADIs 也普遍用在規劃廣告和宣傳上。

Big Mac Index 大麥克指數

亦即以不同國家的大麥克價格來比較世界主要貨幣的價值,以及粗估一個國家貨幣的強弱。

blogs 部落格

網站入口,依照時間先後順序排列發文,通常是由某一特定人士討論某一特定主題,但是更多是由一個組織或一群人來發文。

brand 品牌

美國行銷協會的定義為:「一個名稱、詞語、標誌、象徵或是設計,或者上述總和,用以辨識一個賣家或一群賣家的商品或服務,並與其競爭者有所區隔。」

brand equity 品牌權益

表示賦予某一產品或服務的價值。它可能反映在顧客對於價格、市占率以及附加利益所營造出的價值上。

branding 品牌推廣

係指將一個強勢品牌受歡迎的屬性納入由加盟總部設計的產品或服務中。

break-even analysis 損益平衡分析

用來判斷獲利與達到收益的成本相等的時間點。目的是計算出所謂的安全邊際，亦即收益超過損益平衡點的金額。當保持在損益平衡點以上時，表示收益可能會降低。

budget competition 預算競爭對手

意指瓜分經濟資源有限的同一群顧客的競爭對手。

business format franchising 營利公式加盟連鎖

係指由一家加盟連鎖公司（加盟總部）以獲取預定的財務報酬為條件，授權給旗下的加盟者，讓他們有權利使用完整的全套經營方法，包括教育訓練、支援，以及企業名稱，因此加盟者能夠以跟該加盟連鎖體系中其他店家一模一樣的標準與模式來營運。

cash asset ratio 現金資產比率

亦即流動資產除以流動負債的比率，其目的是評估償付能力。該比率又稱「流動比率」、「現金比率」、「流動資產比率」。

ceased operation 停止營業

係指非因轉讓、合約到期、不續約或是重新取得授權等因素所形成的營運終止。包括加盟者放棄其店面，以及加盟者在「閒置」狀態中。

co-branding 聯合品牌

係指同一地點不只有一個品牌。

communications 溝通

係指一方試圖告知、說服或提醒另一方某件事，並預期對方會採取直接或間接的回應或改變。加盟總部必須不斷地與加盟者溝通，反之亦然。

concept 概念

一名創業者在心中所構思的想法，概念的形成是將特定經驗歸納為通則或是一般類別的過程。

consistency 濃度

係指一個產品的稠度或密度。就像質地一樣,濃度可組成菜單上各式各樣的品項。用來描述濃度最常見的形容詞有稀、黏、糊、淡、稠、膠。

controllable expenses 可控制費用

亦即可被控制的成本。這些費用都是根據管理決策而來,並且與餐廳營運的效率直接相關。

conversion franchise 轉換型加盟連鎖

描述某一現存事業的經營者決定加入某一加盟總部而成為加盟者的情況。

copyright 著作權

版權建立了書寫、錄製、演出或拍攝等創作的所有權。在美國,一旦專利、商標和著作權在聯邦專利局註冊後,專利權人即享有法定專利期間內所有的權利,無論獲專利權之產品是否生產或銷售。

core benefit competition 核心利益競爭者

係指為了顧客相同的目的或是滿足顧客相同的基本需求而提供各種產品或服務的生意。譬如咖啡館、甜甜圈店、冰淇淋店,皆可滿足相似的顧客需求。

cost of food consumed 食物銷售成本

可用下列公式來計算:期初存貨價格+食物採購金額=可銷售存貨總額。可銷售存貨總額−期末存貨=特定期間內的食物銷貨成本。

crew member training programs 全體員工訓練課程

可能在加盟店裡進行,也可能包含課堂課程、看錄影帶、影片、線上課程、互動式虛擬課程以及其他的教材。

crisis 危機

係指可能帶來負面結果的重大事件,其結果將影響一個組織、公司或產業及其群眾、產品、服務或品牌形象。

current assets 流動資產

可以在相對較短的時間內轉換成現金的資產,通常包含手邊的現金、應收帳款和庫存。

current liabilities 流動負債

在一年的資產負債表日期內將到期的債務，其中包括短期的貸款和向顧客收取須付給政府的稅金。

current ratio 流動比率

亦即流動資產除以流動負債的比率，其目的是評估償付能力。該比率又稱「現金資產比率」、「現金比率」、「流動資產比率」。

cybersquatters 網路蟑螂

係指那些搶先註冊包含知名商標的網域名稱，但是本身卻無意架設網站，而是打算將該網域賣給第三方的人。

deep linking 深層連結

使用超連結連接至某一網站上特定的網頁內容，通常是可搜尋到或是已編入索引的資料。透過這種方式可直接連結到某一網站的內部網頁，而不需經由網站擁有者的首頁來連結。

defensiveness 防衛心理

在受到威脅、指責、究責、歧視或傲慢對待的情況下，個人可能會對於批評或質疑產生防衛心理，覺得必須保護自己或為自己辯駁。當事人可能會說出諷刺的話語、主觀評斷或是採取言語攻擊。

depreciation 折舊

計算因為損耗以及其他原因所造成的資產價值預期或實際的減少。

development agreement 開發協議

加盟總部直接與一名開發者訂定協議，這名開發者必須是所在國的居民，負責開發和經營該地區所有的加盟連鎖店。

development fee 展店費用

某些加盟總部會收取這筆費用作為進一步開發加盟連鎖店之用。有可能每家店都是固定費用或是按比例計算。

direct franchising 直營加盟連鎖

常常是指「授權」，亦即允許某一加盟總部使用其體系的商標、產品和服務，在另一個國家設立一個加盟連鎖事業，並且跟在美國的運作方式相同。

direct operating expenses　直接作業成本

與提供給顧客的服務直接相關的費用，例如餐桌中央的擺設、蠟燭、鍍銀餐具及餐巾等。

direct unit franchising　直營店加盟連鎖

加盟總部將加盟連鎖事業授權給直接來自於創始國的某個人或某團體，與在他們自己國家授權加盟連鎖事業的方式相同。在國內或國際上授權加盟連鎖事業並無不同。

dispute resolutions　解決紛爭

在一段關係中可能會有某個時間點無法為了各種合理的理由解決紛爭。這些紛爭可能來自於不公平待遇或是誤解加盟連鎖的協議。許多紛爭都與加盟總部的商標以及所有權的使用有關。在這類事件中，必須交由第三方做出決議。用來解決紛爭的方法最好條列於加盟連鎖協議中。大多數的加盟連鎖協議皆闡明（而且是最重要的一點）將採用領土管轄權。

diversification　多元化經營

為新市場開發新產品的策略。一個成功的加盟總部必須清楚應採用的策略，並且深刻瞭解該國的商業環境或是熟悉目標群眾。

dry storage areas　乾貨儲存區

在攝氏 10 至 20 度（華氏 50 至 70 度）的溫度下，用來保存食物以及各種日用品的區域。這個區域理想的相對濕度大約是 50%。

dual-concept/multiple-concept franchising　雙概念 / 多概念加盟連鎖

係指由兩個或更多概念（或品牌）同時在一個地點營運的加盟連鎖形式。

employee benefits　員工福利

包括醫療保險、薪資，以及給員工的其他福利。

equipment cost　設備費用

一家餐廳裡必要設備的成本。加盟總部可能會要求透過其合作廠商、核可的賣家或是由加盟總部本身購買該設備。

ergonomics or human engineering　人因工程學

這是一個包含多重學科的領域，包括人體測量學、心理學、工程學、生物力學、工業工程學及工業設計，並應用於設計符合人類身體及其認知能力的設備與裝置。

Federal Trade Commission, FTC　聯邦貿易委員會
這是美國政府的一個機構，於1914年根據聯邦貿易委員會法案設立。其主要任務為促進消費者保護，以及消弭強迫性壟斷的反競爭商業行為。

Federal Trade Commission's Franchise Rule, FTC Rule or the Rule　聯邦貿易委員會加盟連鎖法規
本法規要求揭露加盟者購得加盟連鎖事業做出知情決定所需要的資料，包括潛在加盟者在簽署加盟連鎖協議之前應該先三思的條款。

Field support manual　現場支援手冊
這是加盟總部所提供的現場支援服務的列表和內容說明。

filtering　過濾
為迎合接收者而刻意操控所傳遞的資訊。

fixed assets　固定資產
係指公司營運中，那些有較長生命週期以及不能轉換為現金的有形資產，例如桌椅和土地。

fixed liabilities　固定負債
係指長期要付費的設備合約或是應付票款。這不是在一年的資產負債表日期內應支付的債務。

food cost percentage　食材成本百分比
以食品銷售額的百分比來表示食材成本，可以下列公式計算：食材成本（％）＝食材成本／食品銷售額。食材成本百分比是用來當作預算工具，以及作為財務報表的比較評估。食材成本百分比會隨著餐飲服務事業的類型不同而有所差異。它是指在食品總銷售額中花在食材上的金額。

franchise　加盟連鎖
加盟連鎖的英文 franchise 源自於法文，意思是「脫離奴役狀態」。大意是說一名商人可以自由地經營自己的生意。它也意指授予個人或團體的權利或特權。它可以當名詞，也可以當動詞。當做名詞時，有兩個主要意義：(1) 一家公司將商標和做生意的方法授權給個人或團體在某一特定區域銷售其產品或服務的商業方式；(2) 在這類授權下的商店、餐廳或是其他事業。當動詞用時，加盟連鎖意指授權（個人、公司等等）一個加盟連鎖事業。

franchise disclosure document, FDD 加盟連鎖事業揭露文件

向未來可能的加盟者揭露加盟總部資訊的文件。FDD 的目的是藉由提供關於加盟公司的資訊來保護大眾及潛在的加盟者。

franchise fee 加盟金

亦稱為授權費，由加盟總部向加盟者收取費用，金額從數百至數千美元不等。

franchise laws 加盟法

這是定義明確的獨立法條與法規，目的是保護體制內的加盟者。尤其是在美國，有明確的加盟法讓加盟者的權益受到相當大的保障。美國的加盟法包含揭露的命令，要求加盟總部須完整並依照法令揭露某些關於加盟總部營運的事實。這項法律規定與加盟者的申請、管理和終止等相關的重要資訊。

franchise management training programs, FMTP 加盟連鎖管理訓練課程

這些是全方位的訓練課程，包括對加盟者的密集訓練。餐廳經營與管理的所有運作皆包含在訓練課程中。這類教育訓練會採用正式的訓練場地和方法進行。

franchise seller 加盟連鎖賣家

出讓、銷售或安排一加盟連鎖事業的個人、團體、協會、有限或是一般的合夥關係、企業，或任何其他的實體對象，包含加盟總部以及參與加盟連鎖銷售行為的加盟總部員工、代表、代理人、次級加盟總部，以及第三方中間人。

franchise termination 加盟連鎖事業終止

意指加盟總部擁有終止、拒絕續約，或是否決加盟者出售或轉移加盟事業的權利。

franchisee 加盟者

獲得授權一項加盟連鎖事業的個人、團體、協會、有限或是一般的合夥關係、企業，或任何其他的實體對象。

franchisee advisory committees or franchisee advisory councils, FACs 加盟者顧問委員會

有些加盟總部會組成這類的委員會，目的是為獲得來自於加盟者的意見和建議。考量到加盟關係的不穩定性，許多加盟總部都會設置顧問委員會。委員會成員都是從加盟者遴選或是推選產生，他們都跟目前正在進行的業務有關聯。委員會的成員在必要時必須跟各方人士會面。

franchising relationship regulations　加盟連鎖關係相關法規

目前並沒有管理加盟連鎖關係或業務的聯邦法律，譬如終止規章、續約規章或是轉移規章。各州的加盟法規各不相同，可能直接適用也可能不適用於加盟連鎖關係。立法與規範的工作反映了加盟者或是潛在加盟者在以下兩種情況下的擔憂：(1) 在進入一段加盟關係之前所產生的問題，例如在說明會、招商或是銷售加盟連鎖事業的機會中有欺瞞或不當的行為；(2) 在現行的加盟關係中產生的問題，例如有關於加盟連鎖合約的聯絡窗口、執行，以及終止或續約。雖然多數時候是以聯邦法和州法的揭露要求與程序在處理第一類情況，但是關於第二類問題的加盟連鎖法規則受到不同的法律規定所規範。

franchisor　加盟總部

授予一加盟連鎖事業並參與加盟連鎖關係的個人、團體、協會、有限或是一般的合夥關係、企業，或任何其他的實體對象。除非另外聲明，不然也包含次級加盟總部在內。

franchisor's obligation　加盟總部的義務

加盟總部有義務提供服務，譬如監督、品質控制等。

frozen storage areas　冷凍儲存區

溫度介於攝氏零下 23 至 28 度（華氏零下 10 至 20 度）的食物必須儲存在這個區域，主要適於儲存冷凍食品。

generally accepted accounting principles, GAAP　一般公認會計原則

意指公司用來彙編財務報表常用的一套會計原則、標準和程序。

glocalization　全球在地化

這是結合了「全球化」和「在地化」的一個名詞。意指在國際商務中為滿足地方市場的需求所做的調整。

gross margin　毛利率

一家公司的總營業收入減去其銷售成本，再除以總營業收入，得出的百分比即為毛利率，計算公式如下：毛利率（%）＝（收入−銷售成本）÷收入；或毛利率（%）＝毛利÷營業額。

gross profit　毛利

營業額減去食物和飲料成本之後的金額，這個數字代表餐廳營運的總毛利。

hands-on training programs 實務訓練課程

目的是提供關於加盟連鎖事業日常營運的實務經驗。受訓者須讀完經營手冊並按部就班來完成。通常這種教育訓練在營運中的餐廳進行最為有用。實務訓練課程的主要目標是在這家餐廳裡每一個營運面向提供輪班機會。該訓練通常會由加盟事業中的一名資深員工負責監督。

Health Insurance Portability and Accountability Act, HIPPA 健康保險便利與責任法案

藉由設定以電子形式收集健康資訊的標準來處理健康保健資訊的私密性。這些條例適用於提供或收集健康保險使用資訊的公司。

HTML 超文本標識語言

用來創建網頁的標準標識語言。

Internet Corporation for Assigned Names and Numbers, ICANN 網際網路名稱與號碼分配組織

這是一個非營利組織，負責協調網際網路的全球網域名稱系統。該組織也負責解決爭議的過程，處理網域不在美國的註冊者，以及在同意遵守統一域名爭議解決政策（Uniform Domain Name Dispute Resolution Policy, UDRP）的某些國碼頂級網域名稱（country code Top-Level Domain, ccTLD）系統下所註冊的網域名稱。

information overload 資訊超載

如果資訊超過接收者的處理能力範圍，或是因為出現太多資訊而導致一個人可能難以做出決策或理解，那就表示資訊超載。一般認為資訊科技可能是資訊超載的主要原因，因為它能夠更快速地製造更多的資訊，而且將這些資訊散播給更多的群眾。

initial franchise fee 加盟入會費

這是加盟總部要求的費用，並且遵照雙方簽署的加盟協議上的條約期限，可能從 5到 20 年不等。這筆費用並不包含任何開發費或是必須預付的任何其他費用。

initial opening training program 開幕初期訓練課程

在餐廳開幕期間提供協助。

internet 網際網路

可以簡單地把它想像成是電腦相互連結的網絡。有若干資訊和服務的單位分布在網

際網路上。成千上百萬的使用者可以使用網際網路上所提供的資訊。網際網路可以
用來聯絡顧客或是其他相關的人。

interorganizational relationship　組織與組織間的關係
指組織間的外部關係，譬如在配銷通路中的成員之間的關係。舉例來說，一個加盟
總部必須跟不同產品與服務的供應商和承辦商打交道。

intranet　企業內部網路
在選定的電腦上限制網際網路的入口，這就是所謂的企業內部網路。它可以專門用
在一個組織內部，或者用以聯絡個人和加盟者或與該企業有往來的其他人。

intraorganizational relationship　組織內部的關係
係指發生在一個組織內的關係與溝通，譬如在加盟總部和加盟者之間。

inventory turnover ratio　存貨週轉率
表示在一段時間內一家公司的存貨銷售和更換的次數。在餐飲業，有快速的存貨週
轉率是非常重要的。以一段時間的天數÷存貨周轉率便可計算出銷售現有存貨需要
花多少天或是「存貨周轉天數」。存貨週轉率可以用下列兩種方式計算：存貨週轉
率＝營業額÷存貨；或存貨週轉率＝銷貨成本÷平均存貨。

joint ventures　合資企業
在合資企業中，加盟總部與當地的投資者合作，形成一個合資企業餐廳或是餐飲連
鎖店。與區域加盟連鎖相較之下，在這樣的關係中，加盟總部擁有更多的掌控權。

labor cost percentage　工資成本百分比
即工資成本除以營業額，計算公式為：工資成本（％）＝工資成本／營業額。

license fee　授權費
即加盟金，由加盟總部收取，費用從數百到數千美元不等。

liquidity ratio　流動資產比率
同流動比率，即流動資產除以流動負債，用來評估償付能力，也稱為「現金資產比
率」或「現金比率」。

loading docks　運送平台
在進貨區用來裝貨或卸貨的地方。運送平台應該依照預期的貨品類型來規劃。卡車
車床的高度應該讓推車或其他載運設備可有效率地將貨物從卡車輸送到貯存區。

lobbying　遊說

意指跟政府和立法人士打交道,以增進可能對於加盟連鎖體系產生影響的立法觀點。

market development　市場開發

採取發展策略為現有產品尋找和開發新市場區塊,以擴展市場或顧客群。

market penetration　市場滲透

一種發展策略,亦即一家公司滲透到一個已存在現有商品或類似商品的市場中。就餐廳而言,藉由提供優惠價格或是採用發展顧客忠誠度的方法便可達到市場滲透的成效。

marketing manual　行銷手冊

說明加盟總部的行銷哲學以及概述行銷商品與服務之流程的手冊或指導手冊。

master franchisee　區域加盟者

在特定地點受過訓練可擔任加盟總部的人。

master franchising　區域加盟連鎖

在這個加盟連鎖關係中,區域加盟者在其他國家充當類似小型加盟總部的角色。加盟總部直接與某一個人或事業體簽訂區域加盟連鎖合約,通常是居住在當地的外國僑民,在特定地區擔任加盟總部的工作。區域加盟總部可能在即將展店和/或在指派的國家或地區負責其他的加盟連鎖店家。

mediation　調解

這是由爭議雙方共同推選出的第三方來協助解決紛爭的一種方法。第三方的功能比較像是中間人的角色,嘗試讓雙方達到可接受的共識,而不須對簿公堂或仲裁。

metatags　基本定義標籤

網路設計師所使用的關鍵字,當使用者發出搜尋要求時,可告知搜尋引擎要連結到哪一個網站。使用者看不到這些標籤,因為它們被嵌入在網站所使用的 HTML 中。因此使用基本定義標籤在某種程度上讓網站設計者可操控這些關鍵字,進而在回應使用者的要求時,改變搜尋引擎所提供的結果。

negotiation　協商

這是可以用來解決爭議的第一步,也是最常用來解決加盟連鎖事業爭議的方法之一。所謂協商就是解決雙方的紛爭,而不需要第三方的介入。雙方可以在會議桌上將問題攤開來談,或是讓當事者有機會解釋自己的觀點,或只是抱怨或發洩怒氣。

net margin　淨利率
即一家公司的淨利與收益比，以百分比表示，代表該公司賺進的每一塊錢有多少轉換成利潤。它是以淨利的角度來評估獲利能力。這個數字在收益報表中可看到。計算公式如下：淨利率＝淨利÷收益；淨利率＝稅後淨利÷營業額；淨利＝收益－COGS－營運費用－利息及稅金（COGS 即銷售成本）。

net profit　淨利
係指扣除所得稅之後得出的總淨利，亦即考量所有成本和花費後的總利潤。

net worth　淨值
在資產負債表期間，一家公司所保有的投入資本與收益。如果一家餐廳是以合夥的方式經營，在資產負債表上個別列示每一方的淨值是比較好的做法。

nonrenewal　不續約
意指在加盟連鎖事業合約到期時不續簽加盟連鎖合約。例如，一名加盟者可能經營了某一加盟連鎖事業 10 年。在 10 年期限結束時，加盟總部（或加盟者）可決定不續約。

nontraditional franchises　非傳統加盟連鎖事業
即非傳統獨立經營的餐廳。這類餐廳可能有兩道得來速，兩個或更多品牌、銷售亭、攤位等，而且可以跟其他的事業結合。

nonverbal communication　非語言溝通
形式包羅萬象，譬如身體語言、面部表情、手勢、視覺輔助工具、動作、照片、圖表、卡通、符號、錄影帶和影片等等。

Occupational Safety and Health Act, OSHA　職業安全與健康法案
美國聯邦法，掌管職場的職業健康與安全。主要的目的是確保雇主能給予員工一個安全的工作環境。

ongoing training programs　持續性訓練課程
提供給加盟者的員工持續不斷的訓練，通常是在現場或是在企業的總部進行。這類訓練可能是加盟總部或是其代表所提供。

opening costs　開幕費用
加盟連鎖餐廳正式開幕時所產生的費用，這筆費用須由加盟者支付。

opening inventory value　期初存貨價值
這是一段特定時間開始時的存貨價值。

operating manuals or operation manuals　經營手冊
由加盟總部所提供的指導手冊，內容詳細說明加盟連鎖事業所有的經營面向。

operating profit　營業利潤
總收入減去總可控制費用而得。營業利潤亦指未納租金前的利潤，亦即在計算其他
成本之前，營運所產生的利潤。

oral communication　口語溝通
以口說的形式溝通，在任何的加盟連鎖經營中都非常普遍使用。口語溝通一般被認
為是「自然」或「正常」的溝通模式。

organization-to-customer　組織對顧客
在任何類型的服務組織中，這個關係是最重要的，包括加盟總部與個人或團體顧客
的關係。

patent　專利
一份正式的法律文件，賦予發明者在限定的時間內擁有製作、使用或販售發明物的
排他權。專利是由政府所頒發。

payroll　薪資
包括所有的計時工資和月薪。

penetration pricing　滲透定價法
亦即設定夠低的價格以搶攻市占率。

podcasting　播客
「播客」（podcast）一詞是「廣播」（broadcast）和「pod」（取自 iPod）的混合
字。播客是一種數位媒體的型態，由一連串片段的音訊、影片、PDF 或是電子出版
（ePub）等檔案組成，可透過網站聚合或是線上串流訂閱，或下載到一部電腦或是
行動裝置上。用戶常常是以可攜式媒體播放器來收聽播客。

price bundling　價格搭售
意指一組特選的菜單品項，以一種套裝一種價格的方式供應。

primary sources 　主要來源
從主要或原始的來源所收集到的資料，譬如來自於自行執行研究的加盟事業。這可能是非常昂貴的資料收集方法。

principal business address 　主要營業地址
意指在美國總公司的地址。主要營業地址不能是郵政信箱或是個人通信地址。

product and trade name franchising 　商品與商標加盟連鎖
這是業者（加盟者）透過產品線與供應商（加盟總部）產生密切關聯的加盟連鎖型態，並以其品牌名稱或商標來營運。加盟者獲得授權可在限定地區或是特定的地點銷售加盟總部的商品或服務，而且通常會使用製造商的識別名稱或商標。

product category competition 　產品類別競爭對手
意指經營相同的產品或服務類別的生意，但是其產品具有與眾不同的特性、優勢和價格。例如提供不同服務類型的餐廳，像是送餐到府或是特殊的餐飲服務。

product development 　產品開發
考量某一特定市場中消費者的偏好來發展商品的策略。

profit before depreciation 　折舊前利潤
從未扣租金利潤減去房租或職業成本計算而得。

profit before income tax 　稅前利潤
從折舊前利潤減去折舊成本計算而得。

profit before rent 　未納租金前利潤
從總收入減去總可控制費用計算而得。又稱為營業利潤，亦即在計算其他成本之前，營運所產生的利潤。

prospective franchisee 　潛在加盟者
亦即主動洽談一加盟連鎖事業的人士（包括代理人、代表或員工）或者賣家所洽詢的對象，雙方討論建立加盟連鎖事業關係的可能性。

prototype unit 　示範店
示範餐廳店面是一個為試驗新的餐廳概念所設的實驗場所，通常座落在地理位置方便的地點，並能完整呈現整體概念。基於某些特定概念的差異性，在各個地理區域可能不只設立一家示範店。

public figure　公眾人物

在加盟連鎖事業設置的地理區域裡，某個人的名字和外貌為大眾所熟知。典型的公眾人物包括運動明星、演員、音樂家及藝人。

public relations　公共關係

「公共」係指對於加盟總部能否達成目標具有實際或潛在利益或影響的任何團體。這些目標可能包含發展和維持品牌形象、領土擴展，以及在一個社區或地區內的名氣。因此公共關係包括各種促進或保護關於加盟連鎖事業的產品、服務和管理形象的活動與計畫。有些活動包含在公共關係中，包括QVSC（品質、價值、服務、清潔）在內。

quality control manual　品管手冊

包括一加盟總部所要求的品質控制措施說明，以維持標準、技術控制、保養服務、廚餘管理，以及顧客抱怨如何處理等等。

quasi-franchise relationship　類加盟連鎖關係

意指加盟總部為加盟者所擁有的設備提供管理的關係。

quick assets ratio　速動資產比率

指一家公司短期的資產流動性，用以衡量一家公司以其大部分的流動資產履行其短期債務的能力。又稱為速動比率，可以不同方式計算而得：速動比率＝（流動資產－庫存）÷流動負債；或速動比率＝（現金＋應付帳款）÷流動負債。這個比率又稱為「酸性測驗比率」或「速動比率」。

quick ratio　速動比率

指一家公司短期的資產流動性，用以衡量一家公司以其大部分的流動資產償還其短期債務的能力。因此，該比率將存貨從現有資產中扣除。這些數字在資產負債表中都有。計算方式包括：速動比率＝（流動資產－庫存）÷流動負債或速動比率＝（現金＋應付帳款）÷流動負債。這個比率又稱為「酸性測驗比率」或「速動資產比率」。

ratio analysis　比率分析

包含在一家公司的財務報表中的資料量化分析，是財務比較評估非常有效的工具。

reacquisition　重新購回

意指在合約效期內，將加盟連鎖門市還給加盟總部以換取現金或是一些其他的報酬，包括免償債務。舉例來說，在加盟連鎖合約有效期間，加盟者可能希望終止與

加盟總部的關係，加盟總部可能同意以現金買回門市或是免除拖欠的權利金款項。

receiver's emotions　接收者的情緒
一個人接收到訊息時的心理狀態，譬如快樂、悲傷、否定等等，可能會形成有效溝通的障礙。情緒對於解讀訊息具有影響。

receiving area　進貨區
食物、飲品，以及其他日常用品進貨的區域。運送的類型和頻率在規劃進貨區時扮演重要的角色。

recipe standardization　食譜標準化
經過試吃所製作的食譜，每一次都能做出一致的產品，內容詳細規定成分和製作過程。它包括調整和重新調整成分及其比例，並製作出最能被接受的品質。通常要經過多次的試吃，直到確定產品達到預期中的品質為止。這類食譜往往從較少量的食譜試驗，然後擴大而成。

refrigerated storage areas　冷藏儲存區
用來儲存必須保存在攝氏 1.7 至 4.4 度（華氏 35 至 40 度）的產品。這樣的溫度是儲存肉類、水果、蔬菜、乳製品、剩菜，以及飲品所需要的溫度。

regional cooperatives　區域合作社
在特定地理區域有一群加盟連鎖餐廳需要特別支援時，可發揮協助加盟者的功能。

renewal fee　續約費
加盟總部索取的加盟連鎖合約續約金。通常當餐廳型態發生加盟者所期待的大幅變更時就會產生這筆費用。

rent or occupation costs　租金或不動產使用成本
包括租金、不動產使用成本、房地產稅金與保險。

repairs and maintenance expenses　維修費用
包括各種修繕和維護支出。

required payment　必要款項
係指加盟者必須付給加盟總部或是附屬企業的所有報酬，無論是基於合約規定或是實際需要，作為獲得或是開始加盟連鎖事業的條件。必要款項並不包含以名實相符的批發價購買合理數量的存貨再轉售或出租的費用。

research and development, R&D 研究與開發;研發
研發的主要功能是開發新產品或者發現和創造新的知識。

restaurant manager training program, RMTP 餐廳經理人訓練課程
這類全方位訓練課程是為加盟者所提供的密集訓練。餐廳經營管理的所有功能都包含在這個訓練中。這類訓練會採用正式的訓練場地和方法。

restaurant operator training 餐廳經營者的訓練
為即將經營該餐廳的人所設計的訓練,他們本身可能是也可能不是加盟者。在這個訓練中,重點放在餐飲加盟連鎖的經營面向上。

return on assets ratio 資產報酬率
即一家公司的淨收入除以平均總資產。這個公式是用來檢視一家公司利用其資產獲取淨利的能力。

return on investment, ROI 投資報酬率
投入的資源會讓投資人獲得收益的概念。這是考量利潤和投入資本的一種方法。計算方式有好幾種,例如:投資報酬率(%)=(淨利÷投資)x100%;或淨利=毛利-支出。

royalty fee 權利金
定期付給加盟總部的使用費,以確保加盟連鎖的權利。

sale of a franchise 加盟連鎖事業銷售
包括某個人以購買、授權或其他方式有償向加盟連鎖賣家取得一加盟連鎖事業所憑據的協議。這並不包括延長或續簽現有的加盟連鎖合約,而且加盟者不應中斷經營該事業,除非新的合約所包含的條款及細則與原本的合約有相當大的差異。而且也不包括現有的加盟者轉讓一加盟連鎖事業,在這種情況下,加盟總部與潛在的被轉讓者並無有意義的關聯。加盟總部同意或不同意轉讓並不代表有意義的關聯。

sales to assets ratio 資產周轉率
這是營業額與總資產的比率,並且納入財務報表的比率分析中。可以用下列公式計算:營業額÷總資產=資產周轉率。這是一種估算效率的比例,因為它可評估總資產的營運效率。

sanitation areas 清潔區
餐廳裡設置洗碗以及清洗鍋盤等設施的區域。

secondary source of information 第二手資料來源
並非從原始來源所獲得的資訊。這些來源包括公開的年報、專利與商標、商業出版品、專業期刊、供應商、工廠觀摩及電子媒體。

selective perception 選擇性知覺
係指人們根據自身的興趣、背景、經驗、感覺和態度選擇性解讀傳播訊息。

servicescape 服務場景
意指設計提供服務的場地。跟景觀同義，用在結構和建築物的設計上。

skimming pricing 吸脂定價法
在替代或同類商品出現之前，賣家在短時間內為一個新產品或改良的產品訂定高價，目的是從市場中獲得最大利潤。當有人意圖進入願意付出溢價的市場時，就會產生吸脂式價格。

standardized recipes 標準化食譜
用來測試品質、數量、程序、時間、溫度、設備的食譜，而且每一次都能製作出相同濃度與品質。

subfranchising programs 次級加盟連鎖計畫
目的是在原始加盟總部不易進入或者一加盟總部可能不想深入參與的區域或地點，提供一加盟連鎖事業成長。

subfranchisor 次級加盟總部
即區域加盟者。充當加盟總部的任何個人、團體、協會、有限或是一般的合夥關係、企業，或任何其他的實體對象，投入銷售前的活動和銷售後的執行工作。

supportive communication 支持性溝通
在處理問題的同時，試圖維持溝通者之間正面關係的溝通方法。

SWOT analysis SWOT 分析
檢視一個組織的優勢（strengths）、劣勢（weaknesses）、競爭市場上的機會（opportunities）和威脅（threats）。

target segment competition 目標市場競爭對手

包括以相仿的價格向相同的顧客市場銷售具有類似特色和益處的產品或服務的競爭者。亦指品牌競爭者。

termination 終止

意指加盟總部在加盟連鎖合約效期結束之前終止契約，而且不須支付任何金錢或其他的報酬給加盟者（例如免償債務或承擔債務）。舉例來說，加盟總部可能因為加盟者無法遵守體系的衛生和安全標準而決定終止合約。因此，加盟者不會收到任何的付款或是其他的報酬即離開體系，例如取消積欠加盟總部的債務。

total controllable expenses 可控制費用總額

包括所有的可控制費用，有時也被用作管理效率的指標。包括薪資費用（福利等等）、法律與會計費用、廣告與行銷費用、辦公用品、公用事業費、修繕費及其他外部服務費。

trade areas 商圈

商業活動發達的地區／地點，或者當地的市場適合發展加盟連鎖餐廳的場所。

trademark 商標

商標就是製造商附加在某一特殊商品或包裝上的一個獨特的標記、口號、圖樣或徽章，與其他製造商所生產的商品作區隔。

transfer 轉讓

意指除了加盟總部或其附屬機構之外，某人獲得一間加盟連鎖店面的可控制權益。它包含現有的加盟經營者私下將一間店面賣給一個新的加盟經營者，以及出售某一加盟連鎖事業經營權的可控制權益。

transfer fee 轉讓費

當發生經營權轉讓時，加盟總部所收取的費用。轉讓需要加盟總部事先批准。

Uniform Domain Name Dispute Resolution Policy, UDRP 統一域名爭議解決政策

網際網路名稱與號碼分配組織（ICANN）所建立的流程，用來解決關於網際網路域名註冊的爭議。它可以用來防止域名濫用的問題。根據該政策，在一名註冊者將取消、暫停或轉讓一個域名之前，必須用協議、法律行動，或是仲裁的方式解決多數以商標作為域名的爭議類型。

Uniform Franchise Offering Circular, UFOC 　制式加盟連鎖事業公開說明書
這是一份揭露文件,可加強加盟總部遵守他們自己的州法。

utilities expenses 　公用事業費用
加盟連鎖餐廳裡花在各種公用事業的費用,例如水、電、瓦斯等。

value pricing 　超值定價法
為吸引大量具有價值意識的顧客,以較低的價格銷售相同品質的商品。這是一種特殊的定價法,亦即菜單上的高價商品只索取相當低的價格,物美價廉的做法可帶來忠實的顧客。

web applications 　網路應用
包括網站在內,這是資訊提供來源與全球資訊網(www)使用者之間的介面。

web-based linking 　網站連結
意指從其他網站連結到原始網站。所謂連結就是對瀏覽器下一個指令,前往另一個網頁。

webinar 　網路研討會
字面上的意思是「網路」(web)和「研討會」(seminar)的結合,泛指網際網路上所提供的任何發表會。事實上,利用電話會議的技術就能做到虛擬的研討會。

website framing 　網站框架
在網路瀏覽器的環境下,網站框架是網頁或瀏覽器視窗的一部分,可以獨立顯示內容,亦即能夠獨立地在框架內裝載內容。

written communication 　書面溝通
包含運用書面文字所做的各種互動,無論是平面印刷或是在網路上。

zoning 　區域劃分
地方政府用來規劃土地使用的一種方法。這些地方政府可能為了特定目的而劃分區域,譬如商業區、住宅區等等,而且可能包括建築物高度、土地面積、下水道等的規定。區域劃分是商業餐廳最重要的考量之一。在規劃一間餐廳之前確切瞭解現有的區域劃分允許哪些產業進駐至關重要。

二、縮寫簡表

縮寫字	中文譯名
ACPA	反網域名稱搶註消費者保護法
ADA	美國殘障者法案
ADI	主要影響區域
C-store	便利商店
COGS	銷售成本
ESPU	每家門市估計營業額
FAC	加盟者顧問委員會
FDD	加盟連鎖事業揭露文件
FMTP	加盟連鎖管理訓練課程
FSAS	加盟連鎖事業位址分析調查
FTC	聯邦貿易委員會
GAPP	一般公認會計原則
HIPAA	健康保險便利與責任法案
HTML	超文本標識語言
ICANN	網際網路名稱與號碼分配組織
IPC	獨立採購合作社
IT	資訊科技
LSR	有限服務餐廳
NSF	美國衛生基金會
OSHA	職業安全與健康法案
PII	個人身分資訊
QSR	速食餐廳
QVSC	品質、服務、價值、清潔
R&D	研究與開發
RMTP	餐廳經理人訓練
ROI	投資報酬率
SWOT	優勢、劣勢、機會、威脅

縮寫字	中文譯名
TA	商圈
TFA	反式脂肪酸
UDRP	統一域名爭議解決政策
UFC	餐飲服務聯合採購合作社
UFOC	制式加盟連鎖事業公開說明書
UNEP	聯合國環境規劃署
USDA	美國農業部

國家圖書館出版品預行編目資料

餐飲連鎖經營 / Mahmood A. Khan 著；李順進,張明玲譯. -- 三版. -- 新北市：揚智文化, 2017.05
面； 公分. -- (餐飲旅館系列)
譯自：Restaurant franchising : concepts, regulations, and practices, 3rd ed.

ISBN 978-986-298-255-6（平裝）

1.餐飲業管理 2.連鎖商店

483.8   106004371

餐飲旅館系列

餐飲加盟連鎖經營

作　　者 / Mahmood A. Khan
譯　　者 / 張明玲、李順進
出 版 者 / 揚智文化事業股份有限公司
發 行 人 / 葉忠賢
特約執編 / 范湘渝
地　　址 / 新北市深坑區北深路三段 258 號 8 樓
電　　話 / (02)8662-6826
傳　　真 / (02)2664-7633
網　　址 / http://www.ycrc.com.tw
E-mail / service@ycrc.com.tw
I S B N / 978-986-298-255-6
三版一刷 / 2017 年 5 月
三版二刷 / 2021 年 10 月
定　　價 / 新台幣 650 元